石油高职教育"工学结合"规划教材

地质录井技术

王　满　李　莉　李怀军　主编

石油工业出版社

内 容 提 要

本书从石油和天然气开采行业从业人员对地质录井技术的相关知识与技能需求的角度出发，主要介绍了油气钻探过程的地质录井工作主要知识内容，包括录井前的准备工作、常规地质录井（岩心录井、岩屑录井、钻井液录井、钻时录井、井壁取心录井）、综合录井、气测录井、罐顶气轻烃录井、岩石热解录井、岩石热解色谱录井、定量荧光录井、核磁共振录井、碳酸盐岩含量分析录井、XRD录井、特殊钻井工艺录井技术及录井资料综合解释等关键技术内容，具有一定的可操作性、综合性和实用性。

本书可作为石油和天然气开采行业相关专业教学用书，也可作为录井工程技术人员、管理人员和地质监督人员的培训或参考教材。

图书在版编目（CIP）数据

地质录井技术 / 王满，李莉，李怀军主编. -- 北京：石油工业出版社，2025.1. -- （石油高职教育"工学结合"规划教材）. -- ISBN 978-7-5183-7003-0

Ⅰ. TE242.9

中国国家版本馆 CIP 数据核字第 202471TR84 号

出版发行：石油工业出版社
　　　　　（北京市朝阳区安华里二区1号楼　100011）
　　　　　网　　址：www.petropub.com
　　　　　编辑部：（010）64523697
　　　　　图书营销中心：（010）64523633
经　　销：全国新华书店
排　　版：三河市聚拓图文制作有限公司
印　　刷：北京中石油彩色印刷有限责任公司

2025年1月第1版　2025年1月第1次印刷
787毫米×1092毫米　开本：1/16　印张：23.25
字数：606千字

定价：54.00元
（如发现印装质量问题，我社图书营销中心负责调换）
版权所有，翻印必究

《地质录井技术》编写人员名单

主　　编：王　满　克拉玛依职业技术学院
　　　　　李　莉　克拉玛依职业技术学院
　　　　　李怀军　中国石油西部钻探工程有限公司地质研究院
副 主 编：孙新铭　克拉玛依职业技术学院
　　　　　李开荣　中国石油西部钻探工程有限公司地质研究院
　　　　　井春丽　克拉玛依职业技术学院
　　　　　臧　强　克拉玛依职业技术学院
参　　编：徐媛媛　克拉玛依职业技术学院
　　　　　吴雪婷　克拉玛依职业技术学院
　　　　　白志豪　克拉玛依职业技术学院
　　　　　郭友哲　克拉玛依职业技术学院
　　　　　樊丁山　克拉玛依职业技术学院

前　言

　　地质录井是石油矿场地质学的一个重要组成部分，它是以矿物岩石学、油气地球化学为理论基础，通过随钻采集岩心、岩屑、气测和综合录井等资料，从而了解地下地质情况的一门应用技术学科。

　　地质录井技术起源于野外地质考察，是伴随着钻井技术的发展而发展起来的，具有悠久的历史。早在900多年前的宋代，录井技术已初具萌芽。在四川自流井地区天然气井的钻探中，用一种底部有阀的竹筒下井提捞泥浆和岩屑，有专职人员负责鉴别岩屑岩性、划分地层，并且每口井都建立有"岩口簿"。各井的"岩口簿"对岩层和标准层有统一的命名，通过"岩口簿"建立了早期的地质剖面。当代录井技术是随着石油工业的发展在近几十年逐渐发展起来的。随着投砂憋泵单筒式取心工具、水力切割式双筒取心工具、双筒悬挂式取心工具、半自动气测仪、色谱气测仪、数字色谱气测仪、综合录井装置等仪器设备的研发，目前录井技术已由单一岩屑录井转向多元化（岩屑、岩心、烃类检测、工程录井等）录井方法，由手工操作记录钻时转向了自动化综合录井阶段。

　　地质录井方法按其发展阶段和技术特点可分为常规地质录井、气测和综合录井、录井新技术方法三大类。

　　常规地质录井主要包括岩屑、岩心、钻井液录井等，主要是靠人工的方法。其特点是简便易行、应用普遍、应用时间早。该类录井具有获取第一性实物资料的优势，一直发挥着重要的作用。

　　气测和综合录井主要包括随钻检测全烃、组分烃、非烃、工程录井等。其特点是实现了仪器连续自动检测与记录和录取资料的定量化，获取参数多，有专门的解释方法和软件、油气层的发现和评价自成系统。该类录井现已成为录井工作的主体。

　　录井新技术方法目前主要包括罐顶气轻烃录井、岩石热解地化录井、定量荧光录井、核磁共振录井、XRD录井技术方法等。录井新技术方法灵敏度高，可定量化，获取的资料不仅用于发现和评价油气层，还可用于生、储、盖层的研究评价。

　　地质录井技术是油气勘探开发系列技术的重要组成部分，在油气勘探开发中发挥着重要作用，包括：建立地下地层剖面；及时发现油气层；定量化解释油气层；准确评价油气层；生、储、盖评价研究；及时反映地下地质情况及施工情况；地层压力检测，优化钻井参数，提高钻井时效；提供现场数据资料的现代化传输等。随着录井技术的不断进步，地质录井业务也在不断拓展，除传统的建立地层柱状剖面和发现油气层外，还肩负着评价油气层和保护油气层的任务。地质录井被誉为"勘探开发的眼睛、安全钻井的参谋"，在勘探开发中起着越来越重要的作用。

　　在教育部等九部门印发的《职业教育提质培优行动计划（2020—2023年）》文件指导下，克拉玛依职业技术学院深化工学结合人才培养模式，推进课程建设与改革，进行了模块化专业课程体系的重构与课程标准的制订。地质录井技术课程建设团队不断完善课程资源建设，深化模块化课程改革，在广泛调研的基础上，本着基于工作过程的教学方法，以工作任务为导向、以项目为载体，依照"工学结合，校企合作"的原则，根据石油钻井地质工、录井工、录井技术员等职业岗位实际工作任务所需要的知识、能力、素质要求设置了课程内容。校企合作共同编写了本教材。

本书由王满、李莉、李怀军任主编，孙新铭、李开荣、井春丽、臧强任副主编，全书由王满、李莉负责统稿。参与本书编写的具体分工如下：项目一、项目六由王满编写，项目二、项目三、项目五由李莉编写，项目十二、项目十五、项目十六由李怀军编写，项目七、项目九由孙新铭编写，项目十七由李开荣编写，项目十一、附录由臧强编写，项目八、项目十由井春丽编写，项目四由徐媛媛编写，项目十四由吴雪婷、白志豪共同编写，项目十三由郭友哲、樊丁山共同编写。

教材编写过程中得到了克拉玛依职业技术学院科研处、教务处、石油工程分院的大力支持，中国石油新疆油田公司高级工程师徐后伟、中国石油西部钻探工程有限公司录井工程分公司高级工程师吴发平、中国石油西部钻探工程有限公司试油公司高级工程师陈峰以及新疆广陆能源科技股份有限公司高级工程师黄牛、工程师于铁对本书的编写提出了宝贵意见，在此一并表示感谢。

由于水平有限，本书难免存在不足和疏漏之处，敬请读者提出宝贵意见。

编者
2024 年 7 月于克拉玛依

目 录

项目一　录井现场日常管理 **1**
　任务一　录前准备 1
　任务二　钻井地质设计 14
　任务三　录井作业 QHSE 管理 31
　任务四　相关录井工程资料的收集 37

项目二　钻井井深监控 **45**
　任务一　钻具丈量 45
　任务二　钻具管理 49

项目三　钻时录井资料分析与解释 **53**
　任务一　钻时测量 53
　任务二　钻时录井资料分析应用 56

项目四　钻井液录井资料分析与解释 **59**
　任务一　钻井液性能测量 59
　任务二　钻井液录井资料分析应用 67

项目五　岩屑录井资料收集与整理 **70**
　任务一　计算、实测岩屑迟到时间 70
　任务二　捞取、清洗、晾晒、收集岩屑 75
　任务三　岩屑描述及岩屑录井草图绘制 79
　任务四　荧光录井操作 89
　任务五　岩屑样品保存 95

项目六　岩心录井资料收集与整理 **98**
　任务一　取心层位选定 98
　任务二　岩心出筒、清洗、丈量和整理 109
　任务三　岩心描述及岩心录井草图绘制 113
　任务四　岩心样品保管 138
　任务五　井壁取心录井资料的整理 142

项目七　综合录井资料分析与解释 ··· **147**
　　任务一　综合录井资料认识 ··· 147
　　任务二　综合录井实时钻井监控 ··· 158
　　任务三　随钻地层压力监测技术 ··· 165

项目八　气测录井资料分析与解释 ··· **178**
　　任务一　气测录井资料认识 ··· 178
　　任务二　气测录井资料解释 ··· 189

项目九　罐顶气轻烃录井技术 ··· **198**

项目十　定量荧光录井技术 ··· **211**

项目十一　岩石热解录井技术 ··· **217**

项目十二　岩石热解色谱录井技术 ··· **243**

项目十三　核磁共振录井技术 ··· **260**

项目十四　碳酸盐岩含量分析录井技术 ··· **289**

项目十五　XRD 录井技术 ··· **297**

项目十六　特殊钻井工艺录井技术 ··· **307**

项目十七　录井资料综合解释 ··· **325**
　　任务一　录井资料整理 ··· 325
　　任务二　完井地质总结报告的编写 ··· 343
　　任务三　单井评价 ··· 345

参考文献 ··· **349**

附录 ··· **350**
　　附表　地质录井综合解释绘图代码与符号表 ····································· 350
　　附图　地层柱状剖面示意图格式 ··· 363

项目一　录井现场日常管理

录井以其经济实用、方便快捷和获取现场第一手实物资料的优势，在整个油气藏的勘探和开发过程中一直发挥着重要的作用。科学的管理是效益的基石，在钻井进程中如何合理安排工程进度、做好录前准备和录井工程设计、有效记录收集相关录井资料是下一步作业的关键所在。那么，该如何有效管理录井现场，使录井作业顺利进行呢？

【知识目标】
(1) 了解地质录井的钻前准备；
(2) 掌握钻井地质设计方法；
(3) 掌握录井工程设计方法；
(4) 掌握相关录井资料的收集方法。

【技能目标】
(1) 能够实施地质录井的钻前准备；
(2) 能够识读分析钻井地质设计；
(3) 能够制作录井工程设计；
(4) 能够实现相关录井资料的收集。

任务一　录前准备

【任务描述】
地质录井的目的是为找油找气提供准确的第一性资料，为油气田的勘探开发奠定基础。为了做好录井工作，地质录井工作者需要提前做好录井前的资料准备、场地准备、设备准备、人员准备及安全准备工作，只有在确保录井作业资料齐全、仪器设备安装调试到位、人员配备齐全、可以安全作业的前提下，钻井与录井技术人员完成地质交底工作后才能开展录井工作。本任务主要介绍录井前的基本信息了解、设备安装、巡检、现场技术人员协作配合、地质交底等工作内容。通过本任务学习，学生需要掌握录井前的资料内容、设备配置要求、环境要求、设备安装、巡检内容、地质交底内容等知识。

【相关知识】

一、地质录井前的资料准备工作

（一）必须掌握地质设计内容

(1) 井号、井别、井位坐标（纵坐标、横坐标，海上及沙漠腹地要写明经、纬度）、地理位置、地面海拔、海水深、井位在构造上的位置、地震测线编号及位置、过井地震测线的地质解释剖面、定井位依据、井位的地理位置及交通示意图、目的层岩性及层位、设计井深、地震分层数据。

（2）构造名称、构造位置、构造的制图层位、圈闭面积、圈闭深度、圈闭幅度。

（3）钻探目的层、钻探任务及要求、完钻原则。

（4）必须掌握设计依据中所提供的区域地质、地球物理、地球化学的资料及综合成果，明确目的层及预计油气显示层，清楚工程故障提示。

（5）了解孔隙压力及破裂压力预测曲线、对钻井液性能的原则要求。

（6）明确对各种钻进取心及井壁取心的目的及原则，设计取心层位、岩性、钻进取心进尺及收获率的要求。

（7）明确各种测井项目的要求。

（8）熟悉中途测试目的及要求。

（9）明确各类井资料录取要求。

（二）认真做好地质录井的准备工作

（1）区域探井、重点预探井必须配备综合录井仪。一般预探井、气井必须上气测仪；评价井、开发井配备气测仪或其他钻时自动记录仪。

（2）按地质装备配套标准，必须备齐各种仪器、药品、用具。

（3）认真做好地质交底、地质预告、压力预测、故障提示。

（4）认真搞好钻具管理，必须使钻具编号顺序无误，丈量准确，记录工整清洁。

二、钻井工程与地质录井间的配合工作

正确认识地质与钻井的关系：钻井是手段，录井是发现油气和钻井安全的保障，两者之间的关系非常密切。因此，作为一名油田工作者既需要具备一定的钻井工程方面的知识与技能，还要具备相应的钻井地质知识与技能。在油气钻探开发现场，地质工作者了解钻井工程，具备一些工程知识，一方面在钻井施工过程中能更好地配合钻井工作，做到圆满地完成取全取准各项地质资料；另一方面地质工作者在对钻井提出地质要求的时候，能做到更为恰当、有效和符合经济原则地尽量减少工程和地质之间的矛盾。

地质和钻井的关系可以概括为以下几点：

（1）指令：钻井是完成地质勘探和油田开发的一种工程手段，钻井是服从地质要求的，地质和各项要求是钻井施工的基本依据。首先，钻井要地质提出并定出井位；其次，在钻进过程中要按地质指令开钻、下套管、固井、试井、电测和进行各种录井等工作；最后，钻井结束也要由地质决定。

（2）指导：地质对钻井的指导一方面体现在钻井过程中随时做出地层情况预告、油气显示预告和地层压力预告等，指导钻井采取正确的技术对策；另一方面为了保证钻井不影响地质资料的获取，地质人员可随时对钻井提出指导性的意见。

（3）协作：在钻井过程中，许多工作是由地质人员和钻井人员共同协作完成的，例如各项录井工作、井深校正、井斜测量、标志层的判断等。

（4）监督：地质监督就是要保证钻井为地质服务并达到地质要求，首先是钻井质量的监督，要按照地质设计要求和国家地质工作规范，监督钻进的施工，保证井眼的深度、井斜、固井质量、岩心收获率、完井质量等符合标准；其次要监督对地质工作有影响的远点井工艺措施，例如监督钻井液的使用不能影响油层的测试，在含油层系钻进过程中监督钻井的速度不能漏掉任何一个含油地层，遇到高压地层时监督钻井的防喷措施等。

三、录井环境要求

（1）钻井施工队应在高架槽靠大门一侧安装走道和安全护栏。
（2）洗砂样用水管线接至振动筛旁或录井队自备水罐，钻井施工队应保证供水正常。
（3）钻井施工队应为录井队提供稳定电流，电压220V±22V，频率50Hz±2Hz。
（4）钻井施工队应保证振动筛正常工作，振动筛旁应安装防爆照明灯。
（5）钻井施工队应为录井队留有足够的作业场地。

四、录井队伍要求

根据录井项目的不同，录井队人员配备也不尽相同。地质监督要根据录井的需要，检查录井队伍资质和人员数量、技术素质及安全生产资质是否满足录井的需要。首先，录井队必须具备探井录井资质，对录井人员的学历、录井资历等都有明确的要求。该资质一般是由上级管理部门按照一定的标准和程序颁发。其次，探井录井队人员的数量还必须满足正常录井生产和倒休的要求，一般来说，探井录井队每队需至少配备4名地质采集工、4名录井工程师、2名地质工程师，正、副录井队长各1人。其中，正、副录井队长可以是专职，也可由录井工程师或地质工程师兼任，但必须熟悉地质、录井仪器相关业务，能够对所有录井资料的质量和完井资料质量负责。如果录井项目较多或有特殊要求，录井队人员应适当增加。第三，录井队人员还必须经过专门的安全资质培训，并持有效的相关资质证书，如HSE（健康、安全与环境管理体系）的培训和资质证书等。若在可能钻遇H_2S气体的地区施工，录井人员应参加H_2S防护培训，并取得资质证书；在海上或滩海地区施工的录井队，录井人员应参加海上作业海水熟悉与基本安全培训，并取得资质证书。

五、现场地质录井管理

（一）资料准备

（1）广泛收集本井区构造，地层资料，油、气、水显示资料，邻井及邻区钻井过程中所遇到的复杂情况和处理经过等。
（2）收集邻井及邻区的测井、录井、测试资料。
（3）准备本井钻井地质设计及附图。

（二）技术准备

（1）熟悉钻井地质设计及录井技术服务合同。
① 按照钻井地质设计和录井技术服务合同提出的资料录取和其他技术要求编写《地质录井Q&HSE作业计划书》。《地质录井Q&HSE作业计划书》应包括以下内容：
a.《地质录井Q&HSE作业计划书》的目的。
b. 工区钻探工程概况，包括基本数据，区域地质简况，预计层位和油、气、水层段等。
c. 录井工程施工目标，即需要完成的任务。
d. 录井资料质量风险识别及保证措施，包括录井资料质量风险识别与评价和录井资料质量保证措施。
e. HSE风险识别及控制，包括HSE风险识别与评价和HSE风险控制。
② 录井队到达现场后，需对照地质设计核实井位和地理位置，利用地形、地物等标志

核查该井位，若有怀疑或发现错误需立即向主管部门汇报。

③ 条件允许时，可到露头区踏勘并采样，认识即将钻遇的地层层序、接触关系、岩性组合、标准层特征，以及生油层、储层、盖层的厚度，油气显示的可能深度，岩石的可钻性及岩性对钻井液的影响，构造断层性质及分布等。

④ 地质设计书中有钻井取心项目时，必须掌握取心的目的、原则及取心的层位、进尺、收获率等方面的要求。

⑤ 地质设计书中有中途测试项目时，必须依照中途测试的原则、目的等基本要求严格测试。

（2）熟悉所用录井仪器的型号、技术指标和录取参数精度要求。

（3）熟悉地质资料的录取、处理规范、相关标准和操作规程。

（4）熟悉录井过程中信息传递的项目及要求。

（5）了解特殊录井的录井技术及其他相关技术。

（6）编绘地质预告图（用钻井地质设计附图中的地质预告图）。内容主要包括预计层位、岩性剖面、预计油气层位置、压力资料、故障提示等。

（7）依据井别和钻井目的向钻井队、录井队进行地质交底。地质交底应包括以下内容：

① 介绍本井区的勘探形势、地层构造情况及邻井钻探成果。

② 介绍本井的钻探目的和任务。

③ 介绍本井收集资料的具体要求，并提出取全取准地质资料的具体措施以及需要工程配合的有关事项。

④ 介绍邻井钻遇油、气、水层的层位，深度、压力资料及所采取的措施，预告本井钻遇相应油、气、水层的深度和压力等内容。

⑤ 介绍邻井钻井过程中所遇到的复杂情况和处理经过，预告本井钻进过程中可能遇到的故障层位、深度等问题，供工程制定措施时参考。

⑥ 介绍本井完钻的依据和原则。

（三）物质准备

1. 物质准备要求

（1）配备处理资料的计算机、打印机、办公用品和通信设备（电台或电话）。

（2）荧光灯、各种化学试剂（盐酸、四氯化碳、地化、定量荧光、综合仪标样等）、滴瓶、试管、荧光系列对比标准（由油田具体管理部门提供）等。

（3）丈量和计算器具：2m 和 30m 钢卷尺，1m、0.6m（或 0.5m）钢板尺，计算器等。

（4）取样和送样器具：岩心盒、岩屑盒、百米格、砂样袋、送样袋、取样瓶、岩心刀、榔头、电炉、熔蜡锅、石蜡、蜡纸、洗样池、晒样台、砂样盘、洗样筛等。

（5）原始记录表格和表格样本（交接班记录、迟到时间记录、钻具记录、荧光记录等）、笔墨文具和现场打印报表所需的各类纸张等。

（6）冬季施工需准备烘烤岩屑的烘箱及其用具。

（7）实测岩屑、钻井液迟到时间的瓷片和塑料条。

（8）传感器、脱气器及辅助设施。

（9）标定样品、校验及标定设施。

2. 录井工作条件

（1）录井仪或地质值班房应在井场上靠近振动筛一侧，距井口 30m 以外平稳安放并垫高 20cm 以上。室内应粘贴"三图一表"（构造图、剖面图、地质预告图、资料录取要求表）、各种计算数据表格（钻具、套管主要规格数据表、钻井泵排量表等）、各种规章制度（岗位责任制度、巡回检查制度、设备维护保养制度、交接班制度、质量安全环保责任制度、逃生线路图、紧急预案）等。其中，"三图一表"中资料录取要求表的内容主要包括录井项目、录井井段、资料录取密度、具体措施和要求等。

（2）晒样台应摆放在阳光充足、距值班房较近的地方，安装防爆照明设备，离地垫高，晒样台面应高出地面 30cm 以上。

（3）洗样池应摆放在适当的地方，便于换水及洗样，安装防爆照明设备。

（4）振动筛前应具备便于捞取岩屑的基本条件，并由钻井队负责安置好防爆照明设备。

（5）钻井液架空槽坡度不应大于 20°，喇叭口出口距离钻井液架空槽底不得超过 0.1m，以保证钻井液流动平稳，经气测脱气器时保证脱气效果良好。钻井液架空槽的一侧应铺设木板、安放梯子和扶栏，便于录井施工。

（6）架空槽应具备安装脱气器、出口流量等传感器的条件（由钻井队负责提供）。

（7）保证岩心、岩屑等能在室内保存。

3. 相关文件、人员编制和资质条件

（1）相关文件。准备《录井工程施工合同》《设备操作规程》《钻井地质设计》《Q&HSE 作业指导书》《Q&HSE 作业计划书》《Q&HSE 检查表》等相关文件、设备档案和设备检验合格证。

（2）人员编制和资质条件。人员编制和队伍资质应符合要求，施工人员应熟练掌握各项资料的采集与处理规范，持有有效上岗证。地质工程师、录井工程师应持有井控操作合格证。

（四）设备上井搬运与安装

录井公司接到钻井队信息后，要及时安排录井仪器、录井队伍上井，设备上井搬运过程中需稳拿轻放，行车速度适中，确保录井仪按时搬运至井场。录井仪安装过程中需切断一切电源、停止钻机运转，录井工作人员与钻井队人员紧密配合连线、安装，确保仪器设备安装到位。

（五）现场设备运转调试

现场设备按要求安装完毕后，要进行开机运转调试，检查各设备能否正常启动运行，若不能应查明原因排除故障；现场无能力排除时，应及时通知公司派专业检修人员上井检修，直至设备能正常运转。

（六）录井仪器设备条件

1. 设备档案

（1）录井仪器设备标示牌上应标有制造厂家、出厂时间、投产时间、仪器型号、自编号等信息；档案内容应包括设备技术参数（如重要的技术指标等）和设备的使用情况（如重要部件的维修及更换等）。

（2）录井仪器所有的录井参数需按仪器使用要求进行校验，应有基地校验和现场校验记录。

（3）新设备（包括成型仪器）必须有出厂合格证，应经过试验合格后才能投入使用。

2. 设备安装环境要求

（1）仪器房需配备专用枕木将设备垫高20cm以上，安放平稳，并安装接地线。

（2）仪器房和仪器接地线直径不小于10mm，埋深不小于0.5m，电阻不大于4Ω。

（3）录井仪器设备需按仪器出厂时标准配置安装。

（4）电源：电压为380V±15%，频率为50Hz±5%，且发电机接地良好，没有漏电、短路、断相现象。发电房与仪器房之间的供电线路中应有过载保护、断相保护、漏电保护。漏电电流不大于30mA，分断时间不大于0.1s，录井仪器房内的附加电器设备均应绝缘良好，不得有短路、断路和漏电现象。

（5）安全门、逃生路线图、防毒面具、消防器材和电源线、插头插座等，均应符合HSE的有关规定。

3. 录井仪器安装要求

1）综合录井仪

（1）不影响井场施工，易于检查、维护，牢固、安全、规范。样品气管线不能出现明显的扭结、弯曲现象。全部传感器的信号电缆捆扎需固定在承载钢丝绳上。

（2）所有传感器信号电缆不得带有强电（≥36V），室外电缆线连接处均应采用防水接头连接，用绝缘材料包扎，在钻井液循环系统附近的电器必须具备防爆性能。

（3）每根信号电缆两端需注明所接传感器的名称。

（4）两条样气管线和全部电缆信号线捆扎后需固定在承载钢丝绳上。

（5）录井仪器房和振动筛之间采取高空架设，其上架需设直径5mm的承载钢丝绳，并用支架支撑，间隔不超过10m。

（6）立管压力、大钩载荷、转盘扭矩、绞车、H_2S等的传感器信号电缆，从钻台下沿，经高架槽（管）集中引至钻井液罐外沿后连至架线杆上。

（7）钻井液体积、密度器、温度、电导、H_2S等的传感器信号电缆，需固定在钻井液罐外沿。

（8）钻井泵冲速传感器的信号电缆，需立杆引至钻井液罐外沿，杆距不大于4m。

2）脱气器

（1）脱气器（包括备用的）的钟形罩应彻底清洗、除锈、上防锈漆，需安装在缓冲罐或三通槽内（欠平衡钻井时需安装在钻井液缓冲罐内），靠近振动筛一侧。脱气器排液出口的钻井液占出口的2/3为宜，排液出口应与钻井液流向一致，保证脱气效果良好，并需装有备用脱气器和输气管线。

（2）在高架槽（管）和振动筛之间要有适合安装出口流量传感器及脱气器的位置（如缓冲罐等），高架槽的坡度不大于2°。出口管不高于槽面10cm。

3）传感器

（1）H_2S传感器和室外报警器：H_2S传感器通过匹配器安装在导管钻井液出口处（或高架管钻井液出口处）、钻台司钻位置、钻井液罐（池）、录井仪器房室内气样管线中（欠平衡钻井时安装在钻井液缓冲罐内）。室外报警器需固定在仪器房顶。报警灯需固定在仪器房上，高出房顶0.3m以上，每三个月校验一次，也可用化学或半导体探头进行监测，监测最小值为1mg/L。

（2）钻井液入口密度、温度、电导率传感器：需安装在吸浆罐内钻井泵吸入口附近，远离搅拌器，传感器探头应全部浸入钻井液中，以防止被沉砂掩埋。密度传感器应保持垂直安装且感应膜片应背向钻井液流向。

（3）钻井液出口密度、温度、电导率传感器：需安装在缓冲罐或方形槽内（欠平衡钻井时需安装在钻井液缓冲罐内），靠近井口一侧，传感器探头应全部浸入钻井液中。密度传感器的感应膜片应背向钻井液流向。

（4）钻井泵冲速传感器：需安装在钻井泵拉杆箱内或传动轮侧面，金属激励物与传感器探头之间的距离调节在5~10mm；或安装在传动轮侧面，感应距离需适中，测量传动轮转速，并计算出转动比。

（5）转盘转速传感器：在转盘静止的状态下传感器探头安装在转盘底座上，金属激励物固定在转盘转子上，或安装在转盘离合器轴端、万向轴外围、钻机过桥链轮的侧面（以能测到转盘转速合适安全的位置为宜），金属激励物与传感器探头之间的距离应调节为5~10mm。若测量过桥链轮转速，应计算出转动比。对于顶部驱动钻机，可安装在顶部驱动电动机转动轴上，也可直接接收该型号钻机转盘转速的输出信号。

（6）立管压力传感器：在立管内无压力条件下，卸下钻台面以上立管或钻台附近的地面高压管汇上的堵头，装上液压转换器、高压软管、三通和传感器，传感器转换器自由端向上，注入液压油，排尽空气。

（7）套管（环行空间）压力传感器：需安装在井口防喷四通或距井口4~6m处的节流管汇上（若螺纹不匹配，应接液压转换器匹配接头），装上液压转换器、高压软管、三通和传感器，传感器转换器自由端向上，注入液压油，排尽空气，不漏油（欠平衡钻井时需在气体的进口处安装气体压力传感器）。

（8）扭矩传感器。

机械（液压）扭矩传感器：顶丝式扭矩传感器需安装在固定转盘的顶丝上，确保感压膜受力面与转盘转动的切力方向垂直。过桥式扭矩传感器需安装在转盘传动链条正下方，再接上链条，接高压软管、三通和传感器到液压扭矩仪上，注入液压油，排尽空气，张紧链条。

电磁感应式扭矩传感器：按照正确的安装方向可直接卡于电动钻机动力电缆上。

（9）大钩负荷传感器：在坐卡状态下，连接三通和传感器后，需安装在与指重表相接的死绳固定器的传压器快速接头上，注入液压油，排尽传压管线内空气，连接处需密封良好。具有信号转换器的，应防水、防碰。

（10）绞车传感器：在滚筒轴静止的状态下，需安装在司钻操作台一侧绞车滚筒轴端导气龙头处。安装时需卸下绞车滚筒导气龙头，安装绞车传感器至滚筒轴上，定子固定在滚筒轴导气龙头的进气管线上，应确保同心、转动灵活、固定良好并做密封防水处理。若相位相反，应使用倒向开关。

（11）钻井液体积传感器：需垂直安装在所有在用的钻井液循环罐内液面基本平稳处，应尽量远离搅拌器。浮子式传感器需固定在钻井液罐观察口边沿处，下端应与罐底保持适当距离，浮子或浮球应保持活动灵活，防止被沉砂埋没。超声波式体积传感器的探头应与罐底垂直对应，避开任何障碍物，传感器探头与最高液位距离至少在25cm以上。

（12）钻井液出口流量传感器：需安装在距井口4~6m的高架槽或高架管内，靶子活动方向需与钻井液流向一致，防止被沉砂掩埋。欠平衡钻井时在气体的进口处需安装流量传感器，气体流量计安装于距分离器5m处的管线上。

4）显示器、内部通信电话机

在钻台上安装防爆钻台显示器，在地质和钻井监督房内需装设监控显示器，在录井仪器房、监督房、工程技术员或队长房内需安装内部通信电话机。

5）地化录井仪

（1）仪器房现场安装要求仪器房需靠近地质值班房一侧摆放；仪器房要求摆放平稳，环境周围无强振源和积水；仪器房必须安装接地线，其埋深为50cm以上；仪器房架接电源线必须牢固、安全、规范，线路连接保证无断路、漏电、短路之处；各用电设备需按照使用说明书要求安装连接，所有辅助设备均应绝缘良好。

（2）仪器的安装需将主机、计算机、打印机从左至右依次摆放，氢气发生器、空压机、氮气瓶、电子天平、UPS电源需摆放在适当位置，电子天平要调整到水平位置。将主机与计算机采集卡相连接，连接显示器至计算机主机上，连接打印机至计算机主机相应端口；将主机温控仪电源插头插接在UPS输出端；选择0.75mm×5mm的铜线作地线，将主机和计算机地线牢固连接到一起接地，按照仪器后面板标识，将氢气、氮气、空气管线逐一插入接口，拧紧固定螺帽；将主机温控仪、计算机、打印机、电子天平电源线插入UPS输出端；空压机、氢气发生器、UPS电源线插入配电盘；仪器安装完后再将各部件连接状况进行检查。

6）定量荧光分析仪

（1）安装条件：将仪器房平稳摆放在距岩屑录井仪器房最近的地方；分析测定时的室温应在5~35℃，应避免阳光直射；应安放在牢固、平整的桌面上；室内相对湿度不超过85%，环境无腐蚀性气体；线路走向符合安全规定，供电电源电压为220V±22V，频率为50Hz±1Hz；仪器应避免与产生强脉冲尖峰信号、大负载设备的机器共用同一电源；插入与电源对应的熔断丝；给电源装置及主机加接地线。

（2）仪器设备安装：仪器摆放位置需符合人机工程学原理；仪器间各连接线必须连接紧固；按各仪器使用说明书（或操作手册）要求进行操作。

（七）录井前的巡回检查

1. 巡回检查流程

录井工作巡回检查流程见图1-1，并填写巡回检查记录表（表1-1）。

2. 检查程序

（1）在地质值班房需检查各种原始记录和资料，地质录井所有的仪器、工具、文具、消防安全器材、地质值班房卫生情况等。

① 原始记录包括：班报表、原始综合记录、荧光记录、钻具记录、岩屑初描记录、迟到时间记录、标定记录、进样记录等。

② 检查仪器是否正常。

③ 检查工具是否齐全及卫生状况。

（2）场地需检查钻具数量、顺序编号、单根号及大门坡道上的单根编号。

（3）钻台需检查方入、钻井参数（悬重、钻压、转盘转速、立管压力等）、小鼠洞中单根编号及正钻单根编号。

（4）泵房需检查泵的水力参数（泵压、泵冲、缸套直径、阀门数等）及实际运行情况。

图 1-1 录井工作巡回检查流程

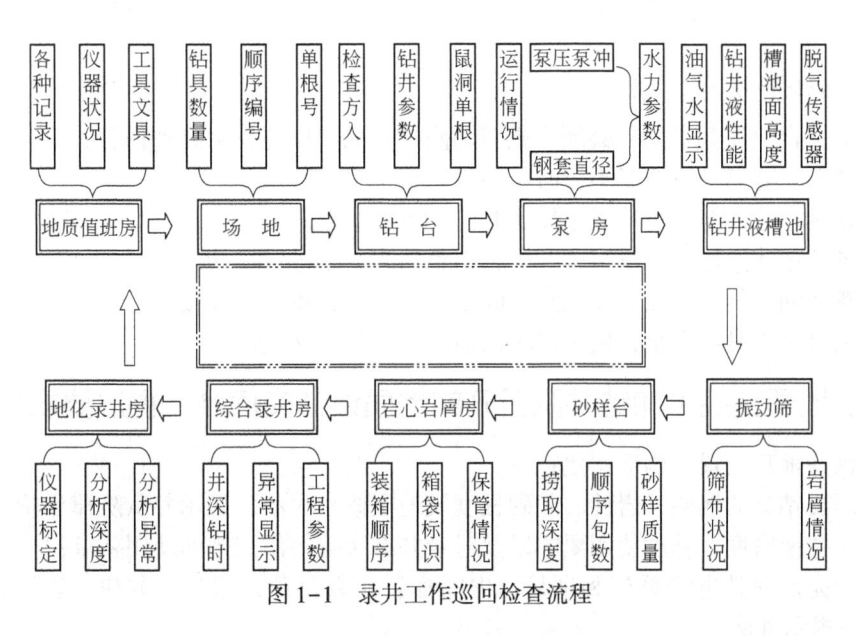

表 1-1 录井工作巡回检查记录表

巡回检查记录										
出口			工程			池体积			入口			仪器房	
名称	探头	传感器	名称	探头	传感器	名称	探头	传感器	名称	运行状况
MWO			ROP			PV1			MWI			UPS	
MTO			HL			PV2			MTI			计算机辅助	
MCO			RPM			PV3			MCI			空压机	
MFO			TORQ			PV4			SPM1			氢气发生器	
H_2S2			SPP						SPM2			色谱仪	
脱气器			H_2S1									H_2S3	

要求：1. 每班必须执行巡回检查，并及时填写在相应位置内，正常、卫生的填写"√"，有问题、不卫生的填写"×"。对检查出的问题要及时整改，无法解决的问题应填写在"存在问题"栏内。
2. 对于密度、温度、钻压转盘转速、池体积、泵冲等可实测的要实测，将值写在探头栏内，并对仪器传感器进行校验

存在问题：

检查人：　　　　　　　　接班人：　　　　　　　　审核人：

（5）钻井液槽池需观察油、气、水显示情况，钻井液性能变化，液面高度，脱气器及各种钻井液传感器的运行情况。

（6）振动筛需检查振动筛布是否完好、运转是否正常及取样位置情况。

（7）砂样台需检查岩屑捞至深度及顺序、包数、质量，检查晒干情况及岩屑标签是否正确。

（8）岩心岩屑房需检查岩心、岩屑装箱顺序、标签标识及保管情况。

（9）综合（气测）录井房需观察井深（当前钻到井深以及迟到井深）、钻时变化、气测异常情况、工程参数的变化情况等。

（10）地化录井房需观察地化异常情况等，回到地质值班房需核实所检查内容是否

正确。

3. 巡回检查交接要求

(1) 上钻台应注意安全，必须穿戴劳动防护用品，以免发生意外伤害。
(2) 岩心、岩屑录取情况不清时，不进行交接。
(3) 钻具、方入与记录情况不属实时，不进行交接。
(4) 各项地质原始记录填写不齐全、不整洁时，不进行交接。
(5) 槽面油、气、水显示及迟到时间记录不清时，不进行交接。
(6) 文具、工具不齐全，值班房不清洁时，不进行交接。

（八）地质交底参加钻井队召开的地质设计交底会，提出要求和建议

(1) 该井地理位置及构造位置；
(2) 所要钻遇的地层、岩性、坚硬程度及地层倾角大小，提示井队防掉牙轮、防斜等；
(3) 钻井液密度、黏度使用要求以及对录井有影响的添加剂的使用要求；
(4) 中完及完井电测系列和项目，中间标斜次数及预计层位、井深，表层是否电测，若要电测应提示井队；
(5) 井身质量、井身结构要求；
(6) 特殊地质要求，如取心、中途测试、井壁取心等。

（九）地质预告与地质交底

1. 地质预告

开钻前，有时要求是在二开以前，地质监督和录井队地质工程师应根据地质设计的要求做好地质预告工作。一般地，地质工程师应做好3个图件：过井剖面图、井区构造图和地质预告图。这三个图的编制虽然简单，但作用很大。特别是地质预告图，是在区域地层、构造、含油气水情况、地层压力、邻井钻井施工情况进行综合分析的基础上编制的，对所钻井地层、含油气水情况、钻井过程中可能出现的故障进行预测与提示。

编制地质预告图的主要目的就是为安全、顺利地钻井服务，因此，预告图应尽可能做到问题预计充分，预告地层和井下情况准确；同时还要做到简明扼要、通俗易懂。

必须注意的是，地下情况千变万化，预告图只是钻前根据现有资料所作的初步预测，随着钻探的进行，本井资料不断丰富，预告图也应相应地进行及时修正，不能一劳永逸。

地质监督和录井队地质工程师应根据地质设计的要求做好地质预告工作。在对区域地层、构造、含油气水情况、地层压力、邻井钻井施工情况进行综合分析的基础上，对所钻井地层、含油气水情况、钻井过程中可能出现的故障进行预测与提示。

2. 地质交底（向其他协作方）

地质交底是地质监督和地质工程师在开钻前所必须完成的一项重要工作。因为钻井是一项必须由多个施工方共同参与、密切协作才能完成的系统工作。开钻前，地质监督和地质工程师必须传达地质设计的精神、要点和施工过程中应密切注意的关键环节（即地质交底）。

地质交底前，地质监督和地质工程师要广泛收集地层、构造和油气水资料，以及邻井或邻区钻井过程中所遭遇的复杂情况和处理经过、结果等。地质交底时地质、录井、钻井液、钻井以及其他有关施工方的关键技术人员或行政负责人必须参加。

地质交底的内容主要包括：

(1) 本区的勘探形势及开发概况;
(2) 本井的钻探目的和任务;
(3) 取资料的具体要求、保障措施和需要各方合作的工作内容;
(4) 邻井或邻区情况;
(5) 本预测情况,包括地层、构造、油气水显示、可能出现的复杂情况等;
(6) 取心要求及原则、完钻原则等(表1–2)。

表1–2 地质交底书示例

b1832井地质交底书(地质、井队留存)
1. 井　型:直井　　　　　　井别:采油井
2. 井　深:1995m
3. 目的层:二叠系佳木河组（P_1j）
4. 地层及岩性:粉砂岩—粗砂岩、砂砾岩、凝灰质泥岩、凝灰质砂砾岩。
5. 地层倾角:4°~12°,　最大13°
6. 地层压力系数:设计换算为0.93,甲方提供为1.00以内。
7. 表层是否电测:不电测。
8. 中间对比电测预计层位井深:1950m。(现场提供为准)
9. 井深结构及井身质量:表套339.73mm×200m;　油套139.70mm×1995m;
全井最大井斜≤5°,　最大水平位移≤80°。
10. 中间完井预计井深及电测项目:不要求。
11. 完井电测项目:EXCELL–2000测井系列加配合项目。
12. 对钻井液性能要求:
该区目的层压力系数偏低,合理选用优质钻井液性能钻开油层,保护油层,以"不喷不漏"为原则。在钻井液中加添加剂(如磺化沥青干粉等化工材料)影响录井,必须通知现场录井地质师,循环均匀后方可钻进。
13. 特殊地质要求:
全井防漏、防喷、防斜。本井靠近断层,地层倾角较大,钻进中送钻均匀。
本井进行综合录井(井段530~1995m),全井严禁混原油。
完井电测时井底钻井液电阻率不得低于1Ω·m。
注:施工井队必须严格按照地质监督指令要求的井深进行中间完井和完井作业。
地质监督:
井队干部:
××××年××月××日

最后,开钻前地质监督应对有关工作的如下内容做最后检查验收:录井仪器、井场条件、人员是否达到取资料的要求;录井施工措施是否制定、是否科学合理、易于操作;安全防护措施是否制定、是否得当,具体包括有无人身安全保护应急措施、井涌或井喷情况下的应急措施、防止自然灾害应急措施、消防措施、防毒措施等。

（十）录井准备

(1) 收集未录井井段的井身结构、工程简况、钻井液及入井钻具等相关资料;
(2) 丈量、记录钻具,建立井场及井下钻具档案;
(3) 根据开始录井井深及钻井速度按录井规范要求提前20~50m进行迟到时间的理论计算,并与实测迟到时间互为校正,确定出合理的迟到时间;
(4) 检查岩屑取、洗、照、烘、装等环境条件是否满足要求,不能满足要求的应及时整改。

六、积极配合钻井监督、地质监督的工作指导

钻井监督、地质监督对钻录井工作具有直接监督及指导权限,对钻井工程顺利开展、取全取准各项地质资料、发现油气层和完成地质目的负主要责任,钻井、录井工作人员需积极配合钻井监督、地质监督的工作,共同努力,完成工程实施。

（一）钻井监督主要职责

（1）按照钻井工程设计下达作业指令，掌握作业进度；
（2）监督合同实施，协调甲、乙方关系，搞好协作配合；
（3）检查掌握安全、质量和主要材料消耗情况；
（4）及时报告施工中的新问题，提出和参与制定解决措施；
（5）做好时效记录，签署钻井日费用及合同承包费用付款通知单，计算钻井日成本和全井成本；
（6）填写监督日记、钻井工程记录表，撰写钻井完井总结报告，并及时上报。

（二）地质监督主要职责

（1）监督合同实施，管理协调录井、测井、钻井中途测试、试油等按时保质完成工作；
（2）按地质设计在钻进中及时提供地质信息，监督施工单位取全取准地质资料；
（3）认真观察岩性变化，确定取心井段，提出钻井液使用意见，拟定保护油气层措施，并配合钻井监督承包单位执行；
（4）根据地下地层情况，提出完钻或加深钻探的建议；
（5）控制和掌握地质部分预算投资，签署合同付款通知书；
（6）填写地质日志、地质报表，及时提交完井地质总结以及各种地质资料和图表，协助搞好单井评价。

七、地质录井的责任

（1）在施工过程中，对录井资料的采集内容和资料质量负责。
（2）在钻井作业的全过程中，按钻井地质设计的要求齐全、准确地收集各项录井资料，确保钻井地质设计任务的完成。
（3）地质录井是地质资料的采集和评价，贯穿于单井录井施工的全过程。在钻井过程中依据设计要求，按不同的录井方法进行录井资料采集，编绘完井地质总结报告和相应的图表，并负责资料数据的入库（微机输入）工作。
（4）与现场有关作业单位配合，搞好录井施工和资料录取工作。
（5）负责钻井地质资料的上交归档，包括样品的入库工作。

八、录井阶段的工作要求

（一）生产准备阶段

（1）熟悉钻井地质设计和录井合同，明确钻探目的，了解预测地层、岩性、油气分布、地层压力和具体录井要求。
（2）收集和了解与本井有关的区域和邻井地质资料，特别要了解钻探地区易井喷、易井漏、易坍塌和复杂井段的层位以及邻井对复杂井段的处理经过、结果、经验教训等。
（3）制订地质录井具体实施方案和资料采集的技术措施，并向有关人员进行地质交底。
（4）准备井场工作所需的用品、用具和各项录井记录图表及有关规程、规范等。
（5）根据设计要求使录井人员、设备、仪器、分析化验试剂、荧光对比系列以及取样器皿等地质用品符合规范、齐全，达到地质要求。

（二）录井作业阶段

（1）要求地质录井工作者按地质设计和录井合同取全取准各项资料、各种录井仪器，达到正常录井工作状况的要求。

（2）每日对各项录井原始资料、数据进行分析，挑选和整理各类样品，预测下一步工作。

（3）在发现油气显示及发生其他异常情况（如井漏、井涌、井喷等）时，按资料整理规范进行收集、取样（包括钻井液热真空蒸馏样品）和分析（包括烃类气相色谱图解释）工作。

（4）进行岩屑的观察、描述，及时将钻遇地层的岩性与设计进行对比，做好随钻分析和预告，特别是钻达目的层段以前，要做出目的层是否按设计钻进、是否提前或推迟的判断。

九、录井技术要求

（一）配备要求

（1）配备的录井人员、设备必须达到规定要求。
（2）各项资料内容、质量需满足规范要求。
（3）各人员需持有相应的岗位资格证书，保证技术规范。

（二）基本技能要求

（1）遵纪守法、公正廉洁，具有较强的事业心和责任感。
（2）身体健康，能适应野外工作。
（3）掌握现场地质录井方法、技术及有关标准、规范和规定；掌握现场地质录井、测井、钻井等相关专业知识。
（4）具有一定的现场生产组织、协调、单独作战的能力。
（5）掌握地质新技术、新方法。
（6）了解环境保护知识，重视作业区的环境保护。

【任务实施】

一、目的要求

（1）能够实现录前钻井准备；
（2）能够实现钻井、录井工作人员的有效配合。

二、资料、工具

（1）工作任务单；
（2）电测资料清单。

【任务考评】

一、理论考核

（1）录井前所需掌握的钻井地质信息有哪些？

(2) 如何实现钻井、录井工作人员的有效配合？

二、技能考核

（一）考核项目

角色模仿实施录井钻前准备。

（二）考核要求

(1) 准备要求：工作任务单准备。
(2) 考核时间：30min。
(3) 考核形式：口头描述+笔试。

任务二　钻井地质设计

【任务描述】

钻井地质设计，是在钻井施工前，从地质勘探和油气田开发的需要出发对一口井做出的总体设计。在一个新探区，为了迅速发现油气藏，及时扩大勘探成果，在已掌握区域地质、地球物理勘探资料的基础上，需要编制一个钻探的总体设计。在总体设计中规定了勘探或开发的总任务，包括全区勘探或开发的程序与方法、井别、井位部署等。

钻井地质设计是根据钻探总体设计的要求编制的。它是完成总体设计任务的一部分，也是顺利完成钻探任务必不可少的环节。钻井地质设计是油气勘探开发部署示意图的具体体现，是单井各项地质工作的依据，是编制钻井工程设计和测算钻井费用的基础。钻井地质设计的科学性、先进性及可操作性不仅直接影响到地质资料的录取、整理、分析化验，而且影响到对油气层的识别和评价，是高效低耗地进行油气勘探和开发的一项十分重要的工作。

通过本任务学习，要求学生掌握钻井井位部署原则、钻井地质设计内容、录井工程设计基本内容，能够识读分析钻井地质设计，并根据钻井地质设计制作录井工程设计。

【相关知识】

一、井位设计

（一）井别分类及井号命名

1. 井别分类

我国各油气藏目前对单井井别划分可分为探井和开发井两大类共 11 个类别。探井井别包括区域探井（含参数井或科学探索井）、预探井、评价井、地质井、水文井，开发井井别包括生产井、注水井、注汽井、观察井、资料井、检查井。

1) 探井类

(1) 区域探井（含参数井或科学探索井）：在油气区域勘探阶段，在地质普查和地震普查的基础上，为了解一级构造单元的区域地层层序、岩性、生油条件、储层条件、生储盖组合关系，并为物探解释提供参数而钻的探井，它是对盆地（坳陷）或新层系进行早期评价的探井。

（2）预探井：在油气勘探的预探阶段，在地震详查的基础上，以局部圈闭、新层系或构造带为对象以发现油气藏、计算出控制储量和预测储量为目的的探井。

（3）评价井：对已获得工业油气流的圈闭，经地震精查后（复杂区应在三维地震评价的基础上），以查明油气藏类型、探明油气层的分布、厚度变化和物性变化，评价油气藏的规模、生产能力及经济价值，计算探明储量为目的而钻的探井。

（4）地质井：在盆地普查阶段，由于地层、构造复杂或地震方法不过关，采用地震方法不能查明地下情况时，为了确定构造位置、形态和查明地层组合及接触关系而钻探的探井。

（5）水文井：为了解决水文地质问题和寻找水源而钻探的探井。

2）开发井类

（1）生产井：在已探明储量的区块或油气田，为完成产能建设任务所钻的井，包括直井、定向井、水平井、套管开窗侧钻井等。

（2）注水井：为提高油气驱动能力、提高油气井生产能力、提高采收率所钻的井。

（3）注汽井：因产层注水效果不好或产层不适合注水，为提高油气井生产能力所钻的井，目的是为产层注汽，稳定产层地层压力，提高产能和采收率。

（4）观察井：通过改变油气井工作制度等方法来观察油气生产能力的井。

（5）资料井：为获取油气层物性资料或特殊资料所钻的井，如开发取心井。

（6）检查井：为检查油气层开发效果，如注水、注汽效果以及产层物性变化等情况所钻的井。

2. 井号命名原则

1）探井命名

（1）区域探井（参数井或科学探索井）命名：以基本构造单元—盆地或地区统一命名。取井位所在盆地或地区名称的第一个汉字加"参"或"科"字组成前缀，后面再加盆地参数井布井顺序号（阿拉伯数字）命名。如伊犁盆地第一口参数井命名为"伊参1井"，"和参1井"是和田地区的第一口参数井。

（2）预探井命名：以井位所在的十万分之一分幅地形图为基本单元命名或以二级构造带名称命名。预探井井号应采用1~2位阿拉伯数字。如纯12井为东营凹陷纯化断裂鼻状构造带上的一口预探井。

（3）评价井命名：以油气田（藏）名称为基础进行井号命名。评价井井号应采用3位阿拉伯数字。如纯112井为东营凹陷纯化断裂鼻状构造带上纯化油田的一口评价井。

（4）地质井命名：以一级构造单元统一命名。取井位所在一级构造单元名称的第一个汉字加大写汉语拼音字母"D"组成前缀，后面再加一级构造单元内地质井布井顺序号（阿拉伯数字）命名。如东D1井为东营凹陷的第一口地质井。

（5）水文井命名：以一级构造单元统一命名。取井位所在一级构造单元名称的第一个汉字加汉语拼音字母"s"组成前缀，后面再加一级构造单元内水文井布井顺序号命名。如东s1井为东营凹陷的第一口水文井。

2）开发井命名

开发井按井排命名。一般采用油气田（藏）名称—开发区—井排—井点方案命名。如孤东7—5—2井（生产井）表示孤东油田七区5排2号生产井。开发井中的生产井、注水井等均按开发井统一命名，不再单独命名，只在设计中井别一栏内说明。

3) 定向井、侧钻井、水平井命名

定向井、侧钻井、水平井的井号命名应在上述规定基础上，分别在井号的后面加"斜""侧""平"，再加阿拉伯数字命名。如滨斜 120 井表示滨南地区××构造的一口评价井为斜井，利侧 40 井表示在利 40 井内套管开窗侧钻井，草古平 8 井表示草古浴山油田第 8 口水平井。

4) 海上钻井井号命名

海上钻井井号目前有两种编排方法。

(1) 与陆上钻井井号一样的编排方法：所钻各类探井和开发井均按陆上相同类别的井号命名原则进行井号编排。一般用于滩海油田或国内自行开发的海上油气藏。

(2) 海上钻井井号的一般编排方法：一般用于海上与外方合作开发的海上油气田。海上探井按区—块—构造—井号命名方案。采用经度、纬度面积分区，每区用海上或岸上的地名命名，区内按经度、纬度划分若干块，每块内根据物探解释对局部圈闭进行编号，每个圈闭所钻的预探井为 1 号井，评价井为 2 号、3 号、……号井。如 BZ28—1—1 井即渤中 (Bozhong) 区 28 块 1 号构造 1 号探井。海上油田开发井按油田的汉语拼音字头—平台号—井号命名，如 CB—A—1 井表示埕北 (Chengbei) 油田 A 平台 1 号井。

(二) 布井原则和依据

1. 基准井布井

一个含油气盆地或凹陷，已进行一定程度的地质、物探普查工作，为了确定这个盆地或凹陷的含油气性（主要了解盆地基岩以上全部或部分沉积岩剖面和剖面内哪些层段具有生油条件和储集条件），在对勘探地区已有的地质、地球物理等资料进行系统研究的基础上，在盆地或凹陷内的不同二级构造单元，设计若干口基准井或参数井。

【案例 1-1】松辽盆地基准井布井原则和依据

1958—1959 年松辽盆地经过重、磁、电法普查后，将盆地划分为东北隆起区、东南隆起区和中央坳陷区 3 个一级构造单元，每个一级构造单元设计一口基准井位。松基 1 井井位定在东北隆起区青岗隆起西翼的任民镇构造上。松基 2 井井位定在东南隆起区长春岭—登娄库背斜带上。根据这两口井获得了白垩系剖面，了解到有两套厚度较大、分布面积较广的黑色泥岩段，即上部的嫩江组一、二段黑色泥岩段和下部的青山口组一段黑色泥岩段，具备生油条件。1959 年 2 月用 5-1 型地震仪获得的第一条地震反射测线上显示大庆长垣的高台子附近为一局部构造高点，松基 3 井井位定在该构造高点上。1959 年 9 月 6 日在松基 3 井的下白垩统姚家组内试油获得工业油流，由此发现了大庆油田（图 1-2）。

2. 预探井布井

预探井是在基准井探明具有含油气远景的盆地二级构造带上部署的钻井，其目的就是证实工业性油气流的存在与否。所以，预探井应部署在局部构造的最有利含油部位。

【案例 1-2】大庆长垣预探井布井法

大庆长垣位于松辽盆地中央坳陷，为一轴向北东 15°、南北长 140km、东西宽 20~30km 的背斜型二级构造带。整个构造闭合面积为 2000km²，共有 7 个局部构造，自南而北依次为：敖包塔、葡萄花、高台子、太平屯、杏树岗、萨尔图和喇嘛甸。松基 3 井出油后随即在葡萄花构造进行预探，1960 年 1 月，葡 7 井在白垩系姚家组试油获得日产油 100t 的高产油流。

根据地质部1960年1月提供的1∶10万大庆长垣地震反射构造图，石油部迅速扩大预探范围，在萨尔图构造设计第一口预探井萨66井，在杏树岗构造设计第一口预探井杏66井，在喇嘛甸构造设计第一口预探井喇72井，并分别在1960年3月、4月、5月试油获得高产油流，日产量达到100~300t，揭开了大庆石油会战的序幕。其后部署在太平屯构造的预探井高39井和敖包塔构造的预探井敖26井亦获得工业油流，肯定了大庆长垣7个构造高点均含油（图1-3）。

图1-2 松辽盆地石油普查阶段基准井井位示意图

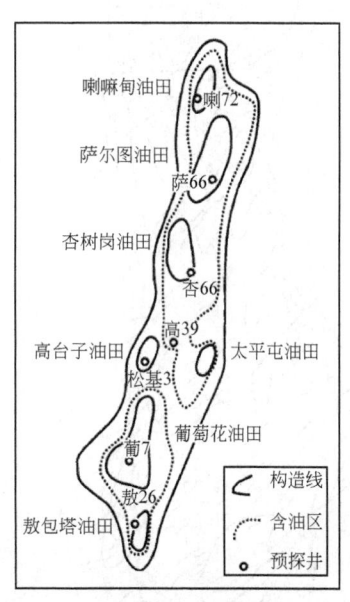

图1-3 大庆长垣预探井部署示意图

3. 详探井布井

详探井也叫评价井，其目的是查明预探井所确定的含油气构造中的含油气规模，以探测油气藏的边界为主要任务。因此，其井位确定的基本原则是以出油的预探井为中心，向四周部署。

【案例1-3】大庆油田详探井布井法

大庆长垣七个构造高点经试油在下白垩统的中部含油组合（即萨尔图油层组、葡萄花油层组和高台子油层组）都获得工业油流。经过试油和油层对比研究，北部萨尔图、杏树岗和喇嘛甸三个构造油层厚，储层物性好，产能高。大庆石油会战一开始，就以这三个构造作为进一步详探的对象。以2.5km井距布置评价井网。萨尔图油田共钻36口详探井，杏树岗油田共钻31口详探井，喇嘛甸油田共钻14口详探井，三个油田共钻81口详探井，1960年末全部完成。详探探明了含油面积和油水界面，证实三个油田连成一片，计算了全油田的石油地质储量，取得了储油物性和流体性质等各项参数，为油田开发提供了地质和油藏工程的各项资料（图1-4）。

4. 开发井布井

在开展详探工作的同时，可开辟生产试验区，在区内合理划分开发层系，选择合适的开发方式进行试采，以及早认识油气藏的驱动类型、储层特征、油井产油率和油气集输过程中可能出现的问题。在生产试验区获得大量油层静态和动态数据资料的基础上，即可编制全油田的开发井布井方案，实现油田的高效开发。

（三）油气探井井位设计流程

油气探井井位设计一般由各地质研究部门根据其研究成果，在不同地区，为实施不同钻探目的首先提出单井井位部署建议；井位部署建议提交主管部门领导审查、批准后，同意实施的井位即以"钻探任务书"的形式发给设计部门；地质设计部门根据"钻探任务书"中的任务和要求，完成钻井地质设计。

油气探井包括直探井、定向探井、水平探井等，井位设计包括资料准备、井位的提出、论证和确定。

1. 直探井井位设计

1）资料准备

探井的类别不同，需要准备的资料也不同。但以收集齐全本区目前所有的资料为主。一般区域探井资料包括：地震及非地震、物化探、勘探程度和质量，基底地层时代、岩石性质、埋深及区域地质情况，预测的地层时代、厚度、岩性、岩相及分布，构造发育简史、构造层接触关系、主要构造圈闭及断裂发育情

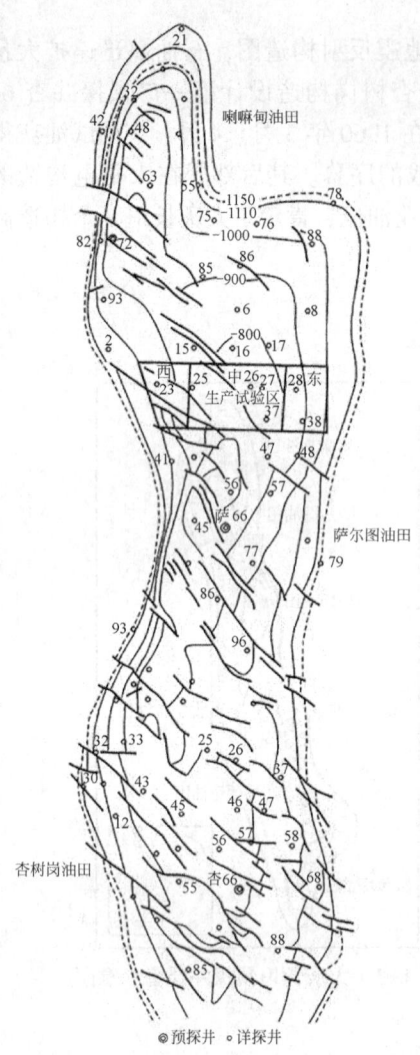

图 1-4 大庆长垣详探井部署示意图

况。其他探井资料包括：地震及非地震、物化探、勘探程度和质量、钻探及试油成果、资源系列、研究成果等。

2）井位部署研究

探井井位部署建议是在一系列复杂的研究工作后提出的。探井井位设计的研究工作涉及石油地质、物探、地质录井、油藏工程、油田开发、钻井、测井、测试等方面的技术。对于不同类别的探井或同一类别不同油藏类型的探井，探井井位设计的研究工作的侧重点也不同。以预探井为例，一般要进行下列研究工作：

（1）区带地层划分与对比。

应充分利用研究区内已有的地质录井、测井、古生物、岩矿、地化及其他资料进行地层划分和对比，提出地层对比方案和分层数据表、钻遇断层数据，建立该区的地层层序接触关系，可编制地层综合柱状剖面图。

（2）区带构造及区带构造演化史研究。

① 根据地质、地球物理和钻探资料明确目的层的统、组或段地层之间的接触关系，划

分研究区带内的构造层。

② 编制研究区带内的地震标准层及主要反射层构造图。比例尺为 1:10000 或 1:25000（图 1-5）。

③ 编制目的层局部构造井位图，比例尺为 1:5000 或 1:10000（图 1-6）。

④ 编制研究区带内的主要断层断裂系统图、断层发育图，通过研究断裂系统的控制和分布规律，可编制古构造发育平面图。

（3）沉积及沉积演化史研究。

① 研究区带储层特征，编制储层（或地层）对比图、砂体构造图（图 1-7）、砂体百分含量图等。

② 研究生、储、盖组合情况。

③ 研究主要目的层段的相带划分及各沉积体系的纵、横向发育情况，编制岩相古地理图。

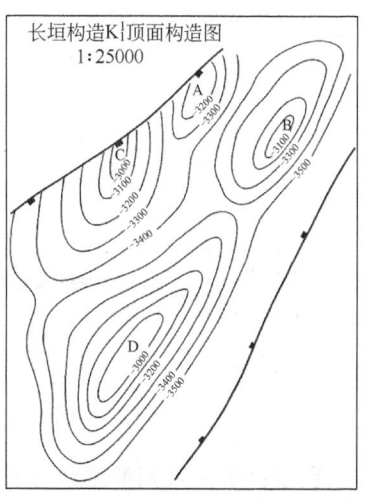

图 1-5 长垣构造 K_1^1 顶面构造图

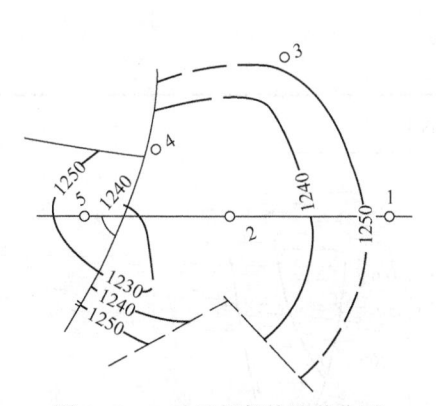

图 1-6 ××油田局部构造井位图

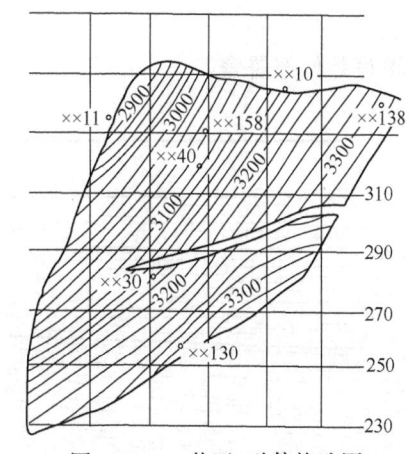

图 1-7 ××井区×砂体构造图

（4）油源层研究。

① 研究主要目的层的生、储配置体系，以生油洼陷为单元进行生油评价。

② 进行油气源对比，阐明各勘探目的层系的油气来源。

③ 进行勘探区带油气资源潜力的预测。

（5）油气藏研究。

① 对区带的油气藏进行分析，编制油气藏剖面图（图 1-8）、油气藏类型图等。

② 研究各类油气藏的分布规律，进行各类油气藏储量预测。

（6）编写区带地质综合研究报告。

① 综合论述研究区带的油气地质特征，分析油气成藏条件，划分油气藏类型，总结油气藏分布规律。

② 论证区带进一步勘探的部署原则、方案及预期的效果，在综合评价的基础上，提出勘探部署及评价意见（包括井位部署建议）。

预探井井位设计提交的成果报告是《区带成藏条件及勘探远景的研究报告》，主要内容包括：

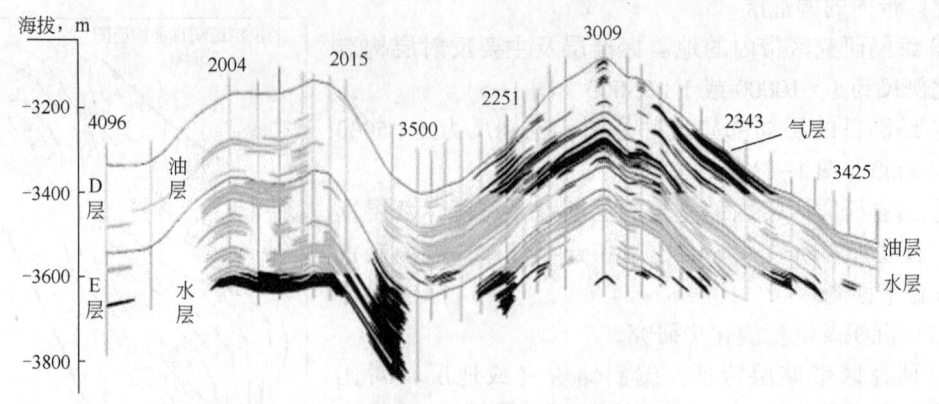

图 1-8　××油藏横剖面图（据周志松，2003）

① 本区资源系列的现状及升级预测、圈闭类型及含油气性预测、生储盖配置关系、井位部署主要依据、钻探目的、取资料要求等。

② 地震标准层构造图、目的层构造图、预测油藏剖面图、过井"十"字地震剖面图（图 1-9）。

③ 填写井位部署表。

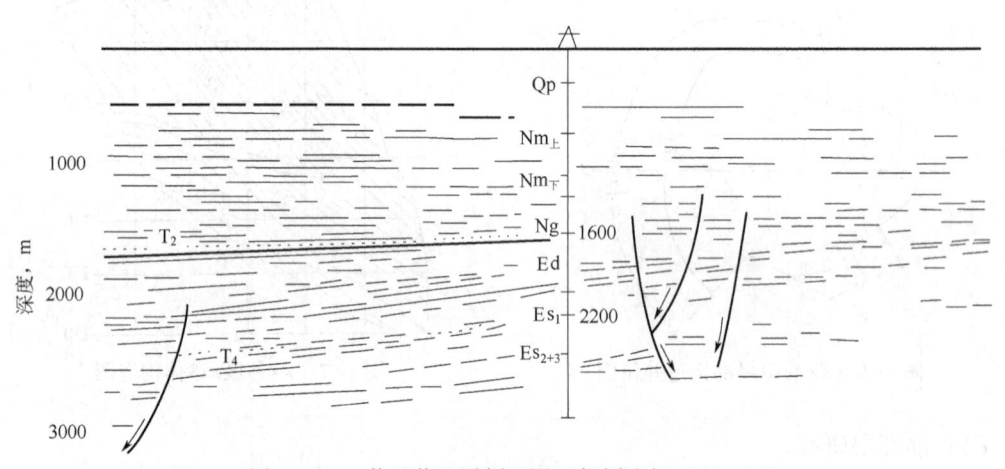

图 1-9　××井过井地震剖面图（据周志松，2003）

其他类别的探井研究工作均应按上述预探井工作进行，其中区域探井、地质井及水文井井位设计的研究工作根据资料的多少，研究内容可适当精简，而评价井均应加深研究。

3）报主管部门审批、确定井位

研究单位提交相应的成果报告、图件，填写《井位部署申报表》，供主管部门审批，最后确定井位。

2. 定向探井、水平探井井位设计

各类定向探井、水平探井井位设计与各类预探井井位设计的不同在于其地面与地下井位不一致。应根据地面、地下条件，设计出地下井位、靶区范围及靶心的垂直深度，确定最佳井眼轨迹，其中井眼轨迹设计是重点。

定向探井、水平探井井眼轨迹设计主要是在区域研究工作的基础上，依据二维和三维地震资料，开展储层预测和评价，采用速度分析、合成地震记录等多项技术，做出储层预测图、标准层反射构造图，从而进行井位设计和优选。如胜利油区成功钻探的 CK1 水平井，就是用三维地展资料进行精细的构造解释，并用合成地震记录识别层位、储层及储层的横向变化而设计的，其井身轨迹就是沿地层倾向、平行于地层不整合面钻探，钻遇不整合面下油层 19 层 211.5m，效果十分显著。

（四）开发井井位设计流程

开发井井位设计一般由各开发单位的地质研究部门根据整体开发部署提出单井（或整体）井位部署建议，经主管部门领导审查、批准后，同意实施的井位即以"定井位数据表"的形式发给设计部门。

开发井包括直开发井、定向井、侧钻井、水平开发井等，井位设计包括井位的提出、报批和确定。

1. 直开发井井位设计

直开发井井位设计同探井一样也包括三个阶段，但它是在地下地质条件基本掌握的情况下，在探明储量基础上进行的井位设计，其资料收集和研究工作有别于探井。

（1）资料准备：主要是收集开发区块所在区带或区域的石油地质条件，区块本身的构造、储层、流体、油藏开发等资料。

（2）井位部署研究：主要是采用精细油藏描述、高分辨率三维地震处理解释技术、数字模拟技术、现代试井技术、油藏工程技术等对开发区块进行整体研究、分析、评价，进一步明确掌握地下地质情况，为高效开发区块提出合理的井位部署建议。

① 区块整体井位部署建议。

以区块为开发单元，以建产能为目的，最大限度地提高油气采收率和经济效益而设计的区块的整体部署方案，可提出成批井位的部署建议。

② 补充完善井井位部署建议。

在区块开发一段时间后或开发后期，由于对油藏有了新认识或储层性能有了变化，为提高储量动用程度、提高注水开发效果、调整原有开发井网等，都要部署完善井或调整井。这类井的井位部署，一方面要充分研究静态地质资料，另一方面还必须仔细分析开发过程中的各项动态资料。在结合两类资料的基础上，提出完善井（调整井）井位建议。

（3）报主管部门审批、确定井位提交相应的成果报告、图件，填写《井位部署申报表》，报主管部门审批确定。

2. 定向井、侧钻井、水平开发井井位设计

各类定向井、侧钻井、水平开发井井位设计内容与定向探井、水平探井一样，重点也是井眼轨迹设计，其他内容与直开发井相同。

在这类开发井井位设计中，以水平井（特殊的生产井）的井眼轨迹设计难度最大，集地质研究和油藏工程于一体，需要多学科之间的配合和协作。其研究工作如下：

（1）立足于油藏描述，进行水平井区适应性筛选工作，包括油藏地质条件、油藏类型适应性筛选。

（2）充分收集和利用地震、录井、测井、岩心分析和试油试采资料，对水平井区目的层进行精细构造描述、储层展布、层内夹层和平面物性分析、沉积相带描述、流体性质分析、已钻井生产状况分析，建立水平井区精细三维地质模型。

（3）进行剩余油分布定量研究工作。
（4）预测水平井产量，进行经济评价等。

通过上述研究工作，优选出最佳的水平井位置和水平段轨迹，确定靶点个数及靶点坐标。

水平开发井井位确立后，提供《×水平井油藏地质设计书》作为钻井地质设计的依据。

（五）井位的提交和测定

根据勘探布置方案，对拟定的每口参数井、预探井和详探井必须将井位投在大比例尺的构造图上，附以过井"十字"地震时间剖面或地震解释剖面图、地层分层数据、预测油气层段位置等设计数据表。井位意见书由勘探室或勘探队提出，内容包括井位提出的依据、井号井别、井位经纬度或坐标位置、构造位置、地理位置、测线位置、与邻测线或邻井的关系、钻探目的、设计钻探目的层和井深、完钻原则、层位、取资料要求等。责任地质师签字生效。根据上级审批的开发方案提出开发井位，并由开发室、组提出井位实施的顺序和取资料要求，由开发地质师或油藏工程师签字负责。

钻井公司在承包钻井合同签字后，根据井位意见书或开发方案组织甲、乙方的地质、工程人员进行井位的现场勘测工作。井位勘测（石油天然气井位勘察测量）的主要工作包括两部分：一是根据井位的设计坐标，把设计井位测设到地面上，这个过程称为初测，初测时还要对新井周围的地物地貌进行测量和描述；二是经过钻井前的施工准备工作，摆筑好基础或安装好井架后，对测设的井位进行更新测量，这个过程称为复测。复测井位坐标与设计井位坐标对垂直井要求比较严格，参数井、预探井的误差小于30m，评价井（详探井）小于25m，开发井小于10m。对定向井和丛式井一般按照地面条件（地形、地物、建筑等）选择井场，其地下井位的设计误差范围同上述要求。井位测定后，现场地质人员、测量组长和钻井工程人员在井位意见书上签字，共同对井位踏勘测定质量负责。钻井完成后，井队应焊好带有井号标记的套管帽，井号要清晰，便于油井完成后，试油及油建施工人员识别无误。

井位勘测是油气田投入钻探开发施工的第一步，也是油田重要的基础性工作之一。油气田钻探开发施工的特点决定了钻井井位尤其是探井的井位勘测作业流动性大，同时对井位勘测也提出了两个特殊要求：一是准确，二是及时。尤其是在初测过程中，如果测量不准确，会导致单口井的全部施工作业过程报废，造成巨大的经济损失；如果不能及时测量，会引起大量钻探设备和人员的闲置和等待，延误油气田的生产运行进度。

井位勘测工程技术，从原理上可以分为两类：光电测量技术和GPS卫星定位技术。光电测量技术是传统的测量技术，是指使用传统的光电测量仪器进行井位测量野外施工，主要设备包括全站仪、经纬仪、测距仪、水准仪等，具有精度高、测量速度慢、受环境因素影响较大、对控制点的依赖性强等特点。GPS卫星定位技术是一种目前发展非常成熟的新兴测量技术，主要设备包括静态卫星定位仪、RTK卫星定位仪、星占卫星定位仪、信标卫星定位仪和手持卫星定位导航仪等，具有测量速度快、全天候测量、作业灵活、对控制点的依赖性低、精度可选性好等特点，此外还可以与电子地图挂接提供完善导航，简化测量程序。目前，井位勘测施工中GPS卫星定位技术正在逐步取代光电测量技术，而两种技术联合使用也能解决施工中的大量难题。

钻机就位前，地质人员要会同工程等相关人员到现场去踏勘落实井位。

1. 陆地井位测量

陆地井位测量一般要连测两次，平面误差不得大于3m，高程误差不得大于1m。探井、详探井井位的绝对误差必须小于20m。

2. 海上井位测量

由陆地三个及以上无线电台的台位控制三点或多点进行交会法定位，或利用卫星定位。

在工作船上，以接收无线电三个波道信号的定位仪或卫星信号接收器，通过导航在设计井位点的海面抛出浮标，由拖轮将钻井船或钻井平台导管架安放在标位指示的井位位置上。

目前要求就位位置与设计的误差不超过±50m；抛标就位进行复测后，必须把定位所取到的各项资料及时整理填表，若发现资料不齐全应马上补测。若就位位置与设计位置误差超过规定范围时，必须重新就位。

3. 直井井位测量

（1）收到井位坐标后，将坐标展绘在井位坐标图上，作为室内预选井口位置，在井口周围选出若干控制点，进行必要的计算，得到方位、距离、角度等数据，供现场测量使用。现场施工时，用控制点作为现场测量基准点（参照物），测量出井口的方位、距离。若在控制点稀少或边远新探区，必须采用卫星定位点进行现场井位测量。

（2）在地面找出预选井口后，应调查了解地面条件、道路情况、水源等，若符合钻井施工要求，在现场确定井位位置，并埋桩做出标志。现场井位一经落实，任何人都无权移动。

（3）若预选井口地面施工条件不理想，可依据井位允许移动范围，另选井口位置。

4. 定向井井位测量

对于定向井（单靶点、多靶点、水平井等），应根据坐标在井位构造图上标出靶点的平面位置，根据采油工艺、钻井工艺的要求，选择最佳的造斜井深、稳斜角、造斜率组合，确定水平投影长度；在井位构造图上，以最后一个靶点为起点，画出水平投影长度，其终点即为预选井口位置。一般可依据井位允许移动范围，沿井身轨迹水平投影在预选井口前后选几个后备项选井口位置，供现场测量落实。

5. 井位测量工序

（1）井位初测：根据预选井口位置，测量并计算出预选井口实际大地坐标，供立井架使用。

（2）井位复测：立井架后，钻机到位前，必须进行井位复测，所得测量坐标供钻井地质设计使用。

6. 井位落实的原则

（1）地面服从地下。钻探井的目的是找油、找气，这是一条基本原则，因施工等条件限制需移动井位时，如超过规定范围，必须请示上级批准。

（2）在地面服从地下的基础上还要考虑尽量不占或尽量少占耕地，不损坏或尽量少损坏庄稼、水渠、房屋等。

二、钻井地质设计书的编写

钻井地质设计由取得设计资格的设计单位来完成，其设计过程中也涉及多学科、多方面的技术。单井钻井地质设计的质量一方面取决于设计井区资料的多少和资料的可靠程度，另一方面取决于设计人员的业务素质、工作经验和设计工作中每一个环节的工作质量。

（一）钻井地质设计的主要内容

1. 探井钻井地质设计的主要内容

（1）基本数据：井号、井别、井位（井位坐标、井口地理位置、构造位置、测线位置）、设计井深、钻探目的、完钻层位、完钻原则、目的层等。

（2）区域地质简介：区域地层、构造及油气水情况、设计井钻探成果预测等。

（3）设计依据：设计所依据的任务书、资料、图幅等。

（4）钻探目的：根据任务书分别说明主要钻探目的层、次要钻探目的层，或是未查明地层剖面、落实构造。

（5）预测地层剖面及油气水层位置：邻井地层分层数据、设计井地层分层数据、设计井地层岩性简述、预测油气水层位置。

（6）地层孔隙压力预测和钻井液性能及使用要求：邻井地层测试成果、地震资料压力预测成果、邻井钻井液使用及油气水显示情况、邻井注水情况、设计井地层压力预测、设计井钻井液类型及性能要求。

（7）取资料要求：岩屑录井、钻时录井、气测或综合录井仪录井、地质循环观察、钻井液录井、氯离子含量分析、荧光录井、钻井取心、井壁取心、地球物理测井、岩石热解地化录井、选送样品、中途测试等的要求。

（8）井身质量及井身结构要求：井身质量要求（套管结构，套管外径、钢级、壁厚、阻流环位置及水泥上返深度）、定向井、侧钻井、水平井中靶要求（方位、位移、稳斜角、靶心半径等）。

（9）技术说明及故障提示：工程施工方面的要求，保护油气层的要求，保证取全取准资料的要求，施工中可能发生的井漏、井喷等复杂情况。

（10）地理及环境资料：气象、地形、地物资料。

（11）附图附表。

2. 开发井钻井地质设计的主要内容

开发井的钻井地质设计内容比探井少，一般不包括区域地质简介、地震资料预测压力、设计井地层岩性简述等内容。

（二）钻井地质设计的主要工作

1. 探井钻井地质设计

1）设计前的准备工作

（1）标定井位。

将设计井的坐标标定在井位图上，进行井位校对，同时在构造图上标出设计井位。如发现与下发的井位要求不符，应及时上报。

（2）收集资料。

① 区域资料：区域的地层、构造、油气水情况以及区域的石油地质条件，包括生油条件、储层条件、盖层条件、运移条件、圈闭条件、保存条件。

② 邻井和邻区实钻资料：邻井地层分层、钻探成果、试油成果，邻井钻井液使用情况、邻井注水情况，以及邻井实钻过程中出现的卡、喷、漏等复杂情况。无邻井时应收集邻区的

相关资料或野外露头剖面资料。

③ 井位部署（或论证）研究报告。

④ 过井和区域地震测线。

⑤ 各种相关图件：如区域构造图、目的层构造图、油藏预测剖面图等。

⑥ 其他资料：如古生物、岩矿、地化等资料。

2）单井设计工作

在收集区域各项资料的基础上完成单井设计的各项具体内容。

（1）设计地层剖面。

根据区域构造图、目的层构造图、过井地震测线，结合邻井实钻地层分层数据，设计出设计井将钻遇的层位及分层数据、断层数据、地层接触关系等，形成设计分层数据，编制出过井、邻井和设计井的地层对比图。在设计过程中要考虑下列情况：

① 设计井与邻井构造位置不同以及断层的影响，可能产生的岩性和厚度变化。

② 当邻井是定向井时，必须把邻井分层数据（斜深），通过邻井的实测井斜数据表，进行井斜处理，换算成垂深（铅直深度）数据供设计时使用。

③ 若区域没有邻井，则应根据地质图、综合柱状图、地震测线等有关图件，或邻区数据或野外露头剖面数据来确定设计井的层位和分层数据。

④ 在下达设计井深内不能完成钻探目的，或下达的设计井深超过钻探目的层后井段过长，以及预测的目的层可能不存在，或可能多出新的油层，是否需要钻探时，都应与有关单位协商解决，重新确定设计井的数据。

⑤ 设计井和邻井的地层分层、对比应根据录井、测井、地层鉴定等各方面的资料，提出统一的划分方案，建立区域三维地质模型。随着新井的钻探研究的深入，分层方案有可能要随之改变，必须重新进行统一分层，建立新的区域三维地质模型，保证设计的科学性。

⑥ 设计分层数据提出后，根据相应资料预测各层位的岩性组合，编绘出详细的设计井地层综合柱状图。

（2）编写设计井区域地质简介。

探井都要编写区域地质简介。主要内容包括：设计井所在的具体位置，设计井区域构造概况及构造发育史，地层在平面上的分布，地层厚度在纵向上的变化情况，设计井区块含油气情况、储层形态、物性、含油气特征等，区域上的钻探成果及设计井钻探成果预测。

（3）预测设计井的油气水层及其位置。

应用区域、地震测线、邻井油气显示、砂体的横向变化、圈闭层位等资料综合分析，确定设计井的主要目的层，并预测设计井油气水层的位置。如果井位设计时未考虑目的层上、下可能存在的油气层位置，应向有关方面提出建议，并在相应井段提出录取资料的要求。

（4）设计钻井液类型、性能及提出油气层保护要求。

① 资料收集：包括邻井实测压力资料，邻井钻井液使用资料，邻井注水资料，邻井或区域出现的卡、喷、漏、高压油气层等复杂情况资料，地震预测压力资料，预测油水层位置的储层物性等资料。

② 设计钻井液类型：目前主要有水基钻井液、油基钻井液、气体类流体（或钻井液）三大类。对钻井液类型的选择主要是要满足储层物性的需要，即钻井液类型应与储层岩石类型、油气层流体相配伍，不能引起储层岩石水敏、盐敏、酸敏、钻井液中的固相颗粒堵塞油气层等现象，而起到保护油气层的作用。

③ 设计钻井液性能：包括钻井液密度、黏度、失水、含砂量、pH 值等，其中最重要的是钻井液密度。密度大小的设计是在综合考虑邻井实测压力资料和实钻情况、地震预测压力资料的基础上，预测出设计井地层孔隙压力剖面，较油层附加值 0.05～0.1，气层附加值 0.07～1.15，即为设计的钻井液密度值。

④ 地质设计中对油气层保护措施的主要要求包括：按钻井液类型选好钻井液材料；按压力预测剖面，确定合理的井身结构；根据预测的钻井液性能和实钻过程中的压力检测情况，合理地调配钻井液性能，严格实施近平衡钻井或负压钻井。

对工程施工难度大、设计准确性难以保证的区块，要进行专题研究，以降低工程施工成本，保护好油气层。

(5) 设计资料录取项目。

根据设计井钻探目的和需解决的地质问题，设计好资料录取项目。

① 岩屑录井：设计取样井段、间距及特殊要求。区域探井、地质井等可从地面开始录井，一般探井可从目的层以上 200m 或某一标志层以上录取。

② 钻时、气测或综合录井仪录井：设计采集井段、间距及特殊要求。要求开启录井仪所有参数进行系统录井，注意油气显示的观察、录取和落实。

③ 地质循环观察：提出地质循环观察的地质目的、实施原则和要求。钻遇油气显示和其他重要地质现象时，都应设计停钻循环观察，以便落实和卡准油气层位置。

④ 钻井液录井和氯离子含量分析：设计录井井段、间距及特殊要求。

⑤ 岩石热解地化录井：设计录井井段、间距及分析内容。

⑥ 荧光录井：

a. 普通荧光录井：设计录井井段、间距、湿照、干照、滴照以及特殊要求。

b. 定量荧光录井：设计录井井段、间距。

⑦ 岩心录井：设计取心层位、目的、原则、预计井段、进尺及采样要求等。

在区域探井或新探区，可以在目的层段设计取心。一般有两种方式：

a. 见显示取心，即录井岩屑见油斑（或荧光）及以上级别的岩屑或气测见明显的异常显示或槽面见油气水显示，则立即停钻取心。

b. 取主要目的层，即在主要目的层段见储层，立即停钻取心，目的是了解主要目的层的含油气情况、储层物性情况等。

在老探区或比较熟悉的井区，可设计定层位取心。取心原则为取相当于邻井某油气层井段，设计的重点在于预测好该油气层井段在本井的深度。

⑧ 井壁取心：设计取心目的、原则、颗数及岩心质量和符合率要求。

⑨ 测井项目：测井项目、井段、比例尺及要求。

⑩ 其他录取资料：如中途测试、实物剖面或岩样汇集、分析化验采样等设计。

(6) 确定定向井、侧钻井、水平井的井身轨迹。

各类定向井、侧钻井、水平井与相应直井设计的区别在于井身轨迹的设计。

① 检查靶点数：油层井段连续厚度小于 50m 时，在油层顶界提供一个靶点；连续厚度大于 50m 时，在油层顶、底界各提供一个靶点，若为水平井，则不管油层厚薄，必须在水平段首尾各提供一个靶点。当水平段顶界垂深变化大时，应提供该段中间的控制坐标（控制靶点）。

② 计算中靶数据：计算方位、位移、稳斜角等，从地质要求方面确定合理的井眼轨迹，提出中靶半径要求（表 1-3）。

表 1-3 定向井靶区半径标准

垂直井深，m	靶区半径，m	垂直井深，m	靶区半径，m
1000	≤30	3000	≤80
1500	≤40	3500	≤100
2000	≤50	4000	≤120
2500	≤65	4500 以上	≤140

③ 根据计算结果检查靶点和油藏控制断层或边界之间的水平距离是否大于要求的靶区半径，是否符合钻井和采油工艺要求。

(7) 设计其他的内容。

① 井身质量要求：井斜、水平位移允许范围、井身轨迹要求等，并落实钻井轨迹能否满足勘探开发的要求。

② 设计各层套管直径、下深、阻流环位置、水泥返高等，遇高压油气井或特殊工艺时，要确定技术套管位置。

③ 故障提示：提示设计井将可能遇到的卡、喷、漏等复杂情况。

④ 特殊情况设计：对有关方面提出的特殊要求都要在设计中提出相应的要求。

(8) 完成相应的图件。

地质设计中应附下列图件：井位图（图1-10）、井身轨迹示意图（图1-11）、地层对比图、油藏剖面示意图（图1-8）、过井"十"字地震剖面图（图1-9）等。

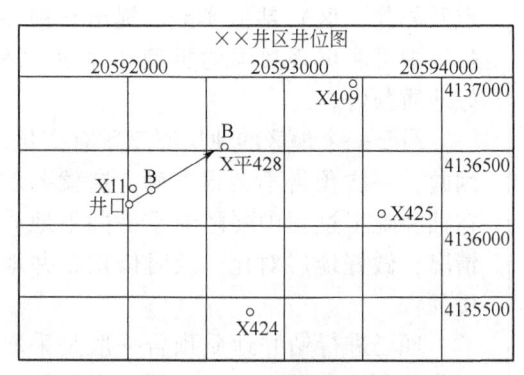

图 1-10 ××井区井位图

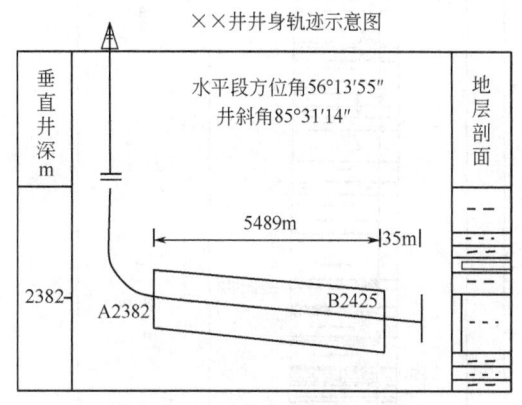

图 1-11 ××井井身轨迹示意图

2. 开发井钻井地质设计

开发井钻井地质设计工作按开发井内容设计，与探井钻井地质设计的工作相比，其应加深研究、精细设计的内容如下：

1) 收集资料

主要是详细收集邻井资料和各开发层系的精细构造图，特别是收集邻井采油、注水（汽）层位、动态压力等资料，了解油气层连通情况及注水（汽）后的影响，收集邻井储层物性资料和油、气、水性质资料，了解各项施工作业过程对储层和油、气、水层的不良影响。

2) 地层剖面设计

应以大量的邻井资料进行详细地层分析对比，精确设计地层剖面。

3）设计钻井液类型、性能及提出油气层保护要求

开发区块资料较多，为保护好油气层提供了基础。应以邻井物性资料和油气水性质资料、注（汽）水资料、动态压力资料，设计合理钻井液类型及性能，最大限度地保护好油气层，钻井地质设计是石油钻井、地质录井工作的第一个重要环节，在油气勘探和开发中起着重要的作用，且随着勘探难度的加大和市场经济的发展，其作用将会越来越大。

三、钻井地质预告

钻井地质预告是指导钻井和取全取准地质资料的重要保障。准确的钻井地质预告可以提高钻进速度和录井工作质量，并减少钻井事故的发生。图1-12是现场普遍应用的钻井地质预告图，主要包括预告剖面、预计油气水层位置和故障提示等内容。

容易引起钻井故障的地质因素很多，例如，松软的泥岩易发生垮塌或泥包钻头；松散的砂砾岩易坍塌、漏失；软硬交替地层易井斜；盐水层会破坏钻井液性能；高压油、气、水层易井喷；坚硬的砾石层会发生跳钻、蹩钻；碳酸盐岩地层发育溶洞、裂缝时可能发生漏失、放空、井喷等。

所以，在地质设计中应该按照地质构造特征、剖面岩性和油、气、水层特点及邻井（区）钻探实践，提出在钻井过程中可能出现故障的类型和井段，做好地质预告。

由于一个地区的地层厚度常有变化，因此，一次预告不会很准确，这就要求在钻井施工过程中要随时掌握井下地质情况，做好地层对比，及时修正钻井地质预告。

现场进行钻井地质预告一般是采取大段控制、分层对比、选用标志层及时校正深度的办法。这就是在仔细分析研究邻井或邻区资料的基础上，划分出特征比较明显的大套井段，然后有目的地捞取标志层岩屑，用标志层的深度变化校正地层层位，进行分段（大段）控制。

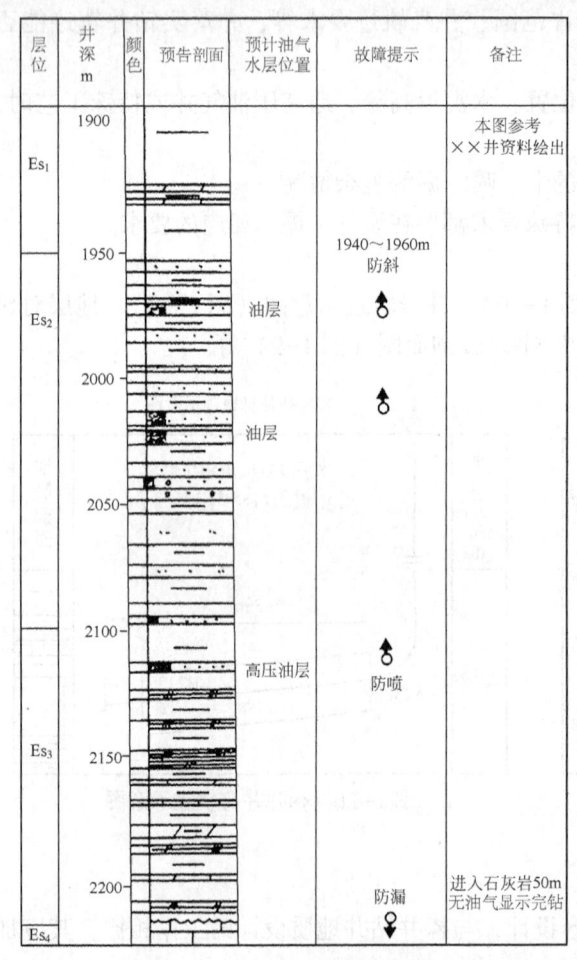

图1-12 ××井钻井地质预告图

显然，为了大段控制，选择标志层是十分重要的。

大段地层能够控制掌握，就为井下地层的层层预告打下了良好的基础。以邻井地层为依据，加强本井的小层对比，并从钻时曲线上找钻遇地层的层位、深度和厚度关系，对小层的深度和厚度变化进行比较准确的预告。

四、录井工程设计

录井工程设计的设计技术与钻井地质设计基本相同,主要是从工程施工的角度,对录井工程进行设计,制定施工措施,有利于录井现场施工。

(一)主要内容

1. 地质简介

提取《钻井地质设计书》中"地层构造概况"的主要内容,并根据邻井资料、区域资料、构造图和地震测线时间剖面完善相关内容。

2. 基本数据

按《钻井地质设计书》依次填写井号、井别、井位(井位坐标、井口地面海拔、地理位置、构造位置和测线位置)、设计井深、目的层、完钻层位、完钻原则、钻探目的及地层分层数据等内容。

3. 预测油气水层位置

根据区域资料和邻井资料,并参考《钻井地质设计书》中的相关内容,预测油气水层的位置。

4. 录井任务

根据《钻井地质设计书》和合同要求确定录井任务。该任务包括但不限于下列内容:

(1)确定录井项目,提出取全取准资料的要求(包括应执行的技术标准)。

(2)预测钻遇地层的岩性、厚度、潜山界面深度,确定钻井取心层位和完钻层位。

(3)确定录井剖面符合率、油气显示发现率和三项层位(钻井取心层位、潜山界面、完钻层位)卡准率的技术指标。

(4)提出对地层压力、H_2S气体、膏盐侵的随钻监测要求。

(5)提出录井信息汇报要求。

(6)提出资料整理和交付要求。

5. 录井设备

根据《钻井地质设计书》和合同要求,确定所需的录井设备及其主要技术指标。

6. 录井队伍

根据《钻井地质设计书》和合同要求,以及风险辨识结果,提出所需录井队伍的资质等级和录井人员的素质、数量、持证要求。

7. 关键录井施工环节及其质量控制

(1)关键录井施工环节。根据录井任务,确定各个关键录井施工环节。关键环节至少包括含油气显示的地质层位的确定。

(2)关键录井施工环节的质量控制。根据各个关键录井施工环节的技术特性,制定相应的质量保证措施,其内容包括但不限于:

① 相关单位和人员的质量职责与权限;

② 技术及技术管理要求;

③ 特殊要求。

8. 健康、安全、环保措施

根据设计井所在国家的法律法规以及地面环境条件和地质情况，制定录井健康、安全、环保措施。

9. 录井工程预算

根据合同约定或甲方认可的定额标准预算录井工程费用。

10. 设计依据

列出设计依据的主要文件（资料）名称，包括：钻井地质设计书及钻井地质补充设计书；录井合同；有关法律法规；有关标准；有关地震、录井、测井和试油资料。

11. 附表和附图

如果用附表和附图提供信息更有利于设计书的理解，则宜编制附表和附图。

（二）设计的基本工作程序

对每一口井的录井工程设计，设计人员也是接到任务并做好设计准备工作后，根据设计程序进行单井设计。

1. 设计前的准备工作程序

准备工作程序包括：了解掌握设计井的部署目的、地理位置和构造位置；收集、分析研究相关资料；除钻井地质设计包括的相关资料外，还应收集录井队伍、设备性能资料，健康、安全、环保资料等；学习、掌握钻井地质设计精神，明确录井任务和设计井施工关键环节等。

2. 单井设计工作程序

严格按 ISO 9000 质量管理体系控制设计质量，设计阶段的主要程序包括：通过钻井地质设计和相关资料的研究，编制详细的录井任务，确定完成录井任务所需录井队伍、设备和关键录井施工环节，并制定关键环节质量保证措施，制定录井健康、安全、环保措施，完成录井工程工程预算，完成相应的地质图件。

在录井工程设计书的编制工作程序上，应注意的事项：

(1) 录井工程设计书由取得相应设计资格认证的设计单位负责编制。
(2) 在设计过程中，若发现问题，及时议定解决方案，请示甲方，或以书面形式提出合理化建议，呈交甲方批准。
(3) 录井工程设计书由审核人审核或专家组审核。
(4) 录井工程设计书由批准人批准。
(5) 录井工程设计书的变更，应取得批准人的批准。
(6) 录井工程设计书封面应加盖设计单位的公章。

【任务实施】

一、目的要求

(1) 能够识读分析钻井地质设计；
(2) 能够根据钻井地质设计编制录井工程设计。

二、资料、工具

(1) 工作任务单；

(2)钻井地质设计案例。

【任务考评】

一、理论考核

(1)钻井地质设计的作用是什么？
(2)井分哪几类？
(3)各类井的命名原则是什么？
(4)水平井设计的主要工作有哪些？
(5)落实定向井井位需要哪些步骤？
(6)探井钻井地质设计的主要内容是什么？
(7)怎样进行地层剖面设计？

二、技能考核

(一)考核项目

在给定某井钻井地质设计基础上，编制录井工程设计。

(二)考核要求

(1)准备要求：工作任务单准备。
(2)考核时间：30min。
(3)考核形式：口头描述+笔试。

任务三 录井作业 QHSE 管理

【任务描述】

油气勘探企业的特点是技术难度大、生产风险大、规模影响大、领导责任大，基于这四点，我们必须要建立 QHSE 管理体系，因为 QHSE 是市场经济下企业生存、发展规律的总结。通过本任务学习要求学生能够正确树立安全质量意识，严格按照 QHSE 管理相关要求开展录井工作。

【相关知识】

一、QHSE 管理基础

(一)QHSE 管理体系的定义

QHSE 管理体系指在质量（quality）、健康（health）、安全（safety）和环境（environment）方面指挥和控制组织的管理体系。QHSE 管理体系是针对组织的质量、职业健康、安全及环境方面所涉及的过程、资源、程序和组织结构等多个要素构成的相互关联、相互作用的有机整体，是一体化的管理体系。组织可通过体系策划、方针目标的设置、管理体系的运行和控制，最终实现组织的质量健康安全环境方针和目标，达到让顾客、员工、社会满意。

（二）QHSE 管理体系的方针

最高管理者应确保质量健康安全环境方针：
（1）与组织的宗旨相适应，不能与上级组织的方针相违背。
（2）对满足法律、法规及其他要求、持续改进 QHSE 管理体系、保持预防措施有效性的承诺。
（3）提供制定和评审质量健康安全环境目标的框架。
（4）在组织内及其他相关方得到沟通和理解。
（5）在持续适宜性方面得到定期评审。

（三）QHSE 管理体系的目标

满足顾客的需求、保证员工的安全、保护周边的环境，即最大限度地满足顾客的需求，做到无事故、无伤害、无损失。
（1）组织建立和实施质量健康安全环境管理体系的目的是持续提高组织质量健康安全和环境管理的整体水平。
（2）相关职能包括生产运行、技术开发、质量、职业健康安全、计划财务、企管营销、销售管理职能，各层次通常指决策层、管理层和操作层。
（3）质量健康安全环境目标的制定要求：目标应与质量健康安全环境方针和持续改进承诺相一致；目标不应低于现状，也不应过高，应通过努力可以实现；目标应为组织员工理解和接受，并转化为其责任和任务，并能激发其工作热情；目标是否达到，届时可测量评价。
（4）质量健康安全环境管理评审对目标的评审结果和改进要求；法律、法规、合同要求和相关方特别是顾客的要求；组织自身的经济技术状况，即目标应符合组织的实际，满足经济上、技术上的可行性。

（四）QHSE 管理体系的特性

QHSE 管理体系有整体性、层次性、持久性、适应性四个特性，是全员、全方位和全过程的管理体系。

（五）QHSE 工作方法与重点

（1）工作方法：实施 PDCA 循环，PDCA 循环是计划（plan）、执行（do）、检查（check）和行动（act）的循环过程，不仅是整个体系的循环，同时也是某项管理业务的循环。
（2）工作重点：通过过程识别和控制规范管理，通过风险控制避免各类事故。

（六）QHSE 体系八大原则

1. 以顾客、员工和社会为关注焦点

组织依存于顾客、员工和社会。组织应当理解顾客、员工和社会当前和未来的需求，满足顾客、员工和社会要求并争取超越顾客、员工和社会的期望。

2. 领导作用

领导者确立组织统一的宗旨及方向。他们应当创造并保持使员工能充分参与实现组织目标的内部环境。

3. 全员参与

各级人员都是组织之本,只有他们充分参与,才能使他们的才干为组织带来收益。

4. 过程方法

将活动和相关的资源作为过程进行管理,可以更高效地得到期望的结果。

5. 管理的系统方法

将相互关联的过程作为系统加以识别、理解和管理,有助于组织提高实现目标的有效性和效率。

6. 持续改进

持续改进总体业绩应当是组织的一个永恒目标。

7. 基于事实的决策方法

有效决策是建立在数据和信息分析的基础上。

8. 与相关方互利的关系

组织与相关方是相互依存的,互利的关系可增强双方创造价值的能力。

二、QHSE管理实例——某录井工程公司QHSE管理实务

地质工是现场录井队的每位地质队人员,公司在地质QHSE管理方面有全面的相关文件及操作规程,每位初次进入现场的新员工都应通读一遍现场《QHSE作业计划书》及《应急预案》明确本井的质量目标、危险点源分布、安全注意事项、防范措施及危险事故应急流程,同时在工作中注意保护环境。

(一)管理者承诺和方针目标

1. 管理者承诺

遵守国家、地方的各项法律、法规和上级部门制定的规定;树立安全第一的指导思想,积极维护员工健康;落实环境保护措施,避免环境污染;建立和实施QHSE管理体系并持续改进,不断提高产品服务质量。

2. QHSE方针和目标

1) QHSE方针

(1) 质量方针:精细录井,科学评价;严密监测,准确预报。

(2) 健康、安全与环境方针:安全第一,预防为主;维护健康,防止污染;以人为本,全员参与;遵守法规,持续改进。

2) QHSE目标

(1) 质量目标:顾客满意度80%;岩心卡取率90%;油气发现率100%;工程预报率100%。

(2) 健康、安全与环境目标:三年度员工体检率大于98%;向无事故、无污染目标迈进;为员工创造一个美好的工作环境。

(二)组织结构

(1) 生产管理网络图、QHSE管理网络图(图1-13、图1-14)。

图 1-13 生产管理网络图

图 1-14 HSE 管理网络图

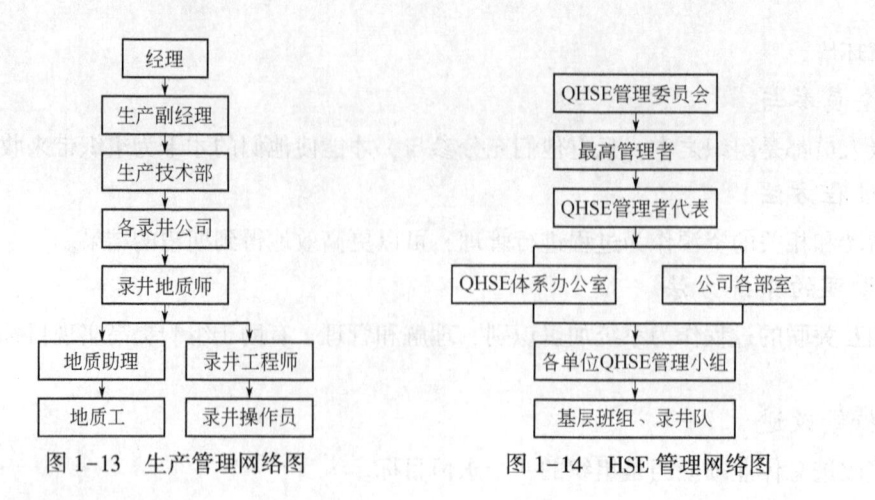

（2）地质录井作业流程图、危险点源及岗位位置图（图 1-15、图 1-16）。

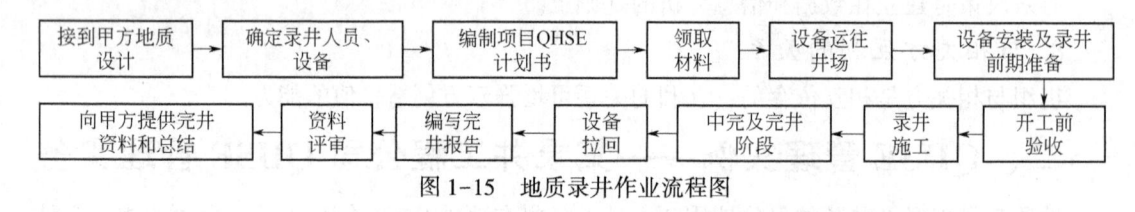

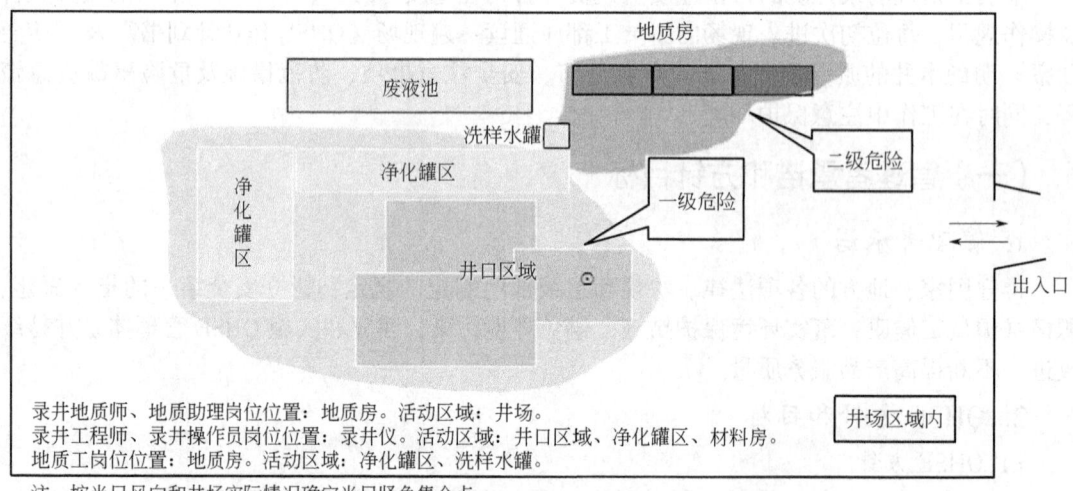

图 1-15 地质录井作业流程图

图 1-16 地质录井危险点源及各岗位位置示意图

三、岗位风险控制

（1）录井地质师岗位（表 1-4）。

表 1-4 录井地质师岗位风险控制

风险	控制措施
1. 触电	（1）电路检修时，放置"严禁合闸"标识或派专人看守。 （2）教育非维修人员禁止接触线路和拆卸用电设备
2. 着火	（1）教育员工上岗穿戴劳保用品。 （2）井场严禁吸烟，未办理手续不准动火

续表

风险	控制措施
3. 机械伤害	（1）严格执行操作规程。 （2）要求操作人员禁止在高压、高转速等状态下进行安装、检修
4. 井喷	（1）及时向钻井施工单位提供地层压力监测数据。 （2）对可能出现井喷的井段应按规定做好地质交底
5. 硫化氢中毒	对可能出硫化氢的井应配备防毒面具
6. 设备噪声	空压机、抽样泵等设备进行整改，减少设备噪声
7. 高处坠落	梯子和防护栏等进行整改加固
8. 颠簸	要求驾驶员按规定的速度行驶
9. 高温中暑、低温冻伤	（1）做好防暑降温工作，配备防暑降温药品。 （2）要求穿劳动保护用品
10. 不可预见性事故如洪水、风暴等	及时收集预报信息
11. 生活、录井环境脏、乱、差	（1）要求在固定废物点倒垃圾及废弃物。 （2）按时打扫环境卫生
12. 交通事故	（1）严禁驾私家车上下井或往返区块指挥部工作。 （2）严禁擅自搭乘便车往返井场或区块指挥部工作
13. 突发性疾病、急性传染病	搞好现场卫生、做好预防准备工作
14. 测井中子源辐射	在进行有中子源辐射的测井时，协助录井地质师通知录井人员远离中子源放置区、远离测井作业中的井口

（2）录井操作员岗位（表1-5）。

表1-5　录井操作员岗位风险控制

风险	控制措施
1. 触电	（1）加强每班的巡回检查，发现线路老化或裸露现象要及时汇报和整改。 （2）经常检查接地装置、接地桩经常浇水。 （3）经常检查漏电保护器，发现失灵及时更换
2. 着火	（1）井场严禁吸烟、未办理手续不准动火。 （2）检查线路、用电设备等情况，发现线路老化或短路、负荷过重现象要及时汇报和整改
3. 机械伤害	（1）严格执行操作规程。 （2）文明检修，施工工具、设备摆放整齐。 （3）注意力集中，上夜班岗前应有充足的睡眠。 （4）上岗穿戴劳保用品
4. 井喷	做好气测、工程录井监测和钻井液密度测量，发现异常及时预报。紧急时按应急预案处置
5. 高处坠落	使用或正确使用安全带等防护用品及装置，注意力集中
6. 颠簸	选择较好的路线，降低车速，要求驾驶员按规定的速度行驶
7. 不可预见性事故如洪水、风暴等	做好预防准备工作
8. 生活、录井环境脏、乱、差	按时打扫环境卫生
9. 交通事故	（1）严禁驾私家车上下井或往返区块指挥部工作。 （2）严禁擅自搭乘便车往返井场或区块指挥部工作

（3）地质工岗位（表1-6）。

· 35 ·

表1-6 地质工岗位风险控制

风险	控制措施
1. 触电	(1) 加强每班的巡回检查,发现线路老化或裸露现象要及时汇报和整改。 (2) 经常检查接地装置、接地桩经常浇水。 (3) 经常检查漏电保护器,发现失灵及时更换
2. 着火	(1) 井场严禁吸烟、未办理手续不准动火。 (2) 经常检查线路和用电设备,发现线路老化或短路、负荷过重现象要及时汇报和整改
3. 机械伤害	(1) 严格执行操作规程。 (2) 文明检修,施工工具、设备摆放整齐。 (3) 注意力集中,上夜班岗前应有充足的睡眠。 (4) 上岗穿戴劳保用品
4. 井喷	做好气测、工程录井监测和钻井液密度测量,发现异常及时预报
5. 高处坠落	使用或正确使用防护用品及装置。注意力集中
6. 颠簸	选择较好的路线,降低车速。要求驾驶员按规定的速度行驶
7. 不可预见性事故如洪水、风暴等	做好预防准备工作
8. 生活、录井环境脏、乱、差	按时打扫环境卫生
9. 交通事故	(1) 严禁驾私家车上下井或往返区块指挥部工作。 (2) 严禁擅自搭乘便车往返井场或区块指挥部工作

(4) 地质助理岗位（表1-7）。

表1-7 地质助理岗位风险控制

风险	控制措施
1. 触电	(1) 加强每班的巡回检查,发现线路老化或裸露现象要及时汇报和整改。 (2) 经常检查接地装置、接地桩经常浇水。 (3) 经常检查漏电保护器,发现失灵及时更换
2. 着火	(1) 井场严禁吸烟、未办理手续不准动火。 (2) 经常检查线路和用电设备,发现线路老化或短路、负荷过重现象要及时汇报和整改
3. 机械伤害	(1) 严格执行操作规程。 (2) 文明检修,施工工具、设备摆放整齐。 (3) 注意力集中,上夜班岗应有充足的睡眠。 (4) 上岗穿戴劳保用品
4. 井喷	做好气测、工程录井监测和钻井液密度测量,发现异常及时预报
5. 高处坠落	使用或正确使用防护用品及装置。注意力集中
6. 颠簸	选择较好的路线,降低车速。要求驾驶员按规定的速度行驶
7. 不可预见性事故如洪水、风暴等	做好预防准备工作
8. 生活、录井环境脏、乱、差	按时打扫环境卫生
9. 交通事故	(1) 严禁驾私家车上下井或往返区块指挥部工作。 (2) 严禁擅自搭乘便车往返井场或区块指挥部工作

【任务实施】

一、目的要求

(1) 能够识别录井工作安全风险；
(2) 能够叙述地质录井工作中各岗位的安全防范措施。

二、资料、工具

(1) 工作任务单；
(2) 地质录井虚拟技术实训室。

【任务考评】

一、理论考核

(1) QHSE 管理体系的定义？
(2) QHSE 系列标准有哪些？请应用网络查询阅读。
(3) 录井地质师岗位风险点及控制措施是什么？
(4) 录井技术员岗位风险点及控制措施是什么？
(5) 录井地质工岗位风险点及控制措施是什么？
(6) 地质助理岗位风险点及控制措施是什么？

二、技能考核

（一）考核项目

在地质录井虚拟技术实训室叙述地质录井工作中各岗位的安全防范措施。

（二）考核要求

(1) 准备要求：工作任务单准备。
(2) 考核时间：30min。
(3) 考核形式：口头描述+笔试。

任务四　相关录井工程资料的收集

【任务描述】

在油气勘探中，录井工作起着至关重要的作用，被称为"钻井的参谋、勘探的眼睛"。录井过程中钻井资料的有效收集填写是钻井进程、油气层发现的有力保障。工作中，地质值班人员需认真负责，根据现场所观察到的现象，用文字按规定要求记录当班工程简况、录井资料收集情况、油气水显示情况等工作成果，为油气藏开发提供一手原始资料。本任务主要介绍地质观察记录的填写内容及方法，不同工程情况下地质观察记录的填写内容不同，需重点分析钻进过程中有关几种特殊情况下的资料收集。通过本任务学习，要求学生能够正确填写地质观察记录，正确收集相关录井工程资料。

【相关知识】

一、地质观察记录的填写

地质观察记录是地质值班人员根据现场所观察到的现象，用文字按规定要求记录下来的工作成果，是重要的第一性原始资料。观察记录的填写是地质录井工作的一项重要内容，填写得好坏与否直接关系到地质资料的齐全准确，甚至影响油气田的勘探开发。举例来说，如果油气显示资料记录不全不准，就会影响资料的整理，影响试油层位的确定。因此，有经验的现场地质人员都非常重视这项工作。

地质观察记录填写的内容包括以下几项。

（一）工程简况

按时间顺序简述钻井工程进展情况、技术措施和井下特殊现象，如钻进、起下钻、取心、电测、下套管、固井、试压、检修设备及各种复杂情况（跳钻、蹩钻、遇阻、调卡、井喷、井漏等）。

第一次开钻时，应记录补心高度、开钻时间、钻具结构、钻头类型及尺寸、用清水开钻或钻井液开钻。

第二、三次开钻时，应记录开钻时间、钻头类型及尺寸、水泥塞深度及厚度、开钻钻井液性能。

（二）录井资料收集情况

录井资料收集情况是观察记录的主要内容之一，填写时应力求详尽、准确。一般应填写下列内容：
(1) 岩屑：取样井段、间距、包数，对主要的岩性、特殊岩性、标准层应进行简要描述。
(2) 钻井取心：取心井段、进尺、岩心长、收获率、主要岩性、油砂长度。
(3) 井壁取心：取心层位、总颗数、发射率、收获率、岩性简述。
(4) 测井：测井时间、项目井段、比例尺以及最大井斜和方位角。
(5) 工程测斜：测时井深、测点井深、斜度。
(6) 钻井液性能：相对密度、黏度、失水率、含砂率、切力、pH值等。

（三）油、气、水显示

将当班发现的油、气、水显示按油、气、水显示资料应收集的内容逐项填写。

（四）其他

填写迟到时间实测情况，正使用的迟到时间，当班工作中遇到的问题和下班应注意的事项。

二、在钻进过程中有关几种特殊情况的资料收集

在钻进过程中的特殊情况包括钻遇油气显示、钻遇水层、中途测试、原钻机试油、井涌、井喷、井漏、井溺、跳钻、蹩钻、放空、调阻、遇卡、卡钻、泡油、倒扣、套铣、断钻具、掉钻头（或掉牙轮或掉刮刀片）、打捞、井斜、打水泥塞、侧钻、卡电缆、卡取心器以及井下落物等。出现这些情况对钻井工程和地质工作有不同程度的影响。钻进中遇到这些情况时，收集好有关的资料，对于制定工程施工措施、搞好地质工作都有一定的意义。

下面对常见的一些特殊情况下的资料收集作简要介绍。

（一）钻遇油气显示

钻遇油气显示时应收集下列资料：
(1) 观察钻井液槽面变化情况。
① 记录槽面出现油花、气泡的时间，显示达到高峰的时间，显示明显减弱的时间。

② 观察槽面出现显示时油花、气泡的数量占槽面的百分比，显示达到高峰时占槽面的百分比，显示减弱时占槽面的百分比。

③ 油气在槽面的产状、油的颜色、油花分布情况（呈条带状、片状、星点状及不规则形状）、气泡大小及分布特点等。

④ 槽面有无上涨现象，上涨高度有无油气芳香味或硫化氢味等。必要时应取样进行荧光分析和含气试验等。

（2）观察钻井液池液面的变化情况。应观察钻井液池面有无上升、下降现象，上升、下降的起止时间，上升、下降的速度和高度，池面有无油花、气泡及其产状。

（3）观察钻井液出口情况。油气侵严重时，特别是在钻穿高压油气、水层后，要经常注意钻井液流出情况，是否时快时慢、忽大忽小，有无外涌现象。如有这些现象，应进行连续观察，并记录时间、井深、层位及变化特征。

（4）观察岩性特征，取全取准岩屑，定准含油级别和岩性。

（5）收集钻井液相对密度、黏度变化资料。

（6）收集气测数据变化资料。

（7）收集钻时数据变化资料。

（8）收集井深数据及地层层位资料

（二）钻遇水层显示

钻遇水层时应收集钻遇水层的时间、井深、层位；收集钻井液性能变化情况；收集钻井液槽和钻井液池显示情况；定时或定深取钻井液滤液做氯离子滴定，判断水层性质（淡水或盐水）。

（三）中途测试

中途测试应收集的资料有：

（1）基本数据：井号、测试井深、套管尺寸及下深、调试层井段、厚度、测试起止时间、测试层油气显示情况和测井解释情况（包括上、下邻层）、井径。

（2）测试资料。

① 非自喷测试资料。

a. 测试管柱数据：测试器名称及测试方法仪下深、压力计下深、坐封位置、水垫高度。

b. 测试数据：坐封时间、开井时间、初流动时间、初关井时间、终流动时间、解封时间、初静压、初流动压力、初关井压力、终流动压力、终关井压力、终静压、地层温度。

c. 取样器取样数据：油、气、水量，高压物性资料。

d. 测试成果：回收总液量，折算油、气、水日产量。

② 自喷测试资料。

a. 自喷测试地面资料：放喷起止时间，放喷管线内径或油嘴直径，管口射程，油压，套压，喷口温度，油、气、水日产量，累计油、气、水产量。

b. 自喷测试井下资料：

高压物性取样资料包括饱和压力、原始气油比、地下原油黏度、地下原油密度、平均溶解系数、体积系数、压缩比、收缩率、气体密度。

地层测压资料包括流压、流温、静压、静温、地温梯度、压力恢复曲线。

（3）地面油、气、水样分析资料。

（四）原钻机试油

原钻机试油应收集的资料包括：

（1）基本数据。井号、完钻井深、油层套管尺寸及下深、套补距、阻流环位置、管内水泥塞顶深、钻井液密度、黏度、试油层位、井段、厚度、测井解释结果。

（2）通井资料。通井时间、通井规外径、通井深度。

（3）洗井资料。洗井管柱结构及下深、洗井时间、洗井方式、洗井液性质及用量、泵压、排量、返出液性质、返出总液量、漏失量。

（4）射孔资料。时间、层位、井段、厚度、枪型、孔数、孔密、发射率、压井液性质、射孔后油气显示、射孔前后井口压力等。

（5）测试资料。资料类型同中途测试应收集的测试资料。

（五）井涌、井喷

井内液体喷出转盘面1m以上称为井喷，喷高不到1m或钻井液出口处液量大于钻井泵排量称为井涌。

发生井涌、井喷时应收集记录下列资料：

（1）井涌、井喷的起、止时间及井深、层位、钻头位置。

（2）指重表悬重变化情况，泵压变化情况。

（3）喷、涌物性质、数量（单位时间的数量及总量）及喷、涌方式（连续或间歇喷、涌），喷出高度或涌势。

（4）井涌及井喷前、后的钻井液性能。

（5）放喷管线压力变化情况。

（6）压井时间、加重剂及用量，加重过程中钻井液性能的变化情况。

（7）取样做油、气、水试验。

（8）井喷原因分析及其他工程情况液、起下钻等工作。

（六）井漏

井漏时应收集下列资料：

井漏起止时间、井深、层位、钻头位置；漏失钻井液量（单位时间漏失的钻井液量及漏失的总量）；漏失前后及漏失过程中钻井液性能及其变化；返出量及返出特点，返出物中有无油、气显示，必要时收集样品送化验室分析；堵漏时间、堵漏物名称及用量，堵漏前后井内液柱变化情况，堵漏时钻井液退出量；堵漏前后的钻井情况，以及泵压和排量的变化。此外，还应分析记录井漏原因及处理结果。

（七）井塌

井塌是指井壁坍塌，主要是由于地层被钻井液浸泡后造成的垮塌。井塌容易堵塞井眼、埋死钻具、引起卡钻或因垮塌堵塞钻井液循环空间而造成憋泵，将地层憋漏。比较严重的井壁坍塌是有先兆的，或者在刚开始出现时就可以从一些现象间接观察到，如钻具转动不正常，泵压突然升高（憋漏时降低）、岩屑返出也不正常等。井塌时应分析井塌的原因，查明可能出现井塌的井深、岩性，以备讨论处理措施时参考，同时还应记录泵压、钻井液性能变化情况、处理措施及效果。

（八）跳钻、蹩钻

钻进中钻头钻遇硬地层（如石灰岩、白云岩或胶结致密的砾岩）时，常不易钻进，并且使钻具跳动。这种钻具跳动的现象就是跳钻。跳钻、钻具损坏也容易造成井斜。

在钻进中，因钻头接触面受力及反作用力不均匀，使钻头转动时产生蹩跳现象，这就是蹩钻。刮刀钻头钻遇硬地层或软硬间互的地层时常产生蹩钻现象。

在跳钻或蹩钻时应记录井深、地层层位、岩性、转速、钻压及其变化、处理措施及效果。但须注意的是应把地层引起的跳钻、蹩钻现象与因钻头旷动、磨损、井内落物引起的跳钻、蹩钻现象区别开来。

（九）放空

当钻头钻遇溶洞或大裂缝时，钻具不需加压即可下放而有进尺，这种现象就叫放空。放空少者几寸，多者几米，由溶洞或裂缝的大小而定。遇到放空时要特别注意井漏或井喷发生。放空时应记录放空井段、钻具悬重、转速变化、钻井液性能及排量的变化，是否有油气显示等。如同时发生井漏、井喷，则应按井漏、井喷资料收集内容做好记录。

（十）遇阻、遇卡

由于井壁坍塌、滤饼黏滞系数大、缩径井段长、循环短路、井眼形成"狗腿子"等原因都可能引起遇阻、遇卡。有时钻井液悬浮力差，岩屑不能返出也可能引起遇阻、遇卡。遇阻、遇卡时应记录遇阻、遇卡的井深、地层层位，遇阻时悬重减少数，遇卡时悬重增加数及原因分析、处理情况等。

（十一）卡钻

由于种种原因使遇阻、遇卡进一步恶化，造成井中的钻具不能上提或下放而被卡死，这就是钻井工程中的卡钻。

常见的卡钻有井壁黏附卡钻、键槽卡钻、砂桥卡钻或井下落物造成卡钻等。

卡钻以后，地质人员应记录好卡钻时间、钻头所在位置、钻井液性能、钻具结构、长度、方入、钻具上提下放活动范围、钻具伸长和指重表格数的变化情况。同时应及时计算卡点，根据岩屑剖面或测井资料查明卡点层位、岩性，以便分析卡钻原因，采取合理解卡措施。

卡点深度计算公式如下：

$$H = KL/P \tag{1-1}$$
$$K = EF/10^5 = 21F$$

式中　H——卡点深度，m；

　　　L——钻杆连续提升时平均伸长，cm；

　　　P——钻杆连续提升时平均拉力，tf；

　　　K——计算系数；

　　　E——钢材弹性系数，为 $2.1 \times 10^6 \text{kgf/cm}^2$；

　　　F——管体横截面积，cm^2。

卡钻事故发生后，一般都是上提、下放钻具或转动钻具，并循环钻井液，以便迅速解卡。如果这些方法无效或无法进行时，常采用下列方法进行解卡：

1. 泡油

泡油是较常用的一种解卡办法。由于泡油的结果必然会使钻井液大量混油，从而污染地层，造成一些假油、气显示现象。因此，在泡油时，地质人员应详尽记录好油的种类、数量、泡油井段、泡油方式(连续或分段进行)、泡油时间、替钻井液情况及处理过程并取样保存。这些资料数据的记录对于岩屑描述、井壁取心描述和气测、测井资料的分析应用有相当重要的参考意义。

一般情况下，应使卡点以下全部钻具泡上油，并使钻杆内的油面高于管外油面。泡油时，必须用专门配制的解卡剂，一般不用原油和柴油。

还须注意的是，对于已经钻遇油、气、水层的井，特别是钻遇高压油、气、水层的井，泡油量不能无限度的加大。若泡油量太大，将使井筒内钻井液柱的压力小于地层压力，导致井涌、井喷等新情况的出现，不但不能解卡，反而会使事故恶化。在这种情况下，地质人员应提供较确切的油、气、水显示及地层压力资料，以备计算泡油量时参考。

2. 倒扣和套铣

当卡钻后泡油处理无效时，就要倒扣或套铣。

倒扣时钻具的管理及计算是相当重要的，尤其是在正扣钻具与反扣钻具交替使用的情况下，更应做到认真细致。否则，由于钻具不清或计算有误，都可能造成下井钻具的差错，影响事故的处理。因此，值班人员应详细了解、记录落井钻具的结构、长度、方入、倒扣钻具以及落井钻具倒出情况。

套铣时除记录钻具的变化情况外，还应记录套铣筒尺寸、套铣进展情况等。

3. 井下爆炸

在井比较深，且卡点位置也比较深的情况下，当采用其他解卡措施无效时，常被迫采用井下爆炸，以便迅速恢复钻进。井下爆炸时，应收集预定爆炸位置、井下遗留钻具长度以及实探爆炸位置、实际所余钻具长度。爆炸结束后，打水泥塞侧钻时，还应收集有关的资料数据。

（十二）断钻具、落物及打捞

(1) 断钻具：钻具折断落入井内称为断钻具。可以从泵压下降、悬重降低判断出来。断钻具时应收集落井钻具结构、长度、钻头位置、鱼顶井深、原因分析及处理情况。

(2) 落物：指井口工具、小型仪器落入井内。如掉入测斜仪、测井仪、榔头、掉牙轮、扳手或电缆等。落物时应收集落物名称、长度、落入井深、处理方法及效果。

(3) 打捞：在打捞落井钻具及其他落物时除收集落鱼长度、结构及鱼顶位置外，还应收集打捞工具的名称、尺寸、长度，以及打捞时钻具的结构、长度、打捞经过及效果。必须强调指出的是，在打捞落井钻具时，地质人员应准确计算鱼顶方入、选扣方入、造好扣时的方入，并在方钻杆上分别做好记号，以便配合打捞工作的顺利进行。

（十三）打水泥塞和侧钻

在预计井段用一定数量的水泥把原井眼固死，然后重新设计钻出新井，就是打水泥塞和侧钻的过程。当井斜过大，超过质量标准或井下落入钻具和其他物件，不能再打捞时，都采用打水泥塞侧钻的办法处理。事前，地质人员应查阅有关地质资料，配合工程人员，选择合理的封固井段及侧钻位置。此外，应收集以下资料：

(1) 打水泥塞时应记录预计注水泥井段、水泥面高度、厚度及打水泥塞的时间和井深、注入水泥量、水泥浆相对密度（最大、最小、平均）、注入井段。

（2）侧钻时应记录水泥面深度、侧钻井深、钻具结构，同时要注意钻时变化和返出物的变化，为准确判断侧钻是否成功提供依据。

（3）侧钻时需作侧钻前后的井斜水平投影图，求出两个井眼的夹壁墙，以指导侧钻工作的顺利进行。

另外，由于侧钻前后的两个井眼中同一地层的厚度和深度必然不同，以致相应录井剖面也不相同。因此，在侧钻过程中，应从侧钻开始时的井深开始录井，避免给岩屑剖面的综合解释工作带来麻烦。

【任务实施】

一、目的要求

（1）能够正确填写录井观察记录；
（2）能够根据虚拟钻进过程中有关特殊情况收集相关录井资料。

二、资料、工具

（1）工作任务单；
（2）录井观察记录案例。

【任务考评】

一、理论考核

（1）地质观察记录填写的内容包括哪些？
（2）什么是中途测试？
（3）什么是井涌、井喷、井漏？
（4）什么是遇阻？
（5）什么是跳钻？
（6）什么是蹩钻？
（7）什么是泡油？
（8）什么是落鱼？
（9）什么是倒扣？
（10）什么是套铣？

二、技能考核

（一）考核项目

各种钻井事故下地质观察记录填写（表1-8、表1-9）。

表1-8 填写地质观察记录

序号	考核内容	考核要求	评分标准	配分
1	工程简况	要求按时间顺序简述钻井过程的进展情况、技术措施和井下特殊现象。要明确填写的具体内容。要按照填写要求填写开钻、井漏、侧钻、卡钻、泡油、打捞、填井等简明情况。当班遇到的必须填写，没有遇到可不填	未按要求填写，错一处扣1分；填写内容不全，少一项扣2分；各项内容未按规定填写，错一处扣0.5分	20

续表

序号	考核内容	考核要求	评分标准	配分
2	录井资料收集情况	要按照录取资料的填写要求详尽、准确地填写。要重点填写岩屑录取情况、钻井取心情况、井壁取心情况及测井情况,同时要求填写测斜情况及钻井液性能情况。各项内容必须按填写规定填写	内容不全,少一项扣2分;数据每错一处扣2分;特殊情况未按要求填写扣3分	35
3	地层、岩性、油气水显示	要求简明填写钻遇地层、岩性、油气水显示情况。各项内容要按具体填写要求执行,不能漏、错。没有油气水显示时要求填写"无显示"	内容不全,少一大项扣10分;小项内容填写不全,少一项扣1分;数据错一处扣1分;特殊情况未按要求填写,少一项扣1分;无油气水显示未注明扣3分	35
4	其他情况	要求根据实际情况填写当班遇到的其他情况,要简明填写迟到时间情况、井控观察等。对于特殊问题应给予记录。如设计变更情况、新增施工项目的原因、洗砂水质、录井资料质量情况及原因、设备运转情况及工程参数等	内容不全,少一项扣2分;对于特殊情况,记录少一项扣1分;数据错一处扣1分	10
合计				100
备注	时间为20min。要求填写1个班的记录情况		考评员签字: 年　　月　　日	

表1-9 地质观察记录表

观察记录						
日期		年　月　日		班次		值班人	
接班井深			交班井深			进尺	
捞岩屑总包数					审核人		
钻具情况	钻头规范×长度				岩心筒长		
	钻铤+配合接头长				钻杆长		方入	
地层、岩性、油气水综述及其他情况						
工程参数	钻压,kN		泵压,MPa		排量,L/min		转盘转数,r/min	

(二)考核要求

(1) 准备要求:工作任务单准备。

(2) 考核时间:30min。

(3) 考核形式:口头描述+笔试。

项目二　钻井井深监控

录井技术以直观快捷的方式反映着井下地质信息，钻井井深的监控是地下地质信息可靠性的第一保障，同时也是钻井作业进程的有力监控指导。在录井作业中必须掌握井深监控方法，以确保有效的录取地质资料，指导钻井作业。

【知识目标】

（1）掌握井深计算方法；
（2）掌握钻具记录填写方法。

【技能目标】

（1）能够实施钻具丈量、管理；
（2）能够正确填写钻具记录。

任务一　钻具丈量

【任务描述】

钻具丈量在地质录井工作中看似简单，但其作用不可小视。钻具丈量的准确与否直接决定着录井资料的符合率好坏。工作中需要工作人员认真对待，以严谨的职业态度，一丝不苟的敬业精神，确保钻具丈量准确无误，保证井深、录井资料相匹配。本任务重点介绍钻具的丈量方法、丈量要求。通过本任务学习，要求学生认识常见钻具，掌握不同钻具的丈量方法，通过实物模拟丈量，学会钻具丈量操作步骤、要点及注意事项。

【相关知识】

一、钻具丈量的要求

（1）对下井钻具（钻铤、钻杆、接头、钻头等），录井队需协助钻井队技术员按照下井顺序编号，标明丈量长度并登记成册。丈量次数不得少于两次，以保证准确无误，并做到钻井队与录井队钻具资料对口。

（2）钻具记录必须用钢笔（圆珠笔）认真填写，记录清晰、数据准确，记录有误时，不得任意涂改、撕毁，只能划改，并注明修改时间及原因，重抄时必须保留原记录。

（3）钻具丈量时，工程和录井人员需同时丈量。丈量一遍后，丈量人员需互换位置重复丈量一次，复核校对记录，单根允许误差为±5mm，计算数据需精确到厘米。

（4）出井、入井钻具均需丈量并记录。井内钻具的种类、规格、尺寸、长度应做到："五清楚"（钻具组合清楚、钻具总长清楚、方入清楚、井深清楚、下接单根清楚）、"二对口"（钻井对口、录井对口）、"一复查"（全面复查钻具），严把钻具倒换关，确保井深准确无误。

（5）对有损伤的坏钻具，丈量后需填入专用记录，并做好明显记录。

（6）每次起下钻时要准确丈量方入，误差不得超过1cm。

二、钻具丈量方法

（一）钻头的丈量

钻头是破碎岩石的主要工具。石油钻井常用的钻头有刮刀钻头、牙轮钻头、金刚石钻头和金刚石复合片（PDC）钻头。

1. 钻头的表示方法

钻头用钻头类型和尺寸（单位为 mm，保留整数）及钻头长度（单位为 m，保留两位小数）表示。例如：尺寸为 215.90mm 的三牙轮钻头，其长度为 0.24m，则应表示为 3A215mm×0.24m。

2. 钻头的丈量方法

将钢卷尺零刻度处对准刮刀钻头刮刀片顶端、牙轮钻头牙轮的牙齿顶端、取心钻头顶端或磨鞋底面，拉直钢卷尺，在另一端螺纹的底部（内螺纹顶端）读数，长度丈量要求精确到厘米（图 2-1）。

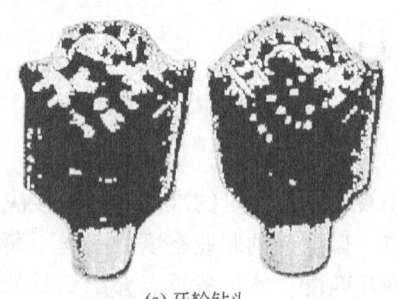

(a) 牙轮钻头　　　　　(b) 金钢石钻头　　　　　(c) 刮刀钻头

图 2-1　钻头丈量示意图

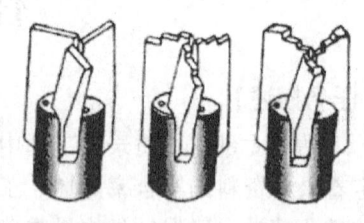

（二）钻柱的丈量

钻柱由方钻杆、钻杆段和下部钻具组合三大部分组成。方钻杆位于钻柱的最上端，有四方形和六方形两种；钻杆段包括钻杆和接头，有时也装有扩眼器；下部钻具组合主要是钻铤，也可能安装稳定器、减振器、震击器、扩眼器及其他特殊工具。

1. 钻柱简介

1) 方钻杆

钻进时，方钻杆与方补心、转盘补心配合，将地面转盘扭矩传递给钻杆，以带动钻头旋转。标准方钻杆全长为 12.19m，驱动部分长为 11.25m。方钻杆也有多种尺寸和接头类型。方钻杆的壁厚一般比普通钻杆的壁厚厚 3 倍左右，并用高强度合金钢制造，故具有较大的抗拉强度及抗扭强度，可以承受整个钻柱的重量和旋转钻柱及钻头所需要的扭矩。

2) 钻杆

钻杆是用无缝钢管制成，壁厚一般为 9~11mm。其主要作用是传递扭矩和输送钻井液，并靠钻杆的逐渐加长使井眼不断加深。

3) 加重钻杆

加重钻杆的特点是壁厚比普通钻杆的壁厚厚 2~3 倍，其接头比普通钻杆接头长，钻杆中间还有特制的磨锟。加重钻杆主要用于以下几个方面：

(1) 用于钻铤与钻杆的过渡区，缓和两者弯曲刚度的变化，以减少钻杆的损坏。

(2) 在小井眼钻井中代替钻铤，操作方便。

(3) 在定向井中代替大部分钻铤，以减少扭矩和黏附卡钻等的发生，从而降低成本。

4) 接头

接头分为钻杆接头和配合接头两类。其中钻杆接头是钻杆的组成部分，用以连接钻柱。接头类型包括内平接头、贯眼接头和正规接头。

(1) 内平接头：适用于外加厚及内加厚的钻杆。其优点是钻井液流过接头阻力小，但易于磨损，强度较低。

(2) 贯眼接头：适用于内加厚及内外加厚的钻杆。其磨损接头比内平接头小，流动阻力较大。

(3) 正规接头：适用于内加厚钻杆。其流动阻力最大，但它外径小、磨损小，强度较高。

接头类型采用三位数字表示法。第一位数字表示钻杆外径（钻具的直径尺寸，单位为英寸，1in=2.54cm）；第二位数字表示接头类型，用1、2、3三个数字，分别表示三类接头，即"一平二贯三正规"（1—内平式接头，2—贯眼式接头，3—正规式接头）；第三位数字表示内外螺纹，"1"表示外螺纹，"0"表示内螺纹。

如：420×521，"420"——上端接4in，贯眼式，内螺纹接头。"521"——上端接5in，贯眼式，外螺纹接头。

5) 钻铤

钻铤的主要特点是壁厚大（一般为38～53mm，相当于钻杆壁厚的4倍），具有较大的重力和刚度。它在钻井过程中主要起到以下作用：

(1) 给钻头施加钻压。

(2) 保证压缩条件下的必要强度。

(3) 减轻钻头的振动、摆动和跳动等，使钻头工作平稳。

(4) 控制井斜。

2. 钻柱的丈量方法

(1) 钻铤和钻杆的丈量方法：丈量钻铤和钻杆的长度，需将钢卷尺零刻度处对准钻具内螺纹顶端，拉直钢卷尺，在另一端外螺纹台阶处进行读数（需精确到厘米，厘米以下按四舍五入法记录），外螺纹部分不计入长度，单位为m。对钻铤、钻杆还要查明钢印号（图2-2）。

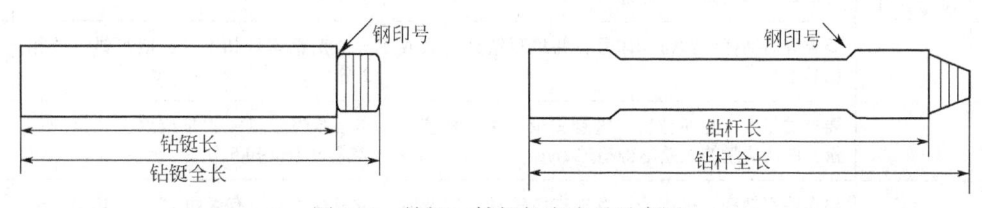

图2-2 钻铤、钻杆长度丈量示意图

(2) 接头的丈量方法：与钻杆的丈量方法相同，因其使用频繁，又不被人们注意，易出错，应有专门记录（图2-3）。

(3) 方钻杆的丈量方法：与钻杆的丈量方法相同，方钻杆需有整米记号以备丈量方入之用（图2-4）。

图 2-3　保护接头

图 2-4　方钻杆长度丈量示意图

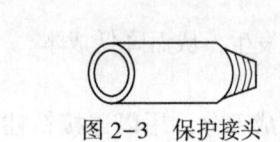

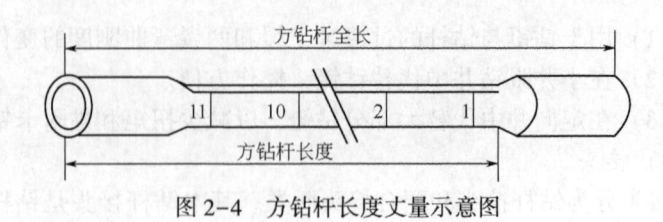

（三）补心高的丈量

补心高是指基础顶面到转盘面（方补心）的垂直距离。从转盘面用钢卷尺自然下垂至基础顶面，其长度即为补心高。

【任务实施】

（1）丈量、管理钻具。

（2）填写钻具记录。

【任务考评】

一、理论考核

（1）钻具丈量的要求是什么？

（2）什么叫补心高？

二、技能考核

（一）考核项目

（1）角色模仿实施丈量、管理钻具（表 2-1）。

表 2-1　丈量、管理钻具

序号	考核内容	考核要求	评分标准	配分
1	丈量钻具	要求会运用正确方法丈量不同钻具，会进行数据的"四舍五入"。不得将螺纹部分计入长度	丈量方法错扣 5 分，钢卷尺未拉直扣 2 分，分段丈量扣 4 分，读数错误每处扣 1 分，不会进行"四舍五入"扣 4 分	20
2		要求用白漆在钻具一端统一编号，并对有损伤不能下井的钻具做明显标记	编号顺序错扣 5 分，坏钻具未做标记扣 5 分	10
3		要求查对钻杆、钻铤钢印号，并填写钻具记录或钻具卡片	未查对钢印号扣 5 分，填写错一处扣 2 分	15
4		要求丈量人员互换位置，重复丈量一次，复核记录，两次丈量的误差不得超过 1cm	未互换位置复核丈量或两次丈量的误差超过 1cm 扣 5 分	5
5	管理钻具	要求编写钻杆立柱序号，发现有坏钻具时应及时在钻具上做标记，并在钻具记录本上注明	立柱序号编写有误扣 15 分，坏钻具未标注扣 5 分	15
6		要求记录替入与替出钻具的变化情况并丈量其长度、内径、外径、查明钢印号，并做好记录	甩下钻台的坏钻具未丈量、记录扣 5 分，替入的钻具未丈量、记录扣 5 分	20
7		要求填写钻具交接记录，并向接班人交代本班钻具变化情况。会计算倒换钻具后的钻具总长、到底方入等	交接记录填写内容不全，少一项扣 3 分，计算钻具长度错一处扣 1 分	10

续表

序号	考核内容	考核要求	评分标准	配分
8	安全生产	按规定穿戴劳保用品	未按规定穿戴劳保用品扣5分	5
			合计	100
备注	时间为30min。要求提供10~20根各类钻具，在现场考试		考评员签字： 年 月 日	

(2) 工具、材料、设备、考场准备（表2-2）。

表2-2 工具、材料、设备、考场准备

序号	名称	规格	单位	数量	备注
1	钻具记录		份	若干	
2	白漆		桶	1	
3	粉笔		盒	1	
4	排笔		支	1	
5	钢卷尺	2m	个	各1	含米尺
6	地质值班房		间	1	标准井场1个

（二）考核要求

(1) 准备要求：工具准备、工作任务单准备。
(2) 考核时间：10min。
(3) 考核形式：口头描述+实际练习。

任务二　钻具管理

【任务描述】

钻具丈量后需对钻具进行编号，制作钻具卡片、制作钻具记录表。钻井过程中要确保钻具按顺序下入井内，工作人员需明确钻具使用情况，当有钻具损坏需要更换时还需记录钻具倒换情况。钻具管理过程中一是要确保钻具记录的准确性，二是要做好工作人员的配合，确保钻具使用与钻具记录的一致性。钻具管理工作做好了，井深数据才可靠，资料录取才会真实。本任务主要介绍钻具记录的填写方法、井深计算方法及钻具的日常管理规范。通过本任务学习要求学生学会井深计算方法，掌握钻具记录的填写方法，学会钻具管理。通过钻具记录表模拟填写，以达到教学目标实现。

【相关知识】

一、井深和方入的计算

进行录井工作必须先计算井深和方入。井深计算不准，录井记录必然也会不准，还会影响到岩屑录井、岩心录井的质量，造成一系列无法纠正的错误。

（一）井深的计算

井深的计算是钻时录井中一项最基本的工作，地质录井工作人员必须熟练地掌握计算方法，要求计算得又快又准确。

井深的计算公式为

$$井深 = 钻具总长 + 方入$$

$$钻具总长 = 钻头长度 + 接头长度 + 钻铤长度 + 钻杆长度$$

（二）方入的计算

方入是指方钻杆下入钻盘面的深度，单位是 m。

方余则是指方钻杆在钻盘面以上的长度。

方入包括到底方入和整米方入。其中，到底方入是指钻头接触井底时的方入，整米方入是指井深为整米时的方入。

方入的计算公式为

$$到底方入 = 井深 - 钻具总长$$

$$整米方入 = 整米井深 - 钻具总长$$

二、钻具记录表的填写

（1）填单根编号、长度：要按钻杆入井的顺序进行编号，将丈量后的钻杆单根长度保留两位小数位数填写。

（2）填写立柱编号、立柱长及累计长：三个单根为一立柱，要按下井次序编写立柱序号。钻具累计长度 = 本单根长度 + 前钻具总长。

（3）填写单根打完井深：单根打完井深 = 钻具累计长度 + 方钻杆长度。

（4）填写备注栏：要正确填写钻铤、钻杆的钢印号，钻具组合情况，以及钻头、钻铤、配合接头信息。

（5）记录倒换钻具情况：当需要倒换钻具时，需在备注栏倒换钻具列记录替入、替出钻具的长度、钢印号、倒换位置等。倒换钻具记录位置需与原位置对应，倒换后钻具总长、单根打完井深需重新计算。

（6）记录钻具结构情况：当发生工程事故时需查证井下钻具组合情况，钻具不得前后颠倒，错乱不清。

三、钻具管理

（1）编写钻杆立柱序号：每次起下钻，钻杆和钻铤应一柱一柱地按顺序摆放在钻台上，应逐柱编号。起钻按序号排列，下钻按编号依次下井，如发现有坏钻具应及时做标记，并在钻具记录上注明。

（2）记录甩下钻台的坏钻具：起下钻时如有坏钻具被甩下钻台，应丈量其长度，查对钢印号，并做好记录。

（3）丈量并记录替入钻具：替入钻具，必须丈量其长度、内径、外径，查明钢印号，并记录替入位置。

（4）填写钻具交接班记录：详细填写钻具变化情况，丈量方入，计算交接班时井深。填写前要计算好倒换钻具后的钻具总长、到底方入等。

(5) 交接班时，交班人应向接班人交代本班钻具变化情况，交代正钻单根编号、小鼠洞单根编号、大门坡道处单根编号，接班人查清后方可接班。

【任务实施】

填写钻具记录表。

【任务考评】

一、理论考核

(1) 什么是方入？
(2) 井深计算公式是什么？

二、技能考核

（一）考核项目

(1) 角色模仿实施钻具记录填写（表2-3）。

表 2-3 填写钻具记录

序号	考核内容	考核要求	评分标准	配分
1	填单根编号、长度	要按钻杆入井的顺序进行编号。要求填写丈量后的钻杆单根长度，并按规范保留小数位数	未按入井顺序，填错一处扣2分；长度数据填错一处扣2分；保留小数不正确扣2分	10
2	填写立柱编号、立柱长及累计长	要会计算并填写立柱长及立柱的顺序号。会计算累计入井钻杆长度。不得将坏钻杆长度计入井深	钻杆立柱计算每错一处扣2分；少写立柱长或立柱序号，每处扣2分；钻杆累计长度算错扣10分；坏钻杆误计入井深扣5分	35
3	计算单根打完井深	要求会根据入井钻具情况计算井深，会计算单根打完井深	不会根据钻具情况计算井深，扣10分，每算错一处扣2分；计算井深时漏算入井钻具，每处扣4分	20
4	填写备注栏	要求正确识别钻铤、钻杆的钢印号，并在备注栏内注明	钻铤、钻杆的钢印号填错，每处扣1分；未在备注栏注明扣2分	5
5	记录倒换钻具	要求根据倒换钻具情况，记录替人、替出钻具的长度、钢印号、倒换位置，并做好相应记录	倒换钻具记录，每错一处扣3分，每少一项内容扣2分；钻具混乱扣10分，计算数据错一处扣2分	20
6	记录钻具结构情况	要求记录发生工程事故时井下钻具组合情况。钻具不得前后颠倒，错乱不清	未记录钻具组合情况扣10分；钻具组合不清，前后错乱，一处扣2分	10
			合计	100
备注	时间为20min。要求填写1个班的钻具记录		考评员签字： 年　月　日	

(2) 工具、材料、设备、考场准备（表2-4、表2-5）。

表 2-4 工具、材料、设备、考场准备

序号	名称	规格	单位	数量	备注
1	钻具记录		份	若干	
2	铅笔		支	1	
3	计算器		个	1	

续表

序号	名称	规格	单位	数量	备注
4	钢笔		支	1	
5	场地		个	1	要求提供1个班的钻具变化记录

表 2-5　钻具记录表

编号	长度,m	立柱编号	累积长,m	钻完井深,m	备注	
					钢印号	倒换情况
16	9.65	6	160.00	171.20	SY	
17						
18						
19						
20						
21						
22						
23						
24						
25						
26						
27						
28						
29						
30						
31						
32						
33						
34						
35						
36						
37						
38						
39						
40						

（二）考核要求

（1）准备要求：工作任务单准备。

（2）考核时间：10min。

（3）考核形式：口头描述+实际练习。

项目三　钻时录井资料分析与解释

钻时是指在钻井过程中，每钻进单位厚度的岩层所用的纯钻进时间（即钻时是指钻头钻进单位进尺所需的纯钻进时间），单位为 min/m 或 h/m，保留整数。钻时录井是指系统地记录钻时并收集与其有关的各项数据、资料的全部工作过程。简单地说，钻时录井是指从开钻到完钻、连续不断地记录（连续测量）每单位进尺所需的时间，常用的钻时录井间距有 1.0m 和 0.5m 两种。一般每米为一个记录单位，特殊情况按需要加密。钻时录井具简便、及时的优点，钻时资料对于现场地质和工程人员都十分重要，是识别地层岩性、判断井下钻头质量的有力方法，是地质录井的重要组成。

【知识目标】

（1）掌握钻时录井仪的安装操作方法；

（2）掌握钻时记录方法。

【技能目标】

（1）能够正确记录钻时；

（2）能够正确绘制钻时曲线，分析应用钻时曲线。

任务一　钻时测量

【任务描述】

钻时可以反映井下岩层的可钻性，从而间接反映岩性，同时还是判断钻头新旧程度的主要信息。钻时测量的准确性决定着钻时资料应用的可靠性。本任务主要介绍钻时的记录方法、钻时录井技术规范及钻时的影响因素。通过本任务学习，要求学生理解钻时记录方法，理解钻时影响因素，通过实物模拟，学会钻时记录操作方法、要点及注意事项。

【相关知识】

一、记录钻时

记录钻时的装置早期有链条式、滚筒式和记录盘三种，但由于其操作原始，耗费人力，准确度低，现在已经基本淘汰不用。目前钻时录井工作中，经常使用钻时记录仪来记录钻时。

钻时记录仪是一种简易的钻时记录装置，通过钻台上的绞车传感器将电流信号传输到计算机中，由计算机按一个单根的间隔将所得钻时绘制成钻时曲线，并显示出来，以此来记录钻时。钻时记录仪的缺点是设备功能单一，精确度差，耗费人力，工作繁琐，影响因素较多。

目前由气测仪器或综合录井仪记录钻时，它是通过钻台上的传感器将电流信号传输到计算机中，由计算机软件综合其他数据进行分析处理，按设计好的间距得出有关钻时的各项数据，并在计算机屏幕上显示出来，既节省了人力，又提高了精确度，同时也相应提高了石油录井工程的质量。

二、钻时录井的技术规范

（一）录取数据

钻时录井施工时录取的数据包括井深、钻时、放空（起止时间、井段、钻压、层位、大钩负荷）。

（二）井深及误差要求

（1）井深以钻具计算为准，单位为 m，取值保留到小数点后 2 位。

（2）准确丈量钻具，做到"五清楚"（钻具组合、钻具总长、方入、井深、下接单根）、"二对口"（钻井、录井）、"一复查"（全面复查钻具），钻具倒换应记录清楚。钻具丈量，单根允许误差为±5mm，记录精确到 0.01m。

（3）以钻具长度为基准，及时校正仪器显示和记录的井深，每单根应校对井深，每次起下钻前后，应实测方入校对井深，录井深度误差小于 0.2m，不能有累计误差。

三、影响钻时变化的因素

钻进速度的大小受很多因素的影响，这些影响因素可归纳为两大类：一是地下岩石的可钻性；二是钻井施工时的钻井参数，如钻压、转速、钻井泵排量、钻井液性能、钻头类型及其使用情况等。

在钻井施工中，掌握了地下岩层的类型及其可钻性后，可优选、确定钻井参数；反过来，在钻井参数一定的情况下，根据钻时的大小可以帮助判断井下地层岩性的变化和岩层中缝、洞的发育情况，还可以帮助钻井工程人员掌握钻头的使用情况，以提高钻头利用率、改进钻进措施、提高钻速和降低钻井成本。

（一）岩石性质

岩石性质不同，可钻性不同，其钻时的大小也不同。在钻井参数相同的情况下，软地层比坚硬地层钻时低，疏松地层比致密地层钻时低，多孔缝的碳酸盐岩地层比致密的碳酸盐岩地层钻时低。这是利用岩石性质进行钻时录井的主要依据。

（二）钻头类型与新旧程度

在钻井过程中，应根据所钻地层的软硬程度，来选择使用不同类型的钻头，才能达到快速优质钻进的目的。

在岩石性质相同的条件下，对于相同的钻头，其新旧程度对钻时的影响是非常明显的，特别是在同一段地层中可以清楚地反映出来，新钻头比旧钻头钻进速度快、钻时小。因此，当钻头使用到后期时，钻时会逐渐增大。

（三）钻井方式

不同的钻井方式，其机械钻速不同，钻时也不同。涡轮钻的钻速一般比旋转钻的钻速大 10 倍左右，因此涡轮钻的钻时比旋转钻的钻时要低得多。

（四）钻井参数

在地层岩性相同的情况下，若钻压大、转速快、钻井泵的排量大、钻头喷嘴水马力大，则钻头对岩石的破碎效率高，钻时低；反之，钻时就高。

（五）钻井液性能与排量

钻井液的使用对钻时的影响很大。一般来说，使用低密度、低黏度的钻井液以及钻井泵的排量较大时，钻进的速度快、钻时低；而使用高密度、高黏度的钻井液以及钻井泵的排量较小时，钻进的速度慢、钻时高。

（六）人为因素的影响

钻机司钻的操作技术与训练程度对钻时的影响也是很大的。有经验的司钻送钻均匀，能根据地层的性质采取相应的措施，所以其钻进速度较快，钻时就低。反之，钻时就高。

【任务实施】

模拟记录钻时，填写钻时记录。

【任务考评】

一、理论考核

（1）什么是钻时？
（2）钻时影响因素有哪些？
（3）钻时测量的方法有哪些？

二、技能考核

（一）考核项目

（1）角色模仿实施钻时记录（表3-1）。

表3-1 记录钻时

序号	考核内容	考核要求	评分标准	配分
1	用手工记录方法记录钻时	（1）要会运用手工方法记录钻时，会正确计算井深和方入； （2）要求会计算整米方入，并在方钻杆上准确划出整米方入记号线； （3）能够根据记录相邻整米方入的钻达时刻，正确计算钻时	未按标准错一项扣10分；井深和方入计算错，每处扣5分；钻时算错，每个扣1分	40
2	用简易记钻时装置记录钻时	（1）要求会正确安装简易钻时记录装置，并检查其牢固程度； （2）能够正确安装活绳，确保提升和下放的灵活性； （3）要求会在活绳上做整米记号，使方入与活绳上的记号数字相对应； （4）会准确计算到底方入和整米方入，并能够准确记录开钻时间和钻达时间； （5）要求会根据开钻时间和钻达时间计算钻时，并做好记录； （6）要求准确记录停钻时间	未按标准操作错一项扣3分；不会在活绳上做整米记号扣5分；方入计算错扣5分；钻时记录错每个扣1分；钻时未写在记录纸上扣4分	45
3	用钻时记录仪记录钻时	会根据钻时记录仪记录的数据，正确读出每米钻时	钻时读错，每处扣1分	10
4	安全措施	按规定穿戴劳保用品	未按规定穿戴劳保用品扣5分	5

续表

序号	考核内容	考核要求	评分标准	配分
			合计	100
备注	时间为40min。要求分别操作、记录20点以上钻时		考评员签字： 　　　　　年　　月　　日	

(2) 工具、材料、设备、考场准备（表3-2）。

表3-2　工具、材料、设备、考场准备

序号	名称	规格	单位	数量	备注
1	钻时录井仪		台	1	SKH—891钻时仪
2	计算器		个	1	
3	钢卷尺	20m和2m	个	各1	含米尺
4	简易钻时装置		台	1	
5	钢笔、粉笔		支	若干	
6	活绳	50m	捆	1	
7	钻时记录纸		卷	若干	
8	标准井场		个	1	要求分别操作、记录20点以上钻时

（二）考核要求

(1) 准备要求：工作任务单准备。
(2) 考核时间：10min。
(3) 考核形式：口头描述+实际练习。

任务二　钻时录井资料分析应用

【任务描述】

利用钻时曲线可定性判断岩性，解释地层剖面，判断油气显示层位，确定钻井取心位置，及时发现并确定油气水层，在识别地下地质信息方面有着显著作用。本任务主要介绍钻时曲线的绘制方法及钻时曲线的应用。通过本任务学习，要求学生会根据钻时记录绘制钻时曲线，会根据岩层信息模拟绘制钻时曲线，在理解钻时曲线的应用前提下，分析解释实际钻时曲线。

【相关知识】

一、钻时曲线的绘制

钻时曲线很少单独绘制，为了便于实际应用，通常把钻时曲线和岩屑录井剖面绘制在一起。一般用厘米方格纸绘制，以纵坐标代表井深，单位是米（m），纵向比例尺通常为1∶500，与岩屑录井草图和标准测井曲线一致；以横坐标代表钻时，单位为min/m，横向比例尺可根据钻时的大小来选择，以能表示出钻时的变化为原则。

绘制钻时曲线时，分别在相应深度上标出其对应的钻时点，然后将各点连接成一条折线，即为钻时曲线（图3-1）。如果一口井的钻时变化太大，中间可以适当变换比例。换比例时，上、下应重复两点。

为了便于解释和应用，在绘制钻时曲线时，要在钻时曲线旁用符号或文字在相应深度上标注接单根、起下钻、跳钻、蹩钻、溜钻、卡钻和更换钻头的位置、钻头尺寸、钻头类型以及不同类型钻头所钻井深等内容。

二、钻时曲线的应用

（一）一般钻井条件下的应用

1. 判断岩性、划分地层

钻时曲线是岩屑描述过程中进行岩性分层的重要参考资料，地层的岩性不同、可钻性不同，其钻时曲线的反映也不同。利用钻时曲线可定性判断岩性，解释地层剖面。

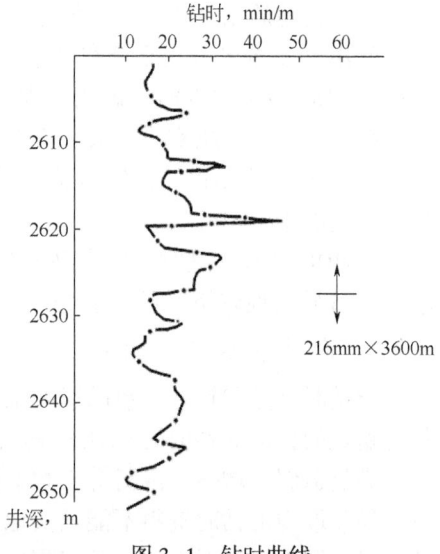

图 3-1　钻时曲线

当其他条件不变时，钻时的变化反映了岩性差别：疏松含油砂岩的钻时最小；普通砂岩的钻时较小；泥岩、石灰岩的钻时较大；玄武岩、花岗岩的钻时最大。

2. 预告目的层、确定取心位置

在无测井资料或尚未进行测井的井段，钻时曲线与录井剖面相结合，是划分层位、与邻井作地层对比、修正地质预告并卡准目的层、判断油气显示层位、确定钻井取心位置的重要依据。

3. 确定割心位置、判断是否堵心

在钻井取心过程中钻时曲线可以帮助确定割心位置。在地层变化不大的时候，钻时急剧增大，有助于判断是不是发生堵心现象。

4. 分析井下钻进状况

钻井工程人员可以利用钻时分析井下情况，正确选用钻头，修正钻井措施，统计纯钻进时间，进行时效分析。

5. 发现、确定油气水层

在探井钻井过程中，可以根据钻时由慢到快的突变，及时采取停钻循环的措施，停止钻进并循环钻井液，观察油气水显示，以便采取相应的措施。

6. 判断裂缝、孔洞发育的井段

对于碳酸盐岩地层，利用钻时曲线可以帮助判断岩层中缝、洞的发育井段。如突然发生钻时变小、钻具放空现象，说明井下可能遇到缝洞渗透层。

在钻时曲线应用过程中，应该特别注意的是，钻时应用的原则是钻井参数大致相同，在一个钻头内变化不大。若钻井条件不同，钻头的类型及新旧程度也不一样，相同的地层也会使钻时出现较大的变化。在应用钻时的时候，应综合考虑各种影响因素，才能使得到的结果更加接近地下的真实情况。

（二）特殊钻井条件下的应用

1. PDC 钻头钻井

PDC 钻头与牙轮钻头有着不同的破碎机理，对不同岩性岩石的敏感程度也不一样，但总的来说，在地质条件相似时，使用 PDC 钻头的钻时要比使用牙轮钻头的钻时低得多。

在使用 PDC 钻头钻井的条件下，应用钻时要注意以下几点：

（1）PDC 钻头钻进时，砂岩、泥岩的钻时近乎一样或仅有轻微的变化，但无规律性。这种情况主要发生在压实小、成岩性差的浅部地层。

（2）PDC 钻头钻进时，砂岩钻时低，泥岩钻时高。这种情况主要发生在深部地层或成岩性好的地层中。

（3）PDC 钻头钻进时，砂岩钻时高，泥岩钻时低。这种情况主要产生于砂岩的碎屑颗粒较大（砂质岩性较粗）的地层中，或砂岩中石英含量高和砂岩为硅质胶结的地层。

2. 定向井和水平井钻井

由于钻时参数受钻井参数的影响很大，在普通直井钻进中，在较大的井段内，各种参数是相对稳定的，因此钻时可以比较真实地反映地层的可钻性。而在定向井、水平井的钻进中，为满足造斜、增斜、降斜等工程上的需要，随时都可能调整钻压、转盘转速和钻井泵的排量，导致取得的钻时资料不能真实地反映地层的可钻性。

为了克服上述情况给钻时资料带来的影响，在应用钻时资料时，采取随时了解钻井参数的变化，分段参考使用钻时资料的办法，以钻井参数相对稳定的井段内钻时的相对大小来判断岩石的可钻性，这样可以初步消除钻井参数对钻时的影响，提高定向井、水平井钻时资料的使用价值。

一般来说，定向井、水平井钻时在水平段和稳斜段与地层的可钻性符合较好，而在斜率变化段符合不好，必须根据钻时参数的变化情况分段使用。

【任务实施】

（1）给定岩性绘制钻时曲线。

（2）给定钻时曲线，分析井下地质信息。

【任务考评】

一、理论考核

（1）钻时曲线的绘制方法是什么？

（2）钻时曲线的应用有哪些？

（3）钻时曲线分析解释方法是什么？

二、技能考核

（一）考核项目

（1）给定岩性绘制钻时曲线。

（2）给定钻时曲线，分析井下地质信息。

（二）考核要求

（1）准备要求：工作任务单准备。

（2）考核时间：10min。

（3）考核形式：口头描述+实际练习。

项目四　钻井液录井资料分析与解释

　　钻井液，俗称泥浆，是石油天然气钻井工程的血液。普通钻井液是由黏土、水和一些无机或有机化学处理剂搅拌而成的悬浮液和胶体溶液的混合物，其中黏土呈分散相，水是分散介质，组成固相分散体系。

　　由于钻井液在钻遇油、气、水层和特殊岩性地层时，其性能将发生各种不同的变化。所以根据钻井液性能的变化及格面显示，来判断井下是否钻遇油、气、水层和特殊岩性的方法称为钻井液录井。

【知识目标】

　　（1）掌握钻井液录井原理；
　　（2）掌握钻井液性能测定方法。

【技能目标】

　　（1）能够测定液性能性能参数；
　　（2）能够正确记录填写钻井液录井资料。

任务一　钻井液性能测量

【任务描述】

　　钻井液性能包括钻井液相对密度、钻井液黏度、钻井液切力、钻井液失水量和滤饼、钻井液含砂量、钻井液酸碱值（pH 值）、钻井液含盐量。本任务主要介绍钻井液功能、钻井液录井要求、钻井液性能参数及钻井液录井资料收集方法，重点介绍钻井液密度、黏度测量方法及钻井液录井资料收集。通过本任务学习，要求学生理解钻井液性能参数，掌握钻井液录井中的资料收集内容，通过实训练习，掌握钻井液密度、黏度测量方法。

【相关知识】

一、钻井液的功能

　　（1）带动涡轮，冷却钻头和钻具。
　　（2）携带岩屑，悬浮岩屑，防止岩屑下沉。
　　（3）保护井壁，防止地层垮塌。
　　（4）平衡地层压力，防止井喷与井涌。
　　（5）将水动力传给钻头，破碎岩石。

二、钻井液录井原则和要求

　　（1）任何类别的井孔钻进或循环过程中都必须进行钻井液录井。
　　（2）区域探井、预探井钻进时不得混油，包括机油、原油、柴油等，也不得使用混油物，如磺化沥青等。若处理井下事故必须混油时，需经探区总地质师同意，事后必须除净油污后方可钻进。

（3）必须用混油钻井液钻进时，要收集油品及混油量等数据，并且一定要做混油色谱分析。

（4）下钻、划眼或循环钻井液过程中出现油气显示时，必须进行后效气测或循环观察，取样做全套性能分析，并落实到具体层位或层段上。

（5）遇井涌、井喷，应采用罐装气取样进行钻井液性能分析。

（6）遇井漏，应取样做全套性能分析。

（7）钻井液处理情况，包括井深、处理剂名称、用量、处理前后性能等都要详细记入观察记录中。

三、钻井液性能概述

钻井液种类繁多，其分类方案各异，主要分为水基钻井液、油基钻井液和清水。

水基钻井液一般是用黏土、水、适量药品搅拌而成，是钻井中使用最广泛的一种钻井液。油基钻井液是以油作为连续相，加入基础油、润滑剂、稳定剂、起泡剂、防腐剂等成分，这种钻井液失水量小、成本高、配制条件严格，一般很少使用，主要用于取心分析原始含油饱和度。清水是使用最早的钻井液，无需处理，使用方便，适用于完整岩层和水源充足的地区。

地质录井人员必须了解钻井液的基本性能及其测量方法，在不同的地质条件下合理选用钻井液。

（一）钻井液性能参数

1. 钻井液相对密度

钻井液相对密度是指钻井液在20℃时的质量与同体积4℃的纯水质量之比，用专门的钻井液天平仪测量（图4-1），读数取两位小数。调节钻井液相对密度主要是用来调节井内钻井液柱的压力。相对密度越大，钻井液柱越高，对井底和井壁的压力越大。在保证平衡地层压力的前提下要求钻井液相对密度尽可能低些，这样，易于发现油气层，且钻具转动时阻力较小，有利于快速钻进。当钻入易垮塌的地层和钻开高压油、气、水层时，为防止地层垮塌及井喷，应适当加大钻井液相对密度；而钻进低压油、气层及漏失层时，应降低钻井液相对密度，使钻井液柱压力近于低压层压力，以免压差过大发生井漏。总之调节钻井液相对密度，应做到对一般地层不塌不漏，对油、气层压而不死、活而不喷。

2. 钻井液黏度

钻井液黏度是指钻井液流动时的黏滞程度，一般用漏斗黏度计测定其大小，常用时间"s"来表示。对于易造浆的地层，钻井液黏度可以适当小一些；而易于垮塌及裂缝发育的地层，黏度则可以适当提高，但不宜过高，否则易造成泥包钻头或卡钻，使钻井液脱气困难，从而影响钻速。

因此钻井液黏度的高低要视具体情况而定。通常在保证携带岩屑的前提下，黏度低一些好。一般正常钻进，钻井液黏度为20~25s。现场录井，通常都用漏斗黏度计（图4-2）测量。测量时，要注意取样测量应及时，黏度计应常用清水校正检查。测量时通过滤网向漏斗中倒入700mL的钻井液，用秒表记下流满500mL量杯的时间（单位s），即代表所测钻井液的黏度。

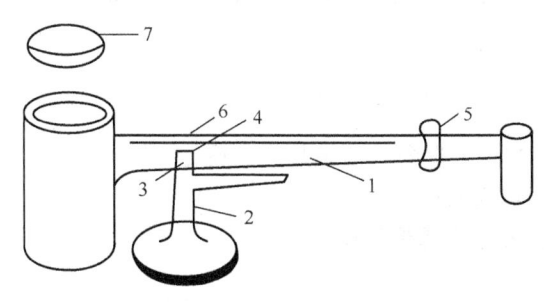

图 4-1 钻井液天平仪
1—天平横梁；2—支架底座；3—刀口架；4—刀口；
5—游码；6—水平泡；7—盖子

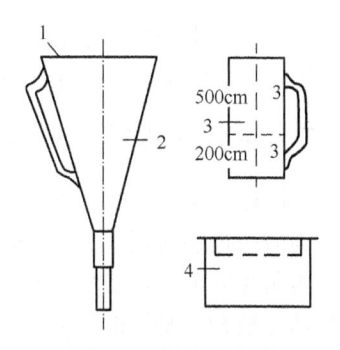

图 4-2 漏斗黏度计
1—漏斗；2—管口；3—量杯；4—量筒

3. 钻井液切力

使钻井液自静止开始流动时作用在单位面积上的力，即钻井液静止后悬浮岩屑的能力称为钻井液切力，其单位为 Pa。切力用浮筒式切力仪测定。钻井液静止 1min 后测得的切力称初切力，静止 10min 后测得的切力称终切力。

钻井液要求初切力越低越好，终切力适当。切力过大，则钻井泵启动困难，钻头易泥包，钻井液易气侵。而终切力过低，则钻井液静止时岩屑在井内下沉，易发生卡钻等事故，对岩屑录井工作也带来许多困难，使岩屑混杂，难以识别真假。

一般要求钻井液初切力为 $0\sim10\text{mgf}/\text{cm}^2$，终切力为 $5\sim20\text{mgf}/\text{cm}^2$。

4. 钻井液失水量和滤饼

当钻井液柱压力大于地层压力时，在压差的作用下，部分钻井液水将渗入地层中，这种现象称为钻井液的失水性。失水的多少称作钻井液失水量。其大小一般以 30min 内在一个大气压力作用下，用渗过直径为 75mm 圆形孔板的水量来表示，单位为 mL。

钻井液失水的同时，黏土颗粒在井壁岩层表面逐渐聚结而形成滤饼。滤饼厚度以 mm 表示。测定滤饼厚度是在测定失水量后，取出失水仪内的筛板，在筛板上直接量取。

钻井液失水量小、滤饼薄而致密，有利于巩固井壁和保护油层。若失水量太大、滤饼厚，则易造成缩径现象，使下钻遇阻，并且降低了井眼周围油层的渗透性，对油层造成损害，降低原油生产能力。

5. 钻井液含砂量

钻井液含砂量是指钻井液中直径大于 0.05mm 的砂粒所占钻井液体积的百分数。一般采用沉砂法测定含砂量。钻井液含砂量高易磨损钻头，损坏钻井泵的缸套和活塞，易造成沉砂卡钻，增大钻井液密度，影响滤饼质量，对固井质量也有影响。所以做好钻井液净化工作是十分重要的。

6. 钻井液酸碱值（pH 值）

钻井液的 pH 值表示钻井液的酸碱性。钻井液性能的变化与 pH 值有密切的关系。例如 pH 值偏低，将使钻井液水化性和分散性变差，切力、失水上升；pH 值偏高，会使黏土分散度提高，引起钻井液黏度上升，所以对钻井液的 pH 值应要求适当。

7. 钻井液含盐量

钻井液的含盐量是指钻井液中含氯化物的数量。通常以测定氯离子（Cl^-，简称氯根）

的含量代表含盐量，单位为 mg/L。它是了解岩层及地层水性质的一个重要数据，在石油勘探及综合利用找矿等方面都有重要的意义。

（二）钻井液性能的一般要求

（1）相对密度：一般要求为 1.05~1.25，根据各探区地层压力确定。

① 为防止地层垮塌及井喷等，要适当提高密度。

② 为防止井漏及保护低压油气层等，要适当降低密度。

③ 钻井液相对密度的计算：

$$\gamma = \frac{10p}{H} \times 1.2 \tag{4-1}$$

式中　γ——钻井液相对密度；

p——地层压力，MPa；

H——油气层深度，m。

其中，p 可用已钻井或邻近已知构造地层压力资料，或依据区域地层压力估计或用静水柱压力确定。

（2）黏度：一般要求为 20~40s。

① 易造浆地层应适当小；

② 易垮塌地层应适当高；

③ 黏度过高，易气侵，会造成泥包钻头或卡钻，砂子不易下沉而导致含砂量增大，影响钻进速度。一般地层钻进以低黏度、大泵量为好。

（3）含砂量：越小越好，小于4%为合格，过大会增加相关设备的磨损。

（4）失水量：特别是易垮塌地层钻进中，越小越好，要求严格控制失水，一般以小于10mL为合格。

（5）滤饼：过厚易造成缩径，诱发阻塞和卡钻，一般小于2mm为合格。

（6）切力：对付易垮塌地层可适当提高，但过高会导致砂子难以排除，钻头易泥包，钻井液易气侵，钻井泵启动困难，影响钻进。一般要求，初切力为 $0~10\text{mg/cm}^2$。

四、钻井液录井资料的收集

钻进时，钻井液不停地循环，当钻井液在井中与各种不同的岩层及油、气、水层接触时，钻井液的性质就会发生某些变化，根据钻井液性能变化情况，可以大致推断地层及其含油、气、水情况。当油、气、水层被钻穿以后，若油、气、水层压力大于钻井液柱压力，在压力差作用下，油、气、水进入钻井液，随钻井液循环返出井口，并呈现不同的状态和特点，这就要求进行全面的钻井液录井资料收集。油、气、水显示资料，特别是油、气显示资料，是非常重要的地质资料。这些资料的收集有很强的时间性，如错过了时间就可能导致收集的资料残缺不全，或者根本收集不到资料。

一般来说，任何类别的井在钻进或循环过程中都必须进行钻井液录井。钻井液录井的主要内容有以下几项。

（一）油气水显示的分级

按钻井液中油气水显示的情况，依次分为四级：

（1）油花、气泡：油花或气泡占槽面面积30%以下。

（2）油气侵：油花或气泡占槽面面积30%以上，钻井液性能变化明显。

（3）井涌：钻井液涌出至转盘面以上不超过1m。

（4）井喷：钻井液喷出转盘面1m以上。喷高超过二层平台称强烈井喷。

（二）钻井液性能资料的收集

钻井液性能资料包括钻井液类型、测点井深、相对密度、黏度、滤失量、滤饼、切力、pH值、含砂量、氯离子含量以及钻井液电阻率等。

（三）钻井液荧光分析沥青含量资料的收集

钻井液荧光分析沥青含量资料包括取样井深及荧光分析钻井液中的沥青质量等。

（四）钻井液处理资料的收集

钻井液处理资料的收集包括收集处理剂名称、浓度、数量及处理时的井深、时间和处理前后性能变化情况。

（五）钻井液显示基础资料的收集

正常钻进中收集显示出现的时间、井深、层位；显示类型包括气测异常、钻井液油气侵、淡水侵、井涌、井喷、井漏等及其延续时间、高峰时间及消失时间等。

下钻时应注意收集钻达井深、钻头位置、开泵时间、出现显示时间、延续时间、高峰时间、显示类型、消失时间及钻井液返出时间等。

（六）油、气显示资料的收集

钻入目的层后应注意观察钻井液槽液面、钻井液池液面和出口情况，并定时测量钻井液性能。

1. 观察钻井液槽液面（简称槽面）变化情况

观察槽面时应着重以下四方面的内容：（1）记录槽面出现油花、气泡的时间，显示达到高峰的时间，显示明显减弱的时间，并根据迟到时间推断油、气层的深度和层位；（2）观察槽面出现显示时油花、气泡的数量占槽面的百分比，显示达到高峰时占槽面的百分比，显示减弱时占槽面的百分比；（3）油气在槽面的产状、油的颜色、油花分布情况（呈条带状、片状、点状及不规则形状）、气泡大小及分布特点等；（4）槽面有无上涨现象以及上涨高度，有无油气芳香味或硫化氢味等。必要时应取样进行荧光分析和含气试验等。

2. 观察钻井液池液面（简称池面）的变化情况

应观察钻井液池面有无上升、下降现象，以及上升、下降的起止时间，上升、下降的速度和高度。观察池面有无油花、气泡及其产状。

3. 观察钻井液出口情况

油气侵严重时，特别是在钻穿高压油、气层后，要经常注意钻井液流出情况，是否时快时慢、忽大忽小，有无外涌现象。如有这些现象，应进行连续观察，并记录时间、井深、层位及变化特征。井涌往往是井喷的先兆，除应加强观察外，还应做好防喷准备工作。

4. 收集钻井液性能资料

钻遇油、气层时由钻井人员定时连续测量钻井液密度、黏度，直到油气显示结束为止。

地质人员除收集钻井液性能资料外，亦应随时观察，详细记录钻井液性能变化情况，供以后综合解释、讨论下套管及试油层位时参考。

（七）水侵显示资料的收集

1. 水侵的资料收集

钻开水层以后，地层水在压力差的作用下进入钻井液中、引起钻井液性能的一系列变化，这就是水侵现象。根据地层水含盐量的不同，可分为盐水侵和淡水侵。

淡水侵的特点是：钻井液被稀释，密度、黏度均下降，失水量增加、流动性变好，钻井液量随水量的增加而增加，钻井液池液面上升。

盐水侵的特点是：钻井液性能将受到严重破坏，黏度和失水增大，流动性迅速变差，呈不能流动的"豆腐脑"状或呈清水状，氯离子含量剧增。

水侵时应收集下列资料：

（1）水侵的时间、井深、层位；
（2）钻井液性能、流动情况、水侵性质；
（3）钻井液槽和钻井液池显示情况；
（4）定时取样做氯离子滴定实验。

2. 氯离子滴定实验

钻进过程中若钻遇盐水层，特别是高压盐水层时，氯离子含量的变化很快，其含量突然巨增至百分之几至百分之十几，并迅速破坏钻井液性能，常引起井下事故或井喷。因此，对氯离子含量的测定是很有现实意义的。现将氯离子含量测定的原理、方法及注意事项分述如下。

1）测定原理

以铬酸钾溶液（K_2CrO_4）作指示剂，用硝酸银溶液（$AgNO_3$）滴定氯离子（Cl^-）。因氯化物是强酸生成的盐，首先和 $AgNO_3$ 作用生成 $AgCl$ 白色沉淀。当氯离子（Cl^-）和银离子（Ag^+）全部化合后，过量的 Ag^+ 即与铬酸根（CrO_4^{2-}）反应生成微红色沉淀，指示滴定终点。

2）使用试剂

（1）5%铬酸钾溶液（5g 铬酸钾溶于 95mL 蒸馏水中）；
（2）稀硝酸溶液（HNO_3）；
（3）0.02mol/L、0.1mol/L 硝酸银溶液；
（4）pH 试纸；
（5）硼砂溶液或小苏打溶液；
（6）过氧化氢（H_2O_2）。

3）操作步骤

取钻井液滤液 1mL，置入锥形瓶中，加蒸馏水 20mL，调节混合液的 pH 值至 7 左右，加入 5%铬酸钾溶液 2~3 滴，使溶液显淡黄色，以硝酸银溶液（盐水层用 0.1mol/L，一般地层用 0.02mol/L 硝酸银溶液）缓慢滴定，至滤液出现微红色为止。记下硝酸银溶液的消耗量，则滤液中的氯离子含量可由式(4-2)求出：

$$\rho_{Cl^-}=\frac{C_{AgNO_3}VM}{Q}\times 10^3 \tag{4-2}$$

式中　C_{AgNO_3}——硝酸银溶液的浓度，mol/L；

　　　V——硝酸银溶液用量，mL；

M——氯的摩尔质量（为 35.45，取 35.5），g/mol；

Q——滤液体积，mL；

ρ_{Cl^-}——滤液中氯离子的含量，mg/L。

滤液体积取 1mL 时，式（4-2）可简化为

$$\rho_{Cl^-} = 35.5 \times 10^3 C_{AgNO_3} V \tag{4-3}$$

4）注意事项

(1) 滴定前必须使滤液的 pH 值保持在 7 左右。若 pH>7，用稀硝酸溶液调整；若 pH<7，用硼砂溶液或小苏打溶液调整。

(2) 加入铬酸钾指示剂的量应适当。若过多，会使滴定终点提前，使计算结果偏低；若过少，会使滴定终点推后，则计算结果偏高。

(3) 滴定不宜在强光下进行，以免 $AgNO_3$ 分解造成终点不准。

(4) 当滤液呈褐色时，应先用过氧化氢使之褪色，否则在滴定时会妨碍滴定终点的观察。

(5) 滴定前应将硝酸银溶液摇均匀，然后再滴定。

(6) 全井使用试剂必须统一，以免造成不必要的误差。

（八）油气上窜速度的计算

当油气层压力大于钻井液柱压力，在压差作用下，油气进入钻井液并向上流动，这就是油气上窜现象。在单位时间内油气上窜的距离称油气上窜速度。

油气上窜速度是衡量井下油气活跃程度的标志。油气上窜速度越大，油气层能量越大；反之，则越小。所以，在现场工作中准确地计算油气上窜速度具有重要参考价值，是做到油井压而不死、活而不喷的依据。

通常在钻过高压油气层后，当起钻后再下钻循环钻井液时，要对油气侵作观察、记录，并计算油气上窜速度。计算方法有以下两种。

1. 迟到时间法

迟到时间法比较接近实际情况，是现场常用的方法。其计算公式为

$$v = \frac{D_w - \dfrac{D}{t_{\text{上M}}}(t_1 - t_2)}{t_0} \tag{4-4}$$

式中　v——油气上窜速度，m/h；

　　　D_w——油、气层深度，m；

　　　D——循环钻井液时钻头所在井深，m；

　　　$t_{\text{上M}}$——钻头所在井深 D 处钻井液迟到时间，min；

　　　t_1——见到油、气显示的时间，min；

　　　t_2——下钻至井深 D 处后的开泵时间，min；

　　　t_0——井内钻井液静止时间（指起钻时停泵到下钻至 D 时的开泵时间），h。

2. 容积法

$$v = \frac{D_w - \dfrac{Q}{V_a}(t_1 - t_2)}{t_0} \tag{4-5}$$

式中　Q——钻井泵排量，L/min；

V_a——井眼环形空间每米理论容积，L/m。

下钻过程中，多次替钻井液时适用于用容积法计算上窜速度，但误差较大。实际计算时，常用每米井眼容积代替井眼每米理论容积。在钻遇高压水层时，也可以用上述两个公式计算上窜速度。

【任务实施】

测定钻井液密度、黏度。

【任务考评】

一、理论考核

（1）什么叫钻井液？
（2）钻井液的作用是什么？
（3）钻井液性能参数包括哪些？

二、技能考核

（一）考核项目

（1）测定钻井液密度、黏度（表4-1）。

表4-1 测定钻井液密度、黏度

序号	考核内容	考核要求	评分标准	配分
1	校正钻井液密度计	要求会用纯水校正密度计；要认识密度计的组成结构；会调移动游码，会调整金属小球数量，掌握校正标准，会观察水银泡的水平状态	未对密度计进行校正或不会校正扣10分	10
2	测定钻井液密度	会正确采集钻井液，确保待测钻井液为流动的、新鲜的，要求掌握采集的数量标准	所取钻井液不新鲜扣5分	5
3		要求会正确测定钻井液密度，会正确处理密度计外多余的钻井液。要求测前密度计外部洁净，要会调整游码，使秤杆呈水平状态。能够正确读出钻井液的密度值。要求读出游码左边的刻度值，并记录测定数据及井深	此项不会操作扣10分，清洗杯身时未用拇指压住盖孔扣5分，不会读数或读数有误扣15分，记录有误每项扣1分	35
4	测定钻井液黏度	会正确采集钻井液，确保待测钻井液为流动的、新鲜的，要求掌握采集的数量标准	所取钻井液不够700mL或不新鲜扣5分	5
5		要认识漏斗黏度计的结构构造，按照规范悬挂好漏斗黏度计，并按照测定程序正确测定钻井液的漏斗黏度。要求用滤网过滤钻井液。要求操作中左、右手不得搞错位置，测定时启、停秒表要准确，放开漏斗管口和启动秒表要同步，量筒容积要符合标准。测定后应记录测定的数据及井深	未盖滤网扣5分，注入钻进液时未堵住漏斗管口扣5分，注钻井液量不够扣5分，放开漏斗管口和启动秒表未同步进行扣10分，量筒流满后未及时停住秒表扣10分，读数错扣2分，记录有误每项扣1分	40
6	安全生产	按规定穿戴劳保用品	未按规定穿戴劳保用品扣5分	5
			合计	100
备注		时间为30min，要求测量5个点	考评员签字： 年　　月　　日	

(2) 工具、材料、资料、考场准备（表4-2）。

表4-2 工具、材料、资料、考场准备

序号	名称	规格	单位	数量	备注
1	滤纸		张	若干	
2	钻井密度计		个		
3	钻井液漏斗黏度计		个		
4	秒表		个		
5	量筒、量杯		个	若干	
6	玻璃漏斗		个		
7	记录纸		张	若干	
8	值班室		间		

（二）考核要求

(1) 准备要求：工具准备、工作任务单准备。
(2) 考核时间：10min。
(3) 考核形式：口头描述+实际练习。

任务二 钻井液录井资料分析应用

【任务描述】

了解钻井过程中影响钻井液性能的地质因素，对于准确判断井下地质情况和油气显示是十分重要的。钻遇不同的地层对钻井液性能有不同的影响效应，根据钻井液性能变化情况则可判断分析地下地质信息，从而实现钻井液录井资料分析应用。本任务主要介绍钻井液性能影响因素及钻井液录井资料应用。通过本任务学习，要求学生理解钻井液影响因素，通过实训练习，学会钻井液录井资料分析应用方法。

【相关知识】

一、钻井中影响钻井液性能的地质因素

影响钻井液性能的地质因素是比较复杂的，归纳起来有以下几方面：

（一）高压油、气、水层

当钻穿高压油气层时，油气侵入钻井液，造成钻井液密度降低、黏度升高。当钻遇淡水层时，钻井液的密度、黏度和切力均降低，失水量增大。钻遇盐水层时，钻井液黏度增高后又降低，密度下降，切力和含盐量增大，水侵会使钻井液量增加。

（二）盐侵

当钻遇可溶性盐类，如岩盐（NaCl）、芒硝（Na_2SO_4）或石膏（$CaSO_4$）时，会增加钻井液中的含盐量，使钻井液性能发生变化。由于岩盐和芒硝这些含钠盐类的溶解度大，使钻

井液中 Na$^+$浓度增加，使其黏度和失水量增大。当盐侵严重时，还会影响黏土颗粒的水化和分散程度，而使黏土颗粒凝结，钻井液黏度降低，失水量显著上升。

（三）钙侵

钻遇石膏层或钻水泥塞而带入了氢氧化钙时，均会发生钙侵，使钻井液黏度和切力急剧增加，有时甚至使钻井液呈豆腐块状，失水量随之上升。当氢氧化钙侵入时还将使钻井液的pH值增大。

（四）砂侵

砂侵主要由于黏土中原来自有的砂子及钻进过程中岩屑的砂子未清除所致。含砂量高，则使钻井液密度、黏度和切力增大。

（五）黏土层

钻遇黏土层或页岩层时，因地层造浆使钻井液密度、黏度增高。

（六）漏失层

在钻井过程中钻井液漏失是经常遇到的。轻微的漏失，类似于高度的失水现象。在一般情况下，钻进漏失层时要求钻井液具有高黏度、高切力，以阻止钻井液流入地层。但在漏失严重时，应根据发生漏失的地质原因采取具体措施。

二、钻遇各种地层时钻井液性能变化表

钻遇各种含流体地层时，钻井液性能变化参见表4-3。

表4-3 钻遇各种地层时钻井液性能变化表

钻井液性能 \ 岩层	油层	气层	盐水层	淡水层	黏土	石膏	盐层	疏松砂岩
密度	减	减	减	减	微增	不变↓微增	增	微增
黏度	增	增	增—减	减	增	剧增	增	微增
失水	不变	不变	增	增	减	剧增	增	
切力	微增	微增	增	减	增	剧增		
含盐量	不变	不变	增	减			增	
含砂量								增
滤饼				增		增	增	
酸碱值				减		减	减	减
电阻	增	增	减	增	减	增	增	减

三、钻井液录井资料的应用

（1）在钻进过程中通过钻井液槽、池的油气显示发现并判断地下油气层，通过钻井液性能的变化分析研究井下油气水层的情况。

（2）利用钻井过程中钻井液性能的变化可以判断井下特殊岩性。

（3）通过进出口钻井液性能及量的变化，发现水层、漏失层或高压层。

（4）通过钻井液录井发现盐层、石膏层、疏松砂层、造浆泥岩层等。

（5）通过加强钻井液循环、池面观察及液面定时观测记录，可及时发现油气显示、井漏或井喷预兆、盐侵等异常情况，采取必要措施，确保安全钻进。

（6）合理调整钻井液性能、保证近平衡钻进，可以防止钻井事故的发生，保证正常钻进，加快钻井速度，降低钻井成本，为发现油气层、保护油气层提供措施依据，是打好井、快打井、科学打井的重要措施与前提。

【实训实施】

钻井液记录分析。

【任务考评】

一、理论考核

（1）钻井液性能影响因素包括哪些？

（2）钻井液录井资料的应用有哪些？

二、技能考核

（一）考核项目

某井钻井液性能变化分析。

（二）考核要求

（1）准备要求：工作任务单准备。

（2）考核时间：10min。

（3）考核形式：分析演练。

项目五　岩屑录井资料收集与整理

岩屑录井是地下岩石被钻碎后，由循环的钻井液带到地面上，地质人员按照一定的取样间距和迟到时间，连续收集和观察描述岩屑，恢复地下地质剖面并按比例编制成地质柱状剖面的全部工作。

岩屑录井具有确定井下岩性及层位、了解油藏剖面含油气水层情况、了解储层的物理性质、了解纵向生储盖组合关系的作用。由于岩屑录井具有成本低、简便易行、了解地下情况及时和资料系统性强等优点，因此，它在油气田勘探开发过程中被广泛采用。

【知识目标】

(1) 理解岩屑录井原理；
(2) 掌握岩屑迟到时间的计算方法；
(3) 掌握岩屑的捞取收集方法；
(4) 掌握真假岩屑识别、挑选方法；
(5) 掌握岩屑描述、岩屑录井草图绘制方法；
(6) 理解荧光录井原理；
(7) 掌握荧光录井的工作方法。

【技能目标】

(1) 能够计算、实测岩屑迟到时间；
(2) 能够实现岩屑的捞取、清洗、晾晒、收集操作；
(3) 能够识别、挑选真假岩屑；
(4) 能够正确描述岩屑、绘制岩屑录井草图；
(5) 能够实施岩屑荧光检查工作；
(6) 能够正确填写岩屑荧光录井记录。

任务一　计算、实测岩屑迟到时间

【任务描述】

地下的岩石被钻头破碎后，随钻井液被带到地面，这些岩石碎块就叫岩屑，又常称为"砂样"。岩屑迟到时间的计算是井下岩性层位确定、地下地质剖面建立的关键所在，是岩屑捞取的重要参考，因此计算、实测岩屑迟到时间在录井工作中受到重要关注。通过本任务学习，主要要求学生掌握岩屑迟到时间的计算方法。

【相关知识】

一、岩屑录井工作

岩屑录井必须做好以下工作：
(1) 严格取样条件，尽力消除或避免影响岩屑代表性的各种因素。

① 取样时间准，要求迟到时间的计算与实际应用经常校对，使取出的岩样与钻时吻合。
② 取样位置直接影响岩屑代表性。因此以不漏取、不误取的恰当位置为宜。
③ 取样后必须立即清除滞留在取样处的剩余岩屑，以确保岩样代表性好。
④ 正确的洗样方法能保证岩屑显露本色，并防止含油砂岩、疏松砂岩、沥青块、煤屑、石膏、盐岩、造浆泥岩等不被冲散流失。
⑤ 烘样方法适当，最好是自然晾干，若是用蒸气烘箱、电烤箱或炉火烘样，温度不得超过70℃。
⑥ 装样数量足500g，若是区域探井、重点预探井，必须分装2袋，每袋各500g样，一袋供描述选样用，另一袋入库长期存查。

（2）为了及时发现油气层，必须及时对岩屑进行荧光湿照、滴照。肉眼不能鉴定含油级别的储层岩性要逐包浸泡定级。

（3）钻井队必须保证钻井液携砂性能良好。

（4）及时正确观察描述岩屑，并绘制随钻岩屑柱状剖面，做到当日捞取的岩屑当日描述完，以便随时掌握井下钻头所在岩性及层位。

（5）岩性描述必须定名准确，特殊岩性必须与测井曲线解释吻合，有化验分析资料考证。

（6）岩屑中若发现与设计剖面的岩性、层位有较大差异时，应及时通报钻井队，并向上级业务部门汇报，钻井队应适当改变钻进措施，确保安全钻进。

（7）对岩屑代表性差或难以定名描述的井段，应有井壁取心考证，并及时分析影响岩屑代表性差的因素。

（8）区域探井、预探井必须按1∶500比例作岩屑实物柱状剖面，碳酸盐岩目的层段作1∶200比例的岩屑实物柱状剖面。评价井、开发井只作特殊岩性及含油气层岩性的岩样汇集。

（9）及时进行地层对比，以便为钻井队预告地下岩性及层位、油气水层、钻进取心、潜山界面、故障提示等。

二、岩屑迟到时间的测定

岩屑录井要获取具有代表性的岩屑，关键是做到两点：一是井深准；二是岩屑迟到时间准。井深准必须管理好钻具，迟到时间推测必须按一定间距测准岩屑迟到时间。岩屑迟到时间是指岩屑从井底返至井口取样位置所需的时间。岩屑迟到时间准确与否，直接影响岩屑的代表性和真实性。常用的测定岩屑迟到时间的方法有理论计算法和实测法两种。此外，还有特殊岩性法。

（一）理论计算法

岩屑迟到时间的理论计算公式为

$$t_{迟} = \frac{V}{Q} = \frac{\pi(D^2 - d^2)}{4Q} \times H \tag{5-1}$$

式中　$t_{迟}$——岩屑迟到时间，min；
　　　Q——钻井泵排量，m³/min；
　　　D——钻头直径，m；
　　　d——钻具外径，m；

H——井深，m；

V——井眼与钻杆之间的环形空间容积，m^3。

理论计算公式是把井眼看作是一个以钻头为直径的圆筒，而实际井径常大于理论井径，且在理论计算时也未考虑岩屑在钻井液上返过程中的下沉，所以，理论计算的迟到时间与实测迟到时间往往不符。因此，在实际工作中，仅用它做参考，或只在1000m以内的浅井使用。

另外，在做理论计算过程中，当井径或钻具外径不一致时，要分段计算环空容积并求和。

$$\sum V = V_1 + V_2 + \cdots \tag{5-2}$$

（二）实测法

实测法是现场中最常用的方法，也是比较准确的测定方法。其方法是：选用与岩屑大小、相对密度相近似的物质作为指示物，如染色的岩屑、红砖块、瓷块等，在接单根时，把它们从井口投入到钻杆内。指示物从井口随钻井液经过钻杆内到井底，又从井底随钻井液沿钻杆外的环形空间返到井口振动筛处，记下开泵时间和发现第一片指示物的时间，两者之间时间差即为循环周时间。指示物从井口随钻井液到达井底的时间叫下行时间，从井底上返至振动筛处的时间叫上行时间，所求的迟到时间就是指示物的上行时间。

实测迟到时间的工作步骤如下：

第一步，实测钻井液循环周时间和岩屑滞后时间。

接钻杆时，将轻、重指示物投入钻杆水眼内。轻指示物一般用彩色或白色玻璃纸、软塑料条；重指示物一般选用与岩屑大小、密度相近似的物质，如染色的岩屑、红砖块、白瓷块等。开泵后，轻、重指示物从井口随钻井液经过钻杆内到井底，又从井底随钻井液沿钻杆外的环形空间返到井口振动筛处。此时，记录井口投入测量物质开泵时间 t_0，观察振动筛，分别记录捞到软塑料条的时间 $t_{轻}$ 和捞到白瓷碎片或染色岩屑的时间 $t_{重}$。

第二步，计算钻井液下行时间。

开泵后，钻井液从井口到达井底的时间叫下行时间。因为钻杆、钻铤内径是规则的（如果用内径不同的混合柱时，要分段计算）。所以，下行时间 $t_{下行}$（min）可以通过式(5-3)算出：

$$t_{下行} = \frac{C_1 + C_2}{Q} \tag{5-3}$$

式中　C_1——钻杆内容积，m^3；

　　　C_2——钻铤内容积，m^3；

　　　Q——钻井泵排量，m^3/min。

第三步，计算迟到时间。

迟到时间的计算公式为

$$t_{迟} = t_{一周} - t_{下行} \tag{5-4}$$

式中　$t_{迟}$——岩屑或钻井液迟到时间，min；

　　　$t_{一周}$——实际测量一周的时间，min；

　　　$t_{下行}$——测量物质下行的时间，min。

岩屑迟到时间 t_1（min）的计算公式为

$$t_1 = (t_{重} - t_0) - t_{下行} \tag{5-5}$$

钻井液迟到时间 $t_1'(\min)$ 的计算公式为

$$t_1' = (t_{轻} - t_0) - t_{下行} \tag{5-6}$$

式中，$(t_{重} - t_0)$、$(t_{轻} - t_0)$ 计算结果的单位为 min。

实物测定法确定迟到时间所用的实物颜色鲜艳，易辨认，并且与地层密度相似或接近，所以所测迟到时间一般比较准确。

采用实测法时，要求在钻达录井井段前 50m 左右实测岩屑迟到时间，进入录井井段后，每钻进一定录井井段，必须实测成功一次迟到时间，以提高岩屑捞取的准确性。

（三）特殊岩性法

这种方法是利用大段单一岩性与其中出现的特殊岩性钻时之间的显著差别（在钻时上表现出特高或特低值），即大段的慢钻时岩性中出现快钻时岩性或大段的快钻时岩性中出现慢钻时岩性，如大段砂岩中的泥岩、大段泥岩中的砂岩、大段泥岩中的石灰岩或白云岩等。记录特殊岩性层的钻遇时间和返出时间，二者之差即为真实的岩屑迟到时间。用这个时间校正正在使用的迟到时间，可以保证取准岩屑资料。

注意：以上介绍的岩屑迟到时间测定方法，仅是指地层某一深度的迟到时间，实际上井是不断加深的，迟到时间亦随之增长。为了保证岩屑录井质量，生产中一般每隔一定的间隔测算一次迟到时间，作为该间距内的迟到时间。间距的大小应视各地区实际情况而定。

（四）迟到时间测定要求

（1）非目的层，井深在 1500m 以浅时，实测一次；井深在 1501~2500m，每 500m 实测一次；井深在 2501~3000m，每 200m 实测一次；井深在 3000m 以上，每 100m 实测一次。

（2）目的层之前的 200m 和目的层，每 100m 实测一次。

（3）每次进行实物迟到时间测定后，对理论迟到时间进行校正。理论计算迟到时间应与实物迟到时间相对应。

还应特别注意的是，在两次实测之间，泵排量发生变化时，必须按反比法对岩屑迟到时间进行及时修正。目前，这项工作由录井仪器实时完成。

【任务实施】

计算、实测岩屑迟到时间。

【任务考评】

一、理论考核

（1）什么是岩屑？

（2）什么是迟到时间？

（3）如何计算岩屑迟到时间？

（4）岩屑迟到时间的计算有何作用？

（5）某井用 3A215mm 钻头钻至井深 1700m，所用钻杆外径均为 127mm，已知钻井液排量为 40L/s，若钻铤和其他配合接头的长度忽略不计，则井深 1700m 的理论迟到时间为多少？

（6）某井钻铤外径为 178m，长 90m，内容积为 0.04m³/m，钻杆长 3000m，外径为

· 73 ·

127mm，内容积为 0.0093m³/m，钻井液排量为 1.80m³/min，钻井液循环一周的时间为 65min，则迟到时间为多少？

二、技能考核

（一）考核项目

(1) 模拟演练计算、实测岩屑迟到时间（表 5-1）。

表 5-1 计算、实测岩屑迟到时间

序号	考核内容	考核要求	评分标准	配分
1	投轻、重指示物	要求在接单根时投入轻、重指示物，选用的指示物要与岩屑的大小、密度相近；要会根据具体情况，合理选择投放方式，防止指示物返出钻杆，接好方钻杆，记录开泵时间	轻、重指示物选择不当各扣5分，未按要求将轻、重指示物投入钻杆水眼扣10分，开泵时间记录错误扣10分	25
2	记录指示物返出时间、钻井液循环周期和滞后时间	要正确选择观察记录点，能够识别轻、重指示物大量返出的时间并计算钻井液循环周期和滞后时间，能够正确计算循环周时间	轻、重指示物大量返出的时间记录不准确扣5分，钻井液循环周期计算有误扣10分，滞后时间计算有误扣10分	30
3	计算相关参数	要会测量、收集、记录钻井液泵排量，正确计算钻具内容积，区分钻铤内容积与钻杆内容积	钻井液泵排量测量有误扣10分，钻具内容积计算有误扣5分	15
4	计算下行时间、迟到时间	会根据相关参数，正确计算钻井液下行时间、迟到时间	钻井液下行时间计算有误扣10分，迟到时间计算有误扣10分	25
5	安全生产	按规定穿戴劳保用品	未按规定穿戴劳保用品扣10分	5
			合计	100
备注	时间为30min。要求在现场考试或提供实测的相关参数以供计算		考评员签字：　　　年　月　日	

(2) 工具、材料、资料、考场准备（表 5-2）。

表 5-2 工具、材料、资料、考场准备

序号	名称	规格	单位	数量	备注
1	轻、重指示物		块	若干	
2	秒表、钟表		个	各1	
3	钢笔		支	1	
4	计算器		个	1	
5	记录纸		份	若干	提供相关的钻井参数
6	钻具记录		份	若干	
7	地质值班室		间	1	要求在现场考试或提供实测的相关参数以供计算

(二)考核要求

(1)准备要求：工具准备、工作任务单准备。
(2)考核时间：10min。
(3)考核形式：模拟演练。

任务二 捞取、清洗、晾晒、收集岩屑

【任务描述】

岩屑是井下地质信息的直接反映物质，岩屑返出地面后，地质人员根据设计的捞样间距在振动筛前捞取岩屑。岩屑捞取后要进行洗样、晒（或烤）样、描述、装袋、入库等工作。岩屑取样及整理直接关系着下一步岩屑描述及荧光检查工作，正确的捞取、清洗、晾晒、收集岩屑是岩屑录井工作的质量前提。本任务以教师讲解、学生操练实现，通过本任务学习主要要求学生掌握岩屑捞取、清洗、晾晒、收集的具体方法。

【相关知识】

一、岩屑的捞取

(一)岩屑取样时间

$$取样时间 = 钻达时间 + 岩屑迟到时间$$

岩屑的捞取必须严格按照迟到时间连续进行，以保证岩屑的真实性和准确性。

(1)泵出口流量无变化。

取样时刻 t_2（时：分）由钻达取样深度时刻 t_3（时：分）加上岩屑迟到时间 t_1（min）求得

$$t_2 = t_3 + t_1 \tag{5-7}$$

(2)变泵时间早于钻达取样深度的时间。

取样时刻 t_2（时：分）由钻达取样深度时刻 t_3（时：分）加上变泵后岩屑迟到时间 $t_1 \dfrac{Q_1}{Q_2}$（min）求得

$$t_2 = t_3 + t_1 \dfrac{Q_1}{Q_2} \tag{5-8}$$

式中 Q_1——变泵前钻井泵排量，m³/min；
　　Q_2——变泵后钻井泵排量，m³/min。

(3)变泵时间晚于钻达取样深度的时间，早于取样的时间。

取样时刻 t_2（时：分）由变泵时刻 t_4（时：分）加上变泵时刻 t_4（时：分）与变泵前取样时刻 t_5（时：分）之差乘 Q_1/Q_2 求得

$$t_2 = t_4 + (t_5 - t_4) \dfrac{Q_1}{Q_2} \tag{5-9}$$

(4)如果连续变泵，由式(5-9)求取岩屑取样时间，即

$$t_2 = t_4 + (t_5 - t_4) \dfrac{Q_1}{Q_2} \tag{5-10}$$

（二）取样间距

取样间距的大小，应根据对探区地质情况的了解程度和本井的任务而定。取样间距在地质设计中一般都有明确的规定，普通情况下每隔 1m 或 2m 取样，取心钻进中加密为 0.5m。

（三）取样位置

在一般情况下，岩屑是按取样时间在振动筛前连续捞取的，砂样盆放在振动筛前，岩屑沿筛布斜面落入盆内。

（四）取样方法

岩屑捞取过程中，除捞取时间的准确外，还要做到捞取岩屑纯净、分量足、有代表性、有连续性。在取样时间未到时，若砂样盆已经装满，不能将上面的岩屑除掉，而应垂直切去盆内岩屑的一半，将留下的另一半岩屑拌匀；若盆内岩屑再次接满，同样按上述方法处理，以保证岩屑捞取的连续性。岩屑捞取数量按现行规定，一般无挑样任务时，岩屑每包不少于 500g；有挑样要求时，岩屑每包不少于 1000g。

（五）取样要求

岩屑录井取样时，要做到以下九点：
(1) 按资料录取要求取样，严禁随意取样。
(2) 取样应严密观察槽罐液面的油气显示情况，记录油花、气泡占槽罐液面百分比，取样做气样点燃试验，记录火焰颜色、焰高、燃时等。
(3) 每次钻进取第一包岩屑前，按岩屑迟到时间将取样位置处清除干净。
(4) 每次取样后，应将取样位置处和接岩屑容器中的剩余岩屑清除干净。岩屑数量少时，应全部取样；数量多时，采用垂直切捞二分法、四分法等，从所接样中从顶到底取样。
(5) 每次起钻前，应取全已钻岩样，不足一个录井间距且大于录井间距四分之一的岩屑应取样，标明井深，并与下次钻至取样点所取的岩屑合为一包。遇特殊情况起钻时，未取全的岩屑，在下钻钻进前应补取。
(6) 渗漏时，要校正迟到时间。井漏未取到岩屑时，要注明井段及原因。
(7) 钻遇特殊层段取不到岩屑时，及时采取措施。
(8) 侧钻井岩屑取样：侧钻点在已录井井段，从开始侧钻就应取观察样，一旦发现侧钻出原井眼地层，按取样要求连续取样，编号自原编号顺延。
(9) 岩屑取样后应立即清洗干净，除去杂物和明显掉块。一般探井取单样；区域探井及重点探井目的层应取双样，分正、副样装袋，每袋样品干后质量不少于 500g，副样用于现场描述和挑样。

二、岩屑的清洗

捞取出的岩屑应缓缓放水清洗，并进行充分搅动，水满时应慢慢倾倒，要防止悬浮的粉、细砂和较轻的物质（沥青块、油砂块、碳质页岩、油页岩等）被冲掉，直至清洗出岩屑本色。对一些固结不好或含油岩屑清洗时要注意不能冲洗太过，清洗时要注意观察盆面有无油气显示。

岩屑清洗时，要按以下要求进行：
（1）水基钻井液录井的岩屑应使用洁净的清水进行清洗；油基钻井液录井的岩屑应分别采用柴油、洗涤剂、清水等顺序进行清洗。
（2）清洗应充分显露岩石本色，以不漏掉油气显示、不破坏岩屑及矿物为原则。
（3）在清洗岩样时，应注意油气显示，如油味、油花、沥青等。
（4）岩屑倒在筛子里冲洗时，筛子下面用取样盆接收漏下的砂粒。疏松砂岩和造浆泥岩应用盆淘洗。密度小的物质（如沥青块、煤屑）用盆淘洗，充水不能过满，静止一会，轻轻地把水倒掉。易分散的岩屑（如软石膏、高岭土）应漂洗。易水溶的岩屑（如盐岩）须用饱和盐水清洗。
（5）清洗用水要清洁，严禁油污，严禁水温过高。

三、岩屑的晾晒

捞出的岩屑清洗干净后，要按深度顺序在砂样台上干燥、晾晒，在雨季或冬季需要烘烤时，要控制好烘箱温度。含油岩屑严禁火烤。
岩屑干燥时，主要注意以下两点：
（1）见含油气显示的岩屑严禁烘干，应自然晾干或风干。
（2）无油气显示的岩屑，环境条件允许，应自然晾干，并避免阳光直射，否则，可采取风干或烘干方法，烘干岩屑应控制温度不高于110℃，严禁岩屑被烘烤变质。

四、岩屑的收集

（一）岩屑袋标识

岩屑晾晒干后，有挑样任务的分装两袋，一袋供挑样用，另一袋用来描述及保存，每袋应不少于500g。装岩屑时，要把同时写好井号、井深、编号的标签放入袋内。
岩屑袋标识工作中，要注意以下两点：
（1）正样袋上标明井号、井深。副样袋上标明井号、井深及副样。
（2）岩屑未取到或量极少时，在正、副样袋上注明原因。

（二）岩屑保管

（1）岩屑入袋后应从左至右、从上至下依次装入岩屑盒中，盒上及时贴上正、副样标签，标签应标明：井号、盘号、井段、袋数。用于挑样的岩屑要分袋，挑样完毕后不必保存；供描述用的岩屑，描述完后，要按原顺序放好，并妥善保管。一口井的岩样整理完毕后作为原始资料入库保存。
（2）岩屑装盒，妥善保管，防止日晒、雨淋、损坏、倒换位置、丢失、沾染油污等。
（3）侧钻成功的井，原井眼与新井眼重复段的岩屑应保留，并标明新井眼、原井眼。

（三）百格盒装入规定

岩屑装入百格盒时，按以下规定执行：
（1）装入岩屑应具有代表性，每5格标明井深。
（2）装入顺序应按取样深度从左至右、从上至下依次装盒。
（3）取心井段可放入代表相应井深岩性的小块岩心。

(4) 每格装 90%，做到利于观察、方便搬运、不串格。

(5) 发现少量特殊岩性或矿物，应用白纸包好，标明深度，放回原位。

(6) 井喷、井漏岩屑未取到或量极少时，在相应格内放入"井漏（喷）无岩屑"或"井漏（喷）岩屑量少"等字条。

(7) 百格盒的正面应贴上标签，标签内容包括井号、盒号、井段。

【任务实施】

捞取、清洗、晾晒、收集岩屑。

【任务考评】

一、理论考核

(1) 岩屑捞取时间如何确定？

(2) 清洗岩屑时注意事项有哪些？

(3) 岩屑晾晒基本要求是什么？

(4) 岩屑的包装、保管基本要求是什么？

(5) 岩屑袋标识内容包括哪些？

(6) 岩屑装入百格盒中需注意哪些问题？

二、技能考核

（一）考核项目

(1) 捞取、清洗、晾晒、收集岩屑（表 5-3）。

表 5-3 捞取、清洗、晾晒、收集岩屑

序号	考核内容	考核要求	评分标准	配分
1	捞取岩屑	要会确定捞砂时间，选择正确的捞砂位置。要求挡板放置要合适，确保岩屑连续、适量地落入盆内。要能够根据特殊情况选择捞岩屑的正确方法	捞砂时间计算错误扣 4 分，挡板位置放置不当扣 4 分，对于疏松砂岩层未捞取岩屑扣 4 分	15
2		要按岩屑捞取时间正确地在挡板上取岩样，要求岩屑数量不少于 500g。若岩屑较多，会用十字切法进行取样。要掌握捞取起钻前最后一包岩屑的方法。取完岩屑后，要求把挡板上的岩屑清理干净	未按捞取时间捞取岩屑扣 10 分；捞取岩屑数量不足扣 5 分；不会用十字切法取样扣 5 分；起钻时，井深末尾数小于 0.2m 而未捞取岩屑扣 5 分；未清理余屑扣 5 分	20
3	清洗岩屑	要求岩屑用清水缓缓冲洗，并加搅动直至岩屑露出本色，同时观察有无油气显示。清洗软泥岩时要多冲洗少搅动。清洗疏松砂岩时要少冲多淋。禁止用污水清洗岩屑	清洗方法不当使真岩屑流失扣 10 分；未观察油气显示扣 5 分；清洗软泥岩方法不当扣 5 分；清洗疏松砂岩方法不当扣 5 分	20
4	晾晒岩屑	要将洗好的岩屑按正确的顺序依次倒在砂样台上，并放上井深标签	晾晒岩屑顺序搞乱扣 10 分；未放井深标签扣 5 分	10
5		岩屑晾晒时不要经常翻搅，把水分晒干即可。烘烤湿岩屑时，要控制在合适的温度。对油砂不要暴晒或烘烤	因翻搅岩屑造成颜色模糊扣 5 分；因暴晒或烘烤造成油砂失真扣 5 分	5

· 78 ·

续表

序号	考核内容	考核要求	评分标准	配分
6	收装岩屑	要会识别真假岩屑，并去掉假岩屑。要将晾干的岩屑随同标签正确装入砂样袋内，并注意标签内容的正确性等	未去掉假岩屑扣5分；未装标签或标签内容填写有误扣5分	10
7		要将装好袋的岩屑按井深顺序正确排列在岩屑盒内，并在岩屑盒的侧面喷上井号、盒号、井段、包数	装盒顺序有误扣5分；岩屑盒未喷字扣5分	10
8		填写入库清单并及时把岩屑放入岩心库保存	未写入库清单或未及时入库扣5分	5
9	安全生产	要按规定穿戴劳保用品	未按规定穿戴劳保用品扣5分	5
			合计	100
备注	时间为60min；要求捞取、清洗、晾晒、收集岩屑各5~10包		考评员签字：　　年　月　日	

（2）工具、材料、资料、考场准备（表5-4）。

表5-4 工具、材料、资料、考场准备

序号	名称	规格	单位	数量	备注
1	标签		份	若干	
2	砂样袋		个	若干	
3	砂样盒		个	若干	
4	油漆		桶	若干	
5	排笔		支	若干	
6	岩屑入库清单		张	若干	
7	捞砂盆		个	若干	
8	砂样台		个	若干	
9	洗砂水	清水		适量	
10	值班室		间	1	要求捞取、清洗、晾晒、收集岩屑5~10包

（二）考核要求

（1）准备要求：工具准备、工作任务单准备。
（2）考核时间：10min。
（3）考核形式：实际操练。

任务三　岩屑描述及岩屑录井草图绘制

【任务描述】

岩屑录井是目前钻进过程中了解地下地质情况及油气显示的主要手段，岩屑描述工作是建立"岩口簿"的基础，而岩屑录井草图则以直观连续的图件建立了岩屑录井档案。岩屑录井草图的绘制既是录井历史的传承与创新，也是岩屑录井信息的形象客观反映，是进行地质综合研究的基础和岩屑录井的核心内容。本任务主要介绍岩屑描述方法及岩屑录井草图绘

·79·

制方法，通过实训操练，使学生学会岩屑描述，掌握岩屑录井草图绘制方法。

【相关知识】

一、岩屑描述

在钻井过程中，由于裸眼井段长、钻井液性能变化及钻具在井内频繁活动等因素影响，已钻过的上部岩层经常从井壁剥落下来，混杂于来自井底的岩屑之中。如何从这些真假并存的岩屑中鉴别出真正代表井下一定岩层的岩屑，是提高岩屑录井质量、准确建立地下地层剖面的又一重要环节。

（一）岩屑识别

1. 岩屑识别的原则

（1）色调和形状：新钻开地层的岩屑色调新鲜，多棱角或呈片状。由于岩性和胶结程度的差别，在形状上也会存在差异，如软泥岩常呈椭球状，泥质胶结的疏松砂岩呈豆状或散砂。在井内久经磨损成圆形，岩屑表面色调模糊或岩块较大者，多为上部井段的滞后岩屑或掉块（图5-1）。

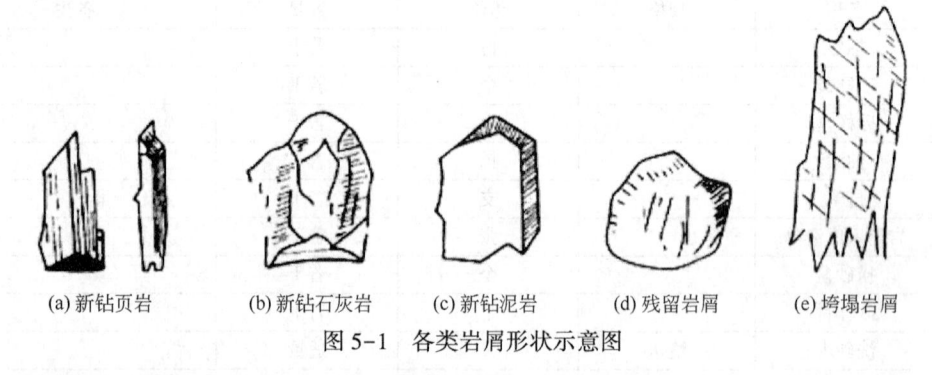

(a) 新钻页岩　　(b) 新钻石灰岩　　(c) 新钻泥岩　　(d) 残留岩屑　　(e) 垮塌岩屑

图5-1　各类岩屑形状示意图

（2）新成分：在连续取样中，如果发现有新的成分出现，并逐渐增加，则标志着新岩层开始。

（3）岩屑百分比的变化：两种或两种以上岩性组成的地层，必须从岩屑中某种岩性岩屑的百分比含量增减来判断是进入什么岩性的地层，从而确定岩屑的真伪。

（4）参考资料：进行岩屑识别时，要参考邻区、邻井的钻时、气体录井等资料进行验证。在砂泥岩剖面中钻井时，常常出现砂岩与泥岩岩屑交互出现的情况。这时，可根据钻时曲线判断是钻入砂岩或泥岩，并据此鉴别真假岩屑；若钻入油气层，则气测曲线上一般都有明显的显示。

2. 判别真假岩屑

1) 真岩屑的特征

真岩屑是在钻井中，钻头刚刚从某一深度的岩层破碎下来的岩屑，也叫新岩屑。一般而言，真岩屑具有下列特点：

（1）色调比较新鲜。

（2）个体较小，一般碎块直径为2~5mm，依钻头牙齿形状大小长短而异，极疏松砂岩的岩屑多呈散砂状。

（3）碎块棱角较分明。

（4）如果钻井液携带岩屑的性能特别好，迟到时间又短，岩屑能及时上返到地面的情况下，较大块的、带棱角的、色调新鲜的岩屑也是真岩屑。

（5）高钻时、致密坚硬的岩类，其岩屑往往较小，棱角特别分明，多呈碎片或碎块状。

（6）成岩性好的泥质岩多呈扁平碎片状，页岩呈薄片状。疏松砂岩及成岩性差的泥质岩屑棱角不分明，多呈豆粒状。具造浆性的泥质岩等多呈泥团状。

2) 假岩屑的特征

假岩屑是指真岩屑上返过程中混进去的掉块及不能按迟到时间及时返到地面而滞后的岩屑，也叫老岩屑。假岩屑一般有下列特点：

（1）色调欠新鲜，相较而言，相得模糊陈旧，表现出岩屑在井内停滞时间过长的特征。

（2）碎块过大或过小，毫无钻头切削特征，形态失常。

（3）棱角欠分明，有的呈混圆状。

（4）形成时间不长的掉块，往往棱角明显，块体较大。

（5）岩性并非松软，而是破碎较细，毫无棱角，呈小米粒状岩屑，是在井内经过长时间上下往复冲刷研磨成的老岩屑。

（二）岩屑描述前的准备

（1）器材准备：包括稀盐酸、放大镜、双目实体显微镜、灯、有机溶液（氯仿或四氯化碳）、镊子、小刀及描述记录等。

（2）资料收集：包括钻时、蹩跳钻情况、取样间距、气测数据、槽面或盆面油气显示情况、钻遇油气显示的层位、岩性、井段等。

（三）岩屑描述方法

（1）仔细认真，专人负责：描述前应仔细认真观察分析每包岩屑。一口井的岩屑由专人描述，如果中途需换人，二人应共同描述一段岩屑，达到统一认识、统一标准。

（2）大段摊开，宏观细找：岩屑描述要及时，应在岩屑未装袋前，在岩屑晾晒台上进行描述。若岩屑已装袋，描述时应将岩屑大段摊开（不少于10包岩屑），系统观察分层描述前必须检查岩屑顺序是否准确。宏观细找是指把摊开的岩屑大致看一遍，观察岩屑颜色、成分的变化情况，找出新成分出现的位置，尤其含量较少的新成分和呈散粒状的岩性更需仔细寻找。

（3）远看颜色，近查岩性：远看颜色，易于对比，区分颜色变化的界线。近查岩性是指对薄层、松散岩层、含油岩屑、特殊岩性需要逐包仔细查找、落实并把含油岩屑、特殊岩性及本层定名岩性挑出，分包成小包，以备细描和挑样。

（4）干湿结合，挑分岩性：描述颜色时，以晒干后的岩屑颜色为准。但岩屑湿润时，颜色变化、层理、特殊现象和一些微细结构比较清晰，容易观察区分。挑分岩性是指分别挑出每包岩屑中的不同岩性，进行对比，帮助判断分层。

（5）参考钻时，分层定名：钻时变化虽然反映了地层的可钻性，但因钻时受钻压、钻头类型、钻头新旧程度、钻井液泵排量、转速等因素影响，所以不能以钻时变化为分层的唯一根据。应该根据岩屑新成分的出现和百分含量的变化，参考钻时，用上追顶界、下查底界的方法进行分层定名。

（6）含油岩性，重点描述：对百分含量较少或成散粒状的储层及用肉眼不易发现、区分油气显示的储层，必须认真观察，仔细寻找，并做含油气的各项试验，不漏掉油气显示层。

(7) 特殊岩性，必须鉴定；不能漏掉厚度 0.5m 以上的特殊岩性。特殊岩性以镜下鉴定的定名为准。

（四）定向井、水平井的岩屑描述方法

相比直井而言，定向井、水平井钻井的岩屑更细碎、更混杂和代表性更差。

导致定向井、水平井钻井岩屑更细碎、更混杂和代表性更差的因素有以下几个方面：

(1) 岩屑沉积床的不断形成和破坏，使得不同时间破碎的岩屑在上返过程中混杂。

(2) 井壁坍塌和井眼不规则，使坍塌下来的地层碎块与新钻开地层的岩屑混杂，同时不规则井眼使上返岩屑滞留造成先后钻遇地层的岩屑混杂。

(3) 由于井身弯曲，钻进过程中，钻具与井壁之间的摩擦机会大大增加，被钻头破碎的岩屑在由井底返出井口的过程中，不断地受到钻具与井壁、套管壁的碰撞、研磨而多次破碎，岩屑变得十分细碎。

(4) 水平井在钻进中，为满足造斜、增斜、降斜等工程上的需要，随时都可能调整钻压、转盘转数和排量，钻时难以真实地反映地层的可钻性，使钻时资料"失真"。

针对上述情况，在岩屑描述中，除灵活应用普通直井已经成熟的岩屑描述方法外，还应采取一些特殊的方法和手段。

(1) 在描述直井岩屑时，划分不同岩性界限的原则是：新岩性岩屑的出现深度为该岩层的顶界深度；在以后几包岩屑中该岩性百分含量不断增加，说明对应深度仍为该岩层；该岩性百分含量开始减少，对应深度即为该岩层的底界。水平井由于岩屑床的存在，使上述原则不再总能适用：钻遇新岩层，其岩屑并不一定在相应的井段中返出；持续在该岩层中钻进，其岩屑百分含量在相应井段内不一定明显增加；该岩层结束，其岩屑百分含量并不一定在对应的深度开始减少。因此，在描述岩屑时，要参考钻井参数的变化来分析岩屑成分变化是由岩层变化引起的，还是由岩屑床的形成或破坏造成的，实际中要做到有效区分，需要大量细致深入的工作。一般地，如果在钻进中，某一井段内钻具活动不频繁，上述直井应用的分层原则在岩屑描述时也基本适用；反之，则应综合钻时或其他录井资料，以使岩屑描述尽可能符合实际地层情况。

(2) 尽管钻时资料由于钻井参数的变化会出现"失真"，但在钻井参数相对稳定的井段，钻时资料还有其使用价值。如果某段地层钻进时钻井参数相对稳定，而在该段地层的岩屑未返出井口时频繁活动过钻具，那么在描述该段地层的岩屑时，就应重点参考钻时资料分层，再从附近几包岩屑中找出相对应的岩性定名，即"钻时分层，岩屑定名"。通过多口井实钻资料的分析应用，初步得出这样的结论：在水平段和稳斜段钻时符合较好，而在造斜段符合不好，岩屑描述时必须根据钻时参数的变化情况分段使用。

(3) 如果水平井有综合录井仪录井，岩屑描述时应用 dc 指数也可有效地进行分层，因为 dc 指数是进行钻井参数影响校正后的钻时，比钻时更能反映地层的可钻性。实践证明，在同一个钻头钻进的井段内，可以不考虑钻井参数的变化，直接用 dc 指数划分砂泥岩层，数值标准统一，容易掌握，上下可对比性较强。另外，扭矩曲线也可应用于辅助判断岩性，具体描述时可灵活应用。

（五）欠平衡钻井条件下的岩屑描述方法

以液相作为介质的欠平衡钻井主要针对地层压力较低的地层，当钻遇孔缝发育段时往往发生井漏，致使岩屑返出减少或无返出；其次，因为确定与捞取岩屑有关的迟到时间是用喷

出量代替排量结合环空容积来计算，欠平衡钻井喷出量极为不稳定，直接影响所捞取岩屑的代表性。而以气相作为钻井介质的欠平衡钻井主要针对地层压力低于静水压力的地层，岩屑在该种情况下目前还未找到合适的捞取方法。

针对上述情况，在能采集岩屑的情况下，要注意岩屑捞取时间，鉴定时可增设岩矿薄片分析，或采用双目显微镜鉴定岩性，提高岩屑鉴定准确性，及时发现储层并对其孔渗条件有初步认识，结合钻时变化（可能时结合 dc 指数或 Sigma 指数）、出口钻井液变化、放喷口火焰变化来判断储层的存在。

（六）PDC 钻头钻井条件下的岩屑描述方法

PDC 钻头因其特殊的结构构造和独特的破碎机理，可造成岩屑稀少、细小、甚至缺失。一般来说 PDC 钻头的齿数越多、越密，则所钻岩屑越细小。其岩屑的表观颜色和形状与牙轮钻头下的特征也不一样。在颜色上，牙轮钻头产生的岩屑颜色变化鲜明，像工笔画一样，棱角分明；而 PDC 钻头产生的岩屑细小，易受钻井液浸染，颜色变化不鲜明，呈渐变，像水彩画一样，有种朦胧模糊的感觉。在形状上，一般在压实小、成岩性差的浅部地层，PDC 钻头产生的岩屑特别细小，在钻井液中呈絮状，晒干后呈粉末状，有时不同层位的岩屑混杂在一起并重新粘结，甚至与钻井液产生的滤饼混杂粘结在一起；在成岩性较好或较古老的地层中，岩屑呈小片状或呈粒状；有些特殊岩性，PDC 钻头能把岩屑塑造成特殊形状，其岩屑一面呈光滑的镜面，另一面呈纹理状。

在岩屑描述中，传统的"远观颜色，近看岩性"仍是岩屑描述中最有效的方法，对 PDC 钻头钻井条件下的岩屑描述尤为重要。颜色近看难以区分，远观能很好掌握颜色变化规律，达到有效分层之目的。由于岩屑细小，放大镜、显微镜显得十分必要。另外，在观察岩性时，岩屑形状也要仔细观察，因不同的设备和不同钻头类型在不同地区、不同井段对不同的岩性将产生出不同的岩屑形状，岩屑形状与岩性有一定的相关性。

（七）分层原则

（1）岩性相同而颜色不同或颜色相同而岩性不同，厚度大于 0.5m 的岩层，均需分层描述。

（2）根据新成分的出现和不同岩性百分含量的变化进行分层。

（3）同一包内出现两种或两种以上新成分岩屑，是薄层或条带的显示，应参考钻时进行分层。除定名岩屑外，其他新成分的岩屑也应详细描述。

（4）见到少量含油显示的岩屑，甚至仅有一颗或数颗，必须分层并详细描述。

（5）特殊岩性、标准层、标志层在岩层中含量较少或厚度不足 0.5m 时，也必须单独分层描述。

（八）定名原则

定名要概括和综合岩石基本特征，包括颜色、特殊矿物、结构、构造、化石及含有物、岩性。

（九）岩屑描述内容

岩屑描述的内容包括：分层深度、岩性定名、岩屑形状、含油情况、岩性复查、岩屑描述时应注意的事项。

1. 分层深度

岩屑分层深度以钻具井探为准。连续录井描述第一层时，在分层深度栏写出该层顶界深度和底界深度，以后只写各层底界深度。

2. 岩性定名

岩屑的岩性定名应包括颜色、矿物成分、结构、构造、含有物、物理化学性质、岩屑形状、含油气显示情况。着重突出与岩石储集油气性能有关的结构、构造特征。其他参见碎屑岩的岩心描述、泥（页）岩的岩心描述、碳酸盐岩的岩心描述、岩浆岩的岩心描述、火山碎屑岩的岩心描述、变质岩的岩心描述。

3. 岩屑形状

（1）岩屑形状有团块状、团粒状、片状、粉末状、碎块状、扁平状等。

（2）处理事故、研磨落物时岩屑失真，岩屑形状可以不描述。

4. 含油情况

（1）荧光录井：描述岩屑的荧光显示时，按荧光录井的要求进行。

（2）含油级别：岩屑含油气分级别是以岩屑录井分层为单元，在自然光下挑选真岩屑，计算挑出的真岩屑中含油岩屑的百分含量。孔隙性含油岩屑含油级别划分见表5-5，缝洞性含油岩屑含油级别划分见表5-6。

表5-5　孔隙性含油岩屑含油级别划分表

含油级别	含油岩屑，%	油脂感	味	滴水试验
饱含油	>95	油脂感强，染手	原油味浓	呈圆柱状、不渗
富含油	>70~≤95	油脂感较强，染手	原油味较浓	呈圆柱状、不渗
油浸	>40~≤70	油脂感弱，可染手	原油味淡	含油部分滴水呈馒头状、微渗
油斑	>5~≤40	油脂感很弱，可染手	原油味很淡	含油部分滴水呈馒头状、微渗
油迹	≤5	无油脂感，不染手	能闻到原油味	滴水缓渗—速渗
荧光	0	无油脂感，不染手，系列对比6级以上（含6级）	一般闻不到原油味	速渗

表5-6　缝洞性含油岩屑含油级别划分表

含油级别	含油岩屑占同类岩屑百分含量，%
富含油	>5
油斑	>1~≤5
油迹	≤1
荧光	肉眼看不到含油岩屑，荧光检测显示，系列对比6级以上（含6级）

5. 岩性复查

中途测井或完井测井后，发现岩电不符合处需及时复查岩屑。复查前需进行剖面校正，找出测井深度与钻具井深的误差，在相应深度的前后复查岩屑，寻找与电性相符的岩性并在描述中复查结果栏进行更正。若复查结果与原描述相同时，应注明已复查，表示原描述无误。

6. 岩屑描述时应注意的事项

（1）岩屑描述应及时，必须跟上钻头，以便随时掌握地层情况，做出准确地质预告，使钻井工作有预见性。

（2）描述要抓住重点，定名准确，文字简练，条理分明，各种岩石的分类、命名原则必须统一，描述中所采用的岩谱、色谱、术语等也应统一。颜色通常以代码标识（表5-7）。

表 5-7 基本颜色代码表

序号	名称	符号	序号	名称	符号
1	白色	0	7	蓝色	6
2	红色	1	8	灰色	7
3	紫色	2	9	黑色	8
4	褐色	3	10	棕色	9
5	黄色	4	11	杂色	10
6	绿色	5			

说明：两种颜色的以中圆点相连，如灰绿色为"7·5"，颜色深浅用"+""−"代表，如深灰色为"+7"，浅灰色为"−7"。

（3）对岩屑中出现的少量油砂，要根据具体情况对待。若第一次出现可参考别的资料定层，若前面已出现过则应慎重对待，既不能盲目定层，也不能草率否定，必须综合分析再做结论。如果综合分析后仍不能做结论，可将所见到的油砂及含油情况记录在岩屑描述记录纸上，供综合解释参考。对不易识别的油砂，应做四氯化碳试验，或用荧光灯照射。在新探区的第一批探井，应对所有岩屑进行荧光普查，以免漏掉油气层。

（4）要认真鉴别混油钻井液中的假油砂和地面油污染而成的假油砂，要对这种假油砂的形成追根求源，查明原因，证据确凿之后才能将其否定。

（5）对油气显示层、标准层、标志层、特殊岩性层进行描述时，要挑出实物样品，供综合解释和讨论试油层位时参考。另外，还应将少量样品用纸包好，待描述完后，仍放在岩屑袋中，供挑样和复查岩屑时参考。

二、岩屑录井草图的绘制

岩屑录井草图就是将岩屑描述的内容（如岩性、油气显示、化石、构造、含有物等）、钻时资料等，按井深顺序用统一规定的符号绘制下来。岩屑录井草图有两种：一种为碎屑岩岩屑录井草图，另一种为碳酸盐岩岩屑录井草图。下面着重介绍碎屑岩岩屑录井草图的编绘方法。

编制碎屑岩岩屑录井草图（图5-2）的步骤如下：

（1）按标准绘制图框。

（2）填写数据。将所有与岩屑有关的数据填写在相应的位置上，数据必须与原始记录相一致。

（3）深度比例尺为1∶500，深度记号每10m标一次，逢100m标全井深。

（4）绘制钻时曲线比例号。若有气测录井则还应绘制气测曲线。

（5）颜色、岩性按井深用规定的图例、符号逐层绘制。

（6）化石及含有物、油气显示用图例绘在相应的地层的中部。化石及含有物分别用"1""2""3"符号代表"少量""较多""富集"。

（7）有钻井取心时，应将取心数据对应取心井段绘在相应的栏上。

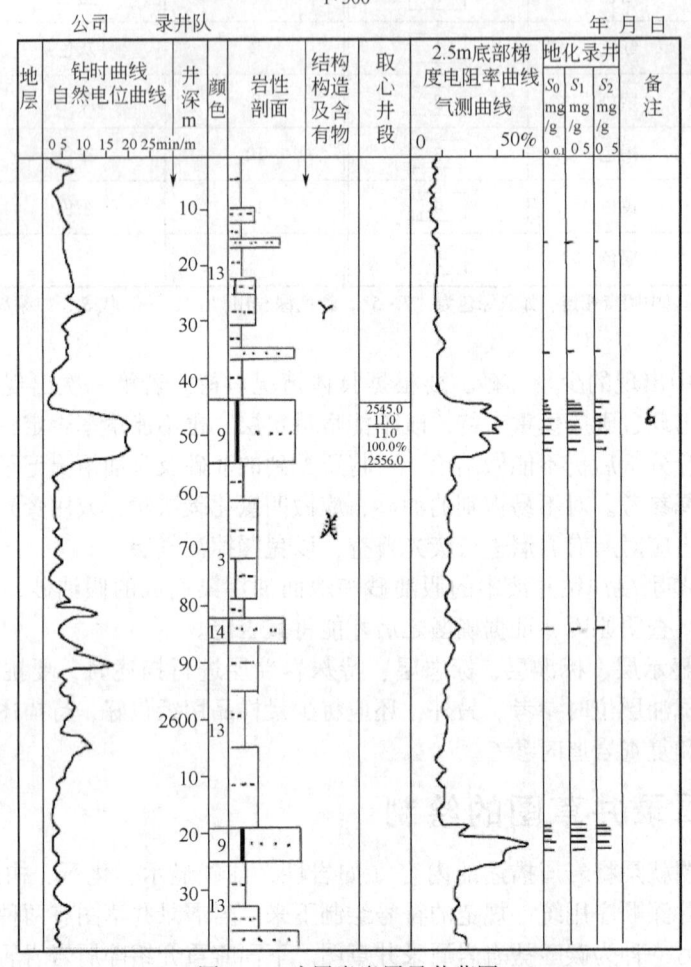

图 5-2 碎屑岩岩屑录井草图

（8）有地化录井时，将地化录井的数据画在相应的深度上。

（9）完钻后，将测井曲线（一般为自然电位曲线或自然伽马曲线和电阻率曲线）透在岩屑草图上，以便于复查岩性。

（10）岩屑含油情况除按规定图例表示外，若有突出特征时，应在"备注"栏内描述。钻进中的槽面显示和有关的工程情况也应简略写出，或用符号表示。

三、岩屑录井的影响因素

这里所谈的影响因素是指影响岩屑代表性的因素。与钻井取心比较起来，岩屑录井虽然既经济又简便，同样能达到了解井下地层剖面及含油气情况的目的，但是由于种种影响因素的存在，使岩屑的代表性（即准确性）在不同程度上受到一定影响，从而影响到岩屑录井

· 86 ·

的质量。

影响岩屑代表性的因素如下：

（一）钻头类型和岩石性质的影响

由于钻头类型及新旧程度不同，所破碎的岩屑形态有差异，相对密度也有差异，所以上返速度也就不同。如片状岩屑受钻井液冲力及浮力的面积大，较轻，上返速度快，粒状及块状岩屑与钻井液接触面积小，较重，上返速度较慢。由于岩屑上返速度的不同，直接影响到岩屑迟到时间的准确性，进而影响了岩屑深度的正确性和代表性。

（二）钻井液性能的影响

钻井液起着巩固井壁、携带岩屑、冷却钻头等作用。在钻进过程中钻井液性能的好坏，将直接影响钻井工程的正常进行，也严重影响地质录井的质量。如采用低密度、低黏度钻井液或用清水快速钻进时，井壁垮塌严重，岩屑特别混杂，使砂样失去真实性。若钻井液性能好、稳定，井壁不易垮塌，悬浮能力强，则岩屑就相对的单纯，代表性强。

在处理钻井液过程中，若性能变化很大，特别是当钻井液切力变小时，岩屑就会特别混杂。在正常钻进中，未处理钻井液时，钻井液在井筒环形空间中一般形成三带：靠近钻具的一带是正常钻井液循环带，携带并运送岩屑；靠近井壁的地方形成滤饼；二者之间为处于停滞状态的胶状钻井液带，而其中混杂有各种岩性的岩屑。当钻井液性能未发生变化时，胶状钻井液带对正常钻井液循环带的影响较小，所以在钻井液循环带里岩屑混杂情况较轻。处理时，钻井液性能突然变化，切力变小，破坏了三带的平衡状态，停滞的胶状钻井液带中混杂的各种岩屑进入循环带里，与所钻深度的岩屑一同返出地面，造成岩屑特别混杂。只有当新的平衡形成以后，这种混杂现象才会停止。

（三）钻井参数的影响

钻井参数对岩屑准确性的影响也是很明显的。当排量大时，钻井液流速快，岩屑能及时上返；如果排量小，钻压较大，转速较高，钻出的岩屑较多，又不能及时上返，岩屑混杂现象将更加严重。尤其是当单泵、双泵频繁倒换时，钻井液排量及流速也会频繁变化，最容易产生这种现象。

（四）井眼大小的影响

钻井参数不变，若井眼不规则，钻井液上返速度也就不一致。在大井眼处，上返慢，携带岩屑能力差，甚至在"大肚子"处出现涡流使岩屑不能及时返出地面，造成岩屑混杂，而在小井眼处，钻井液流速快，携带岩屑上返及时。由于井眼的不规则，钻井液流通不同，岩屑上返时快时慢，直接影响迟到时间的准确性，并造成岩屑的混杂。

（五）下钻、划眼的影响

在下钻或划眼过程中，都可能把上部地层的岩屑带至井底，与新岩屑混杂在一起返至地面，致使真假难分。这种情况在下钻到底后的前几包岩屑中最容易见到。

（六）人为因素的影响

司钻操作时加压不均匀，或者打打停停都可能使岩屑大小混杂，给识别真假岩屑带来困难。

四、岩屑录井草图的应用

岩屑录井草图主要应用于下列几个方面：

（一）提供研究资料

岩屑录井资料是现场地质录井工作中最直接地了解地下岩性、含油性的第一性资料。通过岩屑录井，可以掌握井下地层岩性特征，建立井区地层岩性柱状剖面；可以及时发现油气层；通过对暗色泥岩进行生油指标分析，以便了解其区域的生烃能力。

（二）进行地层对比

把岩屑录井草图与邻井进行对比，可以及时了解本井岩性特征、岩性组合、钻遇层位、正钻层位，还可检查和验证本井地质预告的符合程度，以便及时校正地质预告，进一步推断油、气、水层可能出现的深度，指导下一步钻井工作的进行。

（三）为测井解释提供地质依据

岩屑录井草图是测井解释的重要地质依据。对探井来说，综合利用岩屑录井草图，可大大提高测井解释的精度。在砂泥岩剖面中，特殊岩性含油往往不能在电性特征上有明显反映，仅凭电性特征解释油气层常常感到困难，此时岩屑录井草图的重要性就更加突出。

（四）配合钻井工程的进行

在处理工程事故（如卡钻、倒扣、泡油等）的过程中，经常应用岩屑录井草图，以便分析事故发生的原因，制定有效的处理措施。在进行中选测试、完井作业过程中也要参考岩屑录井草图。

（五）岩屑录井草图是编绘完井综合录井图的基础

完井综合录井图中的综合解释剖面就是以岩屑录井草图为基础绘制的。岩屑录井草图的质量直接影响着综合图的质量。岩屑录井草图的质量高，综合解释剖面的精度也就高，相反，岩屑录井草图质量低，不仅使综合解释剖面质量降低，而且将会大大增加解释过程中的工作量。

【任务实施】

一、目的要求

（1）能够正确识别描述岩屑样品。
（2）能够正确绘制岩屑录井草图。

二、资料、工具

（1）学生工作任务单。
（2）岩屑样品。

【任务考评】

一、理论考核

（1）真假岩屑的识别方法是什么？

(2) 岩屑描述方法是什么？
(3) 岩屑录井草图绘制步骤是什么？
(4) 岩屑录井影响因素是什么？
(5) 岩屑录井资料的应用是什么？

二、技能考核

（一）考核项目

(1) 真假岩屑识别。
(2) 岩屑描述记录。
(3) 给定岩屑录井资料，绘制岩屑录井草图。

（二）考核要求

(1) 准备要求：工作任务单准备。
(2) 考核时间：30min。
(3) 考核形式：口头描述+笔试。

任务四　荧光录井操作

【任务描述】

钻井地质的最终目的就是发现和研究油气层，因此，在钻井过程中确定有没有油气显示及油气显示的程度，是一件非常重要的工作，现场录井要求对砂岩等储层除做重点描述和观察之外，还要进行荧光分析。荧光分析是检验油气显示的直接手段，是发现井下油气显示的重要录井方法，具有成本低、简便易行的优点，对落实全井油气显示、油气丰度度量都极为重要，是地质录井工作中落实油气层不可缺少的分析资料。本任务主要介绍荧光录井的基本原理、工作方法，通过本任务学习，要求学生理解荧光录井原理，掌握荧光录井工作方法，通过实践演练，学会荧光检查及荧光录井记录填写。

【相关知识】

一、荧光录井的原理

石油是碳氢化合物，除含烷烃外，还含有具 π-电子结构的芳香烃化合物及其衍生物。芳香烃化合物及其衍生物在紫外光的激发下，能够发射荧光。原油和柴油以及不同地区的原油，虽然配制溶液的浓度相同，但所含芳香烃化合物及其衍生物的数量不同，π-电子共轭度和分子平面度也有差别，故在365nm近紫外光的激发下，被激发的荧光强度和波长是不同的。这种特性称为石油的荧光性。荧光录井仪根据石油的这种特性，将现场采集的岩屑经荧光灯照射检测后，便可直接测定砂样中的含油级别及含油量。

二、荧光录井的准备工作

(1) 紫外光仪：发射光波长小于365nm的高灵敏度紫外岩样分析仪一台，内装15W紫外灯管一支或8W紫外灯管两支。
(2) 标准定性滤纸。

(3) 有机溶剂（分析纯）：使用分析纯的氯仿、四氯化碳或正己烷。

(4) 其他设备：试管（直径 12mm，长度 100mm）、磨口试管（直径 12mm，长度 100mm）、10 倍放大镜、双目显微镜、滴瓶（50mL）、盐酸（浓度 5%~10%）、镊子、玻璃棒、小刀等。

三、荧光录井原则

(1) 岩屑及钻井取心和井壁取心所获得的岩心都要及时进行荧光直照，另外需要区别真假油气显示，做一些特殊的试验。因此，岩屑必须清洗干净且代表性好，挑样要准确；钻井液无污染物，使用的钻井液无污染材料，无荧光；实验用的试剂，滤纸符合要求，无污染，无荧光，清洁。

(2) 目前应用的荧光分析方法有岩屑湿干照、点滴分析、系列对比、毛细分析、组分分析、荧光显微镜分析等。

(3) 由于条件限制，现场荧光录井是用紫外光仪（俗称荧光灯）逐一照岩屑、岩心，观察其亮度、颜色、产状。通常对储集岩要进行湿照、干照、普照、选照、滴照、浸泡照、加热照、系列对比照等八照荧光，并记入专门的荧光记录之中。

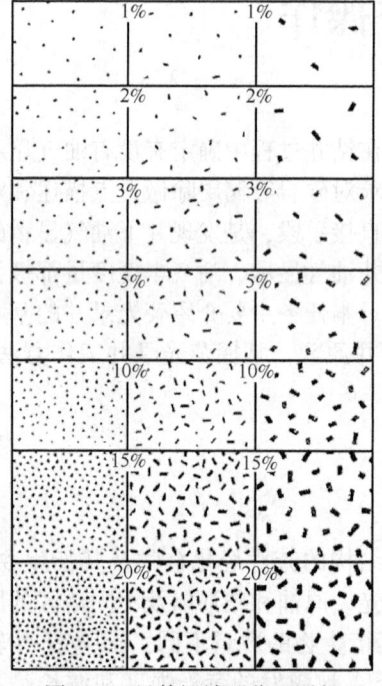

(4) 实验程序必须符合规定和操作规程；荧光录井密度按照设计或者现场地质监督决定执行。

图 5-3 目估视域百分比图版

四、荧光录井的工作方法

现场常用的荧光录井工作方法有：岩屑湿照、干照、滴照和系列对比。

（一）岩屑湿照、干照

这是现场使用最广泛的一种方法。它的优点是简单易行，对样品无特殊要求，且能系统照射，对发现油气显示是一种极为重要的手段。为了及时有效地发现油气显示，尤其对轻质油，各油田采取了湿照和干照相结合的方法，使油气层发现率有了很大的提高。

(1) 湿照。湿照是当砂样捞出后，洗净、控干水分，立即装入砂样盘，置于紫外光岩样分析仪的暗箱里，启动分析仪，观察记录荧光的颜色、强度（弱、中、强），估算含油荧光岩屑面积百分比（图 5-3）。

(2) 干照。干照则是取干样置于紫外光岩样分析仪内，启动分析仪，观察记录荧光的颜色、强度（弱、中、强），估算含油荧光岩屑面积百分比。

(3) 观察。观察岩样荧光的颜色和产状，与本井混入原油的荧光特征进行对比，排除原油污染造成的假显示（表 5-8）。

表 5-8 真假荧光显示判别表

项目	假显示	真显示
岩样	由表及里浸染，岩样内部不发光	表里一致，或核心颜色深，由里及表颜色变浅

续表

项目	假显示	真显示
裂缝	仅岩样裂缝边缘发光,边缘向内部浸染	由裂缝中心向基质浸染,缝内较重,向基质逐渐变轻
基质	晶隙不发光	晶隙发荧光,当饱和时可呈均匀弥漫状
荧光颜色	与本井混入原油一致	与本井混入原油不一致

(4)排出成品油干扰。观察荧光的颜色,排除成品油发光造成的假显示(表5-9)。

表5-9 原油、成品油荧光判别表

油品名称	原油	成品油					
^	^	柴油	机油	黄油	螺纹脂	红铅油	绿铅油
荧光颜色	黄、棕褐等色	亮紫色,乳紫蓝色	天蓝色,乳紫蓝色	亮乳蓝色	蓝色,暗乳蓝色	红色	浅绿色

(5)挑样、标识:用镊子挑出有荧光显示的颗粒或在岩心上用红笔画出有显示的部位。

(6)观察:在自然光或白炽灯光下认真观察,分析岩样,排除上部地层掉块造成的假显示。

(7)分析:观察岩样的荧光结构(表5-10),若仅见砾石或砂屑颗粒有荧光,而胶结物无荧光,可能为早期油层遭受破坏的再沉积或早期储层被后期充填的胶结物填死而形成的假显示。

表5-10 部分岩石、矿物荧光特征表

岩矿名称	荧光颜色	岩矿名称	荧光颜色
石英、蛋白石	白、灰白	石蜡	亮蓝
贝壳、方解石	乳白	油页岩,有机泥岩	暗褐、褐黄
石膏	天蓝、紫蓝、乳白	泥质的白云石	暗褐
岩盐	亮紫	钙质团块	灰白、暗黄
软沥青	橙、褐橙	钙质砂岩	浅黄

(二)滴照

岩屑滴照分析可以发现岩石中极少量的沥青,达到定性认识的目的。滴照分析是在滤纸上放一些磨碎的样品,并在样品上滴1~2滴氯仿溶液,氯仿立即溶解样品中的沥青,随着溶液的逐渐蒸发,滤纸上滴氯仿部分沥青的浓度也逐渐增大,留下各种形状和各种颜色的斑痕。然后在荧光灯下观察这些发光斑痕,便可大致确定沥青含量及沥青性质。

岩屑滴照的操作程序如下:

(1)检查滤纸。取定性滤纸一张,在紫外光下检查,确保洁净无油污。

(2)碾碎岩屑。把湿照挑出来的荧光显示岩屑一粒或数粒,放在备好的滤纸上,用有机溶剂清洗过的镊柄碾碎。

(3)观察荧光。悬空滤纸,在碾碎的岩样上滴一至两滴有机溶剂。待溶剂挥发后,在紫外光下观察。若为岩心,可先在岩心的荧光显示部位滴一至两滴有机溶剂,停留片刻,用备好的滤纸在显示部位压印,再在紫外光下观察。

(4) 鉴别矿物发光。若滤纸上无荧光显示，则为矿物发光。

(5) 划分滴照级别。观察荧光的亮度和产状，按表5-11划分滴照级别，若为二级或二级以上，则参加定名。

表 5-11 荧光级别的划分

滴照级别	一级	二级	三级	四级	五级
荧光特征	模糊环状，边缘无亮环	清晰晕状，边缘有亮环	明亮，呈星点状分布	明亮，呈开花状、放射状	均匀明亮或呈溪流状

(6) 鉴别稠油。观察荧光的颜色，划分轻质油和稠油（表5-12）。

表 5-12 轻质油和稠油荧光的特征

类型	轻质油荧光	稠油荧光
特征	轻质油的胶质、沥青含量不超过5%，而油质含量达95%以上，其荧光的颜色主要显示油质的特征，通常呈浅蓝色、黄色、金黄色、棕色等	稠油的胶质、沥青质含量可达20%~30%，甚至高达50%，其荧光颜色主要显示胶质、沥青质的特征，通常为颜色较深的棕褐色、褐色、黑褐色

（三）系列对比法

这是现场常用的定量分析方法。其操作方法是：取1g磨碎的岩样，放入带塞无色玻璃试管中，倒入5~6mL氯仿，塞盖摇匀，静置8h后与同油源标准系列在荧光灯下进行对比，找出发光强度与标准系列相近似的等级。用下列公式计算样品的沥青含量：

$$Q = \frac{AB}{G} \times 100\% \tag{5-11}$$

式中 Q——岩石中的沥青含量，%；
A——1mL 标准溶液所含沥青质量，g；
B——分析样品溶液体积，mL；
G——样品质量，g。

然后用求得的结果与标准系列石油沥青含量表对比，得到对应的荧光级别。

一般情况下，溶液的发光强度与溶液中沥青物质的含量（浓度）成正比。但是这个关系只有在溶液中沥青浓度非常小的情况下才能成立。当沥青浓度增加时，溶液发光强度的增加慢，当浓度达到极限浓度时，则浓度与发光强度之间的关系遭到破坏，浓度再增加反而会使发光强度降低，产生浓度消光。另外，某些消光剂如石蜡、低沸点烃类等对溶液的发光强度均有影响。

在一定的沥青浓度范围内，溶液发光强度与其沥青的含量成正比。但浓度达到极限浓度时，就会产生浓度消光，荧光强度也将减弱。如定量分析含油情况，需要加以稀释后再进行对比定级。另外，系列对比结果的正确性取决于正确的操作和标准系列的配制。

配制标准系列，必须采用本探区及邻近探区石油、沥青或含沥青的岩石配制，才有可靠的对比性。标准系列在使用期间要加强保管，使用期不能超过半年，发现失效，应立即更换。

五、混原油钻井液条件下的荧光录井

含油钻井液对岩屑的污染（即假油气显示），在岩屑中的显示强度是由外向里逐渐减弱，而真正含油的岩屑，在经受钻井液冲洗后其含油性是由外向里逐渐增强。

据此可采用以下两种方法进行区别。

(1) 四氯化碳多次荧光滴照法：在滤纸上用四氯化碳对同一岩屑进行多次滴照，每次滴照后换一个地方，然后在荧光灯下观察显示情况。若岩屑本身含油，则每次滴照的发光强度不变或变化不大；若岩屑仅是钻井液污染，本身不含油，则第一次滴照发光较强，以后逐次减弱或显示消失。

（2）四氯化碳浸泡法：在同一包岩屑中挑选砂岩和泥岩岩屑，分别用四氯化碳浸泡，与标准系列对比，以泥岩岩屑的荧光级别作为基值，标定砂岩样品的荧光级别，凡显示明显高于泥岩者，定为含油岩屑，低于泥岩者定为不含油岩屑。由于泥岩岩屑对钻井液中原油的吸附能力比砂岩强，所以，当砂岩含油级别比较低时，则可能与对比泥岩的含油级别接近或稍偏低，此时油气显示仍难以确定，应充分参考其他资料综合分析判断。

六、荧光录井记录内容

（1）填写样品井深，通常为 1m 或 2m 录井间距井段。
（2）结合岩屑观察描述结果对岩性定名。
（3）填写岩屑样品肉眼鉴定含油级别。
（4）填写岩屑湿照、干照颜色、强度和发光面积（百分比表示）。
（5）填写滴照荧光颜色及产状。
（6）填写系列对比级别，荧光下颜色。
（7）目估荧光显示岩屑占同类岩性百分比，并填写。
（8）如为岩心样品，则需填写岩心和井壁取心样品的荧光面积百分比。
（9）岩性及含油性综合描述。

七、荧光录井的应用

（1）荧光录井灵敏度高，对肉眼难以鉴别的油气显示，尤其是轻质油，能够及时发现。
（2）通过荧光录井可以区分油质的好坏和油气显示的程度，正确评价油气层。
（3）在新区新层系以及特殊岩性段，荧光录井可以配合其他录井手段准确解释油气显示层，弥补测井解释的不足。
（4）荧光录井成本低，方法简便易行，可系统照射，对落实全井油气显示极为重要。

【任务实施】

（1）岩屑荧光检查。
（2）填写荧光记录。

【任务考评】

一、理论考核

（1）什么是荧光性？
（2）荧光录井原理是什么？
（3）荧光录井的工作方法是什么？
（4）荧光录井的应用有哪些？

二、技能考核

（一）考核项目

（1）岩屑荧光检查（表 5-13）。

表 5-13 岩屑荧光检查

序号	考核内容	考核要求	评分标准	配分
1	连线、检查荧光灯	正确连接电源线,确保连接完好,并开荧光灯检查荧光灯是否完好	连线错扣2分,未对荧光灯进行检查扣3分	5
2	做空白试验	要采取正确的方法做荧光空白试验,要求待用滤纸、待用试管无荧光显示方可使用。要会用氯仿清洗试管	滤纸未做空白试验扣2.5分,未进行试管检查扣2.5分	5
3	岩屑荧光湿照	要求待用砂样干净、无水,按照正确的步骤将砂样盘置于荧光下观察,会根据岩样荧光显示特征,正确区分原油和成品油	岩屑未洗净,水分未控干扣5分,不会排除成品油发光扣5分	10
4		要认真观察岩样,区别真假油气显示。会目估荧光岩屑的百分含量,并记录岩屑荧光湿照结果	不会区分真假显示扣5分;含量估计错,一层扣5分;记录不全扣5分	15
5	岩屑荧光干照	要求岩样为干岩屑,会正确观察岩样荧光显示特征,能够正确目估荧光岩屑的百分含量,并记录岩屑荧光干照结果	岩样不干扣5分,含量估计不准,每层扣2分;记录不全扣5分	20
6	岩屑荧光滴照	岩样为干岩屑,要取有荧光显示的岩样一粒或数粒放置在干净的滤纸上,用清洗过的镊子柄碾碎。不得整包滴照。滴照时要悬空滤纸,在碾碎的岩样上滴一至两滴氯仿,待溶剂挥发后,在荧光灯下观察滤纸上荧光显示特征。能正确区分油气显示与矿物发光,并记录荧光滴照结果	操作有误扣5分,不会判断矿物发光扣5分,记录不齐全扣5分	15
7		要检查试管是否洁净,会采取正确方法清洗待用试管,要求会判断试管是否洁净	不会清洗扣2分,不会判断是否干净扣3分	5
8	荧光系列对比	要会正确挑选代表样,会用天平称取待用样品,将称好的样品放在洁净的滤纸上碾碎,装入洗净的试管中,加入5mL氯仿并密封,摇匀后置放在试管架上,并在试管上贴上井深标签	挑样、称样有误扣5分,氯仿用量不准确扣4分;试管未密封扣3分,未贴标签扣3分	10
9		静置8h后,将浸泡的样品与标准系列在荧光灯下逐级对比,确定试样的荧光级别。详细记录系列对比结果	定级不准确扣10分,记录不齐全扣5分	10
10	安全生产	按规定穿戴劳保用品	未按规定穿戴劳保用品扣5分	5
			合计	100
备注	时间为60min。要求荧光检查5包以上岩屑样		考评员签字: 　　　　年　　月　　日	

(2) 工具、材料、资料、考场准备 (表5-14)。

表 5-14 工具、材料、资料、考场准备

序号	名称	规格	单位	数量	备注
1	白色滤纸		张	若干	
2	氯仿或四氯化碳		瓶	1	
3	荧光记录		份	若干	提供50m井段
4	试管标签		份	若干	
5	荧光灯		台	1	
6	托盘天平		台	1	
7	镊子、小刀		把	各1	

续表

序号	名称	规格	单位	数量	备注
8	滴瓶		个	若干	
9	试管、试管架		个	若干	
10	标准系列		个	1	
11	待照岩屑样		包	若干	提供5包以上含油气显示岩屑样
12	地质值班室		间	1	

(3) 填写岩屑描述记录：

____井岩屑描述记录　　　第　页

岩屑编号	井段,m	P_1,%	P_2,%	荧光,%		系列级别	岩屑百分比,%				岩性定名	岩性及含油性描述
				干照	喷照		砾岩	砂岩	泥岩	其他		
1												
2												
3												
4												
5												
6												
7												
8												
9												

责任人：

注：P_1—含油岩屑占岩屑含量，%；
　　P_2—含油岩屑占同类岩屑含量，%；
　　其他—其他岩性。

（二）考核要求

(1) 准备要求：工具准备、工作任务单准备。
(2) 考核时间：20min。
(3) 考核形式：口头描述+实际操练。

任务五　岩屑样品保存

【任务描述】

岩屑样品是识别地下地质信息的一手材料，录井结束后需将样品统一保管，以备岩性复查或含油气性测试。本任务主要介绍岩屑样品的保存方法，通过实物观察、模拟操练，使学生学会岩屑样品的保存方法及注意事项。

【相关知识】

一、岩屑盒保存

按井深顺序依次将晾干的岩屑连同岩屑标签装入岩屑袋内，要求岩屑重量不少于500g；扎好岩屑袋，按从上往下，从左到右的顺序，依次将岩屑袋摆在岩心盒内；在岩心盒上标明井号、井段、盒号及岩屑包数；将岩屑装盒后，需盖好篷布，防止雨水渗入，完井后及时送至岩心房，应按先后顺序存放，交由岩心库统一保管。入库时要求填写详细的入库清单，包括井号、井段、岩屑箱数等。

二、岩屑百格盒保存

由于岩屑样品数量多、体积大，现场多数井要求以百格盒形式收取岩屑样品即可。百格盒收取样品时，需按整百井深标注百格盒井深标签，现场通常以每1m或2m收集一个样品，收集岩屑重量要求在50g以上，按井深顺序依次装入百格盒内。百格盒摆放应按先后顺序依次落置，并用盖板封盖，用篷布盖严，以防雨水渗入、风沙吹蚀。下井后及时将百格盒送至岩心库保存，以备岩屑复查。

三、岩屑实物剖面图保存

对于重点探井，钻井地质设计中都会要求制作岩屑实物剖面图。岩屑实物剖面图的制作内容与岩屑录井综合图内容相同，只是在岩性列要求粘贴实物岩屑。在实物岩屑选择时需正确挑选岩屑样品，取相应井段真实岩屑颗粒，用白乳胶贴在相对应井段，最后附以岩屑描述、油气显示、层位标定、电测曲线等信息。岩屑实物剖面图是探井录井工作中的核心内容，综合反映了地层的岩性、电性、含油气性特征，是录井工程验收的重点项目。验收后将由勘探开发研究院统一保存。

四、岩屑罐装样保存

含油岩屑样品具有油气挥发及氧化的特征，为了保持样品的真实含油气情况，以供样品化验分析，需对岩屑样品进行罐装样封存。

现场岩屑罐为统一定制产品，采集前需用无烃清水把采集罐冲洗干净，根据设计要求确定采样井深，提前计算好岩屑捞取时间，按岩屑捞取时间采集岩屑样品，确保井深及时间准确无误；如所取样用作含气分析和判别油气水层，应将样品直接装罐，不能清洗；装罐时，岩屑量占罐体积的80%，加随钻井液10%，上留10%的空间（2~3cm罐高）；装好后，将罐口边缘清洗干净，套好橡胶皮垫圈，放正上盖，套好卡环，用手压紧，旋转一周，确保卡口旋紧，罐口密封，盖子上小螺帽不能渗漏，盖好后，将取样罐倒置保存（图5-4）。装好样品后要认真填写标签与样品清单，内容包括井号、序号、取样深度、层位、岩性、取样日期、取样人等，并将样品标签贴于罐上，样品清单一式三份，一份留底，两份随样品送化验单位。样品分析项目由地质任务书或使用单位确定。

图5-4 岩屑罐装样倒置保存示意图

【任务实施】

（1）岩心库参观。

（2）采集岩屑罐装样。

【任务考评】

一、理论考核

（1）岩屑盒样品保存注意事项有哪些？

(2) 岩屑百格盒样品保存注意事项有哪些？
(3) 岩屑实物剖面图的制作方法是什么？
(4) 岩屑样品罐装样实施步骤是什么？

二、技能考核

（一）考核项目

(1) 采集岩屑罐装样（表5-15）。

表5-15 采集岩屑罐装样

序号	考核内容	考核要求	评分标准	配分
1	洗采集罐	要求用无烃清水把采集罐冲洗干净	采集罐未洗干净扣10分	20
2	确定采样井深及时间	要会确定采样井深及时间，要求井深及时间准确无误	采样井深及时间确定有误扣10分	20
3	封罐	要掌握封罐的正确方法，并确保罐口密封。要掌握保存的正确方法，会进行倒置保存	取样罐不密封，扣10分；未将取样罐倒置保存，扣10分	40
4	填写标签与样品清单	要认真填写标签与样品清单，内容要齐全、准确。要会正确粘贴取样标签。填写清单时要注意填写份数	未贴标签扣15分；标签项目填写不全，少一项扣3分	15
5	安全生产	按规定穿戴劳保用品	未按规定穿戴劳保用品扣5分	5
合计				100
备注	时间为30min。要求采集岩屑罐装样2瓶		考评员签字：　　　年　月　日	

(2) 工具、材料、设备、考场准备（表5-16）。

表5-16 工具、材料、设备、考场准备

序号	名称	规格	单位	数量	备注
1	水	清水		若干	
2	样品标签		张	1	
3	样品清单		张	1	
4	钢笔		支	1	
5	采集罐		个	1	

（二）考核要求

(1) 准备要求：工具准备、工作任务单准备。
(2) 考核时间：10min。
(3) 考核形式：口头描述+实际操练。

项目六　岩心录井资料收集与整理

在露头区，地质家可以方便地观察研究岩层的各种特征。但在覆盖区，岩石深埋地下，在勘探开发过程中，当地质家需要直接研究岩石时，就需要把岩石从地下取出来进行研究。所谓"岩心录井"，就是在钻井过程中用一种取心工具，将井下岩石取上来（这种岩石就叫岩心）并对其进行分析化验，综合研究而取得各项资料的方法。岩心录井与岩屑录井方法类同，但其直观性更强，更具说服力，是常规录井中关键的录井方法。

【知识目标】

(1) 理解岩心录井原理；
(2) 掌握岩心取心原则及取心层位确定原则；
(3) 掌握岩心出筒、丈量和整理方法；
(4) 掌握岩心描述方法；
(5) 掌握岩心录井草图绘制方法。

【技能目标】

(1) 能够实现钻井过程中取心层位的确定；
(2) 能够实现岩心出筒、丈量和整理操作；
(3) 能够正确进行岩心描述；
(4) 能够绘制岩心录井草图。

任务一　取心层位选定

【任务描述】

岩心录井具有直观了解井下地质信息的绝对优势，但取心成本昂贵，因此，合理的布置取心井段在钻井成本控制中占有至关重要的地位，如能既获取区域地下地质信息，又能兼顾钻井成本则为上上之策。本任务主要介绍取心层位的选定方法及取心过程中的注意事项，通过本任务学习，要求学生了解常见取心方法，掌握取心层位选定原则。

【相关知识】

一、取心前的准备工作

(1) 取心前应收集好邻井、邻区的地层、构造、含油气情况及地层压力资料，若在已投入开发的油田内取心，则应收集邻井采油、注水、压力资料。在综合分析各项资料后，根据地质设计的要求，制作好取心井目的层地质预告图。

(2) 丈量取心工具和专用接头，确保钻具、井深准确无误。分段取心时，取心钻具与普通钻具的替换，或连续取心时倒换使用的岩心筒长度，都应分别做好记录。要准确计算到底方入，并记录清楚，为判断真假岩心提供依据。

(3) 取心工作要明确分工，确保岩心录井工作质量。一般分工是：地质录井队长负责具体组织和安排，对关键环节进行把关；地质大班负责岩心描述和绘图；岩心采集员负责岩心出筒、丈量、整理、采样和保管等工作；小班地质工负责钻具管理、记录钻时，计算并丈量到底方入、割心方入，收集有关地质、工程资料、数据。岩心出筒时，各岗位人员要通力配合、专职采集人员做好出筒、丈量、整理和采样工作。

（4）卡准取心层位。在钻达预定取心层位前，应根据邻井实钻资料及时对比本井实钻剖面，抓住岩性标准层或标志层、电性标准层或标志层，卡准取心层位。若该井无岩性标准层或标志层或者地层变化较大，则必须进行对比测井。对比测井后，根据测井对比结果，决定取心层位。

（5）检查各种工具、器材是否齐全，如岩心盆、标签、挡板、水桶、帽子、刮刀、劈刀、榔头、塑料筒、玻璃纸、牛皮纸、石蜡、油漆、放大镜、钢卷尺、熔蜡锅等。

二、取心工具和取心方式

取心工具主要由取心钻头、岩心筒、岩心抓、回压阀、扶正器等组成（图6-1）。

钻井取心方式根据钻井液的不同，可分为水基钻井液取心和油基钻井液取心两大类。

（1）水基钻井液取心：具有成本低，工作条件好的优点，是目前广泛采用的一种取心方法。其最大缺陷是钻井液对岩心的冲刷作用大，侵入环带深，所取岩心不能完全满足地质的要求。

（2）油基钻井液取心：多数在开发准备阶段采用，其最大的优点是保护岩心不受钻井液冲刷，能取得接近油层地下原始状态下的油、水饱和度资料，为油田储量计算和开发方案的编制提供准确的参数。但其工作条件极差，对人体危害大，污染环境，且成本高。为克服油基钻井液取心的缺点，又研究出了一种替代方法——密闭取心。这种方法仍采用水基钻井液，但由于取心工具的改进和内筒中装有密闭液，岩心受密闭液保护，免受钻井液的冲刷和侵入，能达到近似油基钻井液取心的目的。

在实际工作中采用哪种取心方式，应根据油气田在勘探开发中的不同阶段所需完成的地质任务来确定。如在勘探阶段，为了解岩性和含油性情况，采用水基钻井液取心，而在开发阶段，为了取得开发所需的资料数据，可采用油基钻井液或密闭取心。

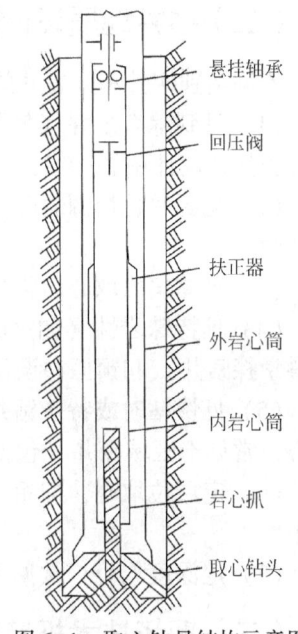

图6-1 取心钻具结构示意图

三、取心原则

虽然岩心录井所获得的资料可以解决许多问题（如获取储层物性和含油、气、水情况以及油田开发效果等宝贵资料），但由于钻井取心需要下入特殊钻具，大段取心更需要频繁起下钻具（受取心钻具的限制，一次取心长度一般不超过10m），这都会大大增加非钻进时间，增加钻机占用时间。而且取心工艺复杂，钻速慢，所以取心成本极高。因此，油气田的勘探开发过程中，不能布置很多取心井，也不能每口井都进行取心，只是针对特定需要在某些关键井、关键井段取心，再把这些分散的岩心资料综合起来，解决全区的地质认识问题。

（一）钻井取心设计的一般原则

（1）新区第一批探井应采用"点面结合，上下结合"的原则将取心任务集中到少数井上，或者用分井、分段取心的方法，以较少的投资获取探区比较系统的取心资料；或按见油气显示取心的原则，利用少数井取心资料获得全区地层、构造、含油性、储油物性、岩电关系等资料。

（2）针对地质任务的要求，安排专项取心。如开发阶段，要检查注水效果，部署注水检查井取心；为求得油层原始饱和度采用油基钻井液和密闭钻井液取心；为了解断层、接触关系、标准层、地质界面而布置专项任务取心。

（3）其他地质目的取心：如完钻时的井底取心、潜山界面取心、油水过渡带的取心等。

上述取心原则是设计取心的一般原则，体现到钻井地质设计中，不同的井别、同一口井的不同层位有不同的具体取心原则要求。

（二）钻井地质设计的取心原则

不同类别探井和开发井的钻井地质设计中常见的具体取心原则可归纳为七种：

（1）见到综合录井（气测录井）异常显示或岩屑录井油迹及以上含油级别取心，常见于各类探井设计中。

（2）见到暗色烃源岩时取心，常见于区域探井（包括参数井或科学探索井）和预探井设计中。

（3）见储集岩取心，常见于区域探井（包括参数井或科学探索井）和预探井设计中。

（4）见特殊岩性（如火成岩、煤层、盐膏岩等）取心，常见于区域探井（包括参数井或科学探索井）和预探井设计中。

（5）见快钻时或特殊钻井现象如放空、井漏时（一般指某地层的碳酸盐岩或火成岩中）取心，常见于区域探井（包括参数井或科学探索井）和预探井设计中。

（6）定层位取心，即相当于某井的某某井段取心，常见于预探井、评价井和开发井设计中。

（7）定深度取心，常见于预探井、评价井和开发井设计中。

（三）现场技术规范的取心原则

（1）区域探井、预探井钻探目的层及新发现的油气显示层。

（2）落实地层岩性、储层物性、局部层段含油性、生油指标、接触界面、断层、油水过渡带、完钻层位等情况。

（3）邻井岩性、电性关系不明，影响测井解释精度的层位。

（4）区域上变化较大或特征不清楚的标志层。

（5）特殊地质任务要求。

（四）取心录取的数据

岩心录井取心时，录取的数据包括取心时间、取心的层位、取心的次数、取心的井段、取心的进尺、取心的心长、取心的收获率、含油气岩心各级别长度及累计长度。

四、取心层位的对比和确定

在钻井过程中，地质工程师和石油录井工作人员必须根据地质设计中取心的要求，通过细致的地层对比、准确确定取心层位和深度，这是能否做好岩心录井工作的重中之重。录井工作的实践经验表明，要准确确定取心层位，录井人员就必须熟练掌握常用的随钻地层对比方法，深入细致地做好各项具体工作。

（一）常用的地层对比方法

石油录井工程中的地层对比就是根据钻遇岩层的特征和属性，对不同地区的地层单位进行研究比较，找出这些地层单位的相应关系和分布规律。

油气资源勘探开发研究和生产实践中用于地层对比的方法很多，除岩石地层学、生物地层学和地球物理学等常规方法外，还有稳定同位素地层学、磁性地层学和事件地层学等现代地层学研究的新方法。进一步地细分，岩石地层学方法主要有岩性法、沉积旋回法、标志层法和重矿物法；生物地层学方法主要有标准化石法、化石组合法和种系演化法；地球物理学方法主要有地震反射波组追踪法、各种测井曲线组合特征对比法；稳定同位素地层学主要有氧同位素地层学、碳同位素地层学和硫同位素地层学等。

在多数情况下，受资料多少、对比精度和时效等条件的限制，上述许多地层对比方法并不都能在钻井取心过程中得以有效运用。更重要的是，钻井过程中取心层位的对比和地质研究过程中的地层对比并不完全一样，它要通过分析对比已钻遇、获取的上部地层的资料，对后续将钻遇的下部地层的变化做出初步预测，需要随钻井的加深、资料的增多而不断完善。因此，取心层位的对比既与地质研究过程中的地层对比有共同之处，又有其自身特点和规律。一般地，取心层位的对比过程中有以下几种地层对比方法可以有效地应用。

1. 地震反射波组追踪对比法

地震勘探中获得的反射波资料是地层的地震响应。同一反射界面的反射波有相同或相似的特征，如反射波振幅、波形、频率、反射波波组的相位个数等。根据这些特征，沿横向对比追踪出同一反射面的反射，即实现了对同一地质界面的对比。其中，地震反射波组追踪对比是重要的方法之一，也是在没有钻井或钻井资料很少的地区进行地层对比的最有效方法。当然，受地震反射波分辨率的限制，其对比精度较低。

在应用地震反射波组追踪对比地层时，必须熟悉并了解工区的地震标准层及其地质意义。如济阳坳陷的 T_1 反射层对应馆陶组底砾岩，T_2 反射层对应沙一段生物灰岩等特殊岩性段，T_6 反射层对应沙三段下部油页岩集中段，T_{g1} 反射层对应奥陶系顶面潜山风化壳，T_{g2} 反射层对应下寒武统馒头组页岩等。探井设计中，一般都提供过设计井的纵、横地震测线剖面图，根据地震测线剖面图是否有邻井，该方法在具体应用中又有所不同。

当过设计井的地震测线剖面图上没有邻井时，可直接在地震测线剖面图的设计井轴线上标出各标准层位置，再用该区的层速度换算尺（时—深转换尺）换算出钻井深度，从而粗略预测要取心的深度（图6-2）。

当过设计井的地震测线剖面图上有邻井时，首先用层速度换算尺将邻井特定岩性层的深度转换成反射时间，标在地震测线剖面图上，利用地震标准层与岩性层的对应关系，将邻井的岩性剖面与其井轴线上的地震反射特征对比，并反复校对换算误差，找出邻井已知岩性分界面可能对应的反射同相轴，追踪至设计井，从而实现两井之间地层的对比，预测取心层位（图6-3）。

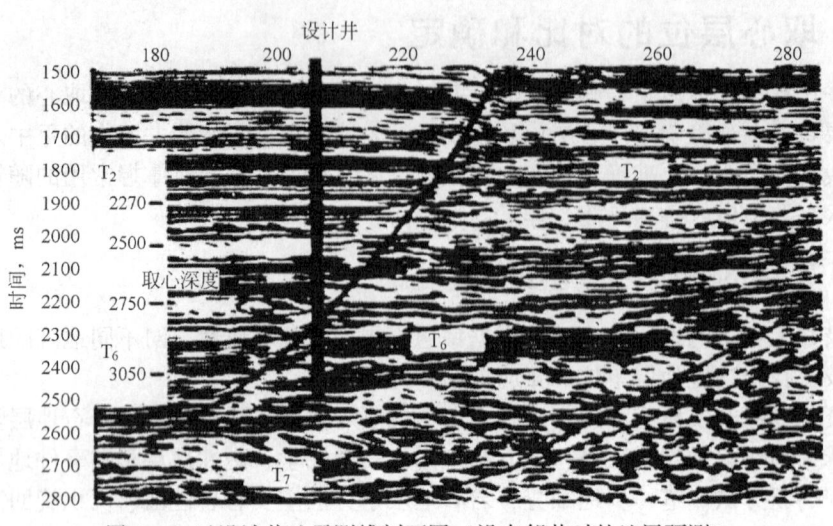

图 6-2 过设计井地震测线剖面图（没有邻井时的地层预测）

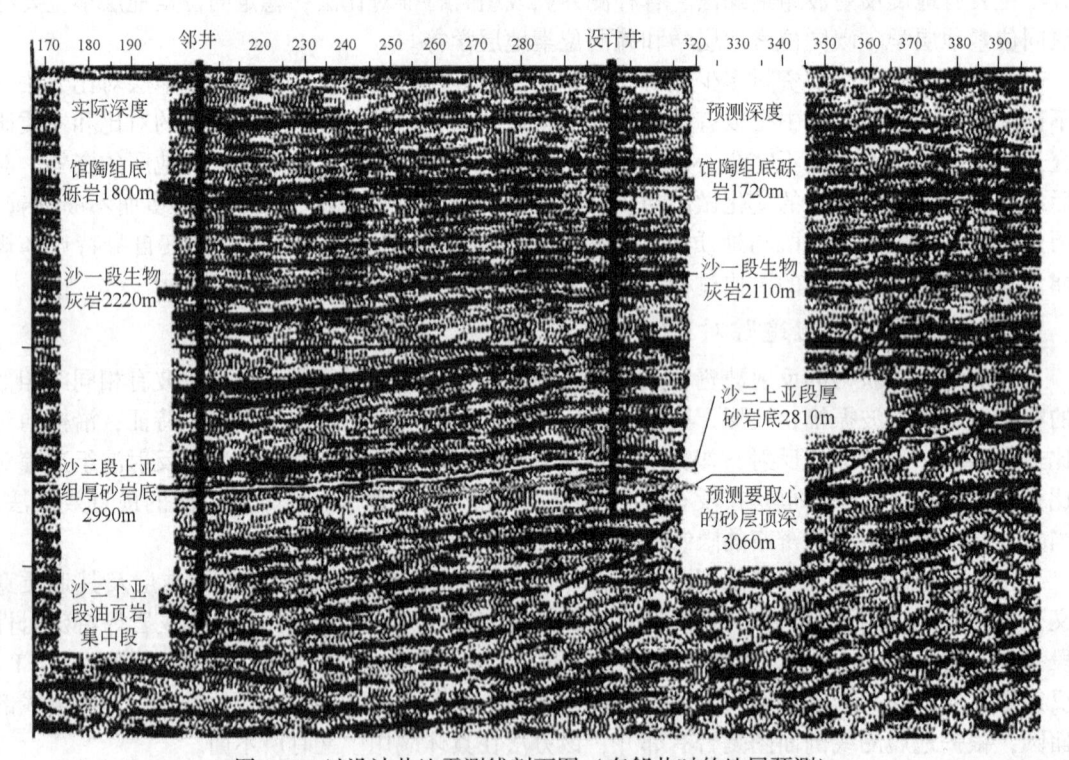

图 6-3 过设计井地震测线剖面图（有邻井时的地层预测）

2. 标志层对比法

沉积岩的岩性特征反映了沉积岩形成时的古地理环境。同一沉积环境下所形成的沉积物，其岩性特征相同；不同沉积环境中形成的沉积物，其岩性特征不同。在钻井过程中，用岩性对比地层时，最有效、最可靠的方法就是标志层对比。

标志层（key bed）是指一层或一组具有明显特征、可作为地层对比标志的岩层。标志层应当具有特征（包括岩性、所含化石等）明显，易于识别，层位稳定和分布范围广等特点。

在实际录井过程中，能够用来进行地层对比的岩性标志较多，主要是特殊类型的岩石，如碎屑岩剖面中的薄层灰岩、白云岩、生物灰岩、煤层或煤线、石膏层等，碳酸盐岩剖面中的结核层、燧石层、海绿石层等。应该说，只要某种岩石类型在一定区域范围内有一定的分布，并且它们在纵向上有一定的层位限制，便可以当作标志在地层对比中应用。

一般地，钻探区标准剖面都有若干可以有效用于该区地层对比的岩性标志层。例如，在济阳坳陷内可用作岩性对比标志的岩层有馆陶组底部的砂砾岩层、沙一段下部的生物灰岩、沙三段下部的油页岩、石炭系含蜓科海相化石的生物灰岩以及寒武系张夏组鲕状灰岩；主要标志层有沙一段的豆状砂岩、针孔状灰岩、生物灰岩、白云岩，沙二段的似瘤田螺层及碳质泥岩集中段，以及其他地层中的各类标志层。录井人员应熟练掌握钻探区不同地层的主要标志层及其纵、横向分布情况、厚度变化、岩石或岩石组合类型、肉眼及镜下鉴定方法，以便有效地应用它们进行随钻地层的划分和对比。

在应用标志层进行地层对比时，首先是应熟悉工作区域内的几个有代表性的地层剖面，弄清纵向上岩层岩性特征或组合特征及各种标志层及其变化规律；其次是掌握邻井、设计井剖面岩性的纵、横向变化规律，以标志层为依据，在逐层（套）对比设计井已钻地层的基础上，对下部地层变化和取心层位做出预测（图6-4）。一般地，可明确对比的标志层离设计取心层位越近，对比预测就越准确。

3. 沉积旋回对比法

所谓沉积旋回是指在地层剖面上，若干相似的岩性在纵向上有规律地重复出现的现象。在一定的范围内，利用沉积旋回的相似性进行地层对比是行之有效的。因为沉积学原理告诉我们，地壳周期性的升降运动是形成沉积旋回的最主要的原因，而地壳的升降运动又是区域性的，同一次升降运动所表现的沉积旋回特征是相同或相似的，所以可以利用沉积旋回进行地层对比。

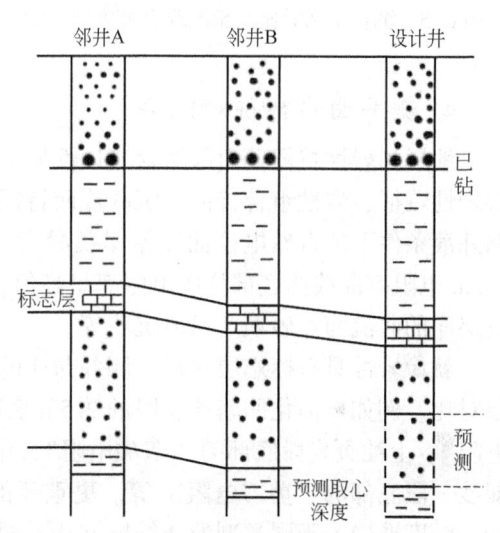

图6-4 岩性标志层对比法预测取心深度示意图

应用沉积旋回法进行地层对比，必须做好沉积旋回的划分工作。一般地，区域地层对比和小层对比（油层对比）中，都习惯将旋回从大到小划分为一、二、三、四级。但是，两种对比方法中，各级旋回与地层单元、油层单元的对应关系并不一样（表6-1），这主要是两者考虑对比的范围大小不同。

表6-1 区域地层对比和小层对比中沉积旋回级次划分及与地层单元的关系表

区域地层对比沉积旋回级次	小层对比沉积旋回级次	地层单元	油层单元
一级沉积旋回		群	含油层系
二级沉积旋回	一级沉积旋回	组	油层组
三级沉积旋回	二级沉积旋回	段	油层段
四级沉积旋回	三级沉积旋回	层	油层（可单层、可复层）
	四级沉积旋回		油层单（小）层

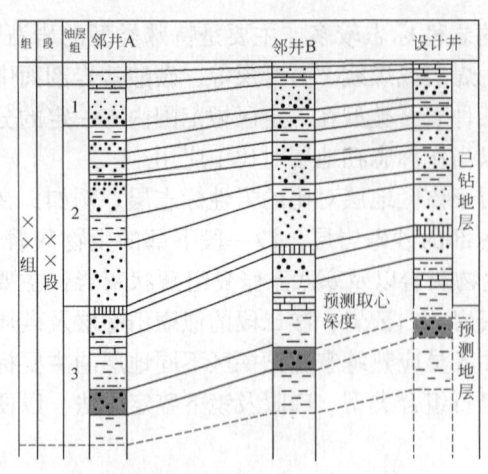

图 6-5 沉积旋回对比法预测取心深度示意图

录井工作人员在进行取心层位对比时，除区域探井外，其他井别一般多采用小层对比方法中的旋回级次划分标准。具体进行对比时，首先，对邻井剖面（最好是两个以上）从大到小分级次进行对比，即在大旋回对比的控制下，逐级进行大旋回中次级旋回的对比，直至达到四级旋回即单砂层的对比；其次，再对设计井的已钻剖面划分出旋回级次，同样按从大到小分级次进行对比的方法与邻井进行对比；最后，在确定上部地层对比方案后，依据井间地层的横向变化和邻井剖面的纵向变化规律，对设计井的下部地层进行分层、对比预测，并进一步预测取心层位（图6-5）。

4. 测井曲线特征对比法

地层的岩性特征及内部所含流体性质不同，其测井曲线的特征也不同。测井曲线能够反映岩性特征、岩性组合特征、沉积旋回特征、岩相特征和油气水特征，如渗透性砂岩在淡水钻井液条件下的自然电位曲线常呈负异常，泥岩的自然伽马曲线呈高值，致密灰质砂岩的2.5m 电阻率曲线的底部梯度电阻率呈高值，自然电位钟形曲线特征常反映正粒序结构或水进层序的曲流河点砂坝及河道沉积等。

就像岩性具有标志层一样，测井曲线的电性标志层也有明显的特征，可以有效地用于地层对比。例如：沾化凹陷沙一段的 2.5m 底部梯度电阻率曲线中，上部地层呈现的"步步高电阻"，上油页岩段底部的"双尖电阻"，中油页岩段呈现的"鞍状电阻"，下油页岩段底部即沙一段底部的"剪刀电阻"等。更重要的是，测井曲线提供了全井身地层剖面的连续记录，深度准确，不同类型的曲线能够从不同的侧面反映地层岩性的属性，特征直观，可对比性强，因而用于地层对比具有更显著的优越性。

地层对比中常用的测井曲线有电阻率曲线、自然电位曲线、自然伽马曲线、微电极曲线等。随着测井技术的发展，复杂测井系列中的感应电导率曲线、侧向电阻率曲线、地层倾角测井图及成像测井成果，都可应用于地层对比。不同时期地层的岩性组合特征不同，其电性组合特征也不相同。大多数钻探区，前人一般都已经建立起了标准剖面，有的还对不同地层单元（如组、段）的电性组合特征及其纵向变化规律进行了总结。例如，大家熟知的济阳坳陷明化镇组 2.5m 底部梯度电阻率曲线呈"弓形"，"弓形"结束，自然电位负异常底即为明化镇组与馆陶组的分界；沾化凹陷沙一段 2.5m 底部梯度电阻率曲线从上到下分为"步步高"高值电阻、"上油页岩段"高电阻、"鞍状"电阻和"下油页岩段"电阻四套组合等。现场录井人员熟悉钻探区标准剖面中不同地层的电性组合特征及其电性标志层，对随钻地层对比工作是十分重要的。

一般来讲，不论岩屑录井从什么井深开始，电测多数是从井口或表层套管鞋至井底连续测量。在勘探程度较高的地区，即使无岩屑录井资料，录井过程中充分利用中间电测曲线与邻井（可以是多口井）电测曲线进行对比，也基本上可以对已钻地层进行层位划分，并根据本井与邻井间的地层变化关系大致预测下部地层出现的深度（图6-6）。如果有岩屑录井资料，那么结合岩性等资料会使地层划分和预测更为准确。

（二）取心层位对比中的具体工作

除定深取心外，无论是探井还是开发井，其取心层位的确定都涉及地层对比的问题。在进行地层对比时，既有区域地层的对比（如区域探井和预探井中的地层对比问题），也有油田（区）小层的对比（如评价井、开发井中的地层对比问题）。在具体的石油录井工作过程中，地质监督要组织录井人员按设计要求完成岩心录井任务，应特别做好以下几方面的工作。

（1）学习、领会地质设计。

地质设计是油气勘探开发部署意图的具体体现，是单井各项地质工作的依据。要做好取心层位的对比工作，除必须对地质设计有一个全面、系统的了解外，还必须重点掌握以下内容：

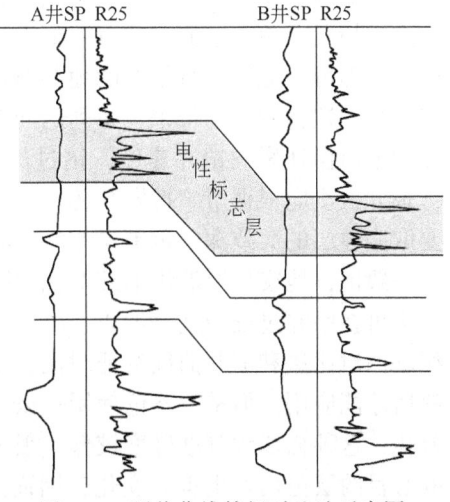

图 6-6 测井曲线特征对比法示意图

① 设计井的地理位置、构造位置和测线位置，钻探目的层等基本数据；

② 区域地层、构造及油气水情况，预测圈闭或油气藏类型及规模，邻井钻探情况等；

③ 设计所依据的邻井、构造图、地震测线剖面图等都有哪些；

④ 设计地层发育情况，包括设计钻遇地层、地层厚度、底深、地震标准反射层深度、砂体或构造顶面反射层深度、各地层单元（界、系、组、段）的岩性特征等；

⑤ 各种取资料要求，重点是取心要求，包括层位、设计井段、取心进尺、取心目的及原则。

（2）收集、熟悉区域及邻井资料。

在认真学习地质设计、领会设计精神的基础上，开钻前，录井人员应将设计所依据的邻井和区域资料尽可能地收集齐全并逐一熟悉。一般来说，需要收集、熟悉的资料有：设计所依据的邻井（1口或多口井）岩屑岩心录井综合图、各种测井曲线、分析化验报告、完井地质总结报告或单井评价报告；虽然不是设计依据井，但位置离设计井较近的邻井岩屑岩心录井综合图、各种测井曲线、分析化验报告、完井地质总结报告或单井评价报告；设计依据的构造图、地震测线剖面图；区域标准地层剖面以及能较准确地标出设计井和邻井的区域构造图或构造剖面图等。

（3）随钻地层对比，预测取心层位，卡准取心深度。

根据录井工作的特点和取心时地层对比工作要求的不同，可以将取心录井工作分为三种类型：特殊情况取心（即见油气显示，见暗色烃源岩，见储集岩，见火成岩、煤层、盐膏岩等特殊岩性，见快钻时或特殊钻井现象等取心）；定层位取心（即相当于某井的某某井段取心）；定深度取心。以下重点讨论特殊情况取心、定层位取心这两种类型。

① 特殊情况取心。

实际上，设计中提出见油气显示、暗色烃源岩、储集岩、特殊岩性和见快钻时或放空、井漏等特殊情况时钻井取心，一是因为寻找暗色烃源岩、储集岩特别是含油气地层等本身就是许多探井钻探的主要目的；二是因为虽然知道设计井可能钻遇上述岩石或地层，但由于地下地质情况复杂多变，已有的资料还不能确切预测这类地层或岩石会在什么深度出现，而钻探任务又确实需要对这类地层进行取心，所以才制定出这类取心原则，以便录井人员在钻井过程中根据地层出现的实际情况确定是否取心。

这类情况，单从字面表述看，似乎只是要求录井人员在录井过程中见到原则要求的特殊情况取心即可，无需进行细致的地层对比工作。实际工作中，部分录井人员也确实是这么做的。但是，这种做法会带来一系列的问题，例如：由于对地下地层没有预见性而工作被动，盲目的地质循环影响钻井速度，错过最佳的取心时机浪费取心进尺或漏掉取心层位等。因此，录井人员应根据所掌握资料的丰富程度，通过灵活应用前面叙述的常用地层对比方法，对要取心地层的大致深度范围作粗略预测，使录井工作更有预见性、更具针对性。

一般地，地震反射波组追踪对比法既可在开钻前的地质预告中对取心目的层进行初步预告，也可在钻井过程中结合地质、电测资料进行对比、验证；岩性标准层或标志层对比法、沉积旋回对比法和测井曲线特征对比法则必须在钻开一段地层、录取了上部地层的岩性电性资料后才能应用。但是，不论使用什么方法，由于这类取心的特点，以及地下地质情况的千变万化，这种初步预测准确度较低，很可能会随着钻井的加深、所取资料的增多和越来越接近取心目的层位而发生重大变化，因而这类取心层位的对比不能一蹴而就，要进行"随钻对比"，不断完善对比方案。

要做好这类取心工作，特别是在接近目的层段时，地质监督和现场地质师必须将地层对比得出的预测结论和可能出现的地层变化向现场所有录井和工程技术人员（钻井监督、钻井工程师、司钻）交底，通过协商，制定科学合理、便于现场有效实施的卡层措施，以便在施工中共同遵照执行。

例如，要求地质和综合录井或气测值班人员在值班时见快钻时、见油气显示或见到要取心的岩性时，首先立即通知司钻地质循环，然后再通知地质负责人进一步落实、制定下步措施等，都是现场行之有效的卡层措施。

② 定层位取心。

这类取心的原则在取心层段、取心进尺上要求比较严格。通常，为了能够准确确定取心深度，设计一般要求在预计取心深度以上 30m 左右进行对比电测，然后根据对比电测资料与邻井的对比确定取心深度。开展这类取心时，录井人员必须把好以下几个关键环节。

a. 对比电测深度的确定。

一般情况下，设计书在钻井取心要求中提出了取心层位、设计井段、取心进尺、取心目的、取心原则或相当的邻井井段。其中设计井段是设计人员根据设计任务书做出的初步预测，是供录井人员在录井过程中参考的，实际取心井段多数与设计有出入，有时会相差很大。同样，对比电测深度也不能照搬设计书中提供的深度。取心原则或"相当邻井井段"才是录井人员确定对比电测深度和应用对比电测资料确定具体取心深度的唯一依据。因此，设计书往往这样表述对比电测的要求：预计井深××××米进行对比电测，具体深度结合岩屑录井确定。

选择在合适的井深进行对比电测，是决定下步能否顺利进行地层对比的基础工作。理论上，在上部地层对比较为确定时，对比电测深度离取心层位越近越好，这样可以使取心深度更为准确，甚至可以在对比电测后直接取心。实际上，由于地下地层的变化，对比电测深度的确定必须依靠钻进过程中的地层对比工作，这与前面叙述的取心层位的初步预测相似，地层对比方法也基本一样。

如果对比电测前不认真对比，不密切注意地层变化，教条地按照设计提供的深度盲目钻进，经常会出现以下后果：一是如果取心层位比设计预计提前，甚至比设计的对比电测深度还小，就会钻掉取心地层，造成重大质量事故；二是取心层位比设计预计的深度要深得多，电测深度离实际取心深度太远，电测资料无法准确对比出取心深度，使对比电测起不到应有的作用。

b. 取心深度的确定。

应用电测资料和邻井对比，主要的方法是测井曲线特征对比法。在具有岩屑录井资料的前提下，岩性标准层或标志层对比法和沉积旋回对比法也要与其综合应用。由于对比的范围较小，这种对比一般应属于"小层对比"或"油层对比"的范畴。

为了能够确保在正确划分对比电测深度以上地层的基础上，准确预测出取心的顶界深度，还应特别注意以下几点：

一是如果可能，参与对比的井，除取心原则中指定的邻井外，要多选几口邻井参与对比，特别是指定的邻井与本井间的其他邻井，这样便于发现地层的横向变化规律，提高对比的精度。

二是要考虑地层厚度在纵向上的变化，特别是岩相的变化对本井地层厚度的影响，弄清对比电测深度以上的本井地层相对邻井地层是具有加厚趋势或减薄趋势，并计算出加厚或减薄量，在计算取心深度时给予考虑。

三是对比时要考虑到断层的影响，上部地层出现断层时容易发现，重要的是要考虑到对比电测深度和取心深度之间可能出现的断层，这样就必须通过设计提供的构造图和地震测线剖面认真分析构造的变化，进行预测。

四是考虑测井曲线特征法对比的结果与其他对比法对比的结果有无矛盾，如无矛盾，说明对比结果基本正确；如有矛盾，千万不能轻率否定任何一种资料，而应进行全面的分析，反复核实和校正，对造成矛盾的原因给出合理解释，以达到更加准确的目的。

c. 钻开取心顶界以上地层时的录井。

由于预测与实际有时会有所不同，可能会出现取心层位提前或推后的情况，所以在钻开对比电测深度至预定取心顶界之间地层过程中的录井工作对能否卡准取心顶界也十分关键。

首先，录井人员要根据与邻井的对比结果，做出这段地层的预告剖面，对即将钻开的地层做到"心中有数"。

其次，下钻时一定要管好钻具，下钻到底时核对到底方入，确保井深准确。

最后，在钻达对比确定的取心深度之前的钻进过程中，要密切注意钻时、气测变化、及时捞取、描述每包岩屑，将实际剖面与预告剖面逐层对比，直至钻达预定的取心深度。当在预定取心深度之前钻遇钻时、气测或岩性与取心层位相似的地层时，应立即停钻循环，找出原因后制定下步措施。当地层在其他方面出现与地质预告不符时，也要及时分析原因，如地层提前，要相应提前取心；如地层推后，要在相应的推后深度取心。

d. 取心过程中的地层对比。

录井人员在取心过程中要选择好合适的割心位置，即尽量做到"穿鞋戴帽"，这样就必须做好取心井段的预告图，将取心段地层的岩性剖面向工程施工人员交底，共同制定取心措施，确保岩心收获率。

另外，如果出现超过了预定取心井深仍取不到预计目的层岩心的情况，录井人员要分析原因，一般有三种可能：一是层位正确，目的层储层也存在，但没有预计的油气显示；二是层位正确，但由于相变，目的层储层不存在；三是层位对比错误，取心层位还未钻到。

第一种情况容易识别，第二、第三种情况就需要重新检查对比方案后方能确定。前两种情况，可根据取心目的要求决定是否继续取心；第三种情况，则需要分析取心目的层还有多深才能钻达，如就在附近，可继续取心，如仍相距甚远，则应恢复钻进，继续做好对比、卡层工作，直至圆满完成取心任务。

五、取心过程中应注意的事项

（1）准确丈量方入。

取心钻进中只有量准到底方入和割心方入，才能准确计算岩心进尺和合理选择割心层位。实际工作中，常见到底方入与实际井深不符，主要原因是井底沉砂太多，或井内有落物，或井内有余心使钻具不能到底，或者钻具计算有误差等。遇到这种情况，应及时查明原因，方可开始取心钻进。

丈量割心方入时，指重表悬重与取心钻进时悬重应该一致，这样计算出的取心进尺与实际取心进尺才相符，否则就会出现差错。

为了准确丈量方入，具体要求是：

① 决定取心起钻前，应在钻头接触井底，钻压为 20~30kN 的条件下丈量方入。
② 下钻前应该核实取心钻具组合长度。
③ 下钻到底，取心钻进前应丈量方入。
④ 取心钻进结束，割心前应丈量方入。
⑤ 取心前后丈量方入应在相同钻压条件下进行。

（2）正常录井、加密钻时。

取心钻进过程中，应正常录井，钻时记录应适当加密。

同时要注意取全取准取心钻进工作中的各项地质资料，以配合岩心录井工作的进行。钻时和岩屑资料可供选择割心位置参考。在岩心收获率低时，岩屑资料还是判断岩性的依据。

在油、气层取心时，应及时收集气测资料及观察槽面油、气、水显示，并做好记录，供综合解释时参考。必要时，还应取样分析。

（3）不能随意上提下放钻具，应杜绝长时间磨心。

在取心钻进过程中，不能随意上提下放钻具。当上提后再下放时，易使活动接头卡死或失灵，把已取的岩心折断、损耗，降低岩心收获率。取心时还应根据岩心筒的长度掌握好取心进尺，以免因岩心进不去岩心筒而把大于岩心筒长度的岩心磨掉。

（4）合理选择割心层位。

合理选择割心位置，取心进尺应小于取心内筒长度 0.5m 以上。

合理选择割心层位是提高岩心收获率的主要措施之一。如割心位置选择不当，常使疏松油砂岩心的上部受到钻井液冲刷而损耗、下部岩心抓不牢而脱落。

理想的割心层位是"穿靶戴帽"，顶部和底部均有一段较致密的地层（如泥岩、泥质砂岩等）以保护岩心顶部不受钻井液冲刷损耗、底部可以卡住岩心不致脱落。

现场钻遇理想割心层位的机会不多。当充分利用内岩心筒的长度仍不能钻穿油层时，应结合钻时，在钻时较大部位割心；若钻时无变化，则采取干钻割心的办法。

（5）注意观察、防止意外。

取心起钻过程中，防止岩心脱卡掉入井内。起钻全过程应注意井下情况，观察记录井口、槽罐液面及其油气显示情况，出现溢流或灌不进钻井液等情况及时采取有效措施。

【任务实施】

某井取心井段设计方案探讨。

【任务考评】

一、理论考核

（1）取心层位如何确定？
（2）取心设计过程中应注意哪些问题？

二、技能考核

（一）考核项目

某井取心井段设计方案探讨。

（二）考核要求

（1）准备要求：工作任务单准备。
（2）考核时间：10min。
（3）考核形式：小组讨论+口头描述。

任务二 岩心出筒、清洗、丈量和整理

【任务描述】

取心结束后，需对岩心开展出筒、清洗、丈量和整理工作，本任务主要介绍岩心出筒、清洗、丈量和整理工作方法。通过实物模拟操练，使学生学会岩心出筒、清洗、丈量和整理操作。

【相关知识】

一、岩心出筒及清洗

（1）岩心筒起出井口后，要防止岩心滑落。
（2）岩心出筒前应丈量岩心内筒的顶底空。顶空是岩心筒内上部无岩心的空间距离，底空是岩心筒内下部（包括钻头）无岩心的空间距离。
（3）岩心出筒：岩心出筒的关键在于保证岩心的完整和上下顺序不乱。岩心出筒的方法有多种，现场常用的包括手压泵出心法、钻机或电葫芦提升出心法和水泥车出心法等。用机械出心法出筒时，岩心筒内的胶皮塞长度应等于或大于岩心筒内径的1.5倍，胶皮塞直径应等于内筒内径。用水泥车、水压泵出心时，必须使用本井取心钻进时所用的钻井液，严禁用清水或其他液体顶心。接心要特别注意顺序，先出筒的为下部岩心，后出筒的为上部岩心，应依次排列在出心台上，不能倒乱顺序。岩心全部出完要进行清洗，但对含油岩心要特别小心，不能用水冲洗，只能用刮刀刮去岩心表面的滤饼，并观察其渗油、冒气情况，做好记录（图6-7）。油基钻井液取出的岩心，用无水柴油清洗。密闭取心的岩心，用三角刮刀刮净或用棉纱擦净即可。严禁储层岩心与外界水接触。
（4）冬季出心，一旦发生岩心冻结在岩心筒内，只许用蒸汽加热处理，严禁用明火烧烤。
（5）岩心出筒时，必须有地质人员严守筒口，负责接心，保证岩心顺序不乱。

图 6-7 出筒岩心油气水显示记录样式图

二、岩心丈量

（1）判断真假岩心：假岩心松软，像滤饼，手指可插入，剖开后成分混杂，与上下岩心不连续，多出现在岩心顶部，可能为井壁掉块或余心碎块与滤饼混在一起进入岩心筒而形成的。假岩心不能计算长度。

另外，凡超出该筒岩心收获率的岩心要特别注意，只有查明井深后，才能确定是否为上筒余心的套心。

（2）岩心丈量方法：岩心清洗干净后，对好岩心茬口，磨光面和破碎岩心要堆放合理，用红铅笔或白漆自上而下画一条丈量线，箭头指向钻头的方向，标出半米和整米记号。岩心由顶到底用尺子一次性丈量，长度精确到厘米（图6-8、图6-9、图6-10）。

图 6-8 岩心一次性丈量示意图

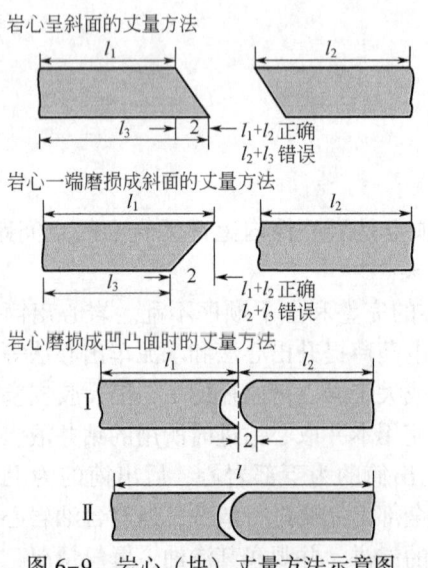

图 6-9 岩心（块）丈量方法示意图
Ⅰ—正确的丈量方法；Ⅱ—错误的丈量方法

图 6-10 岩心丈量

（3）岩心收获率计算：

$$岩心收获率 = 实取心长度 \div 取心进尺 \times 100\%$$

每取心一筒均应计算一次收获率，当一口井取心完毕，应计算出全井总岩心收获率

（即平均收获率）：

$$总岩心收获率＝累计岩心长÷取心进尺长度×100\%$$

计算结果取小数点后两位。

三、岩心整理

（1）将丈量好的岩心，按井深顺序自上而下、从左到右依次装入岩心盒内（图6-11）。放岩心时，如有斜口面、磨损面、冲刷面和层面，都要对好、排列整齐。若岩心是疏松散砂或是破碎状，可用塑料袋或塑料筒装好，放在相应位置。

（2）每筒岩心都应做好 0.5m、1m 长度记号，便于进行岩心描述，以免分层厚度出现累计误差。岩心盒内的岩心应进行编号（图6-12）。岩心编号可用代分数表示，如 $2\frac{25}{30}$ 是表示这块岩心是第二次取心，本次取心共分30块，本块是其中第25块。编号方法是在岩心柱面上涂一小块长方形白漆，待白漆干后，用墨笔将岩心编号写在长方形白漆上。岩心编号的密度一般以 20~30cm 为宜。在本筒范围内，按自然断块自上而下逐块涂漆编号，或用卡片填写后贴在该块岩心之上。这一方法对破碎和易碎的岩心尤为适用。

图6-11 岩心盒号和岩心排列示意图

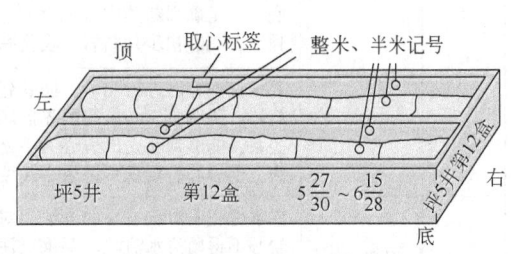

图6-12 岩心装盒实例

（3）盒内两次取心接触处用挡板隔开，挡板两面分别贴上标签，标签上注明上、下两次取心的筒次、井段、进尺、岩心长度、收获率和块数，便于区分检查（图6-13、图6-14）。岩心盒外进行涂漆编号。

图6-13 岩心底部标签

图6-14 岩心盒标签

在岩心整理过程中，应对岩心的出油、出气及其他含油气情况进行观察，在出油出气的地方用彩色铅笔加以标定，并做文字记录。对大段碳酸盐岩地层的岩心，还应及时作含油、含气试验。试验的具体方法详见岩心描述。

整理工作完成以后，对于用作分析含油饱和度的油砂应及时采样、封存，以免油气扩散，对于保存完整的、有意义的化石或构造特征应妥善加以保护，以免弄碎或丢失。

【任务实施】

岩心出筒、清洗、丈量和整理操作。

【任务考评】

一、理论考核

（1）岩心在岩心盒内正确摆放顺序是什么？
（2）岩心盒标签包括哪些内容？
（3）如何正确实施岩心编号？

二、技能考核

（一）考核项目

（1）岩心出筒、清洗、丈量和整理（表6-2）。

表6-2 岩心出筒、清洗、丈量及整理

序号	考核内容	考核要求	评分标准	配分
1	岩心出筒	要求取心钻头被提出井口后，推向一边，并丈量底空，正确判断井内有无余心。要求会正确丈量顶空，能够初步判断岩心收获率	未丈量顶、底空扣3分，未初步判断收获率扣2分	5
2	岩心出筒	要按正确方法进行出心，防止错乱，并按顺序摆放好。要明白岩心出筒的先后顺序与井深之间的关系，能够判断先出岩心为下部岩心，后出岩心为上部岩心。要观察记录油气显示情况	岩心顺序搞乱扣5分，未观察油气显示情况扣3分，不会识别上下部岩心扣2分	10
3	清洗岩心	要掌握正确清洗岩心的方法，对于有油气显示的岩心不得用清水清洗。要重点注意油基钻井液取出的岩心及密闭取心的岩心的处理方法。要会用棉纱擦或刮刀清洗含油岩心等	油气显示的岩心用水冲洗扣5分，岩心洗不干净扣5分，特殊岩心操作错误扣5分	15
4	丈量岩心	要会按正确方法对好岩心茬，会识别真假岩心及真假断口，掌握正确的丈量方法，并进行一次性丈量	未对好茬口一处扣1分，未去掉假心扣2分，丈量方法错误扣5分	10
5	丈量岩心	会正确标出丈量方向线，正确标注箭头指向，能够正确标出半米和整米标记	方向线标识错扣2分，未标出半米和整米标记扣3分	5
6	计算岩心收获率	要会正确计算岩心收获率，会求有余心的岩心收获率	岩心收获率或岩心平均收获率计算有误扣5分	5
7	岩心整理	要会按正确的顺序将岩心装入岩心盒，会正确放置岩心挡板标签，岩心标签内容要齐全	岩心装入方法错扣5分，挡板标签未放或填写有误扣5分	10
8	岩心整理	要会识别岩心斜断面、磨损面、冲刷面或层面，能够正确对好岩心茬。对于疏松散碎岩心或破碎严重的岩心会正确使用塑料袋装好，确保放置位置正确无误	岩心有斜断面、磨损面、冲刷面或层面而未对好，每有一处扣2分；破碎心、散心未用塑料袋装好，每一处扣2分	10
9	岩心整理	要掌握半米、整米记号处涂实心圆的方法，并标明半米、整米数值	半米和整米记号未标或标错，每一处扣1分	5
10	岩心整理	要根据岩心编号原则进行正确编号，掌握岩心编号原则，正确设置岩心挡板，并贴上岩心标签。要正确填写岩心挡板内容	编号错，每处扣2分；筒次之间未放挡板扣2分；挡板标签填写错扣3分	10
11	岩心整理	要会在岩心盒的一侧，正确标注井号、盒号、井段、块号等。正确填写取样标签，并贴在相应的岩心盒内侧	漏此项或缺内容扣5分，采样后未贴取样标签扣3分	5

续表

序号	考核内容	考核要求	评分标准	配分
12	岩心整理	要会在岩心盒的一侧，正确标注井号、盒号、井段、块号等。正确填写取样标签，并贴在相应的岩心盒内侧	漏此项或缺内容扣5分，采样后未贴取样标签扣3分	5
13		认真填写岩心入库清单，及时入库保存	入库清单填错扣2分	2
14	安全要求	按规定穿戴劳保用品	未按规定穿戴劳保用品扣5分	3
			合计	100
备注	时间为120min。提供2筒连续岩心，每筒岩心长大于3m		考评员签字： 　　　　　　年　　月　　日	

（2）工具、材料、资料、考场准备（表6-3）。

表6-3　工具、材料、资料、考场准备

序号	名称	规格	单位	数量	备注
1	岩心盒		个	若干	
2	塑料袋		个	若干	
3	油漆		桶	1	
4	标签		份	若干	
5	岩心入库清单		份	若干	
6	绘图墨水		瓶	1	本构造及相邻构造
7	棉纱、刮刀		个	若干	
8	钢卷尺、直尺		把	各1	
9	小排笔		支	1	
10	毛笔		支	1	
11	绘图笔		支	若干	
12	资料整理室		间	1	提供2筒连续岩心，每筒岩心长大于3m

（二）考核要求

（1）准备要求：工具准备、工作任务单准备。
（2）考核时间：10min。
（3）考核形式：口头描述+实际操练。

任务三　岩心描述及岩心录井草图绘制

【任务描述】

岩心是研究岩性、物性、电性、含油气性等最可靠的第一性资料。岩心描述是岩心录井的核心工作，是对岩心岩性、含油气性、沉积特征、地下地质构造的系统描述；录井现场工作人员将岩心录井信息以直观连续的图件形式形象客观的反映，制作出岩心录井草图，以供后期地质综合研究。本任务主要介绍岩心描述方法及岩心录井草图的绘制方法，通过实训操练，使学生学会岩心描述，掌握岩心录井草图绘制方法。

【相关知识】

一、岩心描述前的准备工作

在描述岩心之前应做好下列准备工作：

（1）收集取心层位、次数、井段、进尺、岩心长度、收获率、岩心出筒时的油气显示情况等资料和数据。

（2）准备浓度为5%或10%的稀盐酸、放大镜、双目实体显微镜、试管、荧光灯、荧光对比系列、氯仿或四氯化碳、镊子、滤纸、小刀、2m的钢卷尺、榔头、劈岩心机、铅笔、描述记录及做含水试验所用的器材。

（3）将岩心抬到光线充足的地方，检查岩心排放的顺序是否正确，如有放错位置的岩心，要查明原因，放回正确位置，并进行岩心长度的复核丈量，以免造成描述失误。

（4）检查岩心编号、长度记号是否齐全完好，岩心卡片内容填写是否齐全准确，发现问题要查明原因，及时整改。

（5）沿岩心同一轴线并尽量垂直层面，将岩心对半劈开，当长度记号被损坏时，应立即补好。

二、岩心描述的分层原则

（1）一般长度大于或等于10cm，颜色、岩性等有变化者均需分层描述。

（2）在岩心磨光面或岩心的顶、底部或油浸级别以上的含油岩性、特殊岩性、标准层、标志层，即使厚度小于10cm也要进行分段描述（作图时可扩大到10cm）。

三、岩心油气水观察

广义地讲，岩心油气水的观察是从确定取心层位开始，直到岩心描述工作结束，要进行全过程的观察初描，最终收集整理在岩心记录之中。取心钻进时，观察钻井液槽面的油气显示情况；岩心出筒时，观察钻井液油气显示、岩心表面外渗情况；岩心清洗时，做浸水试验；岩心描述时，含油岩心除柱面、断面观察外，要特别注意观察剖开新鲜面的含油情况，如油迹颜色、外渗速度、分布面积、含油产状等。凡储层岩心，无论见油与否，均要做氯仿或有机溶剂浸泡试验及荧光观察。

（一）观察要点及描述内容

岩心出筒观察的要点和描述内容包括岩心编号、长度、显示面积百分比等。

（1）按照出筒岩心观察的具体要求，注意不同情况下的油气味浓淡及类型，如汽油味、煤油味、H_2S味或其他异味。

（2）注意岩心柱面、断面冒油气的情况，如油珠气泡大小，油花油膜面积、处数、连续性、声响等。同时，将冒油气点用醒目色笔圈起来。

（3）凡不选饱和度样品的岩心，出筒后应尽快做浸水试验。选样岩心待劈开或切开后，一半选样用，一半做浸水试验。

浸水试验方法要求：将岩心浸入清水下约20mm，观察含气冒泡情况。如气泡大小、部位、处数、连续性、持续时间、声响程度、与缝洞关系、有无H_2S味等。凡冒气地方用醒目色笔圈起来，凡能取气样者，都要用针管抽吸法或排水取气法取样。

（4）含油岩心，除柱面、断面观察外，要特别注意观察剖开新鲜面含油情况。如油迹颜色、外渗速度、分布面积、含油产状、含油部分和不含油部分与岩性的关系等。同时，要做系列对比。

凡储集岩的岩心，见油与否，均要做氯仿或有机溶剂浸泡试验，做荧光观察。

（二）岩心含水观察

（1）直观岩心剖开新鲜面湿润程度，湿润程度可分为以下级别：
① 湿润：明显含水，可见水外渗；
② 有潮感：含水不明显，手触有潮感；
③ 干燥：不见含水，手触无潮感。

（2）滴水试验：是粗略鉴定含油岩，特别是砂岩类含油岩的含水程度的有效方法。

用小滴管将水垂直滴在刚劈开岩心的新鲜断面上，静止观察10min，根据水珠的形态、扩散、渗入情况进行判断。试验时，滴管应保持距岩心面同一高度，一般为2~3cm，过高滴水，因重力作用会破坏水珠自然形态；在岩性不均匀的地方，特别是同一岩性及颜色有明显变化的两侧要加密滴放水珠。在含油不外渗部分滴水珠似黄豆粒、不要晃动（图6-15），以其在1min之内的变化为准，共分四级（表6-4）。

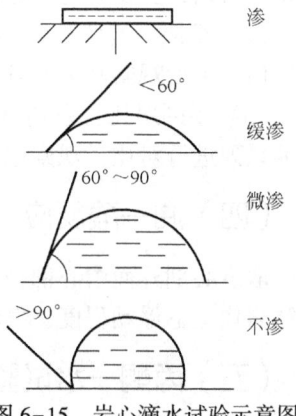

图6-15 岩心滴水试验示意图

表6-4 岩心滴水试验特征描述

级别	水珠形态特征	判断结论
渗	水滴保不住，滴水即渗	含油水层
缓渗	水滴扁平（凸镜状），与岩石接触面最大浸润角小于60°，扩散渗入慢	油水层
微渗状	水滴似椭圆球形，与岩石有较大接触面，浸润角在60°~90°之间，不见渗水	含水油层
不渗	水滴不渗、呈圆珠，与岩石接触面极小，浸润角大于90°	判断其为好油层，不含水

（3）塑料袋密封试验：试验方法是取岩心中心部位无钻井液或人为水浸的岩样1块（20~30cm³），装入完好透明塑料袋内封口密封，置烈日或45~55℃高温下30min，观察袋内情况。观察结果可分为3级。
① 雾浓：袋壁结水珠，岩样表面有明水，判断其为水层。
② 有雾：水珠不明显，袋内明显潮湿，判断其为含水层。
③ 雾稀薄或无雾：岩样表面干燥无潮气，判断其为不含水。

（4）盐霜观察：将岩心放在一般大气条件下，24h后，察看表面结盐霜的情况。

（5）综合判断：含油储集岩含水观察以滴水试验为主，其他的观察做参考；含气储集岩的含水观察以直接观察和塑料袋密封法为主，其他方法仅供综合判断时参考。

（三）岩心荧光直照

由于沉积岩中的沥青和原油及某些矿物在紫外光照射下有不同的发光现象，所以可按发光的不同颜色来确定物质的性质。

从紫、蓝紫、青蓝和蓝色至黄橙、棕到深褐色，是从轻质油逐步过渡到重质油的一系列发光顺序。一般说来，油发淡青、黄色光；焦油发黄、褐（橙）色光；沥青发淡青、黄、褐、棕色光；地沥青发淡黄、棕色光。

但一些矿物的发光颜色不是这样，它们是随不同的滤色而具有与滤色相同或近似的发光颜色。例如方解石在红色滤光下呈红色，在紫色滤光下呈紫色。

因此，在现场上应用上述不同发光颜色，可以区别出原油的性质，也可以区别出矿物发光的颜色。荧光分析现场常用的有直照法、滴照法、系列对比法、毛细管分析法4种方法。

（1）直照法：荧光直照工作，主要是观察记录荧光发光程度、产状与岩性关系、发光面积。所以，要及时对岩心剖开新鲜面直照、滴照，取样做系列对比。

（2）滴照：滴照是取1~2g无人为污染的小块岩心，研碎，置于标准滤纸上，滴上1~2滴氯仿，干后观察其荧光颜色、产状、定级。

（3）系列对比：系列对比是选1g新鲜岩心研碎入试管，加5mm氯仿密封浸泡，与本区标准系列进行对比，观察记录1h及24h的系列级别。

（四）油—酸反应

取岩心剖开面中心部位0.5~2mm直径的岩样2g，浸没在装有1~2mL稀HCl试管中，观察岩块上下浮动程度、气泡大小及有无彩虹色等。

（五）丙酮—水试验

对怀疑含油或凝析油的岩心，取样1g，研碎入试管，加2mL丙酮，用力摇动后，过滤到另一个试管，再加入3mL水，观察是否有乳白色分散体系存在。

四、岩心描述的内容

岩心是研究岩性、物性、电性、含油性等最可靠的第一性资料。通过对岩心的观察描述，对于认识地下地质构造、地层岩性、沉积特征、含油气情况以及油气的分布规律等都有相当重要的意义。

（一）碎屑岩的描述

碎屑岩岩心描述时，首先应当仔细观察岩心，在此基础上给予恰当定名；然后，分别详细描述颜色、成分（碎屑成分和胶结物）、胶结类型、结构构造、含油情况、接触关系，化石及含有物、物理性质、化学性质等，对有意义的地质现象应绘素描图或照相。

1. 定名

采用的定名原则是：颜色—突出特征（含油情况、胶结物成分、粒级、化石等）—岩石本名。如浅灰色油斑细砂岩、浅灰色灰质砂岩、灰色含螺中砂岩。定名时，一般都将含油级别放在颜色之后，以突出含油情况，然后依次排列化石和粒度。

定名时还应注意下列几种情况：

（1）当岩石中砾石、灰质、白云质含量为5%~25%时，定名时可用"含"字表示；含量为25%~50%时，定名中用"质"或"状"字表示。如浅灰色含白云质粉砂岩、灰色灰质砂岩、灰白色砾状砂岩等。

（2）若岩石粒级不均一，可用含量大于50%的粒级定名，其余粒级，可在描述中加以说明。除粗、细砂岩外，不定复合粒级。例如：可定浅灰色粉细砂岩，不能定浅灰色中粗砂岩。

(3) 当同一段岩心中出现两种岩性时，都要在定名中体现出来。主要岩性在前，次要岩性在后。如浅灰绿色砂质泥岩及浅灰色粉砂岩。但对已做条带或薄夹层处理的岩性，不必在定名中表现出来。

应该强调指出的是，在定名时一定要统一定名原则，否则就失去了对比的基础。

2. 颜色

颜色是沉积岩最醒目的特征，它既反映了矿物成分的特征，又反映了当时的沉积环境。因此，对颜色的观察描述不仅有助于岩石鉴定，而且可以推断沉积环境。描述颜色时，应按统一色谱的标准，以干燥新鲜面的颜色为准。岩石的颜色是多种多样的，描述时常遇到以下几种情况：

(1) 单色：指岩石颜色均一，为单一色调，如灰色细砂岩。为表示同一颜色色调的差别，可用深浅来形容，如深灰色泥岩、浅灰色细砂岩。

(2) 单色组合（也称复合色）：由两种色调构成，描述时，次要颜色在前，主要颜色在后，如灰白色粉砂岩，以白色为主，灰色次之。单色组合也有色调深浅之分，如浅灰绿色细砂岩、深灰绿色细砂岩。

(3) 杂色组合：由三种或三种以上颜色组成，且所占比例相近，即为杂色组合，如杂色砾岩。

3. 含油、气、水情况

岩心的含油、气、水情况是岩心描述的重点内容之一，描述时既要进行详细观察，做好文字记录，还应做一些小型试验，以帮助判断地层的含油、气丰富程度。

(1) 荧光情况：岩心荧光的描述，参见"荧光录井"。

(2) 含油情况：通常根据油的颜色、气味、饱满程度、原油性质、含油面积这几个要素来描述含油情况并决定其含油级别（表6-5）。

表6-5 含油级别的划分和描述内容

定名	含油面积占岩石总面积的百分比，%	含油饱满程度	颜色	油脂感	味	滴水试验
饱含油	>95	含油饱满、均匀、颗粒之间孔隙中充满原油，颗粒表面被原油糊满，局部少见不含油的斑块、团块	棕、棕褐、深棕、深褐色，看不到岩石本色	油脂感强或可染手	原油芳香味刺鼻	呈圆珠状不渗入
富含油	70~95	含油较饱满、较均匀、含油部分有较多的不含油的斑块、条带等	棕、浅棕、黄棕、棕黄色，不含油部分见岩石本色	油脂感较强，手捻后可染手	原油芳香味浓	呈圆珠状不渗入
油浸	40~70	含油不饱满，呈条带状、斑块状不均匀分布	浅棕、黄灰、棕灰色，含油部分不见岩石本色	油脂感弱，一般不染手	原油芳香味较淡	含油部分滴水呈现馒头状
油斑	5~40	含油不饱满，不均匀，多呈斑点、块、条纹状	多呈岩石本色	无油脂感，不染手	原油味淡	含油部分滴水呈现馒头状或缓渗
油迹	<5	含油不均匀，肉眼见星点、条纹、薄膜状含油显示，用有机溶剂溶解后，可见棕黄、黄色荧光	为岩石本色	同上	能够闻到原油味	滴水缓慢渗入或渗入

续表

定名	含油面积占岩石总面积的百分比，%	含油饱满程度	颜色	油脂感	味	滴水试验
荧光	无	肉眼不见含油显示，用有机溶剂溶解后可见黄、淡黄色荧光，系列对比在 5 级以上（不含 5 级）	同上	同上	无原油味	滴水渗入

① 颜色。岩心含油的颜色为浅黄—黄—棕黄—棕—棕褐—黑褐—黑，这是一套油质由稀到稠的颜色系列；颜色靠前说明油质好，轻质成分多；颜色靠后说明油质差，含沥青重。但也和含油饱满程度有关，含油饱满时颜色深，反之浅。

② 气味。岩心含油的气味呈芳香、有油味、臭味，反映了油质的氧化程度。

③ 产状。岩心含油的产状是指油在岩心纵向、横向上的分布状况。含油产状常呈块状、斑块状、斑点状、条带状、裂缝含油、溶孔溶洞含油等，反映油在岩石中的分布状况。

观察含油产状时，将含油岩心劈开，在未被钻井液水侵入的新鲜面上，观察岩心含油情况与岩石结构、胶结程度、层理、颗粒分选程度的关系。描述时，可用斑点状、斑块状、条带状、不均匀块状、沿微细层理面均匀充满等词语分别描绘不同的含油产状。

④ 饱满程度。通过观察岩心光泽、污手程度、滴水试验等可以判断含油饱满程度。含油饱满程度一般分为饱满、较饱满和不饱满 3 级。该项指标反映油质浸染程度。

a. 含油饱满：颗粒孔隙全部被原油充满，达到饱和状态，岩心呈棕褐色或黑褐色（视原油颜色而不同），新鲜面上油汪汪的，油味浓，出筒新劈开面原油外渗，手摸岩心原油污手，油脂感强，滴水不渗。

b. 含油较饱满：颗粒孔隙被原油均匀充填，但未达到饱和状态，颜色稍浅，呈棕色、深棕色，新鲜面上原油均匀分布，油味较浓，没有外渗现象，捻碎后可染手，油脂感较强，滴水不渗。

c. 含油不饱满：颗粒孔隙的一部分或不同程度被原油充填，远未达到饱和状态，颜色更浅，呈浅棕褐色或浅棕色，新鲜面上发干或有含水迹象，油脂感弱，不污手，滴水微渗。

含油饱满程度与岩石渗透性及原油性质有关。轻质油易渗出、易挥发，岩心含油显示则弱于含重质原油的岩心。渗透性好则原油易散失，所以高渗透率的岩心含油显示弱于低渗透率的岩心。因此，在利用岩心含油饱满程度来预测油层产油能力高低时要考虑这些情况，对含油饱满程度所反映的产油能力要做具体分析。

⑤ 含油级别。含油级别是岩心中含油多少的直观标志。所以含油级别是判断油水层或油层好坏的主要标志，但不是绝对标志。

根据碎屑岩岩心的含油面积占岩石总面积的百分比、含油产状、颜色、油脂感、气味和滴水试验等情况，经分析、对比后，再确定其含油级别。

根据储层储油特性不同，分为孔隙性含油、缝洞性含油，并分别划分含油级别。

a. 孔隙性含油岩心的含油级别。

孔隙性含油岩心的含油级别通常划分为饱含油、富含油、油浸、油斑、油迹、荧光六级（表 6-6），各级别的特征如下。

a）饱含油：含油面积大于或等于 95%，含油饱满，分布均匀，孔隙充满原油并外渗，颗粒表面被原油糊满，局部少见不含油斑块和条带，棕褐色或黑褐色，基本不见岩石本色，疏松—松散，油脂感强，极易染手，油味浓，具原油芳香味，滴水不渗呈圆珠状。

b) 富含油：含油面积为70%~95%，含油较饱满，分布较均匀，有封闭的不含油斑块或条带，棕褐色、棕黄色，疏松，油脂感较强，手捻后易染手，油味较浓，具原油芳香味，滴水不渗呈圆珠状。

c) 油浸：含油面积为40%~70%，含油不饱满，分布较均匀，黄灰—棕黄色，不含油部分见岩石本色，油脂感弱，可染手，有水渍感，原油芳香味淡，含油部分滴水呈馒头状。

d) 油斑：含油面积为5%~40%，含油不饱满、不均匀，呈斑块状、条带状或星点状，颜色以岩石本色为主，无油脂感，不染手，原油味很淡，含油部分滴水呈馒头状。

e) 油迹：含油面积小于5%，含油极不均匀，肉眼可见含油显示，呈零星斑点状或薄层条带状分布，基本呈岩石本色，无油脂感，不染手，略有原油味，含油部分淌水缓渗。

f) 荧光：肉眼看不见含油部分，荧光系列对比在六级或六级以上，颜色为岩石本色。

表6-6 孔隙性含油岩心含油级别划分表

定名	含油面积%	含油饱满程度	颜色	油脂感	味	滴水试验
饱含油	>95	含油饱满、均匀，偶见不含油的斑块、条带	棕、棕褐、深棕深褐、黑褐色，偶见岩石本色	油脂感强，染手	原有味浓	呈圆珠状不渗入
富含油	70~≤95	含油较饱满、较均匀，常见不含油的斑块、条带	棕、浅棕、黄棕、棕黄色，常见岩石本色	油脂感较强，染手	原油味较浓	呈圆珠状不渗入
油浸	40~≤70	含油不饱满、不均匀，多呈斑块、条带状	浅棕、黄灰、棕灰色，多见岩石本色	油脂感弱，可染手	原油味淡	含油部分滴水呈馒头状
油斑	5~≤40	含油不饱满、不均匀，呈斑块、细条状	常见浅棕、黄灰、棕灰色斑点，多为岩石本色	油脂感很弱，可染手	原油味很淡	含油部分滴水呈馒头状缓渗
油迹	≤5	含油极不均匀，呈星点、线状	偶见褐黄色痕迹，为岩石本色	无油脂感，不染手	能够闻到原油味	滴水缓慢渗入、渗入
荧光	0	肉眼见不到油，荧光检测有显示，系列对比6级（含6级）以上	为岩石本色或微带黄色	无油脂感，不染手	一般闻不到原油味	渗入

b. 缝洞性含油岩心的含油级别。

缝洞性含油是以岩石的裂缝、溶洞、晶洞作为原油储集场所，岩心以缝洞的含油情况为准，分为4级（表6-7）。

表6-7 缝洞性含油岩心含油级别划分表

含油级别	缝洞壁上见原油情况
富含油	50%以上的缝洞壁上见原油
油斑	10%~50%的缝洞壁上见原油
油迹	10%以下的缝洞壁上见原油
荧光	缝洞壁上看不到原油，荧光检测或有机溶剂滴泡油显示，系列对比6级以上（含6级）

c. 含沥青及含蜡不分级别，用文字描述。

d. 凝析油级别根据油田实际情况确定。

e. 稠油的含有级别。稠油因其含胶质、沥青质多，与正常油相比，相同的含油饱和度其出油能力要降一个级别，因此只定富含稠油、稠油浸、稠油斑三个含油级别。各级别的特征如下。

　　a) 富含稠油：含油面积占岩石总面积的百分比大于等于75%；含油饱满，分布均匀，油稠，岩石颗粒被原油糊满，局部见不含油斑块或条带；颜色为黑褐、深褐、棕褐、褐色；油脂感强，粘手、染手；原油芳香味较浓；滴水呈圆珠状不渗。

　　b) 稠油浸：含油面积占岩石总面积的百分比小于75%、大于等于40%；含油较饱满；颜色以褐色为主；油脂感较强，染手；原油芳香味淡；滴水呈馒头状缓渗。

　　c) 稠油斑：含油面积占岩石总面积的百分比小于40%；含油不饱满，呈斑块状或斑点状；颜色呈浅褐色，不含油部分见岩石本色；油脂感弱；能闻到油味；滴水渗入。

　　(3) 含气情况：岩心含气情况的描述参见"岩心出筒观察"的内容。含气情况不分级别，用文字描述。

　　岩心所含气分为干气、湿气和凝析气三种。

　　① 干气：通常是生物气或高温裂解气，成分以甲烷为主。岩心刚出筒时，可见浅棕黄色或浅黄色，过一段时间后，由于微量轻质油挥发，岩心变为白色或灰白色。

　　② 湿气：为油层气顶气，因气中带油，岩心呈浅棕、棕黄色，搁置一段时间后，颜色变化不大。

　　③ 凝析气：在地层中是气，岩心取出地表后因压力、温度降低凝析为油，岩心多为棕灰、浅棕灰色，岩心久放，颜色不变。

　　对于含气情况的描述必须要有预见性才能准确描述。

　　这里所说的预见性是指：应根据邻井和本井的资料，预测气层可能出现的深度，再根据钻时、气测的显示准确判定出现的深度，提前准备好水桶、取样瓶。岩心取出后，立即观察岩心柱面有无气泡冒出及岩心的颜色，并放入水桶观察冒出气泡的位置、强度、气味、延续时间，并用红铅笔标出，做好记录。过一段时间后再次观察岩心的颜色，进一步判断岩心含气性质。

　　(4) 含水情况：在钻井过程中若遇钻井液的密度相对下降、黏度下降（淡水）或上升（盐水），失水增加，预示可能钻入油水过渡带或水层，此时应进行岩心含水情况观察，并取水样做水分析。

　　岩心含水情况的判断，在现场可通过滴水实验、四氯化碳实验、钻井液滤液浸入环的观察、油水过渡带观察和水分析等简单的方法进行判断。

　　① 滴水试验。滴水试验通常是用滴管把水滴在含油岩心的新鲜面上，观察水的渗入速度和停止渗入后所呈现的形状。具体做法是：用滴管将清水滴在干净平整的新鲜岩心断面上，观察1min内水滴的形状和渗入情况。根据渗入速度和其所呈现的形状，分为4级。

　　a. 速渗：滴水后立即渗入。

　　b. 缓渗：水滴向四周立即扩散或缓慢扩散，水滴无润湿角或呈扁平形状。

　　c. 微渗：水滴表面呈馒头状，润湿角为60°~90°。

　　d. 不渗：水滴表面呈珠状或扁圆状，润湿角大于90°。

　　② 四氯化碳（CCl_4）试验。根据油溶解而水不溶解于四氯化碳的特性，将岩样捣碎成粉末，放入干净试管内加入约2倍的四氯化碳或氯仿，摇匀浸泡10min。若溶液变为淡黄、棕黄或棕褐、黄褐等色，证明岩心含油；若溶液未变色，可将溶液倾在洁白干净的滤纸上，待挥发后用荧光灯照射观察滤纸上的颜色、产状并做好记录。

　　③ 丙酮试验。将岩样粉碎，放入试管内，加两倍于岩样体积的丙酮，摇匀后，再加入

与丙酮体积等量的蒸馏水。如含油，则溶液变混浊；若无油，则仍保持透明。

④ 钻井液滤液浸入环的观察。在用水基钻井液取心时，含油岩心被浸泡在钻井液之中。钻井液水浸入岩心柱形成了浸入环。浸入环的深度和颜色的变化，反映了岩层的胶结程度和亲水性能，也反映了岩层本来的含水程度，所以也叫"含油岩心水洗程度"。换句话说，钻井液滤液在岩心中的浸入环厚度取决于岩心的润湿性，岩心亲水，浸入环厚；岩心亲油，浸入环薄，当然钻井液柱与地层压力之间的压差大小对浸入环厚度也有影响。由于水浸入部分比未浸入部分颜色要浅，所以肉眼很容易观察，并丈量浸入厚度，做好记录。根据对钻井液水浸入程度的观察、分析，可以帮助判断油层、油水同层及含油水层。

⑤ 油水过渡带观察。当构造陡，油层物性好、均质、厚度大时，油水分异好，油水过渡带薄，此时有可能在岩心中观察到油水分界线。若构造平缓，油层物性差或有断层影响时，常导致油水分异差、复杂化，在岩心中不易观察到油水分界线。

⑥ 水分析。若油层含水或钻遇油水过渡带，在钻井液性能发生明显变化时就应取水样做水分析，判断其是地层水还是注入水，是淡水还是盐水及地层水的性质。在现场通常根据钻井液黏度明显上升的特点，判定可能是盐水侵，此时应做Cl^-分析，以了解地层水的含盐量变化。进一步分析可送样到化验室，分析项目包括水的物理性质、pH值、总硬度、Ca^{2+}、Mg^{2+}、Na^+、Cl^-、SO_4^{2-}、CO_3^{2-}、HCO_3^-及总矿化度。

⑦ 含水特征。含水砂岩的含水特征一般呈现为水层和弱含水层。

a. 水层：明显水湿，断面有水珠外渗现象，久放仍有潮湿感，岩心表面常有一层盐霜，滴水后立即渗入。

b. 弱含水层：有潮湿感，放一段时间后，潮湿感消失，局部岩心常见灰白色盐霜斑块，滴水扩散或缓渗。

4. 矿物成分

在现场工作中，用肉眼或借助放大镜、实体双目显微镜可见的矿物成分均应描述。如石英、长石、暗色矿物、岩块、砾石等。描述时，主要矿物以"为主"表示，其余矿物含量为20%~30%时，用"次之"表示；含量为5%~10%时，用"少量"表示；含量小于5%时，用"微含"表示；当含量不能估计百分比时，用"少见"或"偶见"表示。

5. 结构

结构描述的内容包括粒度、磨圆度、球度、分选程度、矿物成分、胶结程度等内容。

(1) 粒度：根据颗粒直径分为砾、粗砂、中砂、细砂、粉砂、黏土六级。砾的颗粒直径大于1mm；粗砂的颗粒直径为1~0.5mm；中砂的颗粒直径为0.5~0.25mm；细砂的颗粒直径为0.25~0.10mm，粉砂的颗粒直径为0.10~0.01mm；黏土的颗粒直径小于0.01mm。

(2) 磨圆度：指碎屑颗粒原始棱角被磨圆的程度，分为圆状、次圆状、次棱角状、棱角状四个级别（图6-16）。

(3) 球度：根据碎屑颗粒三个轴的长度比例分为球状、次球状、扁球状、长扁球状四种形状。

(4) 分选程度：分为好、中等、差三级。分选好——主要粒级颗粒含量大于75%；分选中等——主要粒级颗粒含量约为50%；分选差——颗粒含量均小于50%。

(5) 胶结类型：碎屑岩的胶结类型可分为接触式胶结、孔隙式胶结、基底式胶结和镶嵌式胶结。

① 接触式胶结 [图6-17(a)]。颗粒支撑结构，胶结物很少，仅少量胶结物分布在颗粒

相互接触的地方，多为次生的泥质。岩石疏松、物性好，诸如三角洲前缘席状砂、岸外堤坝砂等。

尖棱角状　棱角状　次棱角状　次圆状　圆状　滚圆状

图 6-16　碎屑颗粒的圆度分级示意图

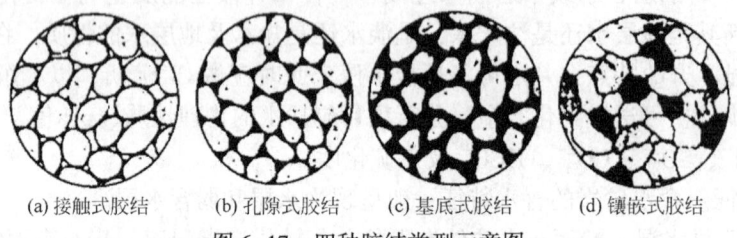

(a) 接触式胶结　(b) 孔隙式胶结　(c) 基底式胶结　(d) 镶嵌式胶结

图 6-17　四种胶结类型示意图

② 孔隙式胶结 [图 6-17(b)]。它是常见的颗粒支撑结构，胶结物充填于紧密接触的颗粒之间的孔隙中。胶结物的量比较少，保留较多的未充填孔隙，胶结物是成岩期或后生期的化学沉淀物质。岩石较疏松，储油物性较好。

③ 基底式胶结 [图 6-17(c)]。杂基支撑结构，填隙物较多，颗粒在其中不接触呈漂浮状，填隙物主要是原杂基（与颗粒同时沉积的泥级填隙物）。这种胶结类型反映高密度流快速堆积的沉积特征。此种砂体多为前三角洲或浊流相的沉积，往往岩性较致密，储油物性较差。

④ 镶嵌式胶结 [图 6-17(d)]。在成岩期压固作用下，特别是压溶作用明显时，砂质沉积物中的碎屑颗粒之间由点接触发展为线接触，凹凸不平，弯弯曲曲呈缝合线状，有时不能将碎屑与硅质胶结物分开，看起来像是没有胶结物，也称作无胶结物式胶结。

（6）胶结物的成分：胶结物是指各种胶体溶液或真溶液所析出形成的化学成因物质，常见的有硅质、灰质、白云质、石膏质、铁质、凝灰质、高岭土质等。

以下是基质和各种常见胶结物的鉴定特征。

① 泥质：一般胶结疏松，成分为高岭石、蒙皂石、水云母等，与盐酸不起反应，浸水后颗粒易分开，泥质成糊状。

② 钙质：滴盐酸起泡剧烈，胶结致密。

③ 白云质：滴冷盐酸起泡不明显，粉末状或滴热盐酸起泡剧烈，胶结致密。

④ 石膏质：胶结物呈白色，滴盐酸不起泡，致密，指甲刻不动，小刀可划动。

⑤ 硅质：致密坚硬，滴盐酸不起泡，小刀刻不动，多见自生加大结构。

⑥ 铁质：胶结致密，岩石呈棕红色，小刀刻不动。

⑦ 凝灰质（火山灰）：胶结物常为灰色，胶结较致密，表面细腻、清洁，滴盐酸不起反应。

⑧ 高岭土质：胶结松散或疏松，呈白色，粉末状，浸水后颗粒易分开。

（7）胶结程度：碎屑岩的胶结程度可分为松散、疏松、致密、坚硬四级，若介于两级之间，又近于某级可加"较"字形容。

① 坚硬：一般为铁质、硅质胶结，用锤击不易碎，断口棱角锋利，如硅质砂岩、铁质砂岩、石膏质砂岩等。

② 致密：一般为灰质、白云质、膏质胶结，不能用手把岩石颗粒分开，锤击较易碎、断口棱角清晰。如一些灰质砂岩、白云质砂岩。

③ 中等：一般为泥质或少量灰质、白云质、膏质胶结，胶结物较少，锤击易碎，能掰开。

④ 疏松：胶结很差、或未胶结，一般以粉砂质、白垩土质、高岭土质或少许泥质胶结，用手指能搓成粉末状，甚至岩心取出后即成散沙状。

（8）表面特征：指碎屑颗粒表面的裂纹、麻点、霜面、脑纹、风刺痕等。

（9）参考薄片鉴定：有薄片资料的，按鉴定报告描述颗粒大小、形状、表面特征和接触关系（点、线、面接触式或基底式）及分选等结构特征。

6. 构造

构造描述的内容应包括层理（图6-18）、层面特征、颗粒排列、地层倾角及其他特征（如擦痕、裂纹、裂缝、错动等）。其中以层理的描述最为重要。

（1）层理描述：层理除着重描述其形态、类型及其显现原因和清晰程度外，还应描述组成层理的颜色、成分、厚度；对不同类型的层理，描述重点也有所区别。

① 水平层理：应描述显示层理的矿物颜色和成分、粒度变化、层厚度、界面清晰程度、连续性、界面上是否有生物碎片、云母片、黄铁矿等及其分布情况。

② 波状层理：应描述显示层理的矿物颜色和成分、界面清晰程度、波长、波高及对称性、连续性、粒度变化等内容。

③ 斜层理：应描述显示层理的矿物颜色和成分、界面清晰程度、粒度变化、顶角、底角、形态（直线或曲线）。

④ 交错层理：应描述显示层理的矿物颜色和成分、层厚度、连续性、倾角、交角、形态。

⑤ 压扁层理和透镜状层理：应描述显示层理的矿物颜色、成分、厚度、形态、对称性等。

⑥ 递变层理：描述粒度变化情况、厚度等。

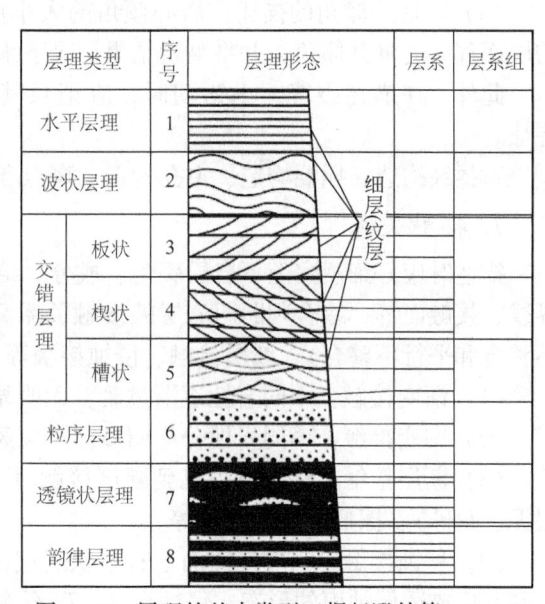

层理类型	序号	层理形态	层系	层系组
水平层理	1			
波状层理	2			
交错层理	板状	3	细层（纹层）	
	楔状	4		
	槽状	5		
粒序层理	6			
透镜状层理	7			
韵律层理	8			

图6-18 层理的基本类型（据赵澄林等，2001）

描述层理时应注意两个问题：

第一，在岩心柱上若能看出是斜层理时，劈岩心一定要注意方向性，否则将岩心劈开后会把斜层理误认为水平层理，交错层理误认为斜层理，而造成描述上的错误。

第二，含油较好的岩心，必须在岩心劈开后立即对层理特征进行观察、描述，否则层理很快会被油污染而无法辨认、描述。

（2）层面特征描述：层面特征主要是指波痕、泥裂、雨痕、冰雹痕、晶体印痕、生物活动痕、冲刷面和侵蚀下切痕迹。对层面特征的描述可以帮助我们判断岩石的生成环境，判断地层的顶底。

① 波痕：包括风成波痕和水成波痕。描述时应将波痕的形状、大小、波高、波长、波痕指数、对称性详细记录下来，以判断波浪的形成条件，进而推断岩层形成时的沉积环境。由于岩心柱较小，观察波痕时，有时只能见到波痕的一部分，见不到完整的波痕。在这种情况下，就应该实事求是，见到多少描述多少，切忌生搬硬套。

② 雨痕：多为椭圆或圆形，凹穴边沿耸起，略高于层面。

③ 冰雹痕：较大且深，形态不规则，应描述凹穴形状、大小、深度及分布情况。

④ 晶体印痕：应描述形状、大小、充填或交代物质的性质等。

⑤ 生物活动痕：应描述数量、大小、分布状况、充填物的成分、与层面的关系等内容。

⑥ 冲刷面和侵蚀下切痕迹：描述时应注意观察其形态，侵蚀深度，尤其要注意观察冲刷面或侵蚀面上下的岩性、构造、化石、含有物特征以及上覆沉积物中有无下伏沉积物碎块等，据此判断沉积环境以及有无沉积间断。

（3）颗粒排列情况的描述：主要指砾石的排列情况。对砾石的描述主要注意砾石排列有无方向性，其最大扁平面的倾向是否一致，倾角多少，以及倾向与斜层理的关系等。这些资料是判断砾石形成时沉积环境的重要依据。砂粒的排列主要应观察颗粒排列与成分的关系、与层理的关系，以及颗粒排列是否具韵律性特征等。

（4）对地层倾角的描述：岩心倾角的大小反映了构造的形态。在岩心中，对清晰完整的层面都应测量其倾角，并将测量结果记录下来。

此外，在描述裂缝、小错动时，应记录其数量、产状，有无充填物及充填物性质等特征。

对揉皱构造、搅混构造、虫孔构造、斑点和斑块构造等都应详加描述。

7. 接触关系

描述时应仔细观察上下岩层颜色、成分、结构、构造的变化及上下岩层有无明显的接触界线、接触面等，综合判断两岩层的接触关系。接触关系分为渐变接触、突变接触（角度不整合和平行不整合）、断层接触、侵蚀接触等。

（1）渐变接触：不同岩性逐渐过渡，无明显界线。

（2）突变接触：不同岩性分界明显，见到风化面时，应描述产状及特征。

（3）断层接触：在岩心中见到断层接触时，应描述产状、上下盘的岩性、伴生物（断层泥、角砾）、擦痕、断层倾角等。

（4）侵蚀接触：一般侵蚀面上有下伏岩层的碎块或砾石的沉积，上下岩层接触面起伏不平。应描述侵蚀面的形态、侵蚀深度、砾石成分及形态、分布状况等。

对在岩心上见到的断层面、风化面、水流痕迹等地质现象，应详细描述它们的特征及产状。

8. 其他构造

（1）滑塌构造：描述时要注意构造层内外岩性变化情况，卷曲或揉皱的形状、大小、变形、撕裂或破碎程度、伴生小断层。

（2）结核、斑块：描述时注意结核、斑块的矿物成分、形状、直径、表面特征、内部构造与层理的关系和分布状况。

(3) 虫孔、爬痕、植物根系痕迹：描述虫孔、爬痕和植物根系痕迹时，主要注意其形状特征和分布情况。

(4) 断层面、风化面：断层面和风化面的描述，主要是对其特征及产状的描述。

9. 化石

对化石的描述包括化石的颜色、成分、大小、形态、数量、产状、保存情况等。

(1) 颜色：与描述岩石一样，按各地统一色谱描述。

(2) 成分：动物化石的硬壳部分是否为灰质或被其他物质（如硅质方解石、白云质、黄铁矿）所交代。

(3) 大小：介形虫和蚌壳的长轴、短轴的长度，塔螺的高度，体螺环的直径，平卷螺的直径等。

(4) 形态：化石的外形、纹饰特征及清晰程度。

(5) 数量：化石数量的多少可用"少量""较多""富集"等词描述。"少量"表示数量稀少，不易发现；"较多"表示分布普遍，容易找到；"富集"表示数量极多，甚至成堆出现。描述时"少量""较多""富集"可分别用"+""++""+++"表示。对大化石可直接用数字表示，当量多不易指出数量时，可用较多或富集表示。

(6) 产状：指化石的分布是顺层面分布，或是自身成层分布，或是杂乱分布，化石的排列有无一定方向，化石分布与岩性的关系等。

(7) 保存情况：指化石保存的完整程度。可按完整、较完整、破碎进行描述。

10. 孔隙、裂缝及孔洞

1) 孔隙描述

(1) 类型：原生孔、次生孔。

(2) 大小、密度、分布状态。

(3) 充填物：颜色、成分、结晶程度和形态特征。

(4) 充填程度。

① 未充填：未经充填或充填后仍保留中缝、中洞以上的连通缝洞。

② 半充填：充填不紧密，有50%左右被充填，截面上可看到断续的缝洞。

③ 全充填：全被次生或其他物质充填。

2) 裂缝描述

裂缝：主要是指成岩、构造及其他次生作用等原因使岩石破裂形成的缝隙。

(1) 分类。

① 按裂缝产状分类：立缝，倾角大于75°；斜缝，倾角为15°~75°；平缝，倾角小于15°。

② 按裂缝宽度分类：巨缝大于10mm，大缝5~10mm，中缝1~5mm，小缝0.1~1mm，微缝0.01~0.1mm，超微缝小于0.01mm。

③ 按裂缝成因分类。

a. 构造缝：指因构造运动而形成，是岩层受构造力作用所产生，属次生缝。多以组系出现，与岩层面呈角度相交。一般比成岩缝宽，张开者多。常见擦痕，充填物多是方解石、石英、白云石晶体。

b. 成岩缝：因成岩作用而形成，在成岩过程中产生，属原生缝。多与地层层面平行分布。多被充填,充填物一般为泥质、纤维状及粉末状方解石、沥青等。

④ 按裂缝开启程度分类。

a. 张开缝:缝内无或有较少充填物。

b. 半张开缝:缝内有充填物半充填。

c. 闭合、充填缝:缝间全充填或闭合、无空隙,如缝合线、层间缝。

(2) 宽度、长度、密度、分布状态。

(3) 表面性质:粗糙、光滑、平整、镶嵌等。

(4) 充填物。参见孔隙充填物的描述。

(5) 充填程度。参见孔隙充填程度的描述。

另外,裂缝描述时还应注意其是张裂缝还是剪切裂缝,是真裂缝还是假裂缝,假裂缝不能参加裂缝统计。一般假裂缝的特征为:裂开而不平,见不到充填物和擦痕等自然特征。

3) 孔洞描述

(1) 分类。

① 按大小分类:巨洞的直径大于 100mm,大洞直径为 10~100mm,中洞直径为 5~10mm,小洞直径为 1~5mm,孔直径小于 1mm。

② 按充填情况分类:

a. 空洞:洞内无或有较少充填物。

b. 半充填洞:洞内被部分充填。

c. 充填洞:洞内被全部充填。

(2) 产状:大小、密度、分布状态。

(3) 充填物:参见孔隙充填物的描述。

(4) 充填程度:参见孔隙充填程度的描述。

4) 统计项目

(1) 有效缝:相互连通裂缝的条数。单位为条,保留整数。

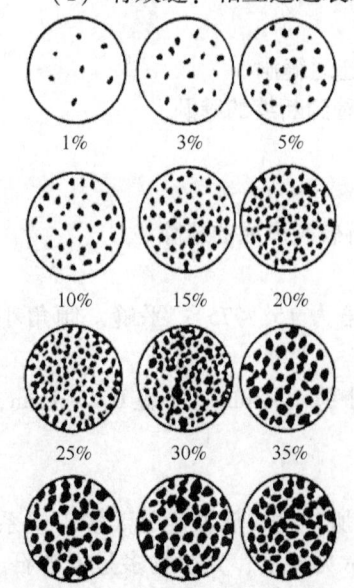

(2) 缝合线:对应岩心段缝合线的条数。单位为条,保留整数。

(3) 裂缝总条数:充填缝、张开缝、半张开缝、层间缝和缝合线等缝的总数。单位为条,保留整数。

(4) 缝(洞)密度:岩心柱面上的缝(洞)数与岩心缝洞发育段长度的比值(目测面洞率,图 6-19)。裂缝密度,单位为条/m,保留整数。洞密度,单位为个/m。

$$裂缝密度 = \frac{裂缝总条数}{岩心长度}$$

$$裂缝有效密度 = \frac{张开缝条数}{岩心长度}$$

(5) 裂缝开启程度:张开—半张开缝条数与裂缝总条数之比,用百分数表示。

$$裂缝开启程度 = \frac{张开缝条数}{裂缝总条数} \times 100\%$$

图 6-19 面洞率目测图版

(6) 连通情况:未充填—半充填相互连通缝洞数与缝洞

总数之比。

5）统计说明

（1）岩心柱面所见的缝洞统计，劈开面、断面、破碎面上所见的缝洞不统计。

（2）连续穿过几段岩心柱、切穿岩心柱面的缝洞只统计一次。

（3）长度小于2cm的分支缝和裂缝、小于5cm的充填缝及孔等不统计。

11. 含有物

含有物指地层中所含的结核、团块、孤砾、条带、矿脉、斑晶及特殊矿物等。描述时应注意其名称、颜色、数量、大小、分布特征以及它们和层理的关系等。

12. 物理性质

物理性质应描述硬度、断口、光泽、味、风化程度等内容。

13. 化学性质

化学性质主要指岩石遇稀盐酸的反应情况。现场常用浓度为5%~10%的盐酸溶液对岩心进行实验，观察并记录反应情况。反应强度可分为四级。

（1）强烈：加盐酸后立即反应，反应强烈、迅速冒泡（冒泡星多），并伴有吱吱响声，用"+++"符号表示。

（2）中等：加盐酸后立即反应，虽连续冒泡，但不强烈，响声也较小，用"++"符号表示。

（3）弱：加盐酸后缓慢起泡，冒泡数量少，且微弱，用"+"符号表示。

（4）加盐酸后不冒泡，无反应，用"-"符号表示。

14. 素描图

岩心中的重要地质现象或用文字无法说明的地质现象，如层理的形态特征、砾石或化石的排列情况、上下岩层间的接触关系、裂缝的分布特点、含油产状等都应当绘素描图予以说明。每幅素描图应注明图名、比例尺、所在岩心柱的位置（用距顶的尺寸表示）和图幅相对于岩心柱的方向。

（二）黏土岩定名和描述内容

黏土岩主要有高岭土黏土岩、蒙脱石黏土岩、伊利石黏土岩、海泡石黏土岩、泥岩、页岩等几种类型。

（1）黏土岩定名：定名包括颜色、含油级别、特殊矿物（如硫磺）、特殊含有物、非黏土矿物和黏土矿物。

（2）黏土岩的描述内容。

① 颜色：按标准色谱确定，同时描述岩石颜色的变化及分布等情况。

② 黏土矿物成分及非黏土矿物的成分、含量、变化等情况，并描述遇盐酸的反应情况。有机质含量较多时，应详细描述。

③ 物理性质：包括黏土岩的软硬程度、可塑性、断口、吸水膨胀性、可燃程度、燃烧气味、裂缝等。软硬程度分为软（指甲可刻动）、硬（小刀可刻动）、坚硬（小刀刻不动）三级。介于二者之间时，可用"较"字形容，如较软、较硬。

④ 化学性质：描述同碎屑岩。

⑤ 结构：黏土岩结构按颗粒的相对含量可分为黏土结构、含粉砂（砂）黏土结构、粉

砂（砂）质黏土结构，按黏土矿物的结晶程度及晶体形态可分为非晶质结构、隐晶质结构、显晶质结构。黏土岩的结构还包括豆粒结构、内碎屑结构、残余结构等几种。

⑥ 构造：包括层理、泥裂、雨痕、晶体、印痕、生物活动痕迹、水底滑动、搅混构造等。

a. 层理的描述：黏土岩多在静水或水流较微弱的环境下沉积而成，故以水平层理为主，且常具韵律性。其描述方法与碎屑岩水平层理的描述相同。

b. 层面特征的描述：黏土岩层面特征指泥裂、雨痕、晶体印痕等。这些特征是判断沉积环境的重要标志。

c. 泥裂：描述时要注意裂缝的张开程度、裂缝的连通情况以及裂缝内充填物的性质，同时，还应注意上覆岩层的岩性特征。

d. 雨痕：描述时要注意雨痕的大小、分布特点以及上覆岩层的岩性特征。

e. 晶体印痕：描述时要注意印痕的大小、分布特点以及上覆岩层的岩性特征。

此外，黏土岩中还可见结核、团块构造、斑点构造、假角砾构造等，都应详细描述。

⑦ 含油情况：黏土岩一般是层面或裂缝中具有含油显示。含油级别为油浸（含油面积大于25%）、油斑（含油面积小于25%到肉眼可见到的含油显示）两级，达不到饱含油程度和含油级，并且油斑与油迹的划分界线不易掌握，荧光级显示作用意义不大，故仅采用油浸、油斑两个含油级别。应描述含油显示的颜色、产状等。

⑧ 含有物及化石：描述同碎屑岩。

⑨ 接触关系：描述同碎屑岩。

（三）碳酸盐岩定名和描述内容

1. 定名

(1) 碳酸盐岩定名的原则：以成分为主，颜色为前冠，结合岩石结构、构造、缝洞、含有物、含油气等情况进行定名。成分含量均小于50%，含量相近，主要名称定为碳酸盐岩，如含砂泥—灰岩。

碳酸盐岩矿物成分包括灰质和白云质两大类，石灰岩和白云岩相比，其 Ca^{2+} 含量高、Mg^{2+} 含量较少。对碳酸盐成分的确定，一般可用7%左右的稀盐酸滴定。若岩屑细小，呈粉末状时可用茜素红染色法，即将0.2g的固体茜素红放入量筒内，加蒸馏水100mL，溶解后再加5%的盐酸5~6滴，摇匀后即可使用。应用时，先将岩样用稀盐酸洗一下，再将茜素红染色剂滴于岩样上，15s后用清水冲洗干净，方解石被染呈红色，而白云石、石膏、泥质不染色。

生物灰岩是常见的碳酸盐岩，又分生物格架灰岩和沉积碎屑灰岩两类。前者由原地生长的生物格架遗骸经灰质充填后胶结而成。后者为生物遗骸被搬运沉积后由灰质胶结而成。描述生物灰岩时要求对构成岩石的生物成分进行详尽的描述，并给予准确的定名。

(2) 按成分定名。

① 方解石、白云石组分相对含量定名（表6-8）。

② 方解石、白云石和第三种成分（如黏土矿物）组成的混积岩（也称混合岩）定名（表6-9）。

(3) 按结构定名。

① 颗粒—灰（或云）泥灰岩（或云岩）：根据颗粒与灰（或云）泥的相对含量细分。

② 晶粒灰岩（或云岩）：主要以晶粒的大小细分。

表 6-8　方解石、白云石组分相对含量定名

岩石类型		方解石，%	白云石，%
灰岩类	灰岩	≥95	<5
	含云灰岩	<95~≥75	≥5~<25
	云质灰岩（或云—灰岩）	<75~≥50	≥25~<50
云岩类	灰质云岩（或灰—云岩）	<50~≥25	<75~≥50
	含灰云岩	<25~≥5	<95~≥75
	云岩	<5	≥95

注：两种成分均为50%±5%，含量大者置于复合名"—"之后，可定为灰—云岩或云—灰岩，如方解石48%，白云石52%则定为灰—云岩；碳酸盐岩中砂、泥质含量较多时，可参见本表定名，如泥质46%，方解石54%，则定为泥灰岩。

表 6-9　方解石、白云石、黏土三种成分的混积（混合）岩定名

岩类	方解石，%	白云石，%	黏土矿物，%	岩石名称
灰岩类	<75~≥50	≥5~<25	≥5~<25	含泥含云灰岩
	<75~≥50	≥5~<25	≥25~<50	含云泥（质）灰岩
	<75~≥50	≥25~<50	≥5~<25	含泥云（质）灰岩
云岩类	≥5~<25	<75~≥50	≥5~<25	含泥含灰云岩
	≥5~<25	<75~≥50	≥25~<50	含灰泥（质）云岩
	≥25~<50	<75~≥50	≥5~<25	含泥灰（质）云岩
泥岩类	≥5~<25	≥5~<25	<75~≥50	含灰含云泥岩
	≥25~<50	≥5~<25	<75~≥50	含云灰（质）泥岩
	≥5~<25	≥25~<50	<75~≥50	含灰云（质）泥岩

注：三种成分相等，定名为泥云灰岩、泥灰云岩等；如第三种成分为陆源粉砂、石膏（或硬石膏）、岩盐等，参照本表定名。

③ 生物骨架灰岩。现场条件无法识别生物骨架类型，不细分类，应描述特征。按结构定名见表 6-10。

表 6-10　按结构定名

分类	灰泥含量，%	颗粒含量，%	颗粒				
			内碎屑	生物颗粒	鲕粒	球粒	藻粒
颗粒灰岩	<5	≥95	内碎屑灰岩	生粒灰岩	鲕粒灰岩	球粒灰岩	藻粒灰岩
含灰泥颗粒灰岩	≥5~<25	<95~≥75	含灰泥内碎屑灰岩	含灰泥生粒灰岩	含灰泥鲕粒灰岩	含灰泥球粒灰岩	含灰泥藻粒灰岩
灰泥质颗粒灰岩	≥25~<45	<75~≥55	灰泥质内碎屑灰岩	灰泥质生粒灰岩	灰泥质鲕粒灰岩	灰泥质球粒灰岩	灰泥质藻粒灰岩
灰泥—颗粒灰岩	≥45~<55	<55~≥45	灰泥—内碎屑灰岩	灰泥—生粒灰岩	灰泥—鲕粒灰岩	灰泥—球粒灰岩	灰泥—藻粒灰岩
颗粒质灰泥灰岩	≥55~<75	<45~≥25	内碎屑质灰泥灰岩	生粒质灰泥灰岩	鲕粒质灰泥灰岩	球粒质灰泥灰岩	藻粒质灰泥灰岩
含颗粒灰泥灰岩	≥75~<95	<25~≥5	含内碎屑灰泥灰岩	含生粒灰泥灰岩	含鲕粒灰泥灰岩	含球粒灰泥灰岩	含藻粒灰泥灰岩

续表

分类	灰泥含量,%	颗粒含量,%	颗粒				
			内碎屑	生物颗粒	鲕粒	球粒	藻粒
灰泥灰岩	≥95	<5	灰泥灰岩	灰泥灰岩	灰泥灰岩	灰泥灰岩	灰泥灰岩

注：本表也适用于云岩，将本表中的"灰岩"改为"云岩"，"灰泥"改为"云泥"；本表中"内碎屑"及晶粒灰岩（或云岩）可根据粒级细分，按粒级定名，如"砂屑灰岩""含灰泥粉屑云岩""中晶云质灰岩""泥晶含灰云岩"等。结构组分相近（±5%）的混积岩，含量大者置于复合名"-"之后。

2. 颜色

碳酸盐岩的颜色描述按碎屑岩岩心颜色描述的有关规定执行，同时描述岩石颜色的变化及分布等情况。具有次生色（如色斑、色带）时应单独描述。

3. 矿物成分

根据碳酸盐含量分析数据，碳酸盐岩及酸不溶物（如泥质、砂质、硅质、膏质等）成分大于10%的，以百分比表示。现场鉴定碳酸盐岩方法包括稀盐酸法、碳酸盐含量测定法。

1) 稀盐酸法（常用5%~10%盐酸）

(1) 纯石灰岩：遇足量稀盐酸起泡强烈，状似沸腾，能溅起小珠，并有嘶嘶声，全部溶解，残液洁净。

(2) 泥灰岩：遇稀盐酸后起泡少，反应速度很快减慢，反应残液浑浊有泥质沉淀。

(3) 白云质灰岩：遇稀盐酸微弱起泡并能持续一段时间，遇热盐酸起泡剧烈。

(4) 灰质白云岩：遇稀盐酸片刻才微微起泡，遇热盐酸起泡剧烈。

(5) 白云岩：遇稀盐酸不起泡，遇热盐酸起泡剧烈。

(6) 白云化灰岩：加稀盐酸后起泡少，酸解后颗粒表面常因保留白云石晶体而显粗糙；遇热盐酸起泡剧烈。

2) 碳酸盐含量测定法

(1) 连接仪器系统，按仪器操作规程调零、校正。取1g碳酸钙（分析纯）置于锥形斜坡上（绝不可有粉末落入盐酸槽内），注入20%盐酸5mL于圆形罐底部的凹槽内（绝不可把盐酸溅到样品中），按操作步骤进行仪器调零、校正，确认仪器满量程。

(2) 放入岩样和盐酸。完成分析仪量程刻度后，清洗反应池，将要分析的碳酸盐岩岩样粉末1g和20%盐酸5mL按操作步骤放入并密封。

(3) 启动分析仪进行碳酸盐含量测定。启动分析仪，测定碳酸盐含量，同步打印分析数据图表。

(4) 碳酸盐含量分析测定完成后，清洗晾干反应池备用。

4. 结构

碳酸盐岩的结构包括颗粒、泥（灰泥基质）、胶结物、特殊矿物、晶粒、生物格架六种结构组分。

(1) 颗粒。碳酸盐岩的颗粒包括内碎屑、鲕粒、生物颗粒、球粒、藻粒等。描述前把岩石新鲜面用浓度5%或10%的稀盐酸浸蚀2min，再用水洗净，在放大镜下观察，描述其数量、大小、分布状况。

① 内碎屑：碳酸盐岩中的内碎屑也是一种机械沉积碎屑物，但它是盆地内部沉积不久尚未固结的碳酸盐岩受波浪及底流的冲刷而形成的碎屑，它与盆外陆缘碎屑的来源是不一样

的。如奥陶系—上寒武统的竹叶状灰岩就是典型的内碎屑灰岩。描述碳酸盐岩的内碎屑时，要注意描述其形态、磨圆度、分选、保存程度、包裹物、分布情况等。岩心中有竹叶状砾屑时，要描述其排列情况（水平或倾斜）、大小（以长×宽表示）。

② 鲕粒：即胶体质点围绕某个中心（砂粒或生物碎片）沉积而成的具有同心圆层构造的如鱼卵大小的圆粒或椭圆粒，直径一般小于2mm。在动荡的潮汐环境，颗粒悬浮一次，长一层同心层，当水动力不能再把颗粒搅动起来时，鲕最后形成了。常见的有正常鲕、表皮鲕、复鲕、负鲕、藻鲕等。描述碳酸盐岩的鲕粒时，要注意描述其形态和结构特征，鲕径（最大、最小及一般）、鲕核成分、磨圆度、分选、保存程度、包裹物、分布情况等，具有内孔的应描述。

③ 生物颗粒：碳酸盐岩中的生物颗粒简称"生粒"，通常也叫生物碎屑，是指被搬运的生物遗骸的沉积。根据遗骸外形的完整程度分为全形介壳结构和生物碎屑结构，前者反映低能环境，后者反映高能环境。描述碳酸盐岩中的生物颗粒时，要描述其生物种类、大小（长度或体积）、保存程度、包裹物、排列分布情况等。

④ 球粒：主要是粪球粒，即生物的粪便碳酸盐化的颗粒，也可以是鲕粒微晶化作用失去了同心构造，也可能是被充分磨蚀的微晶灰岩的内碎屑。总之成因多样，但以粪球粒为主。描述碳酸盐岩中的球粒时，要注意描述其颜色、粒度、磨圆度、分选、保存程度、包裹物、分布情况等。

⑤ 团粒：指无内部构造的化学凝聚的复合颗粒，其成因解释不一，这一术语已使用不多。

⑥ 藻粒：描述碳酸盐岩中的藻粒时，要注意描述其颜色、粒度（最大、最小及一般）、磨圆度、分选、保存程度、包裹物、分布情况等。具有同心层的（藻类结核）应描述其外部形态及层间结构和成分等。

⑦ 变形颗粒：描述碳酸盐岩中的变形颗粒时，要注意描述其形态（如扁豆状、拖拉状、蝌蚪状、锁链状等）及其占原始颗粒的比例。

⑧ 残余颗粒：碳酸盐岩中的残余颗粒是指白云化后具有残余结构的灰岩颗粒。

a. 白云化极强：白云石含量大于75%时，原生结构只留下痕迹或近于绝迹，应描述白云石晶粒的大小及结构。

b. 白云化程度中等—强：白云石占50%~75%，原有颗粒尚可鉴定，则称残余颗粒，描述时，原生结构前加"残余"二字，如"残余砂屑""残余鲕粒"等，描述白云石结构形状。

c. 白云化程度弱—中等：白云石少于50%，原始颗粒结构变化不大，描述原生结构。

（2）泥。碳酸盐岩中的泥，又叫"基质""灰泥""泥屑""泥晶""隐晶"，指泥级的碳酸盐质点（粒径<0.004mm），可以是化学作用生成的，也可是机械破碎或生物作用生成的，为低能环境中的沉积结构组分。描述碳酸盐岩中的泥（灰泥基质）时，要描述其分布情况（均匀、不均匀）。

（3）特殊矿物。碳酸盐岩中的特殊矿物是指陆源碎屑矿物、黄铁矿、沥青质、膏质、泥质、硅质（燧石结核及团块）等，要注意描述这些特殊矿物的分布情况。

（4）晶粒。碳酸盐岩中的晶粒，按结晶颗粒的大小可分为粗晶、中晶、细晶、微晶。其中，粗晶、中晶、细晶为肉眼可见晶体，分级标准同碎屑岩中的砂岩；用放大镜可见的称作微晶，显微镜可见的称显微晶，显微镜下也看不见但有光性显示的叫显微隐晶。肉眼看不见的统称隐晶（粒径<0.004mm），肉眼可见的晶体统称显晶。

根据晶体的均一性可分为等粒结构和不等粒结构。如果晶体大小相差悬殊，表现为明显的两群，则称为斑状结构。

此外根据晶体的自形程度又可分为自形晶结构、半自形结构和他形结构。当一个大的晶体包有一些其他矿物的较小晶体时，称为变嵌晶结构。

描述碳酸盐岩中的晶粒时，要注意描述其结晶程度、透明程度（透明、半透明、不透明）、形状、大小、特征（晶体周围的斑晶、包含晶）、分选情况、包裹体和成岩后生作用等。

碳酸盐岩的颗粒、晶粒粒级与碎屑岩碎屑划分对比见表6-11。

表6-11 碳酸盐岩颗粒、晶粒粒级与碎屑岩碎屑划分对比表

粒度，mm	碎屑岩中的碎屑		碳酸盐岩中的颗粒		碳酸盐岩中的粒径	
≥1	砾（石）		砾屑		砾晶	
<1~≥0.50	砂	粗砂	砂屑	粗砂屑	砂晶	粗晶
<0.50~≥0.25		中砂		中砂屑		中晶
<0.25~≥0.10		细砂		细砂屑		细晶
<0.10~≥0.01	粉砂		粉屑		粉晶	
<0.01	泥（黏土）		泥屑		泥晶	

（5）生物格架。碳酸盐岩中的生物格架是指原地生长的生物遗骸被碳酸盐充填后而形成的格架结构，如珊瑚礁、藻灰岩等。描述碳酸盐岩的生物格架时，要注意描述生物的类属、数量、大小、形态、排列及分布等情况。

5. 构造

碳酸盐岩的构造包括层理、叠层石构造、叠锥、鸟眼、示底、虫孔、缝合线等，应描述各构造的形态、分布状况等。

（1）层理。碳酸盐岩的层理描述同碎屑岩。

（2）叠层石构造。要描述叠层石的亮、暗色层的主要成分、藻类组分含量、形状（如层状，柱状）及纹层的韵律变化等。

（3）叠锥构造。叠锥构造是指沉积岩层面上出现的一种锥形凹陷。由许多小圆锥体套叠在一起组成，锥底朝上，锥顶朝下。有时他们分叉，形成复锥。锥高1~10cm，锥角为30°~60°，组成物质为纤维状方解石，少数情况下为菱铁矿、石膏等。锥体轴垂直于层理。多出现于不纯的石灰岩中，如泥质灰岩、泥灰岩、钙质黏土岩等。叠锥的成因尚有争论，一般认为是在成岩及后生阶段，沿剪切面的溶解作用和结晶作用造成的。描述叠锥构造时，要注意描述锥的高度、角度、形状（单锥或复锥）、内部结构及条纹的清晰程度。

（4）鸟眼构造。鸟眼构造又称窗孔构造，是碳酸盐岩中的一种微小的空洞构造，空洞的形状像鸟眼，故名。鸟眼孔一般高1~3mm，宽几个毫米，孔内常充填亮晶方解石或石膏，成群或单个出现。

关于鸟眼构造的成因有多种说法：①碳酸盐沉积物曾一度露出水面，由于干裂而成；②碳酸盐沉积物中生物遗体等有机质腐烂而成；③碳酸盐沉积物成岩时干涸收缩形成等。鸟眼构造只形成于潮上或潮间沉积环境中，所以是特定的沉积相标志。

描述鸟眼构造时，要描述其大小、形状（扁平状，窗格状等）、发育程度（成群排列或单个出现）、充填物成分、充填程度及其周围物质成分等。

（5）示底构造。在碳酸盐岩的原生孔隙（包括鸟眼孔、窗孔、生物体腔孔等）中有两种不同的充填物，在孔隙的下部为渗流的孔隙水带入泥屑或粉屑等内碎屑充填，或者为孔隙水沉淀的灰泥，颜色较暗；孔隙的上部为亮晶方解石充填，色较浅，两者之间具有明显、平

直的界线，常可用它指示岩层的顶和底，及原始的水平面。描述示底构造时，要注意描述洞穴上部及下部充填物的主要成分、颜色、结构、界面特征、洞穴发育程度及周围基质成分等。

（6）虫孔构造。虫孔又称虫穴，是生物痕迹之一，指食泥生物，如蠕虫类软体动物或其他无脊椎动物的虫穴或钻孔，多呈直的或弯曲的圆筒状、发瓣状、线状，宽窄不一，长短不等（大多长1~2cm），分布在层面，或贯穿在层内，呈各种角度与层面斜交。描述虫孔构造时，要注意描述其大小、类型（穿孔、虫穴等）、与层面的关系（垂直状、倾斜状、弯曲状、水平状等）、发育程度及周围基质成分等。

（7）缝合线构造。描述碳酸盐岩的缝合线构造时，要注意描述其形态（锯齿状、波状、网状、棱角状等）、产状（与层面呈平行、斜交或垂直分布）、凹凸幅度、延伸长度、宽度、与充填物的接触形式（绕过或切穿）等。

（8）其他。碳酸盐岩描述时，还要注意盐类假晶、斑块构造以及反映岩石基本面貌的竹叶状、豹皮状、花斑状、纹层状、疙瘩状、蜂窝状等的形状、大小或厚度等的描述。

6. 物理性质

碳酸盐岩的物理性质描述包括：成岩性、硬度、韧性及脆性、断口形状（参见泥质岩类断口，粉晶结构的岩石一般具有陶瓷状断口，砂屑鲕粒结构的岩石多具有砂状断口，风化壳附近富含白垩土的灰岩具有土状断口）等。

7. 孔隙、裂缝及孔洞

参见碎屑岩的孔隙、裂缝及孔洞的描述。

8. 胶结物

描述碳酸盐岩的胶结物时，应描述胶结物的成分、胶结类型、胶结程度、透明度、胶结形态（如栉壳状或镶嵌晶粒状等）。

其中，亮晶胶结物为化学沉淀方式生成的高能环境的结构组分，通常为粒径大于0.004mm、小于0.01mm的亮晶方解石，成栉壳状围绕颗粒分布。

9. 含油气水情况

碳酸盐岩的含油气水情况描述包括岩心含油的颜色、气味、产状、饱满程度、原油性质、含油面积及钻遇该层时的钻时变化、槽面显示，洗岩心时的盆面显示、气测值的变化情况、钻井液性能变化情况等。

（1）含油气水描述。

碳酸盐岩的含油气水情况描述，参见碎屑岩的含油气水情况描述。

（2）注意事项。

① 裂缝性碳酸盐岩含油岩心刚出筒时可能见不到油显示，出筒后8~24h见油渗出，及时对含油情况进行复查。

② 描述岩心时要打开新鲜断面和裂缝面，观察附着在缝洞壁上的油膜，闻气味。未见油斑显示的岩心，应进行湿照、干照、点滴分析及荧光系列对比分析（6级以上定为荧光级别）。

③ 观察和描述缝洞中的原油分布状态。

④ 无油气显示时，对缝洞有盐晶析出等观察判断含水情况应具体描述。

（3）含油级别。

厚层碳酸盐岩、火成岩、变质岩含油级别的确定：厚层碳酸盐岩、火成岩、变质岩主要是裂缝、孔洞含油，其产状、饱满程度、含油面积与碎屑岩不同，其含油级别分为富含油、油斑、荧光三级。各级别的特征如下：

① 富含油：含油缝洞占岩石总缝洞的百分比大于等于50%；裂缝、孔洞发育，原油浸染明显，含油均匀，有外渗现象；油染部分呈棕褐色或棕黄色，其他部分呈岩石本色；油脂感较强，可染手；原油芳香味较浓；油染部分滴水不渗，呈圆珠状。

② 油斑：含油缝洞占岩石总缝洞的百分比小于50%；肉眼可见油，含油不均匀，呈斑块状、斑点状；油染部分呈浅棕色或浅棕黄色，其他部分呈岩石本色；抽脂感较弱；原油芳香味淡；滴水沿裂缝、孔隙缓渗。

③ 荧光：肉眼看不见油；荧光系列对比在6级以上（含6级）；颜色为岩石本色。

10. 碳酸盐岩选送样分析

参见岩心整理与保管样品采集。

（四）可燃有机岩定名和描述内容

可燃有机岩主要指煤、沥青、油页岩等几种类型。

（1）可燃有机岩定名：包括颜色、岩性等。

（2）可燃有机岩的描述内容。

① 煤：主要描述颜色、纯度、光泽、硬度、脆性、断口、裂隙、燃烧时气味、燃烧程度、含有物及化石的数量及分布状况等。

② 油页岩、碳质页岩、沥青质页岩：描述颜色、岩石成分、页理发育情况、层面构造、含有物及化石情况、硬度、可燃情况及气味等内容。

（五）蒸发岩定名和描述内容

蒸发岩包括石膏岩、硬石膏岩、盐岩、钾镁盐岩、芒硝—钙芒硝岩、硼酸盐岩等几种类型。

（1）蒸发岩定名：包括颜色、岩性。定名时以含量大于50%的矿物命名，如石膏岩。含量小于50%时，参与其他岩石定名。

（2）蒸发岩描述内容：包括颜色、成分、构造、硬度、脆性、含有物及化石等内容。

（六）岩浆岩定名及描述内容

岩浆岩主要包括安山岩、玄武岩、花岗岩、橄榄岩、辉长岩、闪长岩、流纹岩等。

（1）岩浆岩定名：根据颜色、含油级别、结构、构造、矿物成分综合命名。岩浆岩必须选样进行镜下鉴定，以鉴定后的定名为准。

（2）岩浆岩描述内容。

岩浆岩描述内容包括颜色、矿物成分、结构、构造、含油情况等内容。

① 颜色：应描述岩石颜色的变化及所含矿物颜色的变化、分布状况。

② 矿物成分：描述用肉眼或借助放大镜观察到的各种矿物及含量变化。

③ 结构：包括全晶质结构、半晶质结构、玻璃质结构、等粒结构、不等粒结构、蠕虫结构等。应描述结构名称、组成某些结构的矿物成分等内容。

④ 构造：包括块状构造、带状构造、斑杂构造、晶洞构造、气孔和杏仁构造、流纹构造、原生片麻构造等。应描述组成某些构造的成分、颜色及晶洞、气孔的形状、直径、充填物成分等。

⑤ 含油情况：描述含油颜色、产状等情况，含油级别的划分与碳酸盐岩相同。

（七）火山碎屑岩定名和描述内容

火山碎屑岩包括集块岩、火山角砾岩、凝灰岩等类型。

（1）火山碎屑岩定名：根据火山碎屑岩的颜色、含油级别、结构命名前缀，依据碎屑物质相对含量和固结成岩方式划分岩类进行定名，如灰色油斑凝灰岩。

（2）火山碎屑岩的描述内容。

火山碎屑岩描述内容包括颜色、成分、结构、构造、含油气情况、化石及含有物等。

① 颜色：火山碎屑岩颜色主要取决于物质成分和次生变化。常见的颜色有浅红、紫红、绿、浅黄、灰绿、灰、深灰等色。

② 成分：火山碎屑物质按组成及结晶状况分为岩屑、晶屑、玻屑。应描述其物质成分。

③ 结构：包括集块结构（集块含量大于50%）、火山角砾结构（火山角砾含量大于75%）、凝灰结构（火山灰含量大于75%）、沉凝灰结构等。凝灰质含量小于50%时，参与其他岩性定名，如凝灰质砂岩、凝灰质泥岩等；含量小于10%时，不参与定名。另外还需描述磨圆度、分选情况等，描述同碎屑岩描述。

④ 构造：包括层理、斑杂、平行、假流纹、气孔、杏仁等构造。描述同碎屑岩。

⑤ 含油气情况：描述同碎屑岩。

⑥ 化石及含有物：描述同碎屑岩。

（八）变质岩定名和描述内容

变质岩常见的主要有片麻岩、片岩、千枚岩、大理岩等几种类型。

（1）变质岩定名：根据原岩、主要变质矿物、结构、构造的特征进行分类定名，包括颜色、含油级别、变质矿物、构造、岩石基本类型。变质岩应选样进行镜下鉴定。

（2）变质岩描述内容：包括颜色、矿物成分、结构、构造、含油气情况、含有物等。

① 颜色：应描述颜色的变化和分布情况。

② 矿物成分：变质岩的矿构成分十分复杂，既有和岩浆岩、沉积岩共有的矿物类型，又有自身独具的矿物类型，如一些变质矿物（蓝晶石、红柱石、矽线石、阳起石、透闪石、蛇纹石、绿帘石等）。

③ 结构：主要有变余结构、变晶结构、交代结构、碎裂及变形结构。

④ 构造：主要有变余构造（包括变余流纹、变余气孔、变余杏仁、变余枕状、变余条带）、变成构造（包括斑点构造、板状构造、千枚状构造、片状构造、片麻状构造）、混合构造（网脉状构造、角砾状构造、眼球状构造、条带状构造、肠状构造、阴影状构造）。

⑤ 含油气情况：描述同碳酸盐岩。

⑥ 含有物：描述同碎屑岩。

五、岩心录井草图的编绘

为了便于及时分析对比及指导下一步的取心工作，应将岩心录井中获得的各项数据和原始资料（如岩性、油气显示、化石、构造、含有物及取心收获率等）用统一规定的符号，绘制在岩心录井草图上。岩心录井草图有两种：一种为碎屑岩岩心录井草图，另一种为碳酸盐岩岩心录井草图。下面着重介绍碎屑岩岩心录井草图的编绘方法。

编制碎屑岩岩心录井草图的步骤如下（图6-20）：

（1）按标准绘制图框。

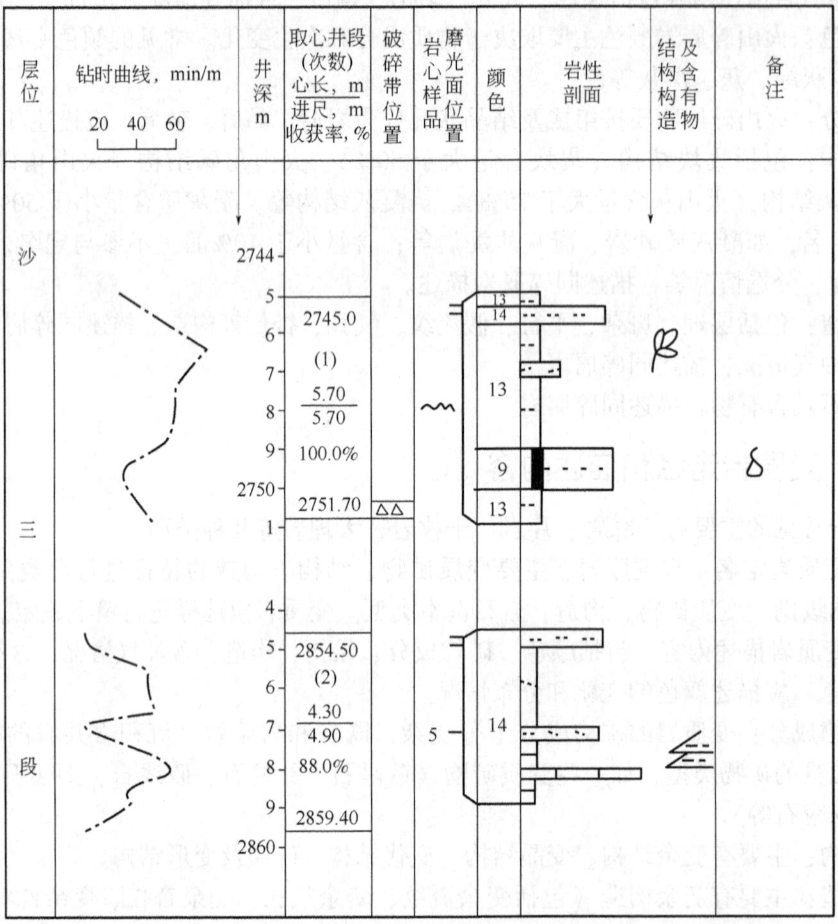

图 6-20 岩心录井草图（据张殿强和李联伟，2010）

（2）填写数据：将所有与岩心有关的数据（如取心井段、收获率等）填写在相应的位置上，数据必须与原始记录相一致。

（3）深度比例尺为 1∶100，深度记号每 10m 标一次，逢 100m 标全井深。

（4）第一筒岩心收获率低于 100%时，岩心录井草图由上而下绘制，底部空白；下次收获率大于 100%时（有套心），则岩心录井草图应由下而上绘制，将套心补充在上次取心草图空白部位。

（5）每次第一筒岩心的收获率超过 100%时，应根据岩心情况合理压缩成 100%绘制。

（6）化石及含有物用图例绘在相应的地层的中部，化石及含有物分别用符号"1""2""3"代表"少量""较多""富集"。

（7）样品位置的磨损面和破碎带按该筒岩心的距顶位置用符号分别表示在不同的栏内。

(8)岩心含油情况除按规定图例表示外,若有突出特征,应在"备注"栏内描述。钻进中的槽面显示和有关的工程情况也应简略写出,或用符号表示。

【任务实施】

一、目的要求

(1)能够正确进行岩心描述。
(2)能够绘制岩心录井草图。

二、资料、工具

(1)学生工作任务单。
(2)岩心样品。

【任务考评】

一、理论考核

(1)碎屑岩岩心描述的主要内容有哪些?
(2)碳酸盐岩岩心描述的主要内容有哪些?
(3)岩心录井草图的绘制步骤是什么?

二、技能考核

(一)考核项目

(1)填写岩心描述记录(表6-12)。

表6-12 _____井钻井取心出筒观察记录

筒次___ 次___ 井段___m 进尺___m 实长___m 收获率___% 出筒时间_____

块号	分段长,m	岩性定名	油气水观察

(2)绘制岩心录井草图。

(二)考核要求

(1)准备要求:工作任务单准备。
(2)考核时间:30min。
(3)考核形式:口头描述+笔试。

任务四 岩心样品保管

【任务描述】

岩心样品在油气田勘探开发中具有重要的作用，录井结束后需将岩心样品及时送至岩心库统一保管，以备后期地质研究使用。本任务主要介绍岩心采样方法及保存要求，通过实物观察、模拟操练，使学生学会岩心样品的采样及保留方法。

【相关知识】

一、岩心录井在油气田勘探开发中的作用

岩心录井资料是最直观地反映地下岩层特征的第一性资料。对岩心的分析、研究可以解决以下问题：

（1）获得岩性、岩相特征，进而分析沉积环境。

（2）获得古生物特征，确定地层时代，进行地层对比。

（3）确定储层的储油物性及有效厚度。

（4）确定储层的"四性"（岩性、物性、电性、含油气性）关系。

（5）取得生油层特征及生油指标。

（6）了解地层倾角、接触关系以及裂缝、溶洞和断层发育情况。

（7）检查开发效果，获取开发过程中所必需的资料。

二、岩心采样和岩心保留

现场对岩心的认识是比较粗浅、片面的，为全面加深认识，提供更多的研究地层及储集条件等方面的实际资料，必须按要求选样送化验室做专门分析。

（一）任务分工

在现场采集孔渗饱样的，录井小队要在取心前通知化验人员及时赶到现场。送化验室采样的，录井小队在岩心出筒后立即采毛样密封，尽快送化验室。选样原则是根据取心目的及要解决的问题而定。

（二）描述观察

岩心入盒、确认岩心顺序无误后，及时分段定名描述；按规定的"样品选取、包装和保管"的具体要求选取样品，观察剖开新鲜断面的含油气情况及油气分布与岩性变化的关系。

（三）样品选取

1. 选样原则

（1）常规分析样品必须在剖面上具有代表性，并基本均匀分布。

（2）在选取多项项目分析的重点样品时，应选取岩性、粒度、物性、层理结构、含油气产状等方面具有代表性的样品。

（3）大段无明显变化的同一岩性，可适当放宽取样间隔。

（4）井壁取心样品，一般取半颗。

2. 采样方法

（1）采样岩心剖成两半，一半供选样，一半保存。若岩心直径太小，只能立即完成现场观察描述后全部送化验室。所选每一个岩样的岩性要单一、有代表性，杜绝一块样品有明显的岩性差异。

（2）岩样由录井小队选采并确定分析项目。取样长度视分析项目而定，一般为5~10cm，取样部位要在留下的一半相对部位标记清楚。若全段取走，应以竹木等物取相应长度作标记。化验人员负责称包保管，井号、标本编号、井深、采样日期等标签一应俱全（图6-21）。

```
_____井岩心取样标签
取心筒次：_____ 井段：_____m至_____m
岩样编号：_____ 长度：_____m距岩心顶：_____m
岩  性：_____
取样单位：_____ 取样人：_____
分析单位：_____
取样日期：_____年_____月_____日
```

图6-21 岩心取样标签

（3）采样完毕，要立即根据岩心情况及加密钻时记录做好岩心岩样归位工作，填写送样清单一式二份，一份随岩样送交化验室，一份作为原始资料保存。清单和所选样品必须在现场核对正确。

3. 选样要求

分析化验样品现场选取的要求，按具体规定执行（表6-13）。

表6-13 分析化验样品现场选取要求

项目名称	样品间距及规格	选样要点
介形虫、轮藻、腹足、疑源类、孢粉、藻类	可能含有化石的岩心每米取一块，质量不少于100g；岩屑录井层段每6~10m取一个样，样品质量不少于50g；混合样不少于200g	主要选取暗色泥质岩类和灰质岩类，也可选取灰质砂岩或含灰质较多的砂质岩类，岩心应逐层逐块观察，发现化石必须取样。孢粉、藻类可做混合样，造浆泥岩不予分析
有孔虫	古生代、中生代岩心每米取一块，质量不少于200g；岩屑每5~10m取一个样，质量不少于100g	发现化石必须取样。主要选取碳酸盐岩类样品
牙形刺	岩心应每米取一块，质量不少于500g；岩屑每5m取一样，质量不少于100g	主要选取碳酸盐岩类样品
大化石	岩心见化石部分全取	选样应小心仔细，避免破坏取出的化石实体
岩石矿物	岩心每米取一块，质量为50~100g；岩屑每5m取一样，质量不少于100g；特殊岩性及主要目的层根据设计要求可加密取样	探井取心井段取样分析
储层物性	储层岩心每米取2~3块，其中含油气层每米加密到8~10块。孔渗分析样品取直径2.5cm、高3cm的岩心柱。其他物性和饱和度样品每块质量为20~30g	含油岩心禁止用水冲洗，将钻井液擦拭干净，及时选样进行现场分析，送化验室分析样应蜡封
油气水	每个样不应少于1000mL。试油求产过程中每层应在不同工作制度下产量稳定时取油、气、水样各两个；地层测试层从样筒回收的流体中取样	取样器具应符合要求，按有关操作规程取样
钻井液轻烃	井深小于3000m的井段，每20m取一个钻井液样品，遇油气显示段每5m取一个样。井深超过3000m的井段，每10m取一个钻井液样品，遇油气显示段每5m取一个样	

续表

项目名称	样品间距及规格	选样要点
岩屑罐顶气	非目的层储层每10m、非储层每100m取一个样,目的层储层每5m、非储层每20m取一个样,遇油气显示段加密取样。装入标准罐内约4/5容积,其中岩屑约700mL,钻井液约100mL	在脱气器前取带钻井液的岩屑
粒度	岩心:储层1块/m,质量大于40g	
地层流体物性	常规分析每次取合格样品两支,特殊需要样按要求取	取样前应恢复原始地层条件,测地层(油层)压力
地球化学	热解分析非目的层每10~20m取一个样,目的层逐袋分析,质量不少于5g。 具有生油潜力的层位,有机碳和热解分析小样每10m取一个样,质量不少于15g。 常规分析及部分专项分析研究的大样每隔2~5m取一块样,含油气层原则上每层取一块样,质量不少于100g。 生油岩层泥岩每块样品质量为500~1000g,石灰岩每块样品质量不少于1500g。 原油样品每支不少于30g	热解分析生油岩选取纯暗色泥岩,储层选取具代表性的岩屑、岩心
偏光薄片	岩心:系统取心、密闭取心每米取1块,大于50g。 岩屑:储层及特殊岩性层厚度小于5m时,1块/层。厚度大于5m时,1块/5m,岩屑直径大于3mm时,样品质量大于1g	目的层、储层、疑难岩性
荧光薄片	取样密度同偏光薄片	视含油级别及性质选取缝洞发育的样品,油气显示层、可疑层必做,其他根据需要做
微量元素光谱分析	岩石样品重量为2~5g;原油样品不少于200g	混合样、钻井液污染样及含水、含泥沙样不予分析
抽提全脱分析	岩屑:每100~150m集中在10m井段内取一个样,质量大于250g,钻井液取样500mL。 岩心:岩性变化加密	纯暗色泥岩样品。煤样质量为10~15g,碳质泥岩、油页岩质量为50g
铸体	油气显示及裂缝发育段砂岩每米取2块,样品尺寸为2cm×2cm×0.5cm,均质程度较差的非碎屑岩加密取样	每块岩心样附样品标签应与样品清单一致,按不同裂缝级别每层分别选取裂缝样品
压汞	岩心油层砂岩每层取样数大于1块,样品规格为ϕ2.5cm×2.5cm或ϕ3cm×3cm,均质程度较差的非碎屑岩加密取样	取孔隙度大于2%、渗透率大于10mD的岩心样品,低渗透地层可降低要求

4. 岩心采集

(1) 一块样品选取同一岩性及含油级别的岩心。

(2) 样品位置从取样位置顶部至该筒岩心顶计算,写作"距岩心顶××.××m",取样部位应贴岩心取样标签。

(3) 整块取样处应放置等长且贴上岩心取样标签的纸板或木板,岩心取样标签见图6-21。

(4) 样品编号,全井按统一顺序编号,补送样品加"补"字另行编号。

(5) 分析样品一般由现场地质人员负责采集,特殊情况下由分析化验人员负责采集。

(6) 按规定格式(表6-14)填写送样清单,一式两份,一份送化验室,一份现场保存。

(7) 岩心装盒后应及时存放于岩心房妥善保管,防止日晒、雨淋、受潮、倒乱、损坏、丢失及污染。

(8) 岩心入库时要求填写详细的入库清单，包括井号、取心井段、取心次数、心长、进尺、收获率、地层层位、岩心箱数等。

表 6-14 ＿＿＿＿＿井分析化验送样清单

地区：				构造名称：		
井别：				井号：		
分析项目	1			2		3
	4			5		6

井　深：　　　　m 至　　　　m，样品共计　　　　个（瓶）

取样日期：　　　　　　　　　　　　　送样日期：

送样单位：　　　　　　　　　　　　　送样人：

编号	井深,m	样品类型	取样位置,m	岩性	编号	井深,m	样品类型	取样位置,m	岩性

5. 样品包装和保管

（1）油气饱和度分析岩样，应用铝箔纸或塑料纸包装、蜡封保存。一般岩样装样品袋保存。

（2）轻烃（$C_1 \sim C_7$）等有机地球化学分析岩屑样品应采用密封器具保存。

（3）油水样容器应加盖密封。

（4）气样瓶应倒置在饱和盐水罐中保存。

（5）天然气碳同位素等样品应用高压钢瓶取样。有机酸类等项目应用玻璃瓶取样。

（6）有机地球化学分析样品不允许烘烤、曝晒和塑料袋包装。

（7）将岩心装箱后，应按先后顺序存放在岩心房内，严防日晒、雨淋、倒乱、人为损坏、丢失。每取一个井段的岩心后应及时要求管理单位验收，验收合格后，将岩心送岩心库统一保管。入库时要求填写详细的入库清单，包括井号、取心井段、取心次数、心长、进尺、收获率、地层层位、岩心箱数等。

6. 送样要求

（1）钻井液样品和特殊情况下的涌出物或喷出物样品，应在取样结束的次日前送往化验室，岩屑罐装气和岩屑钻井液轻烃样品应及时送至化验室。

（2）试油所取油水样品 3d、气样 24h 内送至化验室。

（3）所有送交化验室的分析化验样品，应附上送样清单，油气水样品要在备注栏内注明取样时间和取样位置。

【任务实施】

岩心入库清单填写。

【任务考评】

一、理论考核

（1）岩心录井的作用是什么？
（2）岩心样品采样规格有哪些？

二、技能考核

（一）考核项目

岩心入库清单填写。

（二）考核要求

（1）准备要求：工作任务单准备。
（2）考核时间：10min。
（3）考核形式：口头描述+笔试。

任务五　井壁取心录井资料的整理

【任务描述】

井壁取心指用井壁取心器按预定的位置在井壁上取出地层岩样的过程。通常是在测井后进行。其目的是证实地层的岩性、物性、含油性以及岩性和电性的关系，在复杂岩性井段更显重要，是录井工程中常用方法之一。本任务主要介绍井壁取心原则、井壁岩心样的出筒与整理方法、井壁岩心样的描述方法，通过实物观察、模拟操练，使学生学会井壁岩心样的出筒与整理，能够正确进行井壁岩心样描述，能够填写井壁岩心样录井记录。

【相关知识】

一、井壁取心原理

取心器一般有 36 个孔，孔内装有炸药，通过电缆接到地面仪器上，在地面控制取心深度并点火、发射。点火后，炸药将取心筒强行打入井壁，取心筒被钢丝绳连接在取心器上，上提取心器可将岩样从地层中取出。

二、井壁取心作业

（1）井壁取心的工艺技术由现场地质人员与取心施工队伍制定，并共同完成作业任务。

（2）井壁取心是对油气探井完钻后，完成电测井时，视井下实际情况需要而进行的一项录井技术，由各油气田探区的勘探部（处）或相当的地质主管部门决定。

（3）录井单位和施工单位的有关技术人员在现场具体商定取心位置和取心颗数。

（4）拟定井壁取心，必须综合钻时、气测、岩屑及钻井液录井资料、电测资料，以综合测井曲线为重要依据。

（5）精心施工，确保井壁取心质量和准确的取心深度。

三、井壁取心层位的确定

井壁取心的目的是证实地层的岩性、含油性以及岩性和电性的关系或者满足地质方面的特殊要求。因此，井壁取心并不是在全井或每口井都要进行，而是根据不同的取心目的选定一定的层位进行的。一般下列几种情况均应进行井壁取心：

（1）钻井过程中有油气显示但未取心的井段。

（2）证实油气层段及可疑油气层段。

（3）钻井取心收获率低，未能满足地质资料要求，或岩屑录井时漏取砂样，需要进一步落实的井段。

（4）录井资料中的岩性、含油性和电测解释中的电性不相符合的层位。

（5）某些具有研究意义的标准层、标志层以及其他特殊的岩性层位。

（5）为了满足地质特殊要求而选定的层位，如为了确定某段地层的地质时代等。

四、井壁取心位置的确定

在实际工作中，当一口井的某些层位已确定需要进行井壁取心后，还应具体确定其井壁取心的深度位置。进行这一工作，是由地质、气测、电测等人员一方面根据地质设计的要求，另一方面根据岩心录井、岩屑录井、电测井中所发现的、急需解决的问题，在现场经综合分析研究确定的。并把具体的取心位置、取心深度、取心颗数，自下而上标注在1:200的0.45m底部梯度视电阻率曲线上（个别情况也可标注在自然电位曲线上）。同时将取心顺序、深度、颗数、取心目的填写在井壁取心通知单上，以此为准进行施工。

应该指出的是，为了了解地层含油情况，取心时应优先考虑油层部位，确保重点部位都能取上岩心。在油层井段确定取心位置时，应定在电测显示最好的部位；若油层较厚，应分别在上、中、下各部位取心，以便了解油层含油性在纵向上的变化情况。有时为了了解油层的储油物性，地质设计规定每米取心5颗，此时只要将5颗取心位置均匀布置即可。

五、井壁取心的原则

（1）凡岩屑严重失真，地层岩性不清的井段均可进行井壁取心。

（2）凡应该进行钻进取心，而错过了其取心机会的井段，都应作井壁取心。

（3）油气层段钻井取心收获率太低，岩屑代表性又差，油气层情况不清时，要进行井壁取心。

（4）岩屑录井无显示，而气测有异常，电测解释为可疑油气层，邻井为油气层的井段要井壁取心。

（5）判断不准或需要落实的特殊岩性段要进行井壁取心。

（6）需要了解的具有特殊地质意义的层段，如断层破碎带、油气水界面、生油层特征等要井壁取心。

六、井壁取心的质量要求

（1）取心密度依设计或实际需要而定。通常情况下，应以完成地质目的为准，重点层应加密，取出岩心必须是具有代表性的岩石。

（2）井壁取心的岩心实物直径不得小于12mm，岩心实物有效厚度不得小于5mm。条件具备，尽可能采用大直径井壁取心。每颗井壁取心在数量上应保证满足识别、分析、化验需要。若因滤饼过厚或枪弹打取井壁太少，不能满足要求时，必须重取。岩性出乎预料时，要校正电缆，重取。

（3）井壁取心出井后，要有效保证岩心的正常顺序，避免颠倒。及时按出枪顺序由上而下系统编号、贴好标签，准确定名描述。及时观察描述油气水显示，选样送化验室。及时整理装盒妥善保存。岩性定名必须在井壁取心后一天内通知测井单位。

（4）井壁取心数量不得少于设计要求，收获率应达到70%以上。

（5）预计的取心岩性，应占总颗数的70%以上。

（6）确保岩心真实，严防污染。要求所用工具容器必须干净无污染。

（7）填写井壁取心清单一式两份，一份附井壁取心盒内，一份留录井小队附入原始记录中。岩心实物，现场及时观察描述完后，要及时送有关单位使用。

七、井壁取心资料的收集

（1）基本数据：取心井段、设计颗数、装炮颗数、实装颗数、实取颗数、发射率、收获率等。

（2）井壁取心粗描应包括每颗井壁取心深度、岩性定名及颜色、含油级别、岩性。

（3）壁心描述同岩屑描述，填写入井壁取心描述专用记录。

（4）井壁取心情况用规范符号标在岩屑录井草图及综合录井图内。

（5）描述记录的几项统一要求。

（6）井深单位用"m"，取1位小数。按由深至浅顺序编号。

（7）荧光颜色以湿照荧光为准。系列对比浸泡溶液颜色和对比级别。

八、跟踪井壁取心

跟踪井壁取心就是通过跟踪某一条测井曲线，找准取心深度，用取心器在井壁上取出岩心。目前常用的跟踪曲线有1：200比例尺的2.5m底部梯度电阻率、自然电位曲线、深侧向电阻率曲线等。取心前，在被跟踪曲线上选一特征明显的曲线段，然后将带有测井电极系的取心器放到被跟踪的明显特征曲线以下，自下而上测一条测井曲线，对比跟踪图上两条曲线的幅度、形状是否一致，一致即可进行取心。若特征曲线深度不一致，则应调节跟踪图，使两条曲线深度一致，再进行取心（图6-22）。

开始取心时，一边上提电缆，一边测曲线，当记录仪走到被跟踪曲线上的第一个取心位置时，说明井下电极系的记录点正好位于第一个预定的取心深度上，但各个炮口还在取心位置以下。为使第一个炮口与第一个取心深度对齐，还必须使取心器上提一段距离，这段上提值就是首次零长（图6-23）。首次零长就是测井电极系记录点到第一炮口中心的距离。各炮口间距为0.05m，第二个炮口的零长等于首次零长加0.05m，以下各炮口的零长依次类推。

图 6-22　跟踪取心示意图

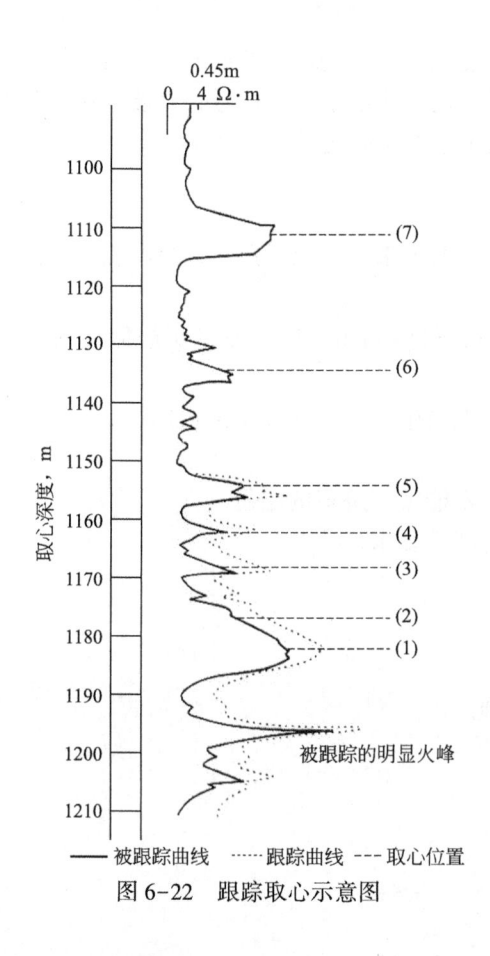

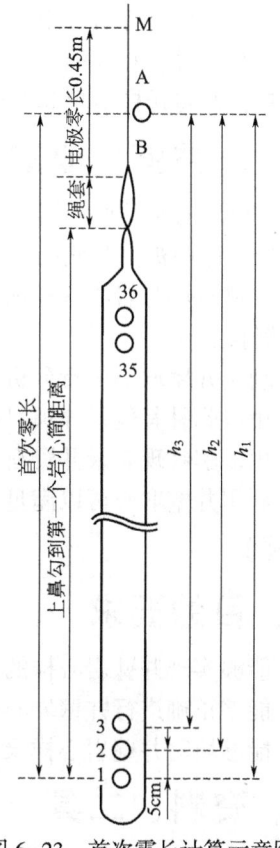

图 6-23　首次零长计算示意图

九、岩心出筒

当全部点火放炮后，即将炮身提出井口。这时工作人员应依次取下岩心筒，对号装入准备好的塑料袋中。岩心出筒时，每出一颗岩心，立即把深度标上，防止把深度搞乱。出筒时要注意不要把岩心弄碎，尽可能保持完整性。对已出筒的岩心，由专人用小刀刮去滤饼，检查岩心是否真实，岩性是否与要求相符。如不符合要求，应通知炮队重取。

十、井壁取心的描述和整理

井壁取心描述内容基本上与钻井取心描述相同。但由于井壁取心的岩心是用井壁取心器从井壁上强行取出的，岩心受钻井液浸泡、岩心筒冲撞严重，在描述时，应注意以下事项：

（1）在描述含油级别时应考虑钻井液浸泡的影响，尤其是混油和泡油的井，更应注意。

（2）在注水开发区和油水边界进行井壁取心时，岩心描述应注意观察含水情况。

（3）在可疑气层取心时，岩心应及时嗅味，进行含气试验。

（4）在观察和描述白云岩岩心时，有时也会发现白云岩与盐酸作用起泡。这是岩心筒的冲撞作用使白云岩破碎，与盐酸接触面积大大增加的缘故。在这种情况下应注意与灰质岩类的区别。

（5）如果一颗岩心有两种岩性，则都要描述。定名可参考测井曲线所反映的岩电关系来确定。

（6）如果一颗岩心有三种以上的岩性，就描述一种主要的，其余的则以夹层和条带处理。

岩心描述完后，将岩心用玻璃纸包好，连同标签一起装入井壁取心盒内，并在盒上注明井号、井深和编号。对有油气显示的含油岩心通常用红笔打上记号，以便查找。此外，应填写送样清单，并将送样清单和井壁取心描述记录送交指定单位。

十一、井壁取心的应用

由于井壁取心是用取心器直接将井下岩石取出来，直观性强，方法简便，经济实用，因此，在现场工作中被广泛使用。

（1）井壁取心与岩心一样属于实物资料，可以利用井壁取心来了解储层的物性、含油性等各项资料。

（2）利用井壁取心进行分析实验，可以取得生油层特征及生油指标。

（3）用以弥补其他录井项目的不足。

（4）用以解释现有录井资料与测井资料不能很好解释的层位。

（5）利用井壁取心可以满足一些地质的特殊要求。

【任务实施】

一、目的要求

（1）能够实现井壁岩心样的出筒与整理。

（2）能够正确进行井壁岩心样描述。

（3）能够填写井壁岩心样录井记录。

二、资料、工具

（1）学生工作任务单。

（2）井壁岩心样品。

【任务考评】

一、理论考核

（1）确定井壁取心的原则是什么？

（2）如何确定井壁取心层位？

（3）什么叫跟踪取心？

（4）井壁取心的应用有哪些？

二、技能考核

（一）考核项目

（1）井壁岩心出筒和整理。

（2）填写井壁岩心样描述记录。

（二）考核要求

（1）准备要求：工作任务单准备。

（2）考核时间：10min。

（3）考核形式：口头描述+笔试。

项目七　综合录井资料分析与解释

综合录井技术是在钻井过程中应用电子技术、计算机技术及分析技术，借助分析仪器进行各种石油地质、钻井工程及其他随钻信息的采集（收集）、分析处理，进而达到发现油气层、评价油气层和实时钻井监控目的的一项随钻石油勘探技术。应用综合录井技术可以为石油天然气勘探开发提供齐全、准确的第一性资料，是油气勘探开发技术系列的重要组成部分。

综合录井技术主要作用为随钻录井、实时钻井监控、随钻地质评价及随钻录井信息的处理和应用。

综合录井技术的特点有录取参数多、采集精度高、资料连续性强、资料处理速度快、应用灵活、服务范围广等。

在我国，综合录井技术作为一项独立的石油天然气勘探技术是20世纪80年代才发展起来的，是一项新兴的、综合性的录井技术。我国大量推广使用综合录井仪是从1985年引进法国TDC联机综合录井仪开始的。近年来通过逐步吸收国外先进技术，国产综合录井仪已有了长足的进步，在石油勘探中已取得了明显的效益，并将发挥更重要的作用。

【知识目标】

（1）了解综合录井录取项目；
（2）理解综合录井仪各传感器原理；
（3）了解综合录井仪各传感器安装方法；
（4）理解综合录井实时监控原理。

【技能目标】

（1）能正确识读综合录井仪录取参数；
（2）能正确识别常见综合录井仪传感器；
（3）能够实现综合录井资料分析应用；
（4）能够根据综合录井资料实时监控钻进。

任务一　综合录井资料认识

【任务描述】

综合录井录取参数多、采集精度高、资料连续性强，可以为石油天然气勘探开发提供齐全、准确的第一性资料，本任务主要介绍综合录井仪组成、综合录井录取参数、综合录井传感器基本原理及测量参数，通过实物观察、录井模拟器参观，使学生认识常见录井传感器，了解录井传感器原理及安装位置，理解录井参数意义。

【相关知识】

一、综合录井仪的工作流程及录井项目

综合录井仪的结构随着综合录井技术的发展也在不断地变化。早期的综合录井仪仅包括

部分传感器、二次仪表及部分显示记录系统。系统结构简单，测量参数少。

我国 20 世纪 80 年代大量引进的法国 TDC 综合录井仪是一种联机型录井设备，主要由传感器、二次仪表、联机计算机系统、显示记录装置等构成。

目前，国际、国内先进的综合录井仪在参数检测精度上有了大幅度的提高，扩展了计算机系统功能，形成了随钻计算机实时监控和数据综合处理网络，部分配套了随钻随测（MWD）系统，增加了远程传输等功能，实现了数据资源的共享（图 7-1）。

图 7-1 综合录井仪数据系统示意图

（一）基本概念

1. 传感器

传感器又称一次仪表或换能器，它用来实现从一种物理量到另一种物理量的转换，其输入信号为待用物理量，如温度、压力、电阻率等，输出信号为可以被二次仪表或计算机接收的物理量，如电流、电压等。传感器是综合录井仪的最基础部分，其工作性能的好坏直接影响着录井质量。

2. 二次仪表

二次仪表又称信号处理器，对来自传感器的信号进行放大或衰减、滤波及运算处理，把处理结果输送到记录仪、计算机及其他输出设备。因其硬件庞大、难以维护，目前先进的录井仪已去掉此部分。

3. 计算机系统

计算机技术的发展及应用，使得大规模的录井数据处理成为可能。综合录井仪联机计算机担负着参数的采集、处理、存储和输出的任务。它把来自二次仪表或来自数据采集器的信息进行转换和处理，按用户规定的格式和内容进行资料的存储，以直观的方式进行屏幕显示或打印输出。其存储的资料还可以按照用户的要求，应用其他专用软件进行进一步处理，以完成地质勘探、钻井监控及其他录井目的。计算机系统是综合录井仪的核心部分，经不断地改进、完善，目前已形成多用的网络化联机计算机系统。

目前，先进的综合录井联机系统采用多用户与近程或远程工作站联接，便于数据资源的共享。

4. 输出设备

综合录井仪输出设备主要有显示器、记录仪、打印机、绘图仪等。其用途是将二次仪表或计算机采集、处理的信息通过直观的方式呈现给用户以进行进一步的应用。

（二）综合录井仪工作流程

各类传感器将待测物理量转变成可被二次仪表或计算机接收的物理量，这些信号被送到二次仪表或数据采集板进行放大或衰减、滤波、模/数转换及运算处理，经初步处理的参数以模拟量的形式被送到笔式记录仪和计算机系统处理后，由打印机输出，进行曲线（图7-2）或数字记录，作为原始资料被永久保存。同时被送到终端显示器、图像重复器等监控设备供有关工作人员随时掌握施工状况（图7-3）。计算机按一定数据格式及内容，按一定的间隔和方式将所测量的数据或处理的资料存入计算机硬盘或软盘。利用井场工作站或远程工作站对这些资料按不同的要求进行处理、解释及综合应用，并制作相应的报告和图件。录井人员及其他有关人员根据这些资料进行油气评价、实时钻井监控、指导钻井施工，达到录井目的。

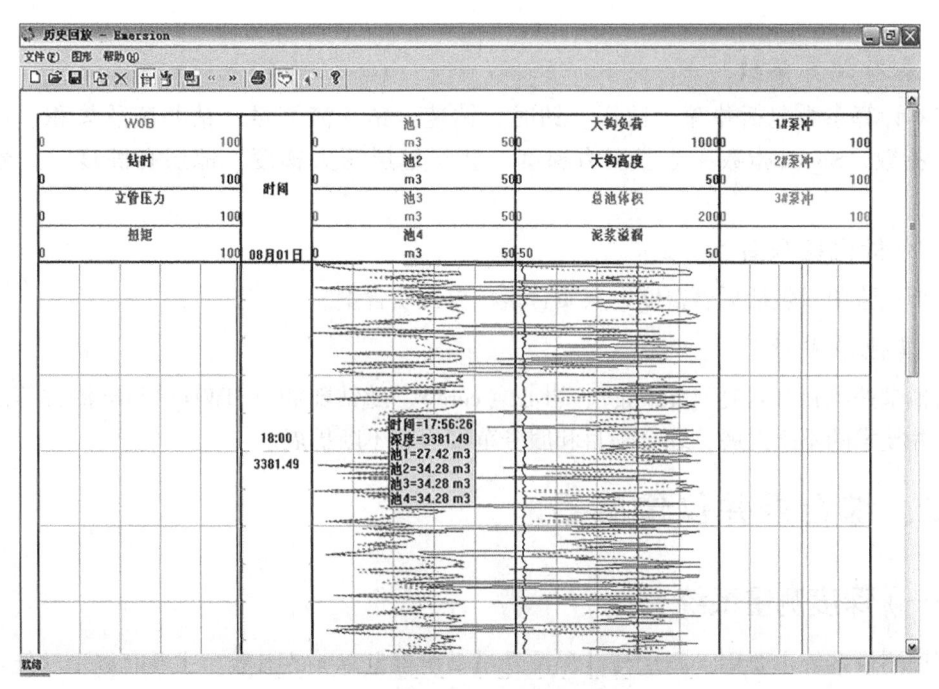

图7-2 综合录井录取曲线记录

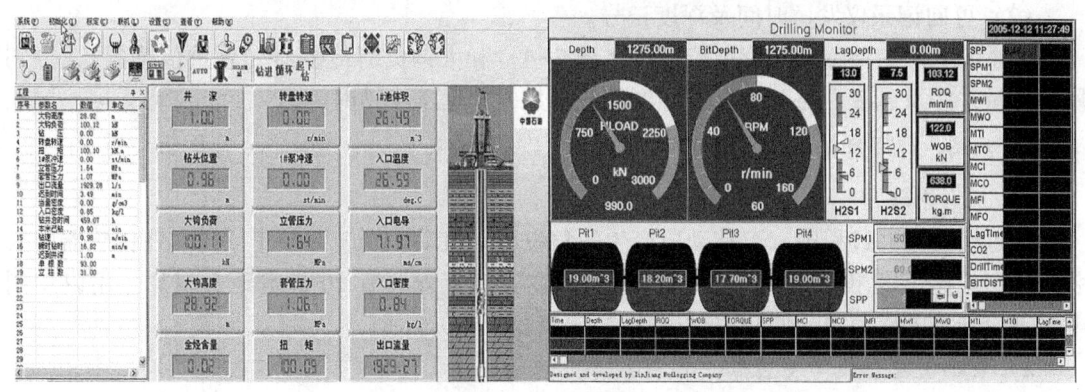

图7-3 综合录井仪录井参数数据显示及模拟监测画面

（三）综合录井仪的录井项目

综合录井测量项目按测量方式不同可分为直接测量项目、基本计算项目、分析化验项目及其他录井项目。

1. 直接测量项目

直接测量项目按被测参数的性质及实时性可分为实时参数和迟到参数。

（1）实时参数：大钩负荷、大钩高度、立管压力、套管压力、转盘转速、泵冲速率、钻井液池钻井液体积、入口钻井液密度、入口钻井液温度、入口钻井液电导率。

（2）迟到参数：全烃含量、烃类气体组分含量、硫化氢含量、二氧化碳含量、氢气含量、氦气含量、出口钻井液密度、出口钻井液温度、出口钻井液电导率、出口钻井液流量。

2. 基本计算参数

基本计算参数包括井深、钻压、钻时、钻速、钻井液流量、钻井液总体积、迟到时间、dc 指数、Sigma 指数、地层压力梯度、破裂地层压力梯度、地层孔隙度、每米钻井成本。

3. 分析化验项目

分析化验项目包括页岩密度、灰质含量、白云质含量。

4. 其他录井项目

其他录井项目有岩屑（cutting）、岩心（core）、随钻随测（MWD）和电测井等。随着综合录井技术的不断发展，综合项目和服务范围也在不断扩展。

二、综合录井仪传感器

（一）深度测量系统

深度测量系统主要用于测量与井深及悬吊系统重量有关的参数。主要有以下功能：

（1）可以测量悬重、钻压、大钩高度、钻头位置、井深、钻时、钻速、管具等参数用于判断大钩重载、大钩轻载（或称坐卡瓦）、钻头离井底等钻井状态。

（2）可向记录仪发送时间及深度记号。

该系统有两个传感器：绞车传感器（图 7-4）和大钩负荷传感器（悬重传感器），分别用于测量井深及悬重。通过换算可得到其他参数，如钻压、钻时等。

1. 绞车（深度）传感器

1）工作原理

通过检测钻井过程中绞车转动所产生的角位移，自动识别转角的正反向。在传感器中安装有两个位移角度相差 90°的电磁感应开关，在其轴上安装有 20 齿等距金属片，用以切割电磁感应开关的磁力线，使开关输出脉冲。

2）绞车传感器现场安装方法

（1）传感器安装在绞车滚筒的导气龙头轴端（图 7-5）。

（2）卸下绞车滚筒轴端导气密封接头。

（3）将传感器用自备转换接头拧在轴端上。

（4）将气密封接头拧在转换接头上。

（5）将对接电缆插头接上。

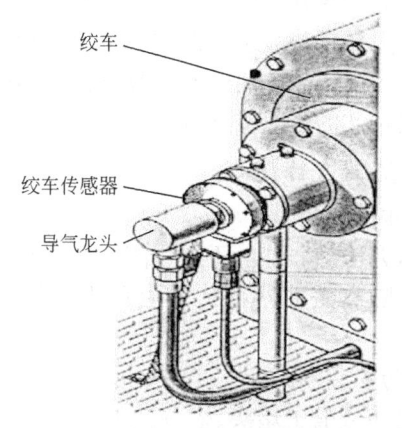

图 7-4　绞车传感器　　　　图 7-5　绞车传感器安装位置示意图

（6）将绞车传感器的引线杆和气管固定。

3）传感器安装注意事项

（1）安装时要严格佩戴安全防护用品。

（2）安装前通知技术员，确保天车处于静止状态。

（3）防止水直接接触传感器。

（4）连接电缆捆扎时应放有余量。

（5）发现绞车转动方向与显示大钩位置相反时，设置安全隔离栅上的SW1开关位置。

（6）安装时要按高空作业规程执行，定期检查，确保无松动。

2. 大钩负荷传感器

1）工作原理

大钩负荷传感器是用来测量悬吊系统的负荷（图7-6）。它是将液压压力应变信号通过放大和电压与电流变换电路，将压力信号转换成 4~20mA 电流信号。

图 7-6　大钩负荷传感器

2）现场安装

现场安装时将传感器快速接头和悬吊系统的死绳固定器的加液快速接头相连即可。

3）传感器安装注意事项

（1）安装时要严格佩戴安全防护用品。

（2）安装时要通知钻井工程技术人员，安装后要供压检查不漏油。

（3）在接线时不要将"+""-"极接反。

（4）快速接头之间的油路应当畅通。

（5）安装前通知司钻，确保大钩静止且处于轻载状态。

（二）立管压力及套管压力传感器

立管压力又称泵压，是计算钻井水力参数及压力损失的一项重要参数。在钻井施工中，正确地控制立管压力，对于提高钻井效率具有重要意义。此外，立管压力还是反映钻井安全的重要参数，可以反映钻具刺穿、钻具断裂或脱落、钻头水眼堵塞及泵故障等多种地下或地面情况。在综合录井联机系统中是判断钻井状态必不可少的参数之一。

套管压力是反映地层压力的一个重要参数，其工作原理与立管压力完全相同。

立管中的高压钻井液进入与其直接相连的压力转换器，转换成油压传递给通过高压软管相连或直接相连的压力传感器。

1. 立管压力传感器

1) 工作原理

立管压力传感器是由压力隔离缓冲器和压力传感器组成，用来测量立管中钻井液压力。其首先通过隔离缓冲器将钻井液压力变换成液压油压力信号给压力变送器，再变换成电信号。

2) 现场安装

(1) 拧下立管上堵头。

(2) 将缓冲器的接头接上，用管钳拧紧密封。

(3) 装上缓冲器，用大锤使其密封。

(4) 用高压液压管线将压力变送器和缓冲器通过快速液压接头相连。

(5) 把手动加油泵液压管线和压力变送器通过快速液压接头相连，打开缓冲器液压室排气孔，为缓冲器充油，在排空其中的空气后，关闭排气孔，继续为缓冲器充油使其中的隔离套向中间鼓起。

(6) 开泵试压时检查，应无钻井液漏出、液压室无漏油。

(7) 传感器接线方法与大钩负荷传感器相同。

2. 套管压力传感器

1) 工作原理

套管压力传感器（图 7-7）是由压力隔离缓冲器和压力传感器组成，是用来测量套管中气体压力的。其将套管中的气体压力变换成液压油压力信号给压力变送器，再变换成电信号。

2) 现场安装（图 7-8）

(1) 拧下放喷管线上堵头。

(2) 将缓冲器的接头接上，用管钳拧紧密封。

(3) 试压时检查，应无漏气、液压室无漏油。

图 7-7 套管压力传感器

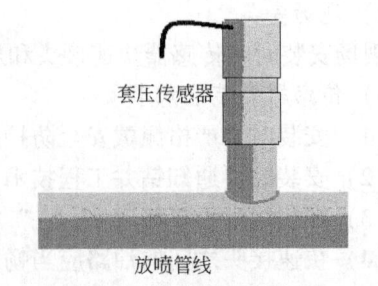

图 7-8 套管压力传感器安装位置示意图

（三）转盘扭矩传感器

转盘扭矩是反映地层变化及钻头使用情况的一项重要参数。

转盘扭矩的检测方式有液压式、霍尔效应式（电扭矩）等。

1. 液压扭矩传感器

液压扭矩传感器包括一个压力转换器和一个压力传感器。

1) 工作原理

压力转换器由承压轮（过桥轮）、承压室、液压软管及支架等组成，安装在钻机传动链条下面。链条移动时带动承压轮转动。当转盘扭矩增大时，柴油机负荷增大，链条拉紧，承压轮向下移动，承压室内的液压油被挤加压，通过液压软管将压力传递到压力传感器，再由压力变送器变换成4~20mA的电信号。

2) 现场安装

（1）打开转盘链条盒，在链条正下方的位置焊装一个固定过桥轮装置的平台，高度距离链条50cm（图7-9）。

（2）安装过桥装置时，使轮子和链条平行，能使链条刚好和轮子的凹凸槽相吻合，将传感器底部的固定钢板装置固定。

（3）将压力变送器和过桥装置液缸的液压管线通过快速接头相联。

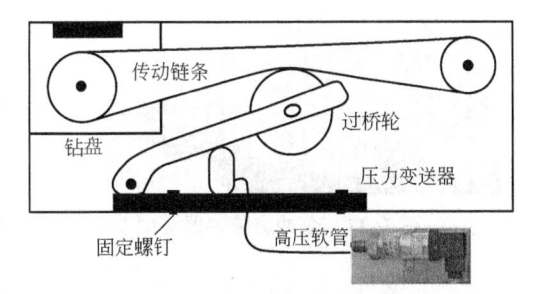

图7-9 液压扭矩传感器安装位置示意图

（4）将手动加油泵为液缸加液压油，使轮子和转轮链条接触，并刚好使链条绷直即可。传感器接线方法与大钩负荷传感器相同。

2. 电扭矩传感器

1) 工作原理

电扭矩传感器是根据导体周围的磁场大小来测量电流的大小，通过测量驱动转盘电动机的电流变化来监测转盘扭矩变化。

2) 现场安装（图7-10）

（1）将传感器按正确电流方向卡在驱动转盘直流电动机的电缆上即可。

（2）安装时通知电气工程师，确保安装方向正确。

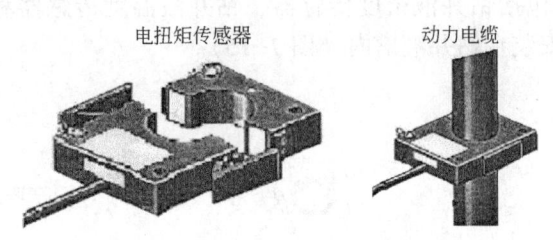

图7-10 电扭矩传感器安装示意图

（四）泵冲速传感器

泵冲速是指单位时间内钻井泵作用的次数，单位为次数/min。它是计算钻井液入口排量及钻井液迟到时间的重要参数，还可用于判断泵故障，与立管压力等参数综合分析可以判断井下钻具事故等。

1. 工作原理

泵冲速传感器是一种邻近传感器，由一个长柱形外壳及邻近探测头组成（图7-11）。

钻井泵工作时，其活塞做往复运动，安装在活塞上的金属片交替地通过探测头前方，使探测头电路输出一系列高电压与低电压相间的脉冲信号，这些脉冲信号被送到信号处理放大器和单稳线路中加以处理，从而得出"不探测"（高电压）和"探测"（低电压）的脉冲信号。

2. 泵冲速传感器现场安装

泵冲速传感器用传感器固定支架安装在钻井泵活塞处，调整感应平面和活动金属片距离≤20mm（图7-12）。

图7-11 泵冲速传感器

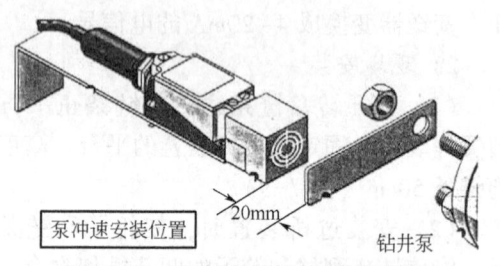

图7-12 泵冲速传感器安装示意图

（五）转盘转速传感器

转盘转速为单位时间转盘转动的次数，单位为 r/min。它是进行钻井参数优选、钻井状态判断及地层可钻性校正和气测资料环境因素校正的必不可少的资料。

转盘转速传感器工作原理同泵冲速传感器。

转盘转速传感器现场安装（图7-13）：将转盘转速传感器用传感器固定支架安装在转盘转动之处，调整感应平面和转盘带动的金属片距离≤20mm。

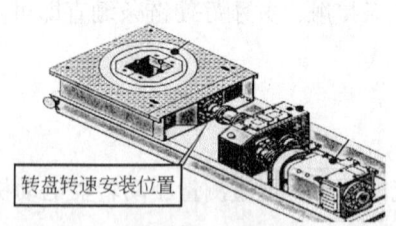

图7-13 转盘转速传感器安装示意图

（六）钻井液性能传感器

钻井液性能传感器包括钻井液密度传感器、钻井液温度传感器和钻井液电导率传感器（图7-14），传感器均安装在钻井液槽内（图7-15）。

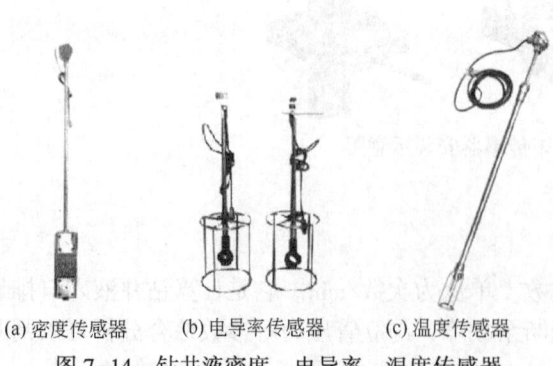

(a) 密度传感器　(b) 电导率传感器　(c) 温度传感器

图7-14 钻井液密度、电导率、温度传感器

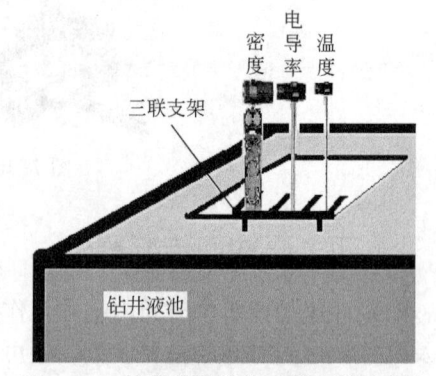

图7-15 钻井液性能传感器安装示意图

1. 钻井液密度传感器

钻井液密度是实现平衡钻井、提高钻井效率的一项重要的钻井液参数，也是反映钻

井安全的重要参数。在正常情况下，泵入井内和从井内返出的钻井液密度应相等。但当有流体侵入时，返出的钻井液密度减小；钻入造浆地层或地层失水过大时，会引起密度增加。因此，监测钻井液密度的变化是及时发现井内异常，防止井喷、井漏等事故发生的重要手段。

钻井液密度传感器用来测量钻井液密度变化，利用两种不同深度的压差与密度有关的原理测量密度。在传感器探头上、下有两个位置相对固定的法兰盘，当探头放入钻井液后，在两个法兰盘上产生一定的压力差，通过压力传递装置送给信号转换器，输出一定的电流信号。

2. 钻井液温度传感器

钻井液温度是在地面检测的进出口钻井液温度，是反映地层温度梯度的参数。根据钻井液温度变化可判断井下侵入流体的性质及地层压力变化情况。

常见的钻井液温度传感器是一个热电阻式传感器，它是由纯铂（Pt）电阻丝感应头（图7-16）、绝缘导管组成。

金属导体和某些半导体的阻值随温度的变化而变化，热电阻传感器就是根据这一原理制成的。常见的热电阻有铂、铜等。铂电阻的特点是精度高、稳定性好，在温度不太高（0~630.74℃）时，其阻值与温度存在近似线性关系，线性度好。

感应头的铂电阻丝经过热处理，并密封到一个耐热玻璃筒中，经调节使其阻值与温度保持良好的线性关系，测量中将检测到的 0~100℃ 温度变化转化为 100~138.5Ω 的电阻变化，进一步转换为 4~20mA 电流信号，从而实施模拟记录。

3. 钻井液电阻（导）率传感器

钻井液电阻（导）率是分析评价地层流体性质的一个重要参数，同时是计算钻井液总矿化度的主要参数。

电阻（导）率传感器由两个线圈组成的感应元件、温度补偿元件及支架等组成（图7-17）。

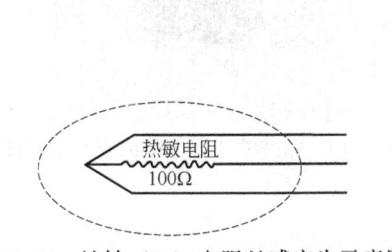

图7-16 纯铂（Pt）电阻丝感应头示意图 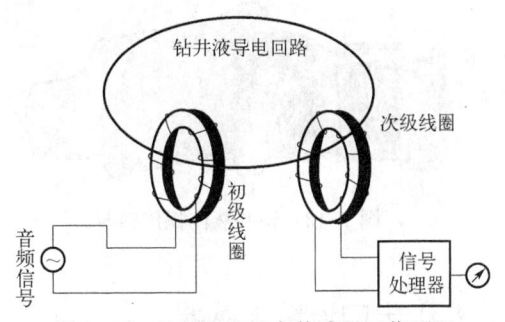　　图7-17 钻井液电导率传感器工作原理

感应元件的两个线圈，一个称为初级线圈，一个称为次级线圈。给初级线圈提供一个 20kHz 的交变电流驱动信号，在其周围产生一个交变电磁场，在次级线圈中感应出电流。当传感器处于空气中时，由于空气的电导率很小，在次级线圈中感应出的电流就小。设想有一根导线通过两磁环而闭合，那么初级线圈中磁通的变化会在该闭合导线中感应出电流，而该电流又会在次级线圈中感应出电信号，而且次级线圈中感应电动势的大小取决于闭合导线中的电流值。当初级线圈中所加的交流电压一定时，该电流值的大小又由闭合导线的电流值决

定。综上所述，次级线圈感应电势的大小，完全取决于闭合导线的电阻值，这种情况的等效电路如图7-17所示。这两个线圈和导线可以看作是两个理想变压器。如果把初级线圈置于钻井液中，则钻井液就起了闭合导线的作用。在理想情况下，次级线圈的输出电压的大小与钻井液的电阻率成反比。传感器的温度补偿装置，补偿了由于温度变化而产生的电阻率的变化。

（七）钻井液体积传感器

在钻井液循环过程中，连续地监测钻井液体积是及时发现钻井液增加或减少的基本方法，是预报井喷、井漏，保证钻井安全的必不可少的资料。

目前，检测钻井液体积的传感器有浮于式、超声波式、雷达式等。通过检测钻井液池液面的高度，进而计算出钻井液体积。

1. 工作原理

钻井液体积传感器是用来测定钻井液池内的钻井液液面的绝对深度。从换能器发射出一系列超声波脉冲，每一个脉冲由液面反射产生一个回波并被换能器接收，并采用滤波技术区分来自液面的真实回波及由声电噪声和运动的搅拌器叶片产生的虚假回波，脉冲传播到被测物并返回的时间经温度补偿后转换成距离（图7-18）。

2. 现场安装

在探头下方钻井液罐面预先割一直径约20cm的圆孔，将钻井液体积传感器固定在金属支架上，距离钻井液罐面30cm高度（图7-19）。

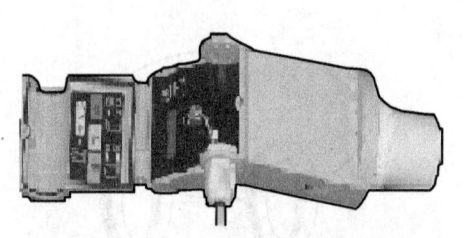

图7-18 钻井液体积传感器　　　图7-19 钻井液体积传感器安装示意图

（八）出口流量传感器

1. 工作原理

出口流量传感器用来测量钻井液槽出口内钻井液流量。利用流体连续性原理和伯努利方程及挡板受力分析，可得到流量和电位器转角变化阻值的函数关系。出口流量传感器在使用时只研究相对变化，因为绝对流量有较大误差（图7-20）。

2. 现场安装（图7-21）。

（1）传感器安装在钻井液槽出口处，根据钻井液槽深度调整挡板下放高度。

图 7-20　钻井液出口流量传感器 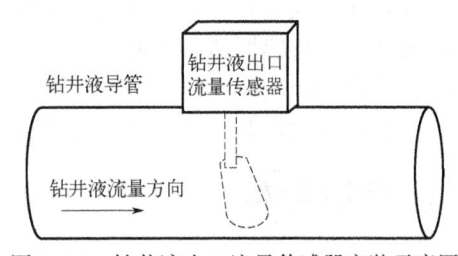　　　　图 7-21　钻井液出口流量传感器安装示意图

（2）安装前要先在钻井液导管正上方，割一长方形开口，大小按照传感器实际测量大小。

接线方法与立管压力传感器相同。

（九）硫化氢传感器

1. 工作原理

硫化氢传感器用于测量井口、仪器房等处空气中的 H_2S 浓度含量。利用硫化氢中的氢硫离子产生的电化学反映原理来测量硫化氢的浓度变化。

2. 现场安装（图 7-22）

（1）硫化氢检测器安装在仪器房内，串联在样品气进气管线中进行检测。

（2）硫化氢检测器开放式安装在井口处。

（3）硫化氢检测器开放式安装在钻井液振动筛下方钻井液池开口处。

接线方法与立管压力传感器相同。

【任务实施】

图 7-22　硫化氢传感器

一、目的要求

（1）认识综合录井组成。

（2）认识常见综合录井传感器，理解传感器测量原理。

二、资料、工具

（1）学生工作任务单。

（2）综合录井传感器。

（3）综合录井仪。

【任务考评】

一、理论考核

（1）综合录井技术的定义、作用及特点是什么？

（2）什么是传感器？什么是二次仪表？

· 157 ·

(3) 简述综合录井仪的基本结构及工作流程。
(4) 综合录井仪的直接测量参数有哪些?
(5) 简述绞车传感器的工作原理。
(6) 简述霍尔效应扭矩传感器工作原理。
(7) 简述压差式钻井浓密度传感器测量原理。

二、技能考核

(一) 考核项目

(1) 综合录井仪参观。
(2) 综合录井传感器识别。

(二) 考核要求

(1) 准备要求：工作任务单准备。
(2) 考核时间：30min。
(3) 考核形式：参观学习+口头描述。

任务二 综合录井实时钻井监控

【任务描述】

综合录井录取的参数间接反映着井的技术状况及井下地质特征，通过各项参数值变化特征即可实现井下现象及地质信息识别。本任务主要介绍各类综合录井参数变化所对应的可能原因，通过本任务学习，要求学生掌握不同参数变化分析解释方法，实现井下信息判别，教学中通过录井模拟器模拟相关数据变化特征，让学生分析以实现钻井实时监控。

【相关知识】

根据综合录井资料组合，结合计算机处理资料随钻分析判断钻井状态，可以指导钻井施工，进行随钻监控，提高钻井效率，保证安全生产，避免钻井事故的发生。

一、实时钻井监控原理

钻井过程中最重要的五项实时监控项目包括快钻时或钻进放空、钻井液体积的增加/减少、钻井液流量的增加/减少、钻井液密度的变化及油气显示。

(1) 导致以上五项参数变化的原因见表7-1。

表7-1 录井参数变化及可能原因

参数变化	可能原因
快钻或钻进时钻空	低阻抗力地层（较软，孔隙度/渗透率增加，欠压实地层）储层
钻井液的体积增加/减少	由于流体的侵入而增加；由于地层漏失而降低；由于地面流体的稀释而降低；由于地面损失而降低
钻井液的流量增加/减少	由于流体的侵入而增加；由于地层漏失而降低；由于地面流体的稀释而降低；由于泵的故障而降低

续表

参数变化	可能原因
钻井液密度升高/降低	由于地面钻井液的稀释而变化；由于流体的侵入而降低；由于水的流失而增加；由于地层流体的污染而变化
气体含量的增加	接单根/起下钻，释放气体，生产气体，重循环气体，污染气体

（2）钻速变化（瞬间变化）的原因及处理措施见表7-2。

表7-2 钻速变化的原因及处理措施

描述	可能原因	检查/查询	措施
钻进放空（快钻时）	假信号；低阻抗地层（砂层、盐岩层），欠压实储层	传感器电缆，属性对比	按照客户的指示进行流量检查，按照地质师的指示把井底物质循环出来
钻时突然变大	电缆粘连或传感器故障；钻头磨损；泥包钻头；地层变化	对比岩性；扭矩增大、扭矩减小；扭矩及先前的岩性	维修或重新放置，通知甲方，通知地质师

（3）钻井过程中钻井液池液面变化（瞬间变化）的原因及处理措施见表7-3至表7-5。

表7-3 钻井液体积增加的原因及处理措施

描述	可能原因	检查/查询	措施/通知
较慢和正常，0.5~3m³/h，波动<1m³/h	地面水或钻井液的加入，水或油的低速侵入，气体侵入，浮船运动，钻井液搅拌器	钻井液池/钻工；阻抗/气体/流速记录；阻尼系数	注意体积图表；通知司钻/甲方；如果需要，重置传感器，以减小变化
快而小，波动为1~3m³/h	水或者流体的侵入；气体侵入（可能有先前气体膨胀的缓慢增加）	泵冲/压力记录；司钻/钻工；钻速/气体/流速/密度；阻抗/H₂S记录	注意与图表有关的体积和钻井液池的变化；通知司钻/甲方代表/地质师；注意图表上的体积变化
快速且较大，波动>20m³/h	停泵；钻井液转移；水或油的侵入；气体侵入	泵冲/压力记录；钻工；钻速/气体/流速/密度；阻抗/H₂S记录	注意与图表有关的体积和钻井液池的变化；通知司钻/甲方代表/地质师；注意图表上的体积变化

表7-4 钻井液体积无变化的原因及处理措施

描述	可能起因	检查/查询	措施/通知
无变化	钻速很缓慢；漂流物的阻塞；传感器安装在活动钻井泵循环系统以外；设备故障	钻速记录；钻井液池；钻工	清洗、重置或维修传感器

表7-5 钻井液体积下降的原因及处理措施

描述	可能原因	描述/查询	描述/通知
慢且规则，0.5~3m³/h	井眼体积正常增加；除泥设备工作；在裸眼井口由于过滤作用形成流失	钻开井同钻井眼体积下降量之比；钻工	钻井液工维修

· 159 ·

续表

描述	可能原因	描述/查询	描述/通知
快速下降	钻井液被转移没有被安装；传感器的钻井液池；正常循环路线由旁器替代；在地面上的损失；在裸眼井中部分或全部漏失到地面	泵冲/压力记录；钻工；钻速/流速/密度	通知司钻/钻工；注意图表上的体积变化；司钻/甲方代表/钻井液工程师

（4）接单根过程中钻井液池液面变化（瞬间变化）的原因及处理措施见表7-6至表7-8。

表7-6 接单根过程中钻井液体积增加的原因及处理措施

描述	可能起因	检查/查询	描述/通知
瞬间的变化达到3m³/h	接单根时停泵	泵冲/压力记录	
恢复钻速以后	钻井液流入或转移；接单根时的抽汲	钻工/钻井液工程师；钻井液密度；钻井液黏度；注意图表上的体积增加和接单根时的全烃图	

表7-7 接单根过程中钻井液体积不变的原因及处理措施

描述	可能原因	检查/查询	措施/通知
当关泵时没有体积变化	设备故障；传感器安装在循环系统外	传感器位置/操作	清洁，重置或维修传感器

表7-8 接单根过程中钻井液体积下降的原因及处理措施

描述	可能起因	检查/查询	措施/通知
瞬间的变化达到4m³/h	重新开泵	泵冲/压力记录	注意图表体积变化
恢复钻井以后	在地面上的损失；由于正压漏失造成的地层漏失	司钻；泵冲/压力/流速记录	注意图表体积变化；通知司钻/地质师

（5）在起下钻过程中钻井液池液面变化（瞬间变化）的原因及处理措施见表7-9至表7-11。

表7-9 起下钻过程中钻井液体积增加的原因及处理措施

描述	可能原因	检查/查询	措施/通知
起钻过程中的增加	钻井液混入或转移；井涌的开始（由于正压力差或抽汲）	钻井液工程师；井眼充填体积（对钻具移开后的补偿）；大钩速度	注意图表体积变化；通知司钻/甲方代表；如果需要关井循环
钻具在井眼中运动过程中的增加	替换钻井液的钻具体积；井涌开始	钻井液工程师；相当的钻具体积与钻井液池容积的增加量；替换量	注意图表体积的变化；通知司钻/甲方代表；如果需要就关井循环

表7-10 起下钻过程中钻井液体积不变的原因及处理措施

描述	可能原因	检查/查询	措施/通知
起下钻过程中没有体积变化	一个或多个传感器故障；起下钻池/活动钻井液循环	维修传感器	

表 7-11 起下钻过程中钻井液体积下降的原因及处理措施

描述	可能起因	检查/查询	
起钻	不能快速替换由于钻具起出造成的空间；相当的钻具体积与钻井液池液面的减少量	注意图表体积的变化	
钻具在井眼中运动时引起的下降	地面损失；地层中的漏失（由于急救）	起下钻池/活动钻井液循环；替换体积；大钩速度	注意图表体积的变化；通知司钻/地质师

（6）全烃及组分变化（迟到）的原因及处理措施见表 7-12。

表 7-12 全烃及组分变化的可能原因及处理措施

描述	可能起因	检查/查询	措施/增加
背景气	甲方代表和地质师应该对钻井过程中遇到的最大可以容许的背景气含量提供说明，使工作人员注意含量的增加		
热导全烃的负值	检测器故障；高钻井液黏度；在混合样气中有 CO_2 和 N_2	色谱组分	维修或重新校正全烃检测器
接单根气（在单根后一个迟到时间内有限的增加，接着是背景气回到正常）	钻杆运动中的抽汲动作	烃基线变换时间；理论迟到时间；以先前的峰值和后面的气体峰值进行校正	通知司钻/地质师；观察峰值开始出现和峰值变化
起下钻气（经起下钻恢复循环后的一个迟到时间内气体的增加）	钻杆运动中的抽汲动作	烃基线偏移；以先前的峰值和后面的气体进行校正	通知司钻/地质师；观察峰值开始出现后和峰值变化
快钻时后一个迟到时间内的增加（然后回到背景气水平）	由于钻入大孔隙的岩层或破碎岩石体积增加而释放出来的气体	岩层的岩性/样品的荧光性/烃类的百分含量	通知地质师/甲方代表；注意背景气/最大值/平均值含量
快钻时后一个迟到时间内的增加（然后连续维持高值）	从负压力的渗透性岩层中释放出气体	钻井液池体积/流速/钻井液密度/样品的荧光性/钻杆地层压力	通知司钻/甲方代表/地质师；注意背景气/最大值
没有接单根气	钻井液的密度超重；地层孔隙度/渗透率很低	估计破裂压力梯度	通知甲方代表/钻井液工程师
先缓慢增加然后在降低（与接单根和快钻时无关）	循环气体/污染气体	与循环周期有关；钻井液工程师	注意图表上的背景气/最大值含量

（7）钻井液密度变化（瞬间的入口密度和出口密度）的原因及处理措施见表 7-13。

表 7-13 钻井液密度变化的原因及处理措施

描述	可能起因	检查/查询	措施/通知
不稳定的入口密度	钻井液中充气；钻井液池的搅动；传感器故障	传感器位置/情况	通知钻井液工程师；维修/重置传感器
不稳定的出口密度	搅动；空气或烃百分含量的变化；传感器故障	传感器位置/情况	通知钻井液工程师；维修/重置传感器

续表

描述	可能起因	检查/查询	措施/通知
出口密度不连续，与入口密度变化不一致	岩屑沉积物；传感器故障	传感器位置/情况	清除传感器上的岩屑；维修/重置传感器
出口密度突然降低	气体侵入；水或油的侵入；接单根或起下钻气	钻井液池的液面/流速/全烃/电阻率	通知司钻/甲方代表/地质师；注意图表上的变化
出口密度显著增大	地层中水的损失；返出钻井液中岩屑量增加	钻井液黏度；振动筛页岩密度	通知钻井液工程师；注意图表上的变化
入口密度下降	被稀释（有意的成分外的）	钻工	通知钻井液工程师；注意图表上的变化
入口密度增大	加重	钻工	通知钻井液工程师；注意图表上的变化

（8）钻井液电导率变化（入口瞬间变化、出口迟到型变化）的原因及处理措施见表7-14。

表7-14 钻井液电导率变化的原因及处理措施

描述	可能起因	检查/查询	措施/通知
入口电导率增加	钻井液添加剂	钻工；钻井液工程师	通知地质师；钻井液工程师
入口电导率下降	附加的水/混入水	钻工；钻井液工程师	通知地质师；钻井液工程师
出口电导率增加	钻遇盐岩层；盐水侵入	钻速/钻井液池液面/岩屑	通知地质师/钻井液工程师/甲方代表
出口率下降	淡水侵入；油/气侵入；钻井液中充气	钻井液池液面/流速/全烃	通知司钻/地质师/甲方代表
无变化	传感器位于钻井液液面之上或被埋进岩屑；油基钻井液；传感器故障	传感器位置/安装条件；钻井液工程师	清洗，重置或维修
突然变化	传感器部分侵入	传感器位置	重置

（9）钻井液温度变化（入口瞬间变化、出口变化）的原因及处理措施见表7-15。

表7-15 钻井液温度变化的原因及处理措施

描述	可能起因	检查/查询	措施/通知
入口或出口温度无变化	传感器位于钻井液液面之上；传感器故障	传感器位置/安装条件	重置或维修
入口温度快速递减	地面上添加的流体；开放式钻井液池接受暴雨	钻工；钻井液池液面	调整性能
入口温度梯度递减	在欠压实的页岩中热导率下降	钻速/"d"指数	通知甲方代表/地质师

（10）其他参数变化的原因及处理措施见表7-16。

表 7-16 其他参数变化的原因及处理措施

描述	可能起因	检查/查询	措施/通知
扭矩突然增大	钻遇井底落物；钻具上的滤饼黏附；地层变化	岩屑；钻速	通知司钻/甲方代表
扭矩逐渐增大	钻头磨损	岩屑中的金属物；钻头使用周期	通知甲方代表
扭矩突然下降	地层变化；钻头严重泥包	岩屑；钻速	通知司钻/甲方代表
泵压下降，下降之后又上升	钻井液密度增加	入口钻井液密度	调整性能
泵压缓慢下降	钻具刺穿；泵漏；钻井液密度变化	使泵转速稳定	通知司钻/甲方代表
泵压突然下降	传感器故障；钻具断裂；掉水眼	动力线路破损；查看液体中的钻井液；大钩载荷/钻速/扭矩	通知司钻（下次起钻时维修）；通知司钻/甲方代表
泵压突然升高	水眼堵	使泵转速稳定	通知司钻/甲方代表
泵压缓慢上升	钻井液黏度升高	使泵转速稳定；钻井液工程师	通知司钻/甲方代表
上提钻具时超拉	地层垮塌，压差卡钻	岩屑/扭矩	通知司钻/甲方代表
H_2S 传感器报警	H_2S 传感器被打湿；设备的测试；H_2S 气体流入	传感器；同事/井队人员；安全经理；气体含量；传感器	注意图表上的测试和故障信息；通知司钻/甲方代表

（11）地质参数变化的原因及处理措施见表 7-17。

表 7-17 地层、岩性等参数变化的原因及处理措施

描述	可能起因	检查/查询	措施/通知
岩性变化	硬石膏/岩盐的污染	用先前的样品进行校正	通知地质师/钻井液工程师
垮塌物	井壁侵蚀；软地层或塑性地层；异常流体压力	根据地层变化进行校正；钻速/烃/d 指数/扭矩	通知地质师/甲方代表
荧光湿照	钻井液添加剂（如柴油）；钻杆螺纹脂（铅油）；矿物荧光；原油	颜色；溶解测试（或切片）；显微镜检查；样品气泡实验	注意录井图上的荧光颜色和类型；通知地质师；准备显示报告
岩屑荧光干照	沥青或死油；原油	反射直照荧光；颜色；百分含量	通知地质师
岩屑中的金属物	钻头/钻具/套管磨损	扭矩/钻速；烃类中的氢含量	通知甲方代表/司钻

二、实时钻井监控方法

（1）钻具（或泵）刺穿：泵冲数及钻井液出口流量稳定，立管压力逐渐下降，钻时、扭矩增大。

（2）井涌：钻井液入口流量稳定时，体积增加、密度减小、出口流量增大、温度升高（油侵）或降低（水或气侵）、电阻率升高（油气或淡水侵）或降低（盐水侵）、立管压力下降。

（3）井漏：钻井液入口流量稳定时，体积减小、出口流量减小、立管压力下降。

（4）钻头寿命终结：钻压及转盘转速不变时，扭矩增大并大幅度波动、钻时增大、钻井成本增加、岩屑变细或有铁屑。

（5）溜钻或顿钻：钻压突然增大、大钩负荷突然减小、大钩高度和钻时骤减。

（6）卡钻：扭矩增大或大幅度波动、上提钻具时大钩负荷增大、下放钻具时大钩负荷减小、立管压力升高。

（7）掉水眼：入口流量不变时，立管压力突然减小、钻时增大。起下钻过程中，大钩负荷突然减小。

（8）水眼堵：钻井液入口流量稳定时，立管压力增加、钻时增大、扭矩增大。

（9）井壁坍塌：扭矩增加。岩屑量增多且多呈大块状。

【任务实施】

一、目的要求

（1）能够实现综合录井资料分析。
（2）能够根据综合录井参数实时监控钻井。

二、资料、工具

（1）学生工作任务单。
（2）综合录井传感器。
（3）综合录井仪。

【任务考评】

一、理论考核

（1）实时钻井监控的项目主要有哪些？
（2）简述实时钻井监控的原理、方法和处理措施。

二、技能考核

（一）考核项目

虚拟动态数据实时监控。

1. 井壁垮塌预报

2009年5月5日7：03，钻至井深1115.70m（C_2），转盘突然蹩停，扭矩由正常的5.10~11.20kN·m上升至5.12~23.40kN·m，钻压由230.00~260.00kN上升至180.00~360.00kN，随后发现出口岩屑返出量增多，且多为掉块，请分析原因，并提出解决方案。

2. 泵压异常预报

2009年6月26日8：27，钻至井深1925.52m（C_1n）时井壁垮塌，至13：04情况复杂化，调整钻井液性能，处理过程中泵冲129.00次/min，泵压14.40MPa，13：07接单根后开泵，泵冲135.00次/min，泵压16.50MPa，泵压增长量异常于泵冲增长量，及时对泵压异常进行预报，建议井队检查循环系统。井队采取边钻边观察至18：30（井深1929.60m），泵压不降,又洗井观察至20:08,泵压不降。短提至井深1754.28m开泵,泵冲137次/min,泵压16.60MPa,泵压仍不正常,请分析原因,并提出解决方案。

3. 井漏异常预报

2009年4月18日11:21,钻至井深777.16m（P_1）,总池体积由11:17的138.70m³降至137.50m³,漏失钻井液（密度1.18g/cm³、黏度36s）1.20m³,漏速18.0m³/h,请分析原因,并提出解决方案。

4. 钻具工程参数异常预报

2008年5月5日0:42,钻进至井深3573.09m,层位为风城组二段,泵压由8.75MPa降至8.38MPa,泵速由132r/min升至136r/min,扭矩由9.03kN·m降至8.52kN·m,请分析原因,并提出解决方案。

5. 溢流工程参数预报

2008年7月14日1:20,钻进至井深4240.83m,层位为风城组一段,气测全烃由77.9053%升至89.8416%,总池体积由104.33m³升至105.83m³,上涨了1.50m³。立管压力由17.34MPa降至17.05MPa,请分析原因,并提出解决方案。

（二）考核要求

(1) 准备要求：工作任务单准备。
(2) 考核时间：30min。
(3) 考核形式：口头描述+笔试。

任务三　随钻地层压力监测技术

【任务描述】

地层岩石的孔隙、裂缝中存在有石油、天然气和水等流体,它们具有一定的压力。这个压力因所处地层的深度、地区等条件的不同而有很大差异,这就要求在钻井过程中采用恰当的措施以适应之,如果处置不当,或将引起对产层的损害,或将发生溢流、井喷,给钻井施工带来困难。因此,必须加强在钻井过程中对高压井的压力控制及发展压力预测技术。

【相关知识】

一、地层压力及其异常成因分析

（一）地层压力的概念及其来源

这里的压力是指物体单位面积上所受到的垂直方向上的力,即物理学上的压强。压力的国际标准单位是帕斯卡,符号是Pa。即$1Pa=1N/m^2$。根据现场工作需要,压力的常用单位是千帕（kPa）和兆帕（MPa）,$1kPa=1×10^3Pa$,$1MPa=1×10^3kPa$。

1. 有关地层压力的概念

油藏地层压力既是油藏原始能量的一个重要部分,也是决定油藏流体状态的基本参数。地层压力是油气储量计算和油藏开发设计不可或缺的重要资料。

（1）上覆岩层压力：指地层上覆岩石骨架和孔隙空间流体（油、气、水）的总重量所引起的压力。它随上覆岩层骨架的增厚而加大，也与地层埋藏的深度、地层岩石密度、孔隙度、孔隙空间流体密度的大小有关。其计算公式为

$$p_r = 10^{-6}gH[\phi\rho_f+(1-\phi)\rho_{ma}] \tag{7-1}$$

式中　p_r——上覆岩层压力，MPa；
　　　H——上覆岩层的垂直高度，m；
　　　ϕ——岩层平均孔隙度，%；
　　　ρ_{ma}——上覆沉积物的总平均密度，kg/m³；
　　　ρ_f——上覆岩层孔隙中流体的平均密度，kg/m³；
　　　g——重力加速度，m/s²。

（2）静水压力：指由静水柱造成的压力。静水压力的大小与液体的密度和液柱的高度有关，而与液柱的形状和大小无关。其计算公式为

$$p = 10^{-6}H\rho_w g \tag{7-2}$$

式中　p——静水压力，MPa；
　　　H——测压点的水柱高度（水压头），m；
　　　ρ_w——水的密度，kg/m³；
　　　g——重力加速度，m/s²。

（3）动水压力：当同一储层中具有不同海拔高度的供水区和泄水区时，由于水位面倾斜引起地层水流动而产生的压力，称为动水压力。它是携带油气进行二次运移的主要动力因素之一。其计算公式为

$$\frac{Q}{Ft} = K\frac{p_1-p_2}{L\mu} \tag{7-3}$$

式中　Q——液体流量，cm³；
　　　K——储层渗透率，mD；
　　　F——流体通过的横截面面积，cm²；
　　　t——流动时间，s；
　　　p_1-p_2——两点之间的压力差，10^5Pa；
　　　L——两点之间的距离，cm；
　　　μ——液体黏度，mPa·s；
　　　$\dfrac{Q}{Ft}$——流动速度，即单位时间内通过单位面积的流量，cm/s；
　　　$\dfrac{p_1-p_2}{L\mu}$——沿水流方向上，单位距离的压力下降值，称水动力梯度，mPa·s。

如果地层中的水与供水区和泄水区相连就会产生动水压力，在动水压力作用下，流体会发生流动。

（4）地层压力：指作用于岩层孔隙内流体上的压力，所以又可称为孔隙流体压力，常用 p_f 表示。在含油气区域内的地层压力又叫油层压力或气层压力。

由地层压力的定义可知，孔隙流体压力全部由流体本身承担，这也意味着受到高压的地层流体具有潜在能量。在油气层未被钻开之前，油气层内各处的压力保持相对平衡状态，一旦油气层被钻开并投入开采，原来油气层内压力的相对平衡状态就要被打破，在油气层压力

与油气井井底压力之间生产压差的作用下，油气层内的流体就会流向井底，甚至会强烈地喷出地面。

(5) 地层破裂压力：指某一深度的地层发生破碎或裂缝时所能承受的压力。破裂压力一般随井深增加而增大。

在钻井时，钻井液柱压力的下限要保持与地层压力相平衡，既不污染油气层，又能提高钻速，实现压力控制。而其上限则不能超过地层的破裂压力，以避免地层造成井漏。

在油气井的钻井作业施工中，通常是通过分析邻井的地层压力变化特征，来确定施工井在不同层段使用的钻井液密度，以保证油气井的顺利钻进和保护油气层。

(6) 压力梯度：又称流体压力梯度，是指每增加单位深度所增加的压力（即地层压力随深度的变化率），用 G_f 表示，单位 MPa/m。

$$G_f = \frac{p_f}{H} \tag{7-4}$$

式中 p_f——地层压力，MPa；

H——深度，m。

2. 地层压力的来源

由于地球重力的原因，深埋地下数百至数千米的油气层，其地层压力主要有两个来源：一是上覆岩层重量所产生的岩石压力，称为地静压力；二是地层孔隙空间内地层水的重量所产生的水柱压力，称为静水压力或孔隙流体压力（图7-23）。

大量的实际资料表明，地层压力除受主要来源——流体压力影响之外，还受气顶膨胀力和地层弹性力等因素的影响。在油气田勘探和开采过程中，把油层中流体所承所的压力统称为油层压力。在一般情况下，油层压力与地静压力关系不大。

3. 原始油层压力

在油层未钻开以前，整个油层处于均衡受压状态，这时油层内流体承受的压力称为原始油层压力。一般用第一口探井或第一批探井试油时所测得的压力数值来代表原始油层压力的大小。由于原始油层压力主要来源于流体压力，故其分布遵循连通器原理，其大小随埋藏深度（或海拔高度）而改变，即随深度增加而增加。就同一流体来说，埋藏深度相等其原始油层压力也相等。

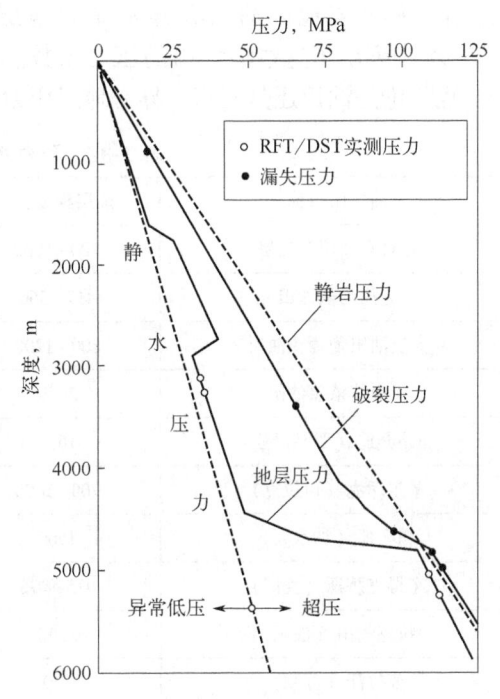

图 7-23 地层压力与静水压力、破裂压力和静岩压力关系图（据郝芳等，2001）

（二）异常地层压力研究

1. 异常地层压力的概念

在正常压实条件下，地层压力等于或接近于正常静液柱压力。但是由于许多因素的影响，作用于地层孔隙流体的压力很少是等于静水柱压力的。通常我们把偏离静水柱压力的地层孔隙流体压力称之为异常地层压力，或称为压力异常。

在油气田勘探开发的过程中，特别是在勘探阶段，国内外都非常重视油气藏压力异常情况的研究，找出异常地层压力变化的规律。在研究异常地层压力时常用压力系数或压力梯度来表示异常地层压力的大小，国内常用的是压力系数法。

压力系数可用 α_p 来表示，它是指实测地层压力 p_f 与同一深度静水压力 p_H 的比值：

$$\alpha_p = \frac{p_f}{p_H} \tag{7-5}$$

显然，当 $\alpha_p = 1$ 时，实测地层压力与静水柱压力相等，这时属正常地层压力；当 $\alpha_p \neq 1$ 时，则为异常地层压力；当 $\alpha_p > 1$ 时，称为高异常地层压力，或称高压异常；当 $\alpha_p < 1$ 时称低异常地层压力，或称低压异常。

国外一些国家常用压力梯度 G_p 来表示异常地层压力的大小。当 $G_f = 0.01\text{MPa/m}$ 时，属正常地层压力；当 $G_f > 0.01\text{MPa/m}$ 时，属异常高压地层；$G_f < 0.01\text{MPa/m}$ 时，属异常低压地层。

对国内外从新生界的更新统到古生界的寒武系地层中的油气田地层压力进行统计可以得出，不仅碎屑岩地区油田有异常压力地层，碳酸盐岩地区油田也有异常压力地层。在表7-18中列出了这些油气田的压力系数。由该表可以明显看出，不论是在中国还是在国外，也不论是油田还是气田，异常地层压力是普遍存在的。

表 7-18　国内外典型油气田压力系数

油气田名称	油层深度，m	原始油层压力，MPa	压力系数
老君庙油田 L 油层	700~1000	94.6	1.11
克拉玛依油田	417~566	86.1	1.4~1.7
大庆油田葡萄花油层	800~1200	105.1	1.05
川中蓬莱镇油田	2000	320	1.44
布路介迪（罗马尼亚）	1681	89	0.53
基尔库克（伊拉克）	700~1400	175~200	1.5~2.5
帕宾那（加拿大）	1560	188	1.2
东得克萨斯（美国）	915~996	110.1	1.10~1.2
拉克气田（法国）	3500	630	1.8
苏拉汗（苏联）	350	25	0.71
杜依玛慈（苏联）	1650~1800	177	1

2. 异常地层压力的成因分析

研究和预测压力异常对认识油层能量特征、评价油气藏形成的基本条件以及指导安全生产、保护油气层等方面是极为重要的。例如钻井过程中，当油气层的地层压力异常低时，易发生井漏；当地层压力异常高时，易发生井喷。

国内外不少学者在做了大量的研究、实验、分析后认为，异常地层压力形成的原因有很多，其中主要的影响因素是成岩作用、热力作用、生化作用、构造作用、古压力和测压水位等。

（1）成岩作用：在成岩作用过程中，造成高压异常的主要因素又可分为泥、页岩压实作用，蒙脱石脱水作用以及硫酸盐岩的成岩作用等。

① 泥、页岩压实作用：疏松多孔黏土沉积物在埋藏过程中不断被压实，孔隙中的流体被排挤出来，这时孔隙体积也随之减小。在上覆沉积物连续沉积的情况下，如果黏土沉积物孔隙中的流体被排挤出来的速度与上覆沉积物增加的速度相一致，则随黏土埋藏深度增加黏土孔隙度不断减小，直到黏土不再被压实为止。这是一种正常的压实情况，这时的地层孔隙流体的压力，即为静水压力，属正常地层压力。

但是如果在横向上广泛分布着不渗透的膏盐沉积物，或其他低渗透沉积物，在上覆沉积物的压力下，黏土孔隙中的水不能充分排出，使黏土成为欠压实的，这些水或就近流入与之相邻的砂岩孔隙中积蓄起来，就导致了高压异常。

② 蒙脱石的脱水作用：黏土沉积物中的蒙脱石含有大量的晶格层间水和吸附水，随着沉积物的增加，黏土埋藏的深度也不断加大，同时地层温度也不断升高。当温度升至蒙脱石的脱水限值时，蒙脱石将释放出大量的晶格层间水和吸附水。如果上述过程是处于封闭的地质条件下，所释放出来的水就在黏土孔隙中积蓄起来，从而增加了孔隙流体的压力，使地层具有高压异常。

③ 硫酸盐岩的成岩作用：石膏（$CaSO_4 \cdot 2H_2O$）向无水石膏（$CaSO_4$）转化时会析出大量的水，在封闭的地质条件下，这些水积蓄起来，增加孔隙流体压力从而使地层具高异常地层压力。

（2）热力作用和生化作用。

① 热力作用：钻探经验表明，异常高压地带总是伴随着异常高温地带出现，温度对压力的影响是不容忽视的。在一个封闭系统中，温度增加将引起岩石和岩石孔隙中流体的膨胀，从而使该系统的压力增大。

② 生化作用：经研究证明，催化反应、放射性衰变、细菌作用等，均可使烃类的微小颗粒裂解为较简单的化合物，从而增大体积，在封闭的系统中形成高异常地层压力。

（3）构造作用：构造作用对压力有重要影响。

图 7-24（a）表示在未发生断裂以前，位于油藏顶部的井的原始油层压力是由水压头 H 所决定的。如果发生了封闭性断裂，如图 7-24(b) 所示，油藏顶部相对上升，埋藏深度变浅，即 $H_1<H$，但是，由于断裂是封闭型的，油藏中的流体未遭散失，仍保持其原有的压力值。因此，油藏表现具有高异常地层压力。若油藏顶部相对下降，即油藏埋藏深度加大，如图 7-24（c）所示，则 $H_2>H$，按 H_2 静水柱计算所得压力必然大于实际的压力，因而表现出低异常地层压力。

（4）古压力作用：如图 7-25 所示，原来埋藏较深（h_1）且处于封闭地质条件的地层，由于后来地壳上升，使上覆地层受到剥蚀，原地层的埋藏深度变浅（h_2），因为地层仍然是封闭的，古压力保持不变。所以，对于已经变浅的深度来说，已成为高压异常地层。

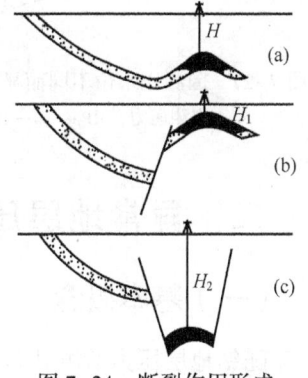

图 7-24 断裂作用形成异常压力

除断层以外，塑性岩层形成的底辟构造，如盐丘、泥火山等均可构成地下流体渗流的物理遮挡面，它们可以把因构造运动而增加的岩层孔隙流体压力"封闭"起来，从而形成高异常地层压力。图 7-26 为一盐丘构造，在它的周围为高异常地层压力带。

图 7-25 古压力形成高异常压力

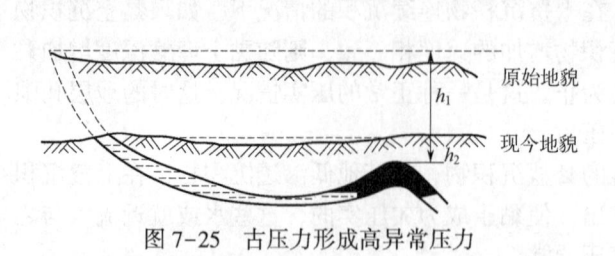

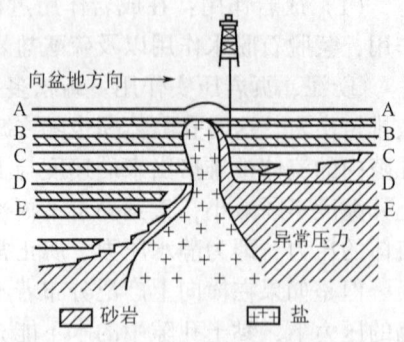

图 7-26 刺穿盐丘周围异常地层压力带

(5) 测压水位的影响：人们通常利用静水压力来代替地层压力是基于一种理想的情况，即测压水位（供水区露头海拔高度）与研究井井口的海拔高度一致，换句话说，供水露头与研究井口是处于同一水平面上。但实际上，由于不均匀的剥蚀作用使其并非一致。若测压水位高于井口海拔高度，油井就显示出高异常地层压力，如图 7-27 中的 2 号井；相反，若测压水位低于井口海拔高度，则油井就显示出低异常地层压力，如图 7-27 中的 1 号井。

(6) 流体密度差异：油气藏流体密度的差异会影响地层压力的分布，如果地层倾角较陡，气藏高度又很大时，这种影响就更加明显，位于气藏顶部的气井往往显示出特别高的异常地层压力（图 7-28）。

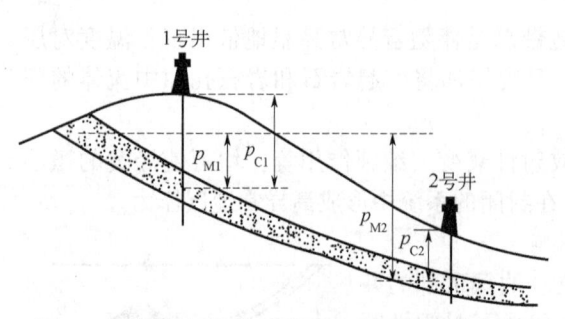

图 7-27 因测压水位不同而显示的异常地层压力
p_M—实测压力，MPa；p_C—计算压力，MPa

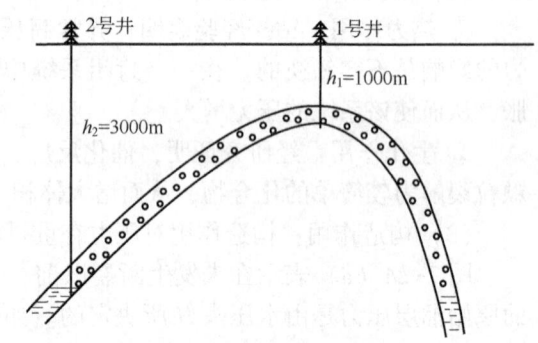

图 7-28 流体密度差形成异常地层压力

二、异常地层压力的监测

（一）基本概念

随钻地层压力监测就是在钻井过程中，利用现场录取的本井实际资料，及时进行系统处理、计算，掌握本井已出现或即将出现的压力变化情况，及时指导调整施工措施。在钻井作业中，钻井队的工程技术人员要根据钻井设计负责开展压力监测工作；负责钻井地质录井工作的单位，要根据工程技术人员的要求，提供钻时、地层、岩性等方面的资料，并且要配合井队工程技术人员搞好随钻监测工作。

随钻地层压力监测的方法主要有机械钻速法、d 指数法及 dc 指数法、Sigma 指数法、标准化（正常化）钻速法、页岩密度法等。

上述这些方法中，dc 指数法较为简便易行，应用也最广泛，但只适用泥页岩地层。由于异常高压形成的地质条件复杂，要准确地评价一个地区的地层压力，只应用一种方法是不够的，应当采用包括地震和测井预测资料在内的多种方法进行科学的综合分析和解释。

（二）dc 指数法

1. dc 指数法计算方法

正常地层在其上覆岩层的作用下，随着岩层埋藏深度的增加，泥岩页岩的压实程度相应地增加，地层的孔隙度减小，钻进时的机械钻速降低。而当钻进异常高压地层时，由于高压地层欠压实，孔隙度增大，因此，机械钻速相应地升高。利用这一规律可及时地发现高压地层，并根据钻速升高的多少来评价地层压力的高低。

1965 年美国宾汉通过室内模拟试验建立了钻速模式，当钻井条件不变，岩性不变时，钻速 v 与钻速 N、钻压 P、钻头直径 D 有如下关系：

$$v = N(P/D)^d \tag{7-6}$$

改成法定计量单位，取对数整理后得

$$d = \frac{\lg(0.0547v/N)}{\lg(0.684P/D)} \tag{7-7}$$

式中　v——机械钻速，m/h；
　　　N——转盘转速，r/min；
　　　P——钻压，kN；
　　　D——钻头直径，mm；
　　　d——钻井指数，无量纲。

d 指数法的前提之一是保持钻井液密度不变，但这在生产中难以达到，尤其在进入压力过渡带后，为安全起见，须增加钻井液密度，这样，d 指数便随之升高，影响了它的正常显示。为了消除此影响，提出了修正的 d 指数，即 dc 指数。其计算公式为

$$dc = \frac{G_W}{ECD} d \tag{7-8}$$

式中　G_W——正常地层压力梯度的当量密度，g/cm³；
　　　ECD——使用钻井液有效密度，g/cm³。其计算公式为

$$ECD = \rho_m + \frac{\gamma_0 \cdot 1.97 p_{环}}{H} \tag{7-9}$$

式中　ρ_m——钻井液密度，g/cm³；
　　　γ_0——岩屑密度，g/cm³；
　　　H——井深，m；
　　　$p_{环}$——环空压力损失，MPa；
故 dc 指数方程为

$$dc = \frac{\lg(0.0547v/N)}{\lg(0.684P/D)} \cdot \frac{G_W}{\rho_m + \gamma_0 \cdot 1.97 p_{环}/H} \tag{7-10}$$

2. dc 指数法压力监测的基本原理

在正常压实作用下，岩石强度随着井深的增加而增大，当钻井参数不变、机械钻速降低时，泥岩段 dc 指数随着井深增加而增大，呈指数关系；在异常压力段，由于岩石中孔隙压力的影响，不再遵循正常压实的规律，钻速随孔隙压力的增大而增大，泥岩段 dc 指数则相

应减小，dc指数录井图上表现为向左偏离了正常趋势，在正常和异常压力井段之间通常存在压力过渡带。这时，钻时是逐渐地减小，dc指数逐渐地偏离正常的趋势。dc指数监测地层压力就是在这一基本原理上建立起来的。

3. 数据的采集与整理

计算 dc 指数时，必须从预计异常压力上部500m以上开始（以便确定正常压实趋势线），采集钻时（或钻速）、钻压、转速、钻头直径、钻井液密度、排量、泵压、地层岩性资料填入表7-19。

表7-19 计算 dc 指数资料统计表

序号	层位	井深 m	岩性	钻速 m/h	钻时 min/m	钻头直径 mm	钻压 kN	转速 r/min	钻井液密度 g/cm³	排量 L/s	泵压 MPa	备注

采集资料时应注意以下事项：

（1）选较纯泥岩井段，点距一般为10m左右。
（2）选正常钻进、钻压平衡井段。钻压增大可使 dc 指数减小，出现假异常。
（3）起下钻前后、钻头使用后期磨损严重和新钻头磨合阶段的数据不能用。
（4）当地层条件发生变化，钻遇裂缝段、断层破碎带、风化面不能取。
（5）大的不整合面、沉积间断时间长，或上下泥岩性质有明显差异，或改变钻头类型，都应注明，便于在建立正常趋势线、划分异常段时参考。

4. 绘制 H—dc 关系曲线，求正常压实趋势线

H—dc 关系曲线可用直角线性坐标系也可用半对数坐标系，但因 dc 值与井深呈指数关系，为便于与其他检测方法对比，一般多采用半对数坐标，并与其他检测方法采用相同的纵比例，正常压实趋势线可采用作图法，选用一条在正常压实段、通过纯泥岩段的 dc 值较多的直线，再结合测试的静压资料进行调整。也可用下列方程回归求取：

$$\lg dc = \lg dc_0 + cH \tag{7-11}$$

式中 dc——正常泥岩 dc 值；
dc_0——截距；
c——斜率；
H——井深，m。

为了便于分析，通常在 H—dc 曲线图上附上岩性剖面和主要有关参数，如图7-29所示。

5. 地层压力的计算

绘制 H—dc 和正常趋势线后，可直接观察到异常高压出现的层位和该层位内 dc 指数的偏离值。dc 指数偏离正常趋势线越远，说明地层压力越高。在计算地层压力之前，要对曲线进行仔细分析，有些曲线偏离正常趋势线是由于钻头类型改变或钻井参数变化（钻压、钻速增加也影响 dc 值增大），因此，应分析曲线偏离原因，从而划分出正常压力段、压力变化过渡带和异常压力段（图7-29），以便提高计算压力的准确性。

地层压力的计算公式：

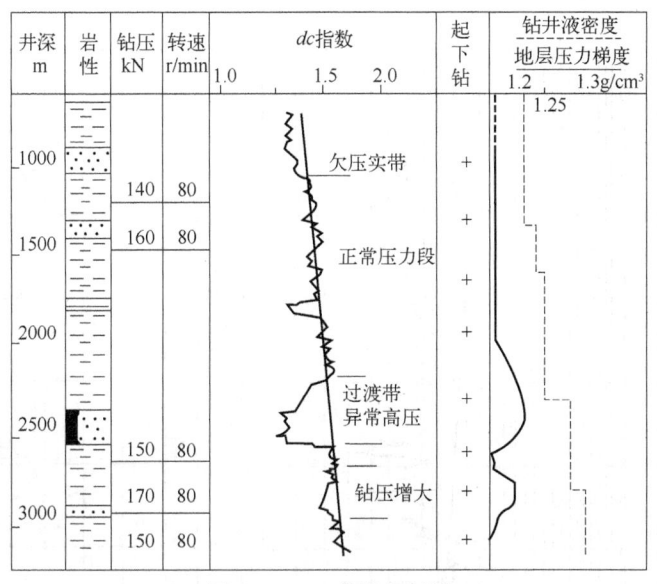

图 7-29 dc 曲线分析图

$$\rho_{\mathrm{p}}=\rho_{\mathrm{n}} \cdot \frac{dc_{\mathrm{n}}}{dc_{\mathrm{a}}} \tag{7-12}$$

式中 ρ_{p}——所求井深处的地层压力当量钻井液密度，g/cm³；

ρ_{n}——所求井深处的正常压力地层水密度，g/cm³；

dc_{n}——所求井深处的正常 dc 指数值；

dc_{a}——所求井深处的实测 dc 指数值。

式(7-12) 中的 ρ_{n}（即正常地层压力的地层水密度）是随地区而异的，要根据不同地区的统计资料加以确定。

6. dc 指数在钻井地质工作中的应用

在钻井地质工作中，利用 dc 指数进行地层压力预测在新探区是非常重要的，它不仅能及时发现异常显示井段，提示现场工作人员采取预防措施，更重要的是可以对本区块其他将要钻探的井提供较为可靠的地层压力数据，从而根据不同的井深选配合理的钻井液密度。

图 7-30 就是准噶尔盆地所钻的××井利用 dc 指数进行地层压力预测的示意图，从图上可以看出，该井在 1960m 以上井段 dc 指数曲线靠近正常趋势线，地层压力接近静水压力，压力梯度为 1.00 左右；由于井塌，施工中采用提高钻井液密度的方法来防塌，所以钻井液密度提到 1.35~1.40g/cm³。1960m 以下 dc 指数由 1.50 下降至 1.20 左右，最低降至 0.90，曲线开始偏离正常趋势线，预示着一个高压层将出现，地层压力将大于静水压力。这时气测全烃从 1960m 的 49×10^{-6} 至 1966m 上升到 582×10^{-6}，压力梯度从 1960m 的 1.20 至 1972m 上升到 1.48，经分析压力梯度取值 1.34，因有气测显示决定选附加值 0.1~0.15，综合决定从 2000m 起仍用 1.40g/cm³ 的钻井液密度来打开高压层。打开该高压层后，槽面无显示，气测总烃值升至 1000×10^{-6}~6500×10^{-6}，且为单峰气显示（岩屑破碎气），说明井底总压力稍大于地层压力，钻井液密度使用合理；到 2300m 压力梯度再次上升到 1.40~1.65，dc 指数继续下降到 1.10 左右，再次平衡钻井液密度用 1.65~1.70g/cm³，顺利打开该井下部油层，这时气测全烃仍显示 1103×10^{-6}~3134×10^{-6}，说明做到了近平衡钻井。这是一个常见的地层压力监测实例。

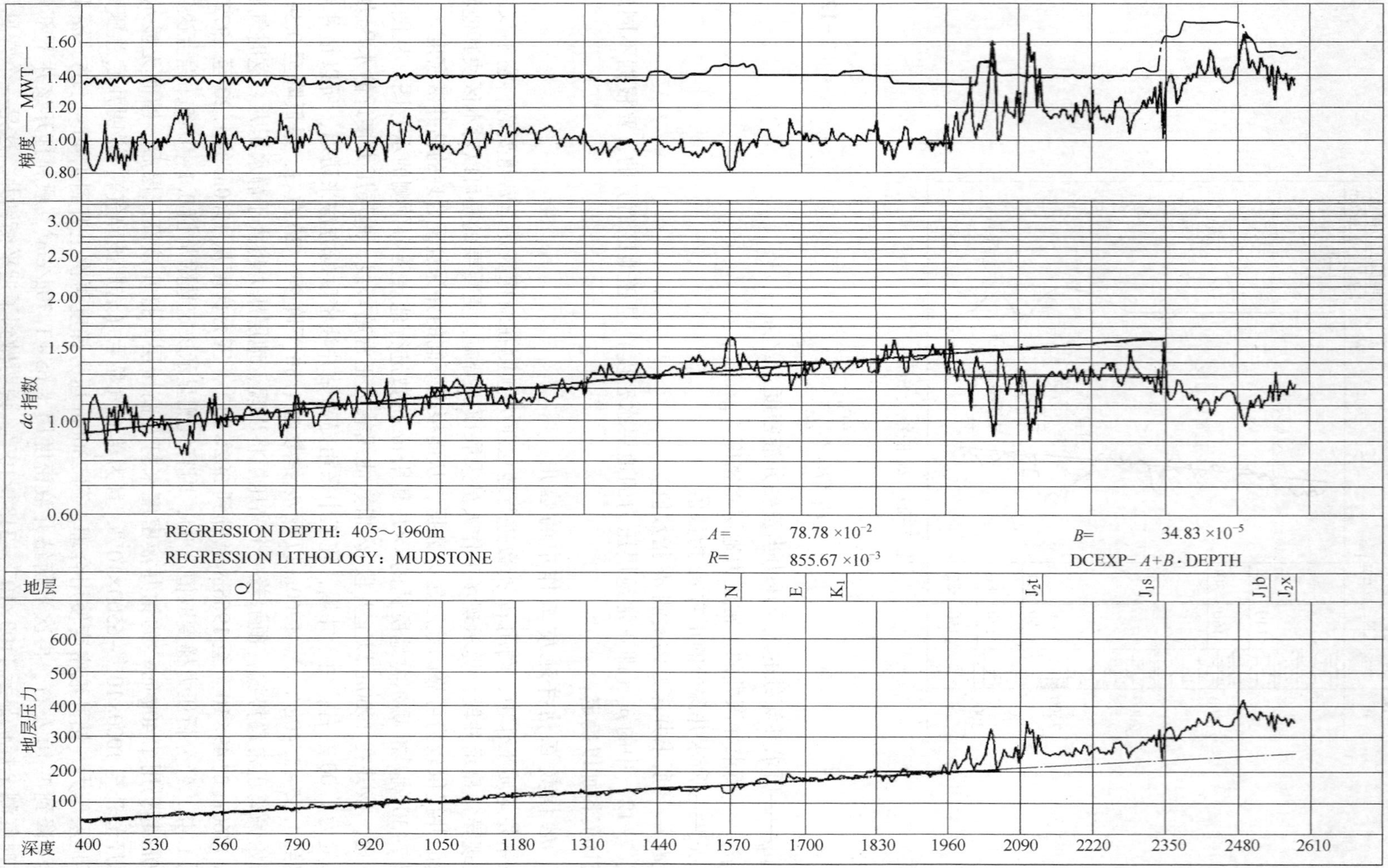

图 7-30 ××井地层压力监测图

（三）钻井速度法

在正常压实砂岩、页岩剖面中，由于页岩密度随井深增加而增大，因此，当钻压、转速、钻头类型及水动力条件一定时，页岩的钻速随井深增加而减小。但是钻入高异常地层压力过渡带，钻速就立即增大，有时，钻速可超过正常压实页岩的2倍。根据钻速突然增大的现象，可判定地下可能存在高压异常压力过渡带（图7-31）。

（四）页（泥）岩密度法

在钻井过程中，页岩岩屑密度分析是预测异常高压地层过渡带的行之有效的方法。钻井过程中录取的岩屑可立即送到实验室进行密度分析。利用页岩岩屑密度变化曲线来预测异常地层压力的方法简便、准确，而且比较及时。

页岩密度法是在钻进中，取页岩井段返出的岩屑，测其密度，做出密度与深度的关系曲线，通过正常压力地层的密度值画出正常趋势线。偏离正常趋势线的点，即压力异常点。开始偏离的部分即为过渡带的顶部，如图7-32所示。

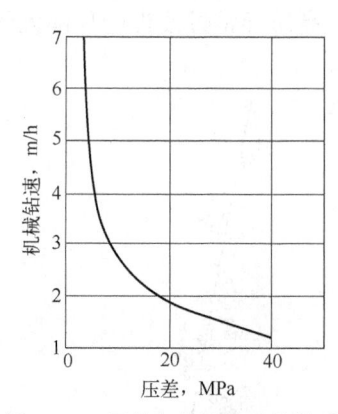

图7-31 压差与机械钻速的关系 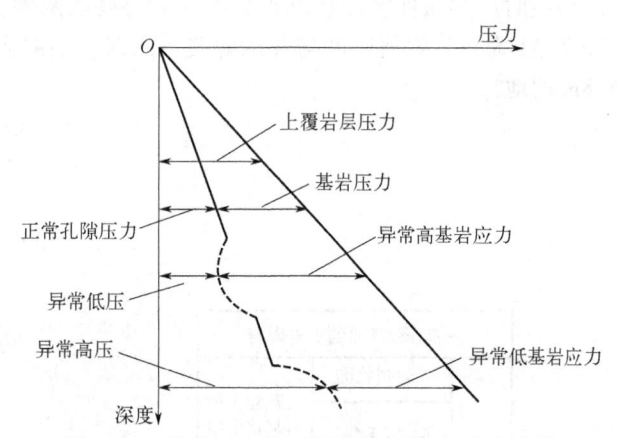　　图7-32 异常压力的区分及形成的机理分析曲线

1. 页岩密度法的原理

在正常沉积地层环境中，随着井深的不断增加，上覆压力增大，孔隙度减小，压实充分，岩层致密、坚硬、密度增大；在快速沉积地层环境中，随着井深的不断增加，上覆压力增大，但由于地层水的存在，孔隙度反而增大，岩层未得到充分压实，密度小。

2. 岩屑的选取

在钻进中，从振动筛捞取页岩井段返出的岩屑。因为岩屑选取的可靠性直接影响岩屑密度的准确度，所以在选取岩屑时要注意以下事项：

① 在页岩井段，每3~5m取一次砂样，钻速快时可10m或20m取一次，钻速慢时重要层位也可每米取一次。选取岩屑时注意记准迟到时间，除去掉块和磨圆的岩屑。

② 用清水洗去岩屑上的钻井液。

③ 用吸水纸将岩屑擦干（或烘干，取一致的干度）。

钻至压力过渡带机械钻速升高，岩屑量增加，岩屑变得稍大、锐利、有棱，正常情况下磨得较圆，异常高压层的岩屑大且多为片状（图7-33）。

3. 岩屑密度的测定

（1）钻井液密度计称量：将岩屑放入密度计的量杯中，加盖，使其密度等于$1g/cm^3$；再加淡水充满量杯，加盖后称得杯内的密度值ρ_T；利用式（7-13）计算页岩岩屑密度ρ_{sh}值。

$$\rho_{sh}=\frac{1}{2-\rho_T} \tag{7-13}$$

式中　ρ_{sh}——页岩岩屑密度，g/cm^3；

ρ_T——页岩与淡水混合物的密度，g/cm^3。

（2）密度液法：把岩屑放入标准密度液内，看其在液柱内停留的位置，直接读出密度大小。

4. 作图方法

将ρ_{sh}值按相应的深度画到坐标纸上，纵坐标是井深，横坐标是ρ_{sh}值。根据上部正常压力井段的页岩密度数据绘制正常压实趋势线并延长。当密度点开始偏离正常趋势线时，即表明已进入高压区。偏离量越大，压力异常值越高，开始偏离点即为过渡带的顶部。画正常压实趋势线时应尽量使密度数据点分布在趋势线的两侧，以利于准确求值。

图7-34为页岩岩屑密度与井深的关系曲线。曲线表明，高压异常过渡带的顶部大约在4114.8m的地方。

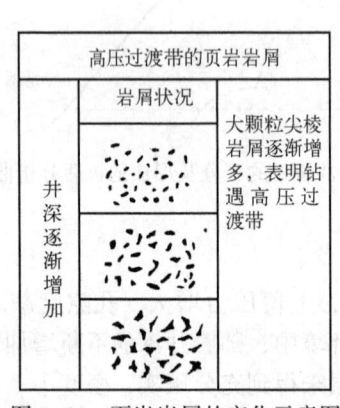

图7-33　页岩岩屑的变化示意图 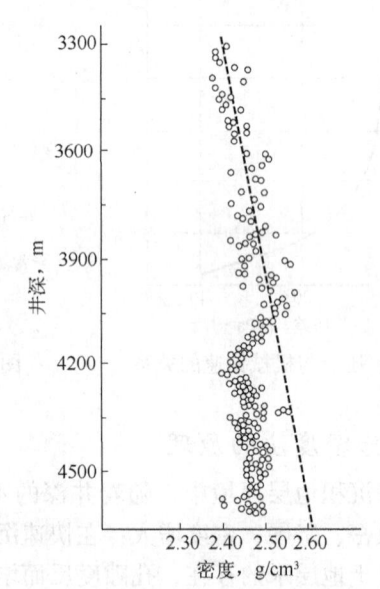　　图7-34　页岩岩屑密度与井深关系曲线

【任务实施】

一、目的

（1）掌握异常地层压力产生的原因。

（2）掌握异常地层压力的预测方法和技能。

（3）能够绘制dc指数与井深关系图。

二、资料、工具

（1）绘图工具。

（2）半对数坐标纸。
（3）搜集某口井的钻压、钻时、转速、钻头直径以及井深等相关资料。

【任务考评】

一、理论考核

1. 解释名词

地层孔隙压力、上覆岩层应力、正常地层压力、异常地层压力、随钻地层压力监测

2. 填空题

（1）压力的国际标准单位是_____，符号是____；根据现场工作需要，常用____或____。

（2）压力单位之间的换算为：1Pa=____N/m²=____kPa=____MPa。

（3）上覆岩层压力是指上覆岩石____和_____总重量所引起的压力，其大小随上覆岩层骨架_____而加大，也与岩层及其孔隙空间流体的_____大小有关。

（4）对上覆岩层压力梯度来说，如果上覆沉积物的平均总密度为 2.3g/cm³，则上覆岩层压力梯度约为_____MPa/m。

（5）当压力系数 $\alpha_P = 1$ 时，实测地层压力与静水柱压力_____，这时属_____地层压力；当 $\alpha_P \neq 1$ 时，则为_____地层压力。当 $\alpha_P > 1$ 时，称为_____地层压力；当 $\alpha_P < 1$ 时，称为_____地层压力。

（6）随钻地层压力监测的方法主要有____、____、____、____、____等。

3. 简述题

（1）如果钻井液密度为 1.05g/cm³，垂直井深为 2200m，求井筒静液柱压力。

（2）如果钻井液密度为 1.05g/cm³，垂直井深为 2500m，溢流关井后，油管压力是 1.86MPa，求关井后井底压力。

（3）某地层压力为 21.8MPa，该地层中部深度是 2100m，求该地层的压力梯度。

（4）试分析异常地层压力产生的原因。

（5）简述 dc 指数检测地层压力的原理与主要步骤。

（6）简述页岩岩屑密度法监测地层压力的基本原理。

（7）简述 Sigma 检测地层压力的原理与主要步骤。

二、技能考核

（一）考核项目

根据所搜集的××井的井深、钻压、钻时、转速、钻头直径、dc 指数，绘制 dc 指数与井深关系图。

（二）考核要求

（1）准备要求：整理钻井参数资料。
（2）考核时间：30min。
（3）考核形式：口头描述+笔试。

项目八　气测录井资料分析与解释

气测录井是综合录井的重要组成部分，是随钻油气发现和评价的重要手段。利用气测录井资料进行随钻油气层评价是每一个录井工作者所必须掌握的技能之一。

【知识目标】
（1）了解气测录井原理；
（2）掌握气测录井资料分析解释方法。

【技能目标】
（1）认识相关气测录井设备；
（2）能够根据气测录井资料发现钻遇油气层。

【相关知识】

任务一　气测录井资料认识

【任务描述】
气测录井是通过对钻井液中石油、天然气含量及组分的分析，以直接发现并评价油气层的一种地球化学录井方法。本任务主要介绍气测录井基本理论、气体检测方法、气测录井参数、气测录井基本术语及气测录井的影响因素，通过录井模拟器参观，使学生理解气测录井基本理论及气体检测方法，掌握气测录井基本术语及气测录井的影响因素。

【相关知识】

一、气测录井基础理论

（一）石油与天然气的成分及性质

1. 成分

石油是一种以烃类为主的混合物，由 C、H 和少量的 O、S、N 等元素组成，常温常压下，$C_1 \sim C_4$ 以气态的形式溶解在石油中。石油的成分组成因成因、生成的条件和生成年代等诸多因素的不同有很大的差异，因此，不同油田生产的石油所含各类碳氢化合物不尽相同。我国大多数油田所产的石油以烷烃为主，其次是环烷烃，而芳香烃一般较少。

天然气在广义上指的是岩石圈中一切天然生成的气体。狭义上指主要成分是甲烷（CH_4），含量一般为 80%~90%，其次是乙烷（C_2H_6）、丙烷（C_3H_8）、丁烷（C_4H_{10}）和少量的氮气（N_2）、二氧化碳（CO_2）、一氧化碳（CO）、氢气（H_2）、硫化氢（H_2S）等非烃气体（表 8-1）。

表 8-1　含油气性的气体标志

气体标志	标志与油气藏关系	标志与其他关系
重烃	油气藏组成部分	原油和湿气的主要成分

续表

气体标志	标志与油气藏关系	标志与其他关系
甲烷（CH_4）	油气藏组成部分	煤层气和沼气中也含有甲烷
硫化氢（H_2S）	硫化物的还原或分解	还原作用中可能产生硫化氢
二氧化碳（CO_2）	石油和天然气的氧化；石油中含氧物质的分解	煤和有机物氧化以及碳酸盐分解的产物
氢（H_2）	石油和天然气分解时的可能产物	水和有机物分解时同样能产生氢
二氧化氮（NO_2）	通过生物化学作用而成；与运移烃气有关的间接指标	生物化学作用在土壤中和底土中能产生二氧化氮

我们所研究的天然气主要以油田气、气田气、煤层气、地层水含气为主要对象。

2. 性质

以气测录井角度来分析，石油与天然气主要有以下四种特性。

（1）可燃性：天然气中的烷烃极易燃烧，燃烧后的产物为 CO_2 和 H_2O。

（2）导热性：指气体传播热量的能力，一般用导热系数或导热率来表示。导热系数是指单位距离上温度变化1℃时，在单位时间内垂直通过单位截面的热量。不同成分的气体，其导热系数不同。一般天然气中烷烃的导热系数随分子量的增加而逐渐减小。

（3）吸附性：由于固体表面分子和气体表面分子间存在着引力，当气体分子与固体表面发生碰撞时，气体分子会暂时停留在固体表面上，这种现象称作吸附。天然气具有被某种物质吸附的特性，吸附量除与温度和压力有关外，主要与吸附能力以及气体本身分子量有关，分子量越大，越易被吸附。这种吸附特性是气相色谱分离技术的理论基础。

（4）溶解性：天然气易溶于石油，微溶于水，其溶解能力一般用溶解度来表示，即在一定的温度和压力下，单位体积溶剂所能饱和溶解某气体的体积，称为该气体的溶解度。溶解度可以反映天然气溶解于石油和水中的能力。

（二）地层中石油与天然气的储集状态

一般情况下，大多数的石油与天然气以不同的数量和储集形式存在于沉积岩层中，储集岩性一般是砂岩和碳酸盐类地层。在岩层的裂隙中和节理发育的地方以及泥质岩类的地层中，有时也会有油气的聚集。

石油、天然气不仅储集在不同的地层和岩性中，而且在同一地层和岩性中，其储集形态也不同。烃类气体的储集状态一般有游离状态、溶解状态和吸附状态3种。

1. 游离气的储集

游离气的储集是指纯气藏形成的天然气储集和油气藏中气顶形成的天然气储集。这种类型的气体储集，是以游离状态存在于地层中。

2. 溶解气的储集

天然气具有溶解性，它不仅能溶解于石油，而且还能溶解于水，这样就形成了溶解气的储集。天然气的各组分在石油和水中的溶解度极不相同，烃类气体和氮气在水中的溶解度很小，二氧化碳和硫化氢的溶解度较大。烃类气体在石油中的溶解度比在水中的溶解度大得多，属于最易溶解在石油中的气体。

以甲烷为例，在石油中的溶解度为水中溶解度的10倍。而不同的烃类气体在石油中的溶解度也不同，随烃气的分子量的增大而增大。假如甲烷在石油中的溶解度为1，则乙烷为5.5，丙烷为18.5，丁烷以上的烃气，可按任意比例与石油混合。

二氧化碳和硫化氢在石油中的溶解度比在水中要稍大一些，氮气则不易溶解于石油中。总之，烃类气体属于极易溶解于石油而难溶解于水的气体。所以，在油藏内有大量的烃气储集，一般以液态形式存在于油田内或以气态的形式存在于凝析油田内。在地层水中，烃气的储集量很少，特别是含残余油的水层，天然气的含量更少。

3. 吸附气的储集

吸附状态的天然气多分布在泥质地层中，它以吸附着的状态存在于岩石中，如储层上、下井段的泥质盖层，或生油岩系中。这种类型的气体聚集，称为泥岩含气，一般没有工业价值，但在特殊情况下，大段泥岩中夹有薄裂隙或孔隙性砂岩薄层等，也会形成具有工业价值的油气流。

（三）石油、天然气进入钻井液的方式与分布状态

1. 石油、天然气进入钻井液的方式

钻井过程中，石油、天然气以两种方式进入钻井液。其一是来自钻碎的岩石中的油气进入钻井液；其二是由钻穿的油气层中的油气，经渗滤和扩散作用进入钻井液。

（1）被钻碎的岩屑中的油气进入钻井液形成破碎气。

油气层被钻开后，岩屑中的油气由于受到钻头的机械破碎的作用，有一部分逐渐释放到钻井液中。单位时间钻开的油气层体积越大，进入钻井液的油气越多。

（2）被钻穿的油气层中的油气，经渗滤和扩散作用进入钻井液。

① 油气层中的油气经扩散作用进入钻井液：油气层中油气的扩散是指油气分子通过某种介质从浓度高的地方向浓度低的地方移动而进入钻井液。

② 油气层中的油气经渗滤作用进入钻井液：油气层中油气的渗滤是指油气层的压力大于液柱压力时，油气在压力差的作用下，沿岩石的裂缝、孔隙以及构造破碎带，向压力较低的钻井液中移动。

2. 石油、天然气进入钻井液后的分布状态

（1）油气呈游离状态与钻井液混合。游离气以气泡形式与钻井液混合，然后逐渐溶于钻井液中。一般情况下，天然气与钻井液接触面积越大，溶解越快；接触时间越长，溶解程度越大。

（2）油气呈凝析油状态与钻井液混合。凝析油和含有溶解气的石油从地层进入钻井液后，在钻井液上返过程中，由于压力降低，凝析油大部分会转化为气态烃；高气油比地层的$C_1 \sim C_4$含量较高。随着钻井液的上返，含有溶解气的石油，由于压力降低，会释放出大量的天然气，释放出天然气的数量取决于石油的含量与质量。

（3）天然气溶解于地层水中与钻井液混合。溶解于地层水中的天然气进入钻井液后与之混合，这时地层水中的天然气也以溶解状态存在于钻井液中，而且钻井液中的天然气浓度不会太大。随着钻井液的上返，压力降低，天然气也不会游离出来而变成气泡。只有在地层水量较大且地层水中溶解气量较大时，天然气才会游离成气泡状态。

（4）油气被钻碎的岩屑吸附着与钻井液混合。当油气被钻碎的岩屑所吸附与钻井液混合后，随着钻井液的上返，压力降低，岩屑孔隙中所含的游离气或吸附气体积将会膨胀而脱离岩屑进入钻井液。岩屑返出后，孔隙中以重质油为主。

上述的这些过程在某种程度上可能相互重叠：在地层的孔隙中，可能有游离气和凝析油同时存在，或者游离气与石油同时存在。但总体认为：进入钻井液中的油气，随着钻井液由井底返至井口，在井底部主要是游离气溶解在钻井液中，而随着钻井液的上返、压力降低，钻井液中所溶解的天然气已达饱和，此时溶解气可从钻井液中分离出来形成气泡。

二、气体检测

石油、天然气具有挥发、可燃、导热、吸附、溶解等性质。油田气主要组分为 C_1、重烃（C_2、C_3……）及少量 H_2、CO_2、N_2、CO、H_2S 等气体。一般油田气重烃相对含量为 10%~35%，气田气重烃相对含量为 0~2%，凝析气重烃相对含量为 10%~13%。气体检测是通过对钻井液中石油、天然气含量及组分的分析，以直接发现并评价油气层的一种地球化学录井方法。主要硬件设备包括全烃检测仪、烃类组分检测仪、非烃组分检测仪（或二氧化碳检测仪）、硫化氢检测仪、脱气器、氢气发生器及空气压缩机等。以下分别对几个主要的分析检测单元及分析检测原理加以介绍。

（一）脱气器

脱气器是一种将循环钻井液中的天然气及其他气体分离出来，通过样气管线为气测仪提供样品气的设备。

现场使用的脱气器主要有以下四种类型。

1. 浮子式连续钻井液脱气器

浮子式连续钻井液脱气器简称浮子式脱气器，由钻井液破碎叶片、集气室、输气孔等组成，是一种结构简单、价格低廉的脱气器。它利用钻井液流动产生的动力破碎钻井液，使其中的气体自动逸出。因其只能破碎钻井液表层，故脱气效率低，仅5%左右。利用该类脱气器只能采集钻井液中的游离气。目前该类脱气器已基本被淘汰。

2. 电动式连续钻井液脱气器

电动式连续钻井液脱气器简称电动式脱气器（图8-1），它应用电动搅拌破碎钻井液，使其中的气体逸出。它由防爆电动机、搅拌棒、钻井液室、钻井液破碎挡板、集气室及安装支架等部分组成。

防爆电动机可使用 220V 或 380V，50/60Hz 三相交流电，其额定功率一般在 0.5~0.75kW，转速一般在 1350r/min 左右。

接通电源时，电动机带着搅拌棒高速旋转，搅拌棒带动钻井液旋转。由于离心作用及筒壁的限制，使钻井液呈旋涡状沿筒壁快速上升，钻井液中的气体大量逸出，通过样气出口进入气水分离器及干燥筒净化，通过样气管线进入分析仪器分析。应用该脱气器可采集钻井液中的游离气及部分吸附气，脱气效率较高，约20%。

3. 定量脱气器（QGM）

定量脱气器是一种通过对一定量的钻井液进行

图8-1 电动式脱气器

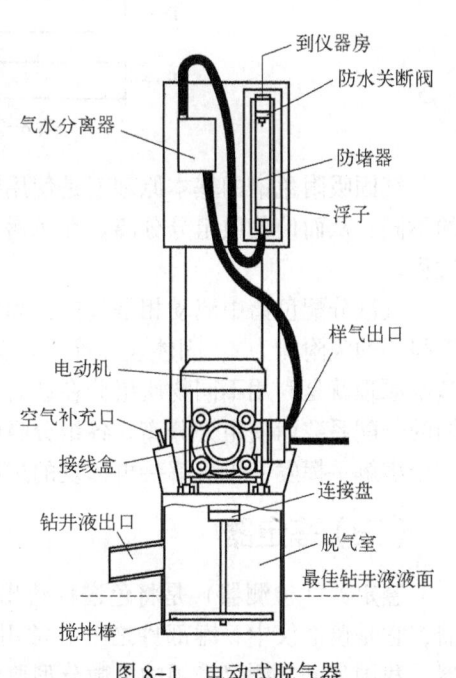

彻底脱气的电动脱气器。

4. 热真空蒸馏脱气器（VMS）

热真空蒸馏脱气器（VMS）俗称全脱，是一种利用加热真空蒸馏方式进行间断取样脱气的装置，脱气效率高，一般可达95%以上。利用全脱分析资料可对随钻连续分析的气测资料进行校正，或对主要油气层进行详细分析。

（二）色谱柱

色谱法最早是用来分离一般化学方法很难分离的植物叶绿素、叶黄素的一种方法。由于分离出来的物质是带色的，故名色谱法。虽然这种方法分离的物质大多是不带颜色的，但其名称仍沿用色谱法。

在色谱法分析中有两相，即流动相和固定相。若按流动相物理状态的不同而分类，色谱法可分为气相色谱法和液相色谱法两种。流动相是气态，称为气相色谱法；流动相是液态，称为液相色谱法。气测录井使用的是气相色谱法。气相色谱法按固定相物理状态不同可分为气固色谱法和气液色谱法；若按方法的物理化学分类，则又可分为吸附色谱和分配色谱。

气相色谱法的分析原理是当载气携带着样品气进入色谱柱后，色谱柱中的固定相就会把样品气中的各个组分分离出来（图8-2）。

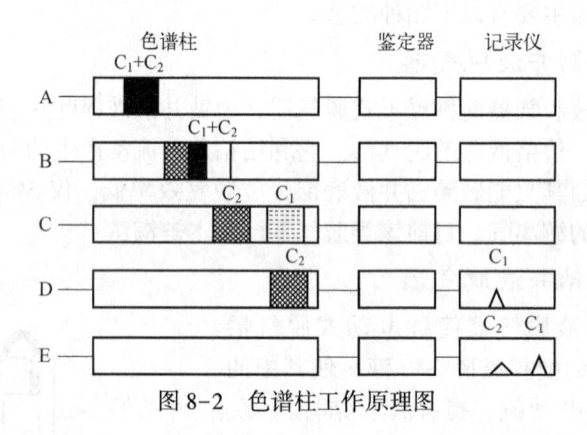

图8-2　色谱柱工作原理图

气固吸附色谱的基本原理就是使用吸附剂，利用固体表面对被分离物质各组分吸附能力的不同，从而使物质组分分离。在色谱柱中，它是一个不断吸附—解吸—再吸附—再解吸的过程。

气液分配色谱中流动相是气体，固定相是一种惰性固体（常称担体，它应该没有或只有很小的吸附能力），固体表面涂一层高沸点有机物的液膜（称为固定液）。气液分配色谱基本原理就是利用不同物质组分在装有固定液的固定相中溶解度的差异，从而在两相中有不同的分配系数而使组分分离。各组分吸附能力不同，从而使物质组分分离。在色谱柱中，是一个溶解—挥发—再溶解—再挥发的过程。

（三）鉴定器

鉴定器（检测器）是将色谱柱流出组分变成电信号，从而鉴别各组分浓度及含量的仪器，它是色谱仪中关键部件之一。常用鉴定器可分为两类，即积分型鉴定器和微分型鉴定器。我国色谱气测仪采用的是微分型鉴定器，该类鉴定器最广泛使用的是热导池鉴定器和氢火焰离子化鉴定器等。

1. 热导池鉴定器

不同的物质有不同的热传导系数。由于样品气与载气的热传导率不同,当样品气未通入热导池时由于载气的成分和流速是稳定的,调节热导桥使其输出为零(图 8-3),即电桥平衡。当样品气通入热导池时,引起热敏元件的阻值发生变化,使电桥平衡破坏,产生电信号,被记录器所记录。样品浓度越大,引起热敏元件的阻值变化越大,电桥不平衡越显著,产生电信号就越大;在相反情况下,产生的电信号就越小。故热导池鉴定器是属于浓度鉴定器。

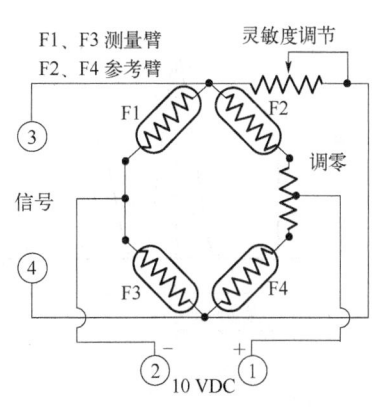

图 8-3 热导池惠斯登电桥原理图

2. 氢火焰离子化鉴定器

氢火焰离子化鉴定器是以氢气在空气中燃烧所生成的火焰为能源,使被分析的含碳有机物中的碳元素离子化,产生了数目相等的正离子和负离子(电子)。由于离子室的收集极和底电极(发射极)间有电位差,在电场作用下,正负离子各自往相反的电极移动,产生微电流。产生的电流将通过图 8-4 所示的电阻 R。电离电流越大,则这一电阻两端的电位差也越大,电位差经放大后输给记录器的电信号也越大。电离电流的大小与有机物的含碳量和浓度有关。因此,根据氢火焰鉴定器信号的强弱可以判断有机物的浓度。该鉴定器是碳离子鉴定器,一般只对含碳有机物有信号产生。

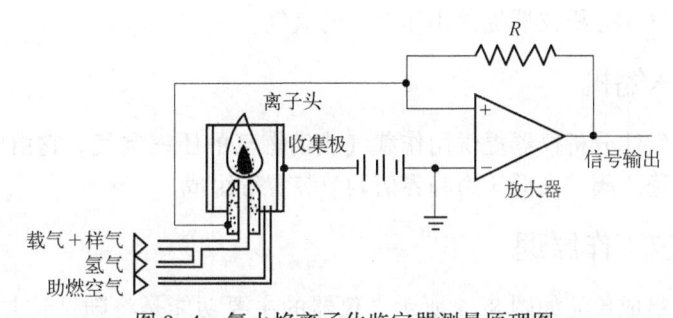

图 8-4 氢火焰离子化鉴定器测量原理图

(四)记录器

记录器的作用是将鉴定器输入的电信号用曲线的形式记录下来。根据这些曲线可以进行色谱气测录井资料的定性和定量分析。

由一定压力和流速的载气,携带样品气进入色谱柱,经色谱分离将样品分离成不同组分,并以先后顺序进入鉴定器,经鉴定器所产生的电信号输给记录器,记录器记录数据与曲线(图 8-5)。

(1)基线:是只有纯载气通过色谱柱和鉴定器时的记录曲线,通常为一条直线,即电信号为零毫伏时的记录曲线。

(2)色谱峰:组分从色谱柱馏出进入鉴定器后,鉴定器的响应信号随时间变化所产生的峰形曲线。

(3)峰高:色谱峰最高点与基线之间的垂直距离。

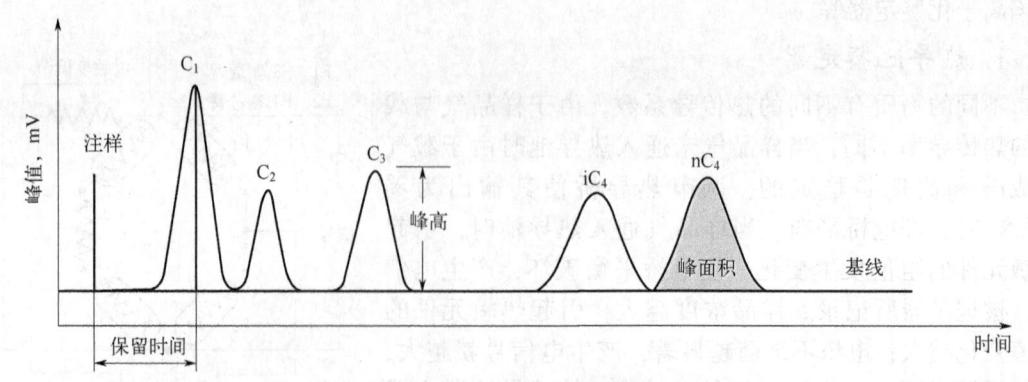

图 8-5 色谱分析峰值图

(4) 峰宽、半峰宽：在色谱峰两侧曲线的拐点作切线与基线相交于两点之间的线段叫峰宽；半峰高处色谱峰的宽度叫作半峰宽。

(5) 峰面积：色谱峰与峰宽所包围的面积。

(6) 保留时间：从进样开始到某一组分出峰顶点时所需要的时间，称为该组分的保留时间。

(7) 死时间：表示色谱柱中既不被吸附又不被溶解的物质（惰性物质）在色谱柱中出现浓度极大值的时间。

（五）氢气发生器

氢气发生器为气体分析仪器提供用作燃气的氢气。

（六）空气压缩机

空气压缩机为气体分析仪器提供用作载气或助燃气的压缩空气。它由电动机、气体泵、储气罐、压力表、稳压阀、高低压力临界值调节装置等组成。

（七）气测仪工作原理

气测仪整机的组成单元如图 8-6 所示。仪器的主要功能是将随钻钻井液所携带出来的气体进行定性、定量分析，流程是经脱气器脱出的气体由电磁泵抽送到分析器中进行分析。

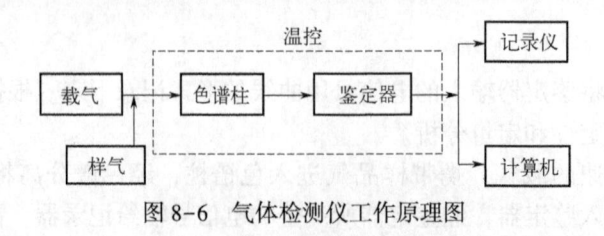

图 8-6 气体检测仪工作原理图

气体分三路分析：第一路为全烃分析，它连续监测样品气中烃类气体的含量；第二路为烃组分分析，其目的是将样品气中的烃类组分进一步进行定性、定量分析，一般只分析 $C_1 \sim C_5$ 各组分；第三路为热导组分分析，其目的是将样品气中的非烃类气体进一步进行定性、定量分析，一般分析 $H_2(He)$、CO_2 及烃类甲烷气（CH_4）。通过计算机变更分析周期可分析更多或较少的组分。全烃和烃组分分析采用氢焰离子化检测器，其检测信号经微电流放大器放大后分别送至记录仪和计算机做记录、显示打印和储存。热导组分分析采用热导检测器，热导检测器输出信号则直接送至记录仪和计算机。整机程序控制由计算机执行。在不使用计算机时则可由程序控制器单元来执行。

三、气测录井基本术语

气测资料的解释应用的基本概念如图 8-7 所示。

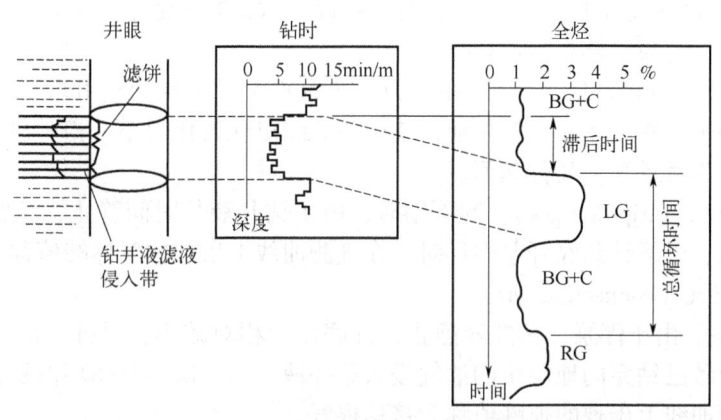

(a) 当井底循环压力＞地层压力时，在地面分离测量出的气体

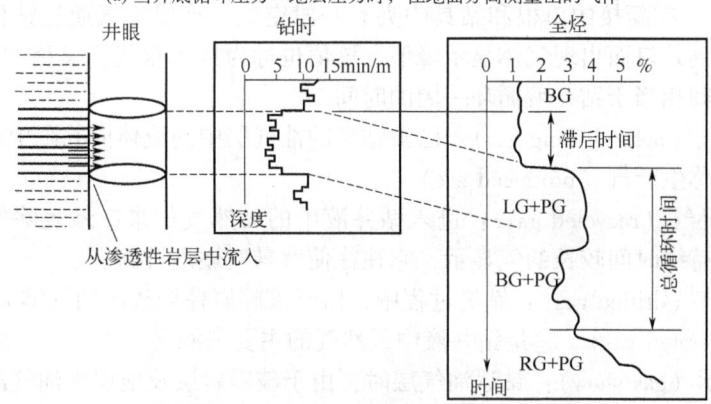

(b) 当井底压力＜地层压力时，从地面分离测量的气体

图 8-7　气测录井基本概念
BG—背景气；LG—释放气；RG—重循环气；C—污染气；PG—生产气

（1）烃气：指轻质烷烃类 $C_1 \sim C_5$ 可燃气，包括甲烷、乙烷、丙烷、丁烷、戊烷，在大气条件下，前四种是气态烃，后者在一定条件下也是气态烃。

（2）全脱气：用热真空蒸馏脱气器几乎能脱出钻井液中的全部气体，输入到气测仪进行分离。通过计算，可以得到钻井液中气体的真实浓度。

（3）全烃曲线：是一条连续的测井曲线，它可测定出钻井液中轻烃与重烃总的含量，通常用百分浓度（%）表示。

（4）色谱曲线：用色谱柱分离出来的气体，通过仪器周期性测定所得到的曲线，包括烃组分曲线（C_1、C_2、C_3、iC_4、nC_4）和非烃组分曲线（H_2、CO_2），用百分浓度（%）表示。

（5）气油比：是指每吨原油中含有天然气的多少，一般气油比越高，钻井液中的气显示也就越高，单位为 m^3/t。

（6）气体零线（zero gas）：是一条人为确定的气测曲线的基线，是读取气体含量的基准。

① 真零值（true zero）是指气体检测仪鉴定器中通入的气体不是来自钻井液中的天然气而是纯空气时的记录曲线。

② 系统零值（system zero）是钻头在井下转动，但未接触井底，钻井液正常循环时，气测仪器所测的天然气值。

(7) 背景气（background gas）。

① 钻井液池背景气（ditch background）：指停泵时钻井液池中冷钻井液所含气体的初始值。一般情况下，它与气体真零值相符。

② 背景气（background gas）：当在压力平衡条件下钻入黏土岩井段，由于黏土岩中的气体和上覆地层中一些气体浸入钻井液，使全烃曲线出现变化很小、相对稳定的曲线，称这段曲线的平均值为背景气，又称基值。

(8) 起下钻气（tripping gas）：起下钻时，由于钻井液长时间静止，已钻穿的地层中的油气侵入钻井液，当下钻到底开泵循环时，在气测曲线上出现的气体峰值称起下钻气。

(9) 接单根气（connection gas）。

① 接单根时，由于停泵，钻井液静止，井底压力相对减小；另外，由于钻具上提产生的抽汲效应，导致已钻穿的地层中的油气侵入钻井液，当再次开泵循环恢复钻进时，在对应迟到时间的气测曲线上出现的孤峰值称为接单根气。

② 接单根后，在新接的单根和钻具中夹有一段空气，这段空气通过钻柱下到井底，再由环形空间上返到井口而出现气体显示峰值，该值也称为接单根气，又称"空气垫"。该接单根气的显示时间相当于钻井液循环一周的时间。

(10) 钻后气（post-drilling gas）：已被钻穿的油气层中的流体向井眼中渗滤和扩散而产生的气显示，也称生产气（produced gas）。

(11) 重循环气（recycled gas）：进入钻井液中的天然气如果在地表除气不完全，再次注入井内而产生持续时间较长的气显示，它往往使背景气逐渐升高。

(12) 钻井气（drilled gas）：钻进过程中，由于破碎岩柱释放出的气体而形成的气显示，又称释放气（liberated gas）。它是钻井液中天然气的主要来源之一。

(13) 气显示（gas show）：钻遇油气层时，由于破碎岩屑及地层中油气渗滤和扩散而形成的高于背景气的显示，这部分气体反映油气层的情况，是录井中最重要的部分，又称气测异常。

(14) 试验气（calibrated gas）：为了检查脱气器、气管线或气测仪的工作状态，从脱气器、气管线或气测仪前面板注样，而形成的气显示峰值。

(15) 岩屑气（cutting gas）：储藏在岩屑孔隙中的气体称为岩屑气或岩屑残余气，它可以通过搅拌器搅拌或热真空蒸馏的方法而取得。岩屑气是评价油气层的重要参数。

四、气测录井的影响因素

（一）地质因素的影响

1. 储层特性及地层油气性质的影响

气测录井是直接分析钻井液中油气含量的一种录井方法。在钻井过程中，钻井液中的油气主要来自被钻碎的岩石中的油气和被钻穿油气层中的油气经过渗滤和扩散作用而进入钻井液的油气。当油气层的厚度越大，地层孔隙度和渗透率越大，地层压力越大，则在钻穿油气层时，进入钻井液中的油气含量多，气测录井异常显示值高。

对于储层渗透性的影响可分为两种情况。其一是当钻井液柱压力大于地层压力时，钻井液发生超前渗滤。由于钻井液滤液的冲洗作用，向地层深处挤跑了一部分油气，使进入钻井液的油气含量减少，导致气测录井异常显示值降低。其二是当钻井液柱压力小于地层压力时，储层的渗透率越高，进入钻井液中的油气含量越多，气测录井异常显示值越高。

所谓气油比，是指每吨原油中含有多少立方米的天然气。气油比越高、含气浓度就会越高，一般气油比大于 $50m^3/t$ 的储层，气测异常明显；对于低气油比的储层，提高脱气效率或进行岩屑、岩心、钻井液脱气分析将会见到好的效果。

2. 地层压力的影响

若井底为正压差，即钻井液柱压力大于地层压力时，进入钻井液的油气仅是破碎岩层产生的，因此显示较低。对于高渗透地层，当储层被钻开时，发生钻井液超前渗滤，钻头前方岩层中的一部分油气被挤入地层，因此气显示较低。正压差越大，地层渗透性越好，气显示越低，甚至无显示。若井底为负压差，即钻井液柱压力小于地层压力时，进入钻井液的油气除破碎岩层产生的之外，井筒周围地层中的油气在地层压力的推动下，侵入钻井液，形成高的油气显示，且接单根气、起下钻气等后效气显示明显。钻过油气层后，气测曲线不能回复到原基值，而是保持高显示，从而使气测曲线基值升高。负压差越大，地层渗透性越好，气显示越高，严重时会导致发生井涌、井喷。

3. 上覆油气层的后效

已钻穿的油气层中的油气，在钻进过程中或钻井液静止期间侵入钻井液，使气显示基值升高或形成假异常，如接单根气、起下钻气等。

（二）钻井技术条件的影响

（1）钻头直径的影响。进入钻井液中的油气，其中一部分是来自被钻碎的岩屑，由于钻头直径的不同，破碎岩石的体积和速度不同，单位时间破碎岩石体积与钻头直径成正比。因此，当其他条件一定时，钻头直径越大，破碎岩石体积越多，进入钻井液中的油气量越多，气测录井异常显示值越高。

（2）钻井速度的影响。在相同的地质条件下，钻速越大，单位时间破碎岩石体积越大，进入钻井液中的油气量越多。同时当钻速越大时，使单位时间破碎岩石的表面增大，因在较短的时间内，钻井液未能在刚钻开的井壁表面上全部生成滤饼，所以钻速增加引起钻井液渗滤的速度也在增加，在一定程度上影响了进入钻井液中的油气的量，呈现出在较低钻时的录井井段，气测录井异常显示值不是很高的情况。

（3）钻井液排量的影响。气测录井异常显示值的高低与钻井液排量有着密切关系，钻井液排量越大，钻井液在井底停留的时间越短，通过扩散和渗滤方式进入钻井液中的油气量相对减少，气测录井异常显示值降低。

（4）钻井液密度的影响。在相同的地质条件下，钻井液密度增大，气测录井异常显示相应降低。一般情况下，为了保证钻井施工正常进行，总要使钻井液柱压力略大于地层压力。由于钻井液密度增大，压差随之而增大，地层中的油气不易进入钻井液，使气测录井异常显示值较低。若钻井液密度较小，钻井液柱压力低于地层压力，在压差的作用下，地层中的油气易进入到钻井液中，使气测录井异常显示值增高。同时由于钻井液柱压力的降低，地层上部已钻穿的油气层中的油气，可能会因滤饼的剥落而进入钻井液中，会产生后效影响。

(5) 钻井液黏度的影响。钻井液黏度大，降低了气测录井的脱气效率，使气测录井异常显示值较低。但由于油气长时间保留在钻井液中，气测录井的基值会有不同程度的增加。钻井液黏度大，油气的上窜现象不明显。

(6) 后效影响的影响。当钻开油气层后，钻井工程进行起下钻作业时，由于钻井液在井内静止时间较长，油气层中的油气受地层压力的影响，同时起钻过程的抽汲作用，使地层中的油气不断地进入钻井液中。下钻到底后，当钻井液返至井口时，气测录井会出现假异常。

(7) 接单根的影响。接单根的影响一般出现在较浅的井段。接单根时，在高压管线和方钻杆内充满了空气，开泵后由于压力的改变，空气段会急剧地从钻井液中分离出来，分离过程在井底的油气层段较为强烈，带出了地层中的烃类气体，形成气测录井假异常。而在较深的井段，钻井液循环时间加长，接单根时钻具内的空气被分散在大段的钻井液中，当钻井液返至井口时，钻井液中烃类气体的浓度相对降低，形成的气测录井假异常较小。在接单根的过程中，由于钻具的上提与下放，也存在抽汲作用的影响。以上两种情况共同形成接单根的影响。

(8) 钻井液处理剂的影响。在目前的钻井过程中，钻井液中要根据不同的钻井施工需求，加入一定数量的钻井液处理剂。一般情况下，钻井液处理剂对气测录井均会产生不同程度的影响。

（三）脱气器安装条件及脱气效率的影响

不同类型的脱气器脱气原理和效率不同，因此气显示高低不同。脱气效率越高，气显示越高。脱气器的安装位置及安装条件也直接影响气显示的高低。电动脱气器可直接搅拌破碎循环管路深部的钻井液，但安装高度过高或过低都会降低其脱气效率，甚至漏失油气显示。

（四）气测仪性能和工作状况的影响

气测仪的灵敏度、管路密封性好坏及标定是否准确都将对气测显示产生重大影响。因此必须保证仪器性能良好，工作正常。

【任务实施】

一、目的要求

(1) 认识相关气测录井设备。
(2) 了解气测录井资料内容。

二、资料、工具

(1) 学生工作任务单。
(2) 气测录井仪。

【任务考评】

一、理论考核

(1) 常用的脱气器有哪几种？工作原理是什么？
(2) 简述气相色谱法的分析原理。

（3）简述氢火焰离子化鉴定器的工作原理。
（4）简述惠斯登电桥的工作原理。
（5）简述气测录井基本概念。
（6）影响气测录井的因素有哪些？
（7）随钻分析化验项目有哪些？

二、技能考核

（一）考核项目

气测录井仪参观——气测录井仪的认识。

（二）考核要求

（1）准备要求：工作任务单准备。
（2）考核时间：30min。
（3）考核形式：参观学习+口头描述。

任务二 气测录井资料解释

【任务描述】

气测录井录取的参数间接反映着井下流体特征，通过全烃、组分烃数值变化特征即可实现井下流体信息识别。本任务主要介绍气测资料油气层解释方法，通过本任务学习，要求学生理解气测录井资料解释的基本原理，掌握常规油气层直观判别法及油气层定量解释方法。

【相关知识】

一、气测录井资料解释的基本原理

气测录井的理论基础是建立在任何一种气体聚集都力求扩散的基础上。由于气体的扩散作用，因此在油气藏上部或周围某一范围内有气体浓度增加的现象，而离油气藏远的地方，气体浓度降低到零或为一个微小的数值。

在地球内部气体的聚集和扩散作用是同时发生的，但是在某一地区不同的地质历史时期，有时是扩散作用占优势，有时是聚集作用占优势。如果有油气藏存在，说明该区的地质历史中聚集作用比扩散作用占优势。

相同或相近的地球化学环境，生油母岩会产生具有相似成分的烃。也就是说，同一地区同样性质的油气层产生的异常显示的烃类组分是相似的。如果通过对已经证实的储层的流体样品进行色谱分析，找出不同性质油气层烃类组分的规律，那么就可以利用这些规律来对气测资料进行解释，对未知储层所含流体的性质做出评价。

（一）划分异常的基本原则

一般情况下，全烃含量与围岩基值的比值大于2的层段称为气测异常井段。

（二）气测解释井段的分层原则

（1）以全烃含量变化及钻时、岩性进行分层。

(2) 在砂泥岩地层中，对全烃异常显示井段，参照钻时曲线划分解释层的起止深度，对钻时变化不明显的井段，应选择全烃曲线高峰的起止值，尽可能照顾全烃显示幅度。

(3) 在岩性比较复杂的地层中，可根据地质录井资料和测井资料划分解释层的顶底深度。

二、气测解释流程

(1) 气测资料定性解释以现场录井资料为基础，以气测油气显示为依据，充分应用全脱气分析资料和随钻气测资料显示确定油气层。

(2) 完钻后根据气测资料、地质录井资料及其他有关资料，提出该井的完井方法和试油意见（图8-8）。

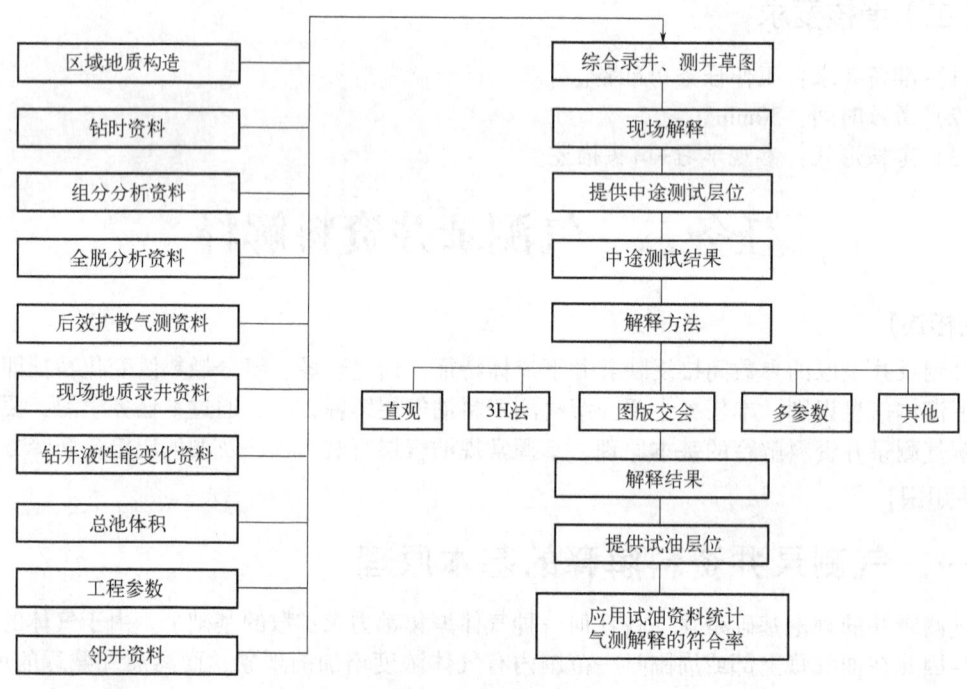

图8-8 气测解释流程

三、常规油气层直观判别法

（一）区分油层、气层、水层

根据气测录井资料可以比较容易地解释油层、气层与水层。

(1) 油层：油层部位的重烃与全烃显示均为高异常，两条曲线同时升高，两条曲线幅度差较小；全烃含量较高，曲线峰宽且较平缓，幅度比值较大，烃组分齐全，甲烷、乙烷、丙烷、丁烷的相对含量都较高，甲烷相对含量一般低于气层，重烃（乙烷、丙烷、丁烷）含量高于气层，钻时低，后效反应明显[图8-9(a)]，岩屑含油，且滴水不渗，钻井液密度下降，黏度上升，槽面有油花、气泡。

油层气体的重烃含量比气层高，而且包含有丙烷以上成分的烃类气体。气层的重烃含量不仅低，而且重烃成分中只有乙烷、丙烷等成分，没有大分子的烃类气体。所以油层在气测曲线上的反映是全烃和重烃曲线同时升高，两条曲线幅度差较小。而气层在气测曲线上的反映是全烃曲线幅度很高、重烃曲线幅度很低，两条曲线间的幅度差很大。

（2）气层：全烃含量高，曲线幅度高，曲线呈尖峰状，幅度比值较大，烃组分不全，C_1 的相对含量一般在95%以上，乙烷、丙烷含量低，一般小于5%或无。钻时低，后效反应明显，钻井液密度下降，黏度上升，槽面有气泡，钻井液体积增大；重烃曲线幅度很低，两条曲线间的幅度差很大 [图8-9(b)]，岩屑不含油或仅有荧光显示。

（3）水层：不含溶解气的纯水层气测无异常，含有溶解气的水层（油田水一般都溶解有一定量的天然气）全烃与重烃值一般较低 [图8-9(c)]，组分不全，主要为 C_1，非烃组分相对含量较高，无后效反应或反应不明显。

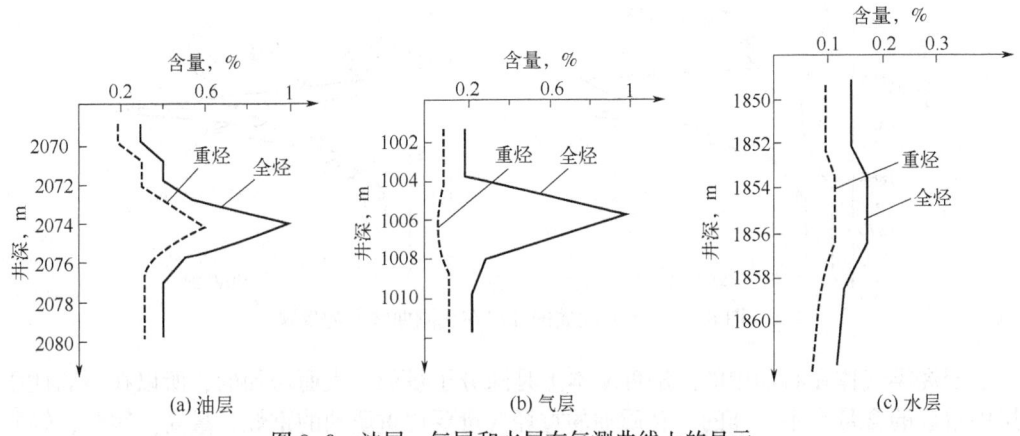

图 8-9　油层、气层和水层在气测曲线上的显示

（4）气水同层：全烃显示、烃组分相对含量、岩屑显示等与气层显示基本相同，但气测显示时间小于所钻储层时间（图8-10）。

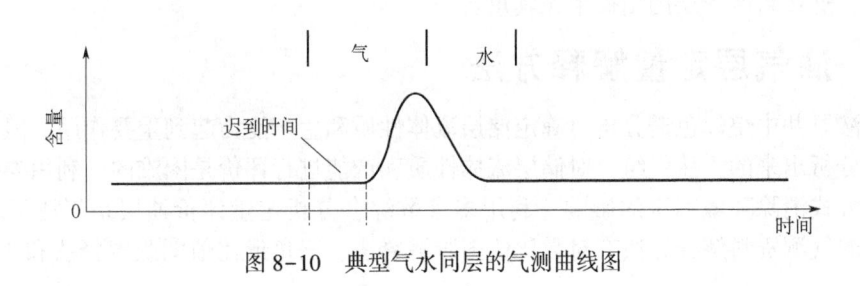

图 8-10　典型气水同层的气测曲线图

（5）油水同层：全烃显示、烃组分相对含量、岩屑显示等与油层基本相同或略低于油层显示，显示时间小于所钻储层时间。

（6）含油水层：全烃显示、烃组分相对含量、岩屑显示等低于油水同层显示，显示时间小于所钻储层时间，岩屑录井一般为含油级别较低的油砂。

（7）水层（含气）：不含有溶解气和残余油的水层，气测曲线上无异常显示，有时出现 H_2 和 CO_2 非烃气体。含有少量溶解气和残余油的水层，全烃增高，烃组分相对含量高低不等，有时 H_2 增高，岩屑不含油。

（8）可能油气层：全烃显示、烃组分与油层或气层基本相同，岩屑、井壁取心中未见油，或岩屑、井壁取心见油迹以上含油级别而气测显示不够明显。

(9) 干层：钻时无变化，全烃显示低于油气层显示，烃组分分析具油气层特征，甲烷相对含量一般较高，储层为致密性或泥质含量高的岩性。

（二）区分轻质油层和重质油层

根据气测资料区分稀油与稠油：稀油部位全烃与重烃都有很高的显示，而稠油则显示较高的全烃含量和较低的重烃含量（图8-11）。

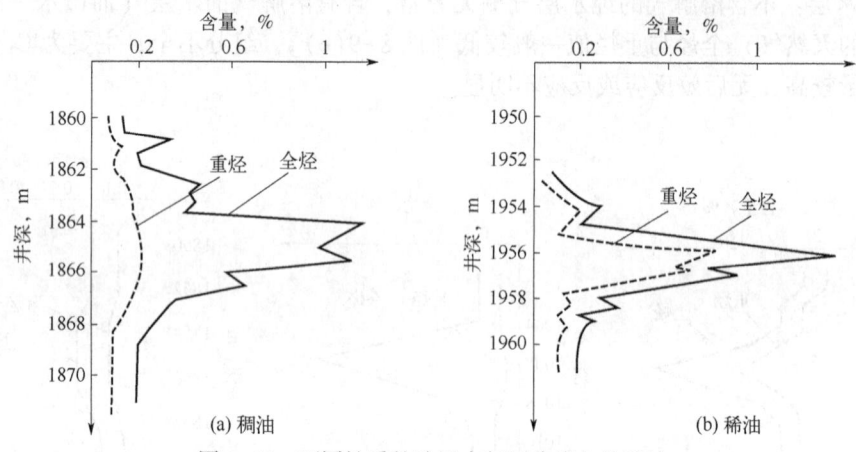

图8-11 不同性质的油层在气测曲线上的反映

由于烃类气体在石油中的溶解度基本上是随分子量的增大而增加的，所以在不同性质的油层中重烃的含量是不一样的。轻质油的重烃含量要比重质油的重烃含量高。因此，轻质油的油层气测异常明显，而重质油的油层气测异常显示远不如轻质油的油层，两者呈现完全不同的特征。

利用气测录井资料可以及时发现钻进过程中的油气显示，及时预报井喷，从而提前采取应急措施，这在新区新层的钻探中尤其重要。

四、油气层定量解释方法

钻井液录井中烷烃色谱分析对确定储层流体性质和生产能力起到重要作用，但直接应用从仪器中分析出来的天然气组分对储层流体性质和产能进行评价是困难的。利用参数标准化或比值的方式消除环境因素的影响，利用多参数综合分析定量评价油层是气测资料解释方法。常用的气测资料解释方法有对数比值图版解释法、三角形比值图版解释法和3H轻质烷烃比值法。

（一）对数比值图版解释法

该方法是利用色谱分析的烃类组分比值 C_1/C_2、C_1/C_3、C_1/C_4、C_1/C_5 的大小，采用对数比值图版来判断油气层的性质。

(1) 标准图版。根据已知性质的储层流体样品的资料，以 C_1/C_2、C_1/C_3、C_1/C_4、C_1/C_5 为横轴制作标准图版，纵坐标为对数坐标表示比值，如 $\lg(C_1/C_2)$；横坐标为等间距，代表各组分比值名称，将同一测点的各组分比值连起来，称为烃比值曲线。

(2) 标准图版一般分为三个区，其上部、下部为无产能区，中部为油区或气区（图8-12）。

① 油区：$C_1/C_2 = 2 \sim 10$；$C_1/C_3 = 2 \sim 14$；$C_1/C_4 = 2 \sim 21$。

② 气区：$C_1/C_2 = 10 \sim 35$；$C_1/C_3 = 14 \sim 82$；$C_1/C_4 = 21 \sim 200$。

③ 无产能区：$C_1/C_2 < 2$ 或 > 35；$C_1/C_3 < 2$ 或 > 82；$C_1/C_4 < 2$ 或 > 200。

若只有 C_1，则是气层；若 C_1 很高，则为盐水层。

若在油区内 C_1/C_2 较低或在气区内 C_1/C_2 较高，则为无产能。

若曲线斜率为正，则有产能；若曲线斜率为负，则无产能。

（二）三角形比值图版解释法

（1）三角形比值图版的制作。三角形比值图版由三角形坐标系和坐标系中的椭圆形的储层产能划分区域组成（图 8-13）。三角形坐标系为一个正三角形（外三角），其三条边分别代表坐标系的三个轴：C_2/SUM、C_3/SUM、C_4/SUM；图版中的椭圆区域是根据大量的统计资料而圈定的，它是有产能的划分界限，可以用来评价储层的产能。

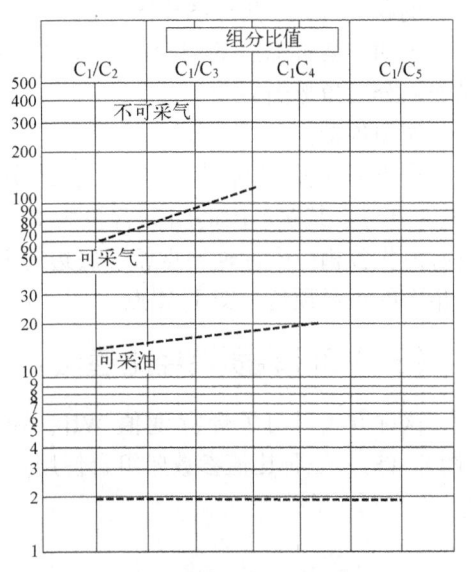

图 8-12 气体比值图版

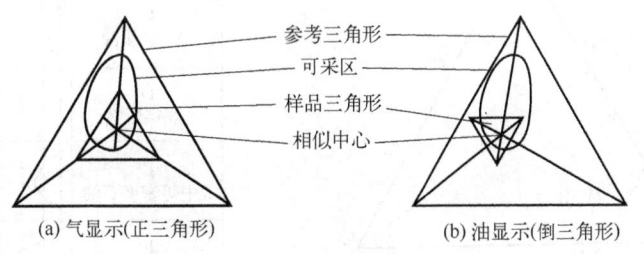

图 8-13 烃类比值三角图版

（2）解释方法。

① 计算组分比值：C_2/SUM、C_3/SUM、C_4/SUM。

② 将各比值在对应的轴上标出，然后通过轴上的点作各相应坐标轴原点相邻底边的平行线，组成小三角形（称内三角）。

③ 将得到的三角形顶点分别与三角形坐标对应的零点相连，得到一个交点（相似中心）。

根据所作的三角形和交点的位置，可对储层进行评价：

a. 正三角形（顶点向上），指示储层为气层。

b. 倒三角形（顶点向下），指示储层为油层。

c. 大三角形，指示储层为干气层或低气油比油层。

d. 小三角形，指示储层为湿气层或高气油比油层。

e. 若交点在椭圆形圈内，指示储层为有产能，否则为无产能。

内三角形的大小，以内三角与外三角边长之比而定。内三角边长大于外三角边长 75% 为大，在 25%～75% 为中，小于 25% 为小。内三角形顶角与外三角形顶角方向一致为正三角形，反之为倒三角形。

例题：组分三角形图作图方法。

已知：某解释层的组分含量为 $C_2/SUM = 16.5\%$；$C_3/SUM = 11.5\%$；$C_4/SUM = 4.5\%$，试作组分三角形图。

作图步骤：

作正三角形（称外三角），各边分别为 C_2/SUM、C_3/SUM、C_4/SUM 百分值坐标轴（图8-14）。某解释层的组分含量为 $C_2/SUM = 16.5\%$；$C_3/SUM = 11.5\%$；$C_4/SUM = 4.5\%$，过各点作各相应坐标轴原点相邻底边的平行线，组成一小三角形（称内三角），连接内、外三角形的相对顶角，交于 M 点。

（三）3H 轻质烷烃比值法

这种方法引用了烃湿度值 WH、烃平衡值（对称值）BH 和烃特性值 CH 三个参数（图8-15）。三种比值参数要组合使用。

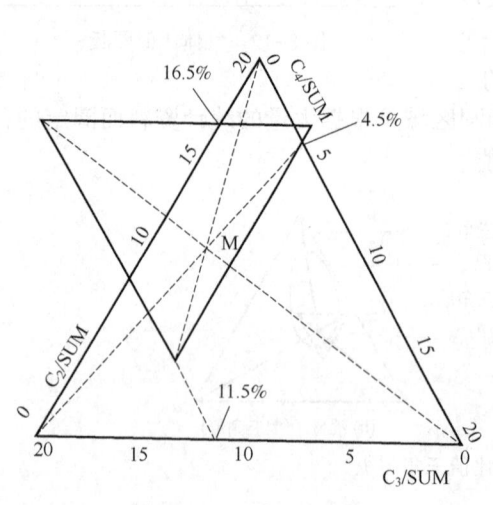

图 8-14　组分三角形图

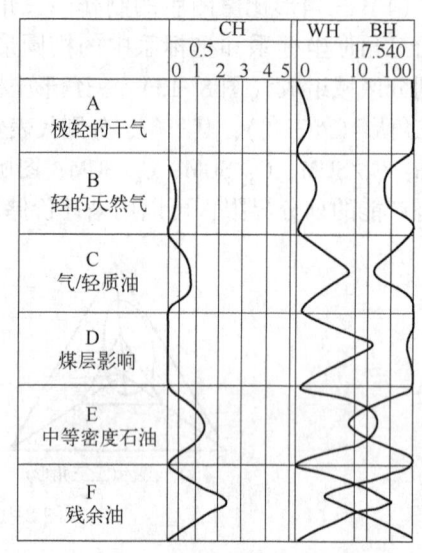

图 8-15　烃气比值与流体类型的理想曲线

（1）烃湿度值（WH）：是重烃与全烃之比，它的大小是烃密度的近似值，是指示油气基本特征类型的指标。其计算公式如下：

$$WH = \frac{C_2+C_3+iC_4+nC_4+C_5}{C_1+C_2+C_3+iC_4+nC_4+C_5} \times 100 \tag{8-1}$$

（2）烃平衡值（BH）：反映气体组分的平衡特征，可以帮助识别煤层效应。

$$BH = \frac{C_1+C_2}{C_3+C_4+C_5} \tag{8-2}$$

式中，$C_1 \sim C_5$ 为各烷烃所测含量，C_4 与 C_5 包括所有同分异构体。

（3）烃特征值（CH）：是对以上两种比值的补充，解决使用以上两种比值时出现的模糊显示。

$$CH = \frac{C_4+C_5}{C_3} \tag{8-3}$$

式中，$C_1 \sim C_5$ 为各烷烃所测含量，C_4 与 C_5 包括所有的同分异构体。

这种方法的解释规则见表8-2。

表8-2 3H法烃类比值评价标准

序号	项目参数	WH	WH, BH	WH, BH, CH
1	分区值	WH<0.5	WH<0.5，BH>100	
	解释	该区含有极轻的、非伴生的天然气，但开采价值低	该层含有极轻的、没有开采价值的干气	
2	分区值	0.5<WH<17.5	0.5<WH<17.5 BH<WH<100	
	解释	该区含有具开采价值的天然气，且天然气的湿度随着WH值增大而增大	该层含有可开采的天然气，同时WH的值与BH值二者越接近（即WH越大BH越小）则表明所含天然气的湿度和密度越大。可产气层	
3	分区值	17.5<WH<40	0.5<WH<17.5 BH<WH	0.5<WH<17.5 BH<WH，CH<0.5
	解释	该区含有具开采价值的天然气，且油层的相对密度随WH减小而减小	该层含有可开采的凝析气或者该层为低相对密度。高气油比油层	该层含有可采的湿气或凝析气
4	分区值	WH>40	17.5<WH<40 BH≪WH	0.5<WH<17.5，BH<WH，CH>0.5
	解释	该区可能含有低开采价值的重油或残余油	含有可开采价值的石油（两条曲线汇聚的时候，石油相对密度降低）。可产油层	可产低相对密度或高气油比油
5	分区值		17.5<WH<40 BH≪WH	
	解释		含有无开采价值的残余油	

表8-2中，"可开采"或"无开采价值"的界定不是很严格，这是因为某一油气区的生产能力是由储层厚度和渗透率及基本的经济可行性决定的。

五、油气水综合解释

气测录井解释评价油气层方法是通过地面检测到的烃类气体与储层中的流体进行比较而开发的。由于地面所能检测到的烃类气体源于地层流体中的轻烃（$C_1 \sim C_4$ 或 C_5），因此两者之间在数量和特征上的趋势是一致的。储层中的流体类型及性质是多种多样的，常用流体的密度、黏度等来区分流体类型，判断流体性质。这种性质的变化与流体中溶解烃的组成有着密切的关系。因此，根据流体中烃组成及含量，可判断出储层中流体的性质。

在气测录井过程中，全烃曲线是唯一连续测量的一项重要参数，全烃曲线幅度的高低、形态变化，均富含储层信息（油气水信息、地层压力信息等）。全烃曲线形态特征法解释评价油气层就是应用这些直观的信息，对储层流体性质进行判别。

在钻开地层时，储层中的油气一般是以游离、溶解、吸附三种状态存在于钻井液中。如果储层物性好，含油饱和度高，储层中的油气与钻井液混合返至井口时，气测录井就会呈现出较好的油气显示异常。所以，建立全烃曲线形态特征与油气水的关系，其意义重大。

在探井中根据半自动气测成果可以发现油气显示，但是不能有效地判断油气性质，对于油质差别不是很大的油层和凝析油、气层就更不容易判断。

色谱气测则可以判断油气层性质，划分油、气、水层，提高解释精度。

（一）储层的划分

以钻时、dc 指数、岩性及分析化验资料为主要依据划分储层。

（二）显示层的划分

根据气体全量（烃）、岩屑及岩心含油显示等资料划分油气显示井段，并根据地层压力变化、钻井液性能变化及地层含气量等资料综合评价油气显示井段。

（三）流体性质的确定

应用气体烃组分比值、岩心（屑）含油气显示级别及含水性、地化录井成果等，结合非烃气录井资料、钻井液参数（密度、温度、电阻率、体积、黏度）的变化和槽面油气显示，应用计算机软件综合评价划分流体性质。常用的油气划分的方法有三角图版法、比值图版法、3H 法等。

（四）气测录井油气层计算机解释系统

气测录井油气层计算机解释系统是在人工经验及烃类比值图版解释的基础上，研究出来的一种新的气测井油气层多参数评价技术，目前在国内外气测录井行业中较为先进。它具有以下四个特点：

（1）采用多参数，不仅包括烃类比值，也采用烃组分浓度及有关的地质参数，这些参数较全面地反映了油气特征。

（2）逐一将两种不同流体应用于费歇准则，用大量的已知井建立判别模型，求取判别向量。该方法准确地计算了各种参数在两两判别中的权数，大大提高了判别效果。

（3）以标准化校正公式及分类和比值等方法进行了参数校正，适应性强。

（4）系统操作简单，解释周期短。

【任务实施】

分析解释气测录井资料。

【任务考评】

一、理论考核

（1）常用的气测资料解释方法有哪些？分别简述其评价方法。

（2）写出 3H 法烷烃比值法的计算公式。

（3）简述油气层综合解释方法。

二、技能考核

（一）考核项目

气测资料解释；分别对下列层段进行气测评价。

序号	层位	含油产状	气测显示段, m	厚度 m	钻时 min/m	气测值, 10^{-6}						
						TG（全烃）	C_1	C_2	C_3	iC_4	nC_4	C_5
1	T_1b	干照荧光2%，金黄色，中发光	1903~1914	11	9~32	21216~162177	1632~126208	1577~11563	904~4872	513~2106	619~2086	325~1088
2	T_1b	干照荧光2%~3%，金黄色，中发光	1918~1920	2	6~22	119299~201756	92480~233920	8614~27448	3758~11136	1647~4185	1662~4270	745~2106
3	T_1b	干照荧光1%~5%，金黄色，中发光	1926~1932	6	15~22	4321~10890	3321~8149	28~96	0~25	0~18	0~20	0~4

（二）考核要求

(1) 准备要求：工作任务单准备。

(2) 考核时间：30min。

(3) 考核形式：实际操练+软件应用。

项目九 罐顶气轻烃录井技术

罐顶气轻烃录井方法在国外出现于1970年前后，并成功应用于单井油气和烃源岩评价。20世纪80年代以来，我国的长江大学、南海西部石油公司等单位先后开展了相关方面的分析和应用研究工作，并在生油层和储层评价应用方面取得了较好的效果。1996—1997年，胜利地质录井公司开展了"罐顶气轻烃录井技术"推广应用工作。在推广过程中，修改和完善了罐装样轻烃分析方法，制定了一整套技术标准与规范，研究和总结出了罐装样轻烃录井油气层评价原理，提出了新的油气层判识标准，从而逐步发展为一种录井手段。1998年，罐顶气轻烃录井这一名称正式提出并作为一种录井手段应用于胜利油田探井录井工作中。

【知识目标】
（1）了解罐顶气轻烃录井原理；
（2）掌握罐顶气轻烃录井资料分析解释方法。

【技能目标】
（1）认识相关罐顶气轻烃录井设备；
（2）能够根据罐顶气轻烃录井资料发现钻遇油气层。

【相关知识】

一、罐顶气轻烃录井原理

罐装样是将钻井过程中返到地面的岩屑（心）取出装罐，加入一定量的钻井液或水，然后加盖密封而成。罐顶气是指存于罐装岩屑（心）顶部空间，且与下部液体达到气—液相平衡的烃类与空气的混合气体，其中的烃类是岩屑（心）自然脱附出来的。

岩屑（心）在装罐前，轻烃已部分挥发和逸散，其挥发、逸散的速度和程度除取决于油层物性、原油性质、原油中轻烃含量外，还与钻井液的温度、黏度、密度及井深、岩屑破碎程度、时间等有关。因此，罐顶气轻烃实质上是岩屑（心）中的轻烃部分挥发后"剩余轻烃"自然脱附的结果。与原始地层中的轻烃相比，罐顶气的轻烃组成（组分个数）相同，但轻烃丰度减少，轻烃的相对含量发生了较大变化。其变化主要体现在低沸点烃组分的相对含量减少，高沸点烃组分的相对含量增加。而对于结构和性质相似，沸点相近的烃组分来说，由于其挥发速度是相近的，所以它们之间的比值仍保持不变。罐顶气的轻烃组成反映了地层轻烃的组成，罐顶气轻烃的丰度与地层轻烃丰度及样品装罐前轻烃逸散、挥发程度密切相关；罐顶气轻烃的相对含量是地层中轻烃在油层物性、原油性质、原油中轻烃含量、钻井液性能等因素共同作用下的结果。罐顶气轻烃录井是以轻烃丰度为前提，以轻烃组成作参考，以轻烃相对含量为主要依据来判断轻烃的活跃程度，然后通过轻烃的活跃程度来推断油气层的活跃程度，最终达到油气层判识的目的。

二、罐顶气轻烃录井方法

罐顶气轻烃录井的过程是比较复杂的，其过程可概括为：现场取罐装样→实验室取罐顶气→气相色谱分析→罐顶气轻烃分析结果，下面分别对各环节加以介绍。

（一）现场取罐装样

罐装样按罐内所装物质分为岩屑和岩心罐装样两类，由现场地质人员采集。岩屑罐装样的取样位置有振动筛前、后两种，具体数量为岩样（振动筛前所取的是岩屑和钻井液的混合物，振动筛后所取的仅为岩屑）占约80%，清水占10%，顶部空间占10%。岩心罐装样是在岩心出筒后，迅速取300~500g岩样装入罐内加清水密封。

罐装样密封后，要检查是否漏水，试漏合格后，贴上标签并倒置存放，填写送样清单，装入专用岩心盒，在规定时间内送实验室。

（二）实验室取罐顶气

罐顶气取气方法有顶部空间取气法、水下取气法、排水取气法、专用仪器取气法四种。

（三）气相色谱分析

1. 气相色谱仪

罐顶气轻烃是由气相色谱仪分析的，该气相色谱仪必须具备以下基本配置：三气路流量控制、六通进样阀、分流/不分流进样口、毛细柱、FID检测器及色谱化学工作站。其主要分析条件为：

(1) 柱前压为0.03~0.05MPa。
(2) 起始温度为25℃。
(3) 前恒温时间为5min。
(4) 升温速率为10℃/min。
(5) 终止温度为90℃。
(6) 分流比为20∶1~100∶1。

2. 主要技术指标

(1) 检测下限：FID的检测下限5pg/s。
(2) 相对偏差：对于浓度为1%的甲烷标准气，相对偏差≤1%。
(3) 分析周期：11.5min。

3. 仪器分析原理

罐顶气样注入气相色谱仪后，在载气的携带下，进入装有固定相的毛细管色谱柱，此时烃组分分子与固定相发生吸附或溶解，那些性能结构相近的分子在两相间反复多次分配，从而使混合样品中的轻烃各组分得到完全分离。分离后各组分依次进入FID，检测出的信号由色谱化学工作站接收并处理，工作流程见图9-1。

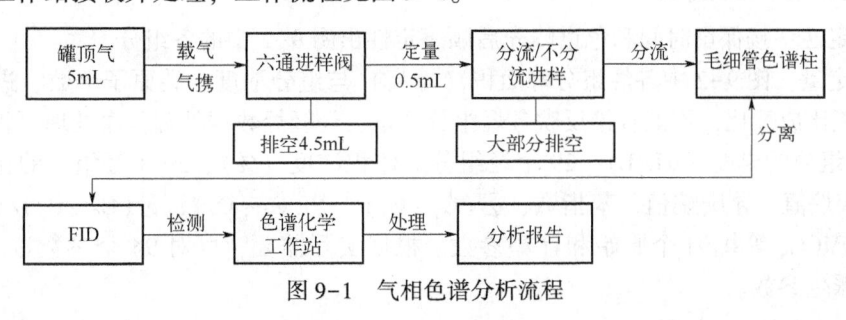

图9-1 气相色谱分析流程

（四）罐顶气轻烃分析结果

1. 原始分析结果

罐顶气轻烃是指原油中常见的 $C_1 \sim C_7$ 烃组分，它包括 7 种正构烷烃，13 种异构烷烃，8 种环烷烃，1 种芳香烃（苯），共计 29 种单体组分（表 9-1）。罐顶气经气相色谱仪分析、化学工作站处理后所得到的结果是一张色谱图和一个数据表（图 9-2）。图 9-2 中半峰宽为 0.05min 左右的尖形对称峰叫色谱峰，每一个色谱峰对应一个烃组分，色谱峰旁的短划线表示该峰的起始位置，色谱峰顶部的数字是该峰对应烃组分的保留时间。数据表是色谱图数据化处理的结果，由保留时间、峰面积、峰高、峰标记、面积百分含量等组成。

表 9-1 轻烃组分测定统计表

峰号	化合物名称	代号	峰号	化合物名称	代号
1	甲烷	C_1	16	2,4-二甲基戊烷	$2,4-DMC_5$
2	乙烷	C_2	17	2,2,3-三甲基丁烷	$2,2,3-TMC_4$
3	丙烷	C_3	18	苯	B_z
4	异丁烷	iC_4	19	3,3-二甲基戊烷	$3,3-DMC_5$
5	正丁烷	nC_4	20	环戊烷	CC_6
6	异戊烷	iC_5	21	2-甲基己烷	$2-MC_6$
7	正戊烷	nC_5	22	2,3-二甲基戊烷	$2,3-DMC_5$
8	2,2-二甲基丁烷	$2,2-DMC_4$	23	1,1-二甲基环戊烷	$1,1-DMCC_5$
9	环戊烷	CC_5	24	3-甲基己烷	$3MC_6$
10	2,3-二甲基丁烷	$2,3-DMC_4$	25	1,3-顺二甲基环戊烷	$1,C,3-DMCC_5$
11	2-甲基丁烷	$2-MC_5$	26	1,3-反二甲基环戊烷	$1,T,3-DMCC_5$
12	3-甲基丁烷	$3-MC_5$	27	1,2-反二甲基环戊烷	$1,T,2-DMCC_5$
13	正己烷	nC_6	28	正庚烷	nC_7
14	2,2-二甲基丁烷	$2,2-DMC_5$	29	甲基环己烷	MCC_6
15	甲基环戊烷	MCC_5			

2. 数据处理及成果

（1）定性：按保留时间和色谱峰先后顺序定性出图 9-2 中的各组分。

（2）定量：图 9-2 中各烃组分峰面积（峰高）与组分浓度、碳原子个数、进样量成正比，与分流比成反比，不能直接反映各烃组分含量，经轻烃数据处理程序处理可得到表 9-1 中 29 个烃组分的丰度（μL/L）、29 个烃组分的体积浓度（%）、29 个烃组分的相对质量百分含量及庚烷值、异庚烷值、苯指数、$\Sigma(C_1 \sim C_4)$、$\Sigma(C_5 \sim C_7)$、$\Sigma(C_5 \sim C_7)/(C_1 \sim C_4)$、$MCC_6/\Sigma DMCC_5$ 等共 94 个原始和计算参数。根据实际需要，可对 94 个参数进一步计算，得到其他派生参数。

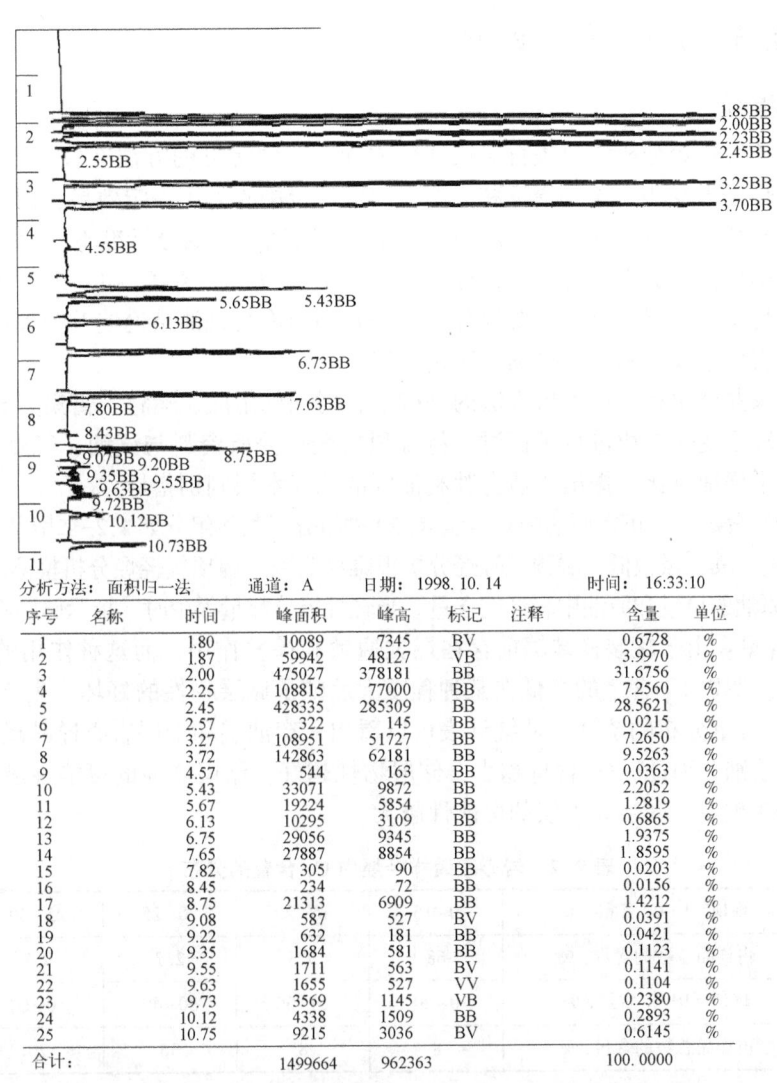

图 9-2 罐顶气轻烃录井气相色谱分析原始结果图

三、罐顶气轻烃录井资料在储层评价中的应用

(一)原油中的轻烃化合物

地层原油中的轻烃由正构烷烃、异构烷烃、环烷烃、芳香烃四部分组成。其中轻质正构烷烃是原油的重要组成部分,特别是 $C_5 \sim C_7$ 范围的单体正构烷烃的含量,可以在原油中达到最高值。储层中微生物的降解和水洗作用会优先去掉正构烷烃及其他轻烃组分。原油中含量最高的单体异构烃组分为2-甲基(或3-甲基)己烷(或庚烷),它们的含量可占原油1%以上。环戊烷、环己烷及其低分子量同系物(碳数<10)也是原油的重要组分,特别是甲基环己烷常常是它们中含量最高的。原油中轻质芳香烃主要是烷基苯系列化合物,其中含量较高的组分一般不是母体分子,而是带1~3个碳原子的分子。原油轻烃化合物的含量和分布,不仅取决于原油的成因类型,而且在更大程度上取决于其遭受的热演化程度和次生演化强度。

（二）油气水层的识别与评价

1. 评价指标

在应用罐顶气轻烃分析资料进行储层评价方面，国内常见的方法有轻烃组分三角图法、轻烃比值法、轻烃丰度法。这些指标和方法在储层评价中收到了一定效果，但存在一定的局限性：一是评价结论（好、中、差油/气层）与现行油气水层划分标准不一致，适用性和对比性较差；二是评价方法中所选用的指标以 $C_1 \sim C_4$ 组分为主，对 $C_5 \sim C_7$ 组分涉及较少，而这些组分恰恰是反映油层信息的主要组分；三是判别结论与试油结论偏差较大；其四是上述方法均没有将岩屑罐顶气和岩心罐顶气区别对待。

胜利地质录井公司在上述评价方法的基础上，对油气生成、运移、富集、成藏后的变化及钻井过程中轻烃变化规律进行了探讨，将罐顶气轻烃分析资料与试油、气测、岩石热解、测井资料进行了详细对比，提出了适合胜利油区的油气水层判别指标。

（1）轻烃组分数量：正常原油中 $C_1 \sim C_7$ 有29种组分，某些组分如2,2-二甲基戊烷、2,3-三甲基丁烷等，由于其含量很低，罐顶气轻烃分析很难检测到。罐顶气轻烃分析检测出的组分数量取决于储层中原油的总量和原油中轻烃的含量。当轻烃组分数量很少时，指示储层不含油。

（2）C_1 含量：由于罐装样装罐前存在烃类逸散和挥发作用，而这种作用的程度与储层物性密切相关，所以 C_1 含量的高低在某种程度上反映了储层物性的好坏，表9-2是对产油层和干层中 C_1 含量分布的统计。从统计表可以看出，产油层和干层岩心样品罐顶气中的 C_1 含量有明显的差别。因此，C_1 含量越小，储层物性越好，储层产油的可能性越大；C_1 含量越大，储层物性越差，储层为干层的可能性越大。

表9-2　岩心罐装样轻烃中 C_1 含量的分布

产油层	罐顶气中 C_1 含量，%	0~15	15~20	20~25	25~30	30~40
	占样品总数的含量，%	68	5.3	2.7	9.3	5.3
干层	罐顶气中 C_1 含量，%	0~20	20~30	30~40	40~60	>60
	占样品总数的含量，%	8	8	36	20	28

（3）轻烃丰度指标：$\Sigma(C_1 \sim C_4)$、$\Sigma(C_5 \sim C_7)$、$\Sigma(C_5 \sim C_7)/\Sigma(C_1 \sim C_4)$。没有显示的储层可能含有水溶气和较多的游离气，其罐顶气轻烃表现为 $\Sigma(C_1 \sim C_4)$ 较大，$\Sigma(C_5 \sim C_7)$ 很小；而油显示层罐顶气中 $\Sigma(C_1 \sim C_4)$ 和 $\Sigma(C_5 \sim C_7)$ 均较大，因此 $\Sigma(C_1 \sim C_4)$、$\Sigma(C_5 \sim C_7)$ 特别是后者的数值大小是判别储层是否具有油气显示的重要指标。需要指出的是 $\Sigma(C_1 \sim C_4)$、$\Sigma(C_5 \sim C_7)$ 并不与油层质量成正比，孔渗性较差的油层，其 $\Sigma(C_5 \sim C_7)$ 值可能更大，这是因为物性差的样品其轻烃逸散少。$\Sigma(C_5 \sim C_7)/\Sigma(C_1 \sim C_4)$ 反映了储层中液态轻烃与气态轻烃之间的关系，该比值越大，指示储层产油的可能性越大。

（4）C_6 族组分指标：轻烃中的 C_6 族组分有一种正构烷烃、两种环烷烃、一种芳香烃（苯）、四个异构烷烃共八种组分，具有种类全、相对含量高的特点。C_6 族组分中各类烃的相对重量百分含量与地层流体性质具有密切的关系，即随着地层中油水比例降低，苯从出现到不出现，苯指数、正构烷烃相对重量百分含量逐渐降低，异构烷烃、环烷烃的相对重量百分含量逐渐增加，而且异构烷烃增加的速度要比环烷烃快。C_6 各类烃之间的比值更能确切反映储层流体性质，如苯指数、iC_6/nC_6、iC_6/CC_6。这三个参数中，尤以苯指数与储层流体性质对应关系最好。

2. 评价标准

岩屑与岩心罐装样差别较大，岩屑罐装样是混合样品，当取样深度位于生油门限深度之下时，由于生油岩具有生烃能力且自身吸附了一定量的轻烃，就使得岩屑罐顶气中的轻烃同时包含了来自生油岩岩屑和储层岩屑中的轻烃，造成了生油岩岩屑中的轻烃对储层的"污染"；而当取样深度位于生油门限深度之上时，由于生油岩不具备生烃能力且自身吸附的轻烃量很低，岩屑罐顶气中的轻烃可以看成仅来源于储层岩屑。岩心罐装样则岩性单一、完整性好，因此在利用罐顶气轻烃录井资料评价储层时，应根据罐装样的类型及储层所在深度的烃源岩成熟情况，制定不同的评价标准。

胜利地质录井公司根据岩屑、岩心罐装样的上述不同特点，综合前述油气水层的轻烃判别指标和实际分析资料，提出了胜利区油气水层评价标准（表9-3至表9-5）。需要指出的是重质油（原油密度>0.94g/cm³）所含轻烃的数量和种类均较低，单独利用罐顶气轻烃录井资料判别此类油层比较困难，下面的标准仅适用于原油密度小于0.94g/cm³的油层。

表9-3 岩屑罐顶气轻烃录井油气层评价标准（样品处于生油岩未成熟区）

项目	组分数量	C_1含量,%	$\Sigma(C_5\sim C_7)$	$\Sigma(C_1\sim C_4)$	$\dfrac{\Sigma(C_5\sim C_7)}{\Sigma(C_1\sim C_4)}$	苯	iC_6/nC_6	iC_6/CC_6	正庚烷
油层	22~29	<20	>400	>800	0.08~2.5	出现	1.0~2.0	0.6~1.2	出现
油水同层	20~27	10~25	>400	>800	0.06~0.4	—	2.0~4.0	0.5~0.8	—
含油水层	15~22	25~45	100~1000	200~1000	0.01~0.06	不出现	3.5~6.0	0.3~0.5	不出现
气层	<17	>80	<300	>1000	<0.04	不出现	—	—	不出现
干层	17~24	>40	300~1500	>2000	0.06	—	0.8~1.8	0.8~1.5	—

表9-4 岩屑罐顶气轻烃录井油气层评价标准（样品处于生油岩未成熟区）

项目	组分个数	C_1含量,%	$\Sigma(C_5\sim C_7)$	$\Sigma(C_1\sim C_4)$	$\dfrac{\Sigma(C_5\sim C_7)}{\Sigma(C_1\sim C_4)}$	iC_4/nC_4	iC_5/CC_5	苯	iC_6/nC_6	iC_6/CC_6
油层	23~29	<40	>500	>1000	0.05~2.0	0.2~0.8	1.0~1.8	出现	1.2~2.2	0.8~1.5
油水同层	22~27	<50	3000~2000	>1000	0.04~0.2	0.4~1.0	1.4~2.2	—	2.0~4.5	0.6~1.0
含油水层	18~23	50~70	200~500	1000~2500	0.01~0.05	0.6~1.0	2.0~3.0	不出现	4.0~6.0	0.4~0.6
气层	<20	>80	<300	>1000	0.04	—	—	不出现	—	—
干层	17~25	>50	400~1000	>2000	0.01~0.08	0.2~1.0	1.0~2.0	—	1.0~2.0	1.0~1.8

表9-5 岩心罐顶气轻烃录井油气层评价标准

项目	组分个数	C_1含量,%	$\Sigma(C_5\sim C_7)$	$\Sigma(C_1\sim C_4)$	$\dfrac{\Sigma(C_5\sim C_7)}{\Sigma(C_1\sim C_4)}$	苯	苯指数	iC_6/nC_6	iC_6/CC_6	正庚烷
油层	23~29	>30	>300	<600	0.08~2.0	出现	0.2~1.0	1.5~2.5	0.6~1.0	出现
油水同层	22~27	10~30	>300	>600	0.06~0.4	—	<0.5	2.0~4.0	0.4~0.7	出现
含油水层	15~22	20~40	100~500	600~200	0.01~0.06	不出现	—	3.5~6.0	0.3~0.5	不出现
气层	<17	>80	<300	>1000	<0.04	不出现	—	—	—	不出现
干层	17~24	>30	200~1000	>1000	<0.06	—	>1.0	1.0~2.0	0.7~1.0	—

3. 国外石油公司判断油气显示的标准

国外石油公司用岩屑顶部空间气体的 $C_1 \sim C_7$ 轻烃判断钻井油气显示和评价油气储层，一般以轻烃的丰度（mg/kg 或 μL/kg）来判断油气显示，并以单体烃的比值来判断储层性质（表 9-6 至表 9-8）。

表 9-6 美国大陆石油公司判断油气显示标准

油气显示	$C_1 \sim C_4$，μL/kg	$C_5 \sim C_7$，μL/kg
差	1000	600
良	1000~8000	600~6000
好	8000~20000	6000~18000
极好	>20000	>18000

表 9-7 挪威大陆架研究所判断油气显示标准

油气显示	$C_1 \sim C_4$，mg/kg	$C_5 \sim C_7$，mg/kg
差	10~1000	100
良	1000~3000	100~1000
好	>3000	>1000

表 9-8 美国大陆石油公司储层性质判断标准

储层性质	$(C_5 \sim C_7)/(C_1 \sim C_4)$	$(C_2 \sim C_4)/C_1$
差气层	0.3	0.4
油气层	—	0.4~1
油层	>0.3	>1

4. 油气层解释实例

罐顶气轻烃录井的分析参数较多，其油气层评价的指标也较多，表 9-9 列出了 4 口井 5 层罐顶气轻烃录井的主要指标及试油结论。

表 9-9 罐顶气轻烃录井主要数据

井号	取样深度 m	样品类型	C_1含量，%	$\Sigma(C_5 \sim C_7)$	$\dfrac{\Sigma(C_5 \sim C_7)}{\Sigma(C_1 \sim C_4)}$	组分数量	苯	正庚烷	解释结论	试油结构
A	2056	岩屑	1.07	1083	0.143	24	出现	出现	油层	2052.9~2055.4m，产油 32.2t，气 662m³
A	2058	岩屑	0.82	879	0.446	24	出现	出现	油层	
B	2782	岩屑	25.2	4898	0.081	27	出现	出现	油层	2780.9~2788.10m，产油 17.8t
B	2784	岩屑	14.2	11452	0.147	28	出现	出现	油层	
B	2786	岩屑	19.2	7995	0.123	28	出现	出现	油层	
B	2944.5	岩心	2.77	619	0.110	15	未出	未出	含油水层	2945.5~2949.3m，产油 0.002t，水 25.1m³
B	2946.5	岩心	1.35	379	0.086	12	未出	未出	含油水层	
C	1914.8	岩心	79.8	246	0.021	24	出现	出现	干层	1911.3~1915.9m，产油：油花，水 0.10t
C	1916.6	岩心	80.0	183	0.009	21	出现	出现	干层	

续表

井号	取样深度 m	样品类型	罐顶气轻烃录井主要指标						解释结论	试油结构
^	^	^	C_1含量,%	$\Sigma(C_5 \sim C_7)$	$\dfrac{\Sigma(C_5 \sim C_7)}{\Sigma(C_1 \sim C_4)}$	组分数量	苯	正庚烷	^	^
D	1724.8	岩心	80.9	130	0.011	18	未出	未出	气层	1725~1726m,产气 64544m³
^	1725.9	岩心	93.5	76	0.009	17	未出	未出	气层	^

A井2052.9~2058.1m,岩性为油斑砾状砂岩,所分析的两个岩屑样品罐顶气中六项指标均符合油层、油水同层特征。族指标（表中未列,下同）指示该层不产水,罐顶气轻烃录井评价为油层,试油结论为油层。

B井2780.9~2783.0m,岩性为油浸粉砂岩,2784.8~2788.1m为富含油粉砂岩。在该井段分析了三个岩屑罐装样,其轻烃中的六项指标均符合油层、油水同层特征,特别是作为产油特征——"苯"的出现,表明该层应以产油为主,C_6族指标指示该层不产水,罐顶气轻烃录井评价为油层,试油结论为油层。

B井2945.5~2949.2m,岩性为油浸粉砂岩,从$\Sigma(C_5 \sim C_7)/\Sigma(C_1 \sim C_4)$看符合油层、油水同层特征,而从组分数量（12~15个）看,该层轻烃含量"含油量"很低,C_6族指标及正庚烷不出现指示该层含水,罐顶气轻烃录井评价为含油水层,试油结论为含油水层。

C井1911.3~1915.9m,岩性为油浸粉砂岩,两个岩心罐装样品的轻烃分析指标均呈现干层特征,如组分数量较多（21~24个）,苯出现,表明该层含油;而C_1百分含量的高值、$\Sigma(C_5 \sim C_7)$、$\Sigma(C_5 \sim C_7)/\Sigma(C_1 \sim C_4)$的低值又表明出油的可能性很小。$C_6$族指标指示该层不含水,罐顶气轻烃录井评价为干层,试油结论为干层。

D井于井深1718.66~1730.95m段取心,见油斑、油浸及荧光显示。1724.8m、1725.9m两个岩心罐顶气轻烃资料中C_1百分含量分别为80.89%、93.48%,组分数量为17~18个,$\Sigma(C_1 \sim C_4)$为7159.8~12942.6μL/L岩石,而$\Sigma(C_5 \sim C_7)/\Sigma(C_1 \sim C_4)$仅为0.01左右,呈现明显的气层特征,罐顶气轻烃录井解释为气层,射开1725~1726m,以6mm油嘴求产,日产气达64544m³。

5. 罐顶气轻烃录井油气层评价的特点

（1）罐顶气轻烃录井具有分析参数多、灵敏度高、抗干扰能力强,能反映油层多方面的特征。

（2）样品数量大,代表性强。

（3）在不参考测井资料的情况下,能及时评价油气层。

（4）能较好地反映储层的不均一性。

（5）对不同岩性的储层,其油气层判识的准确率相同,因而在特殊岩性、低孔渗油气藏的判识上有一定的优势。

（6）与原油密度关系密切。原油密度越大,轻烃含量越低,罐顶气轻烃录井油气层评价的准确率越低。当原油密度大于0.94g/cm³时,由于丰度低、组分太少,难以准确反映油层的性质,此时单独应用罐顶气轻烃分析资料评价重质油层有较大困难。

（7）罐顶气轻烃录井是对某些深度点取样分析,由于迟到时间的偏差及岩屑混杂,导致难以准确确定岩屑取样点对应的深度。

（三）混油钻井液条件下真假油气显示识别

钻井液混油所用油品主要为白油、柴油、原油。其中，白油是成品油经高温磺化作用后的产品，其所含轻烃因高温作用已挥发殆尽，纯白油的罐顶气轻烃分析资料和实际混入白油的钻井液条件下的岩屑（心）罐装样轻烃分析资料都说明了这一点，因此，白油对于罐顶气轻烃录井没有任何影响。

混油时所用的柴油、原油中含有大量的轻烃，为了找出混油油品中轻烃的分布与地层原油中的轻烃的分布的差别，以及时间和温度对于混入钻井液中原油所含轻烃的影响，胜利地质录井公司模拟钻井过程中的温度条件，将桩斜 314 井 3554m 井深所混原油及其在水浴 75℃条件下分别加热 1.5h、5.5h、30h 之后的原油罐顶气进行了分析，分析结果见图 9-3、表 9-10 和表 9-11。

(a) 原油未加热

(b) 原油在水浴75℃条件下加热30h后的罐顶气轻烃色谱图

图 9-3　不同状态下原油罐顶气轻烃色谱图

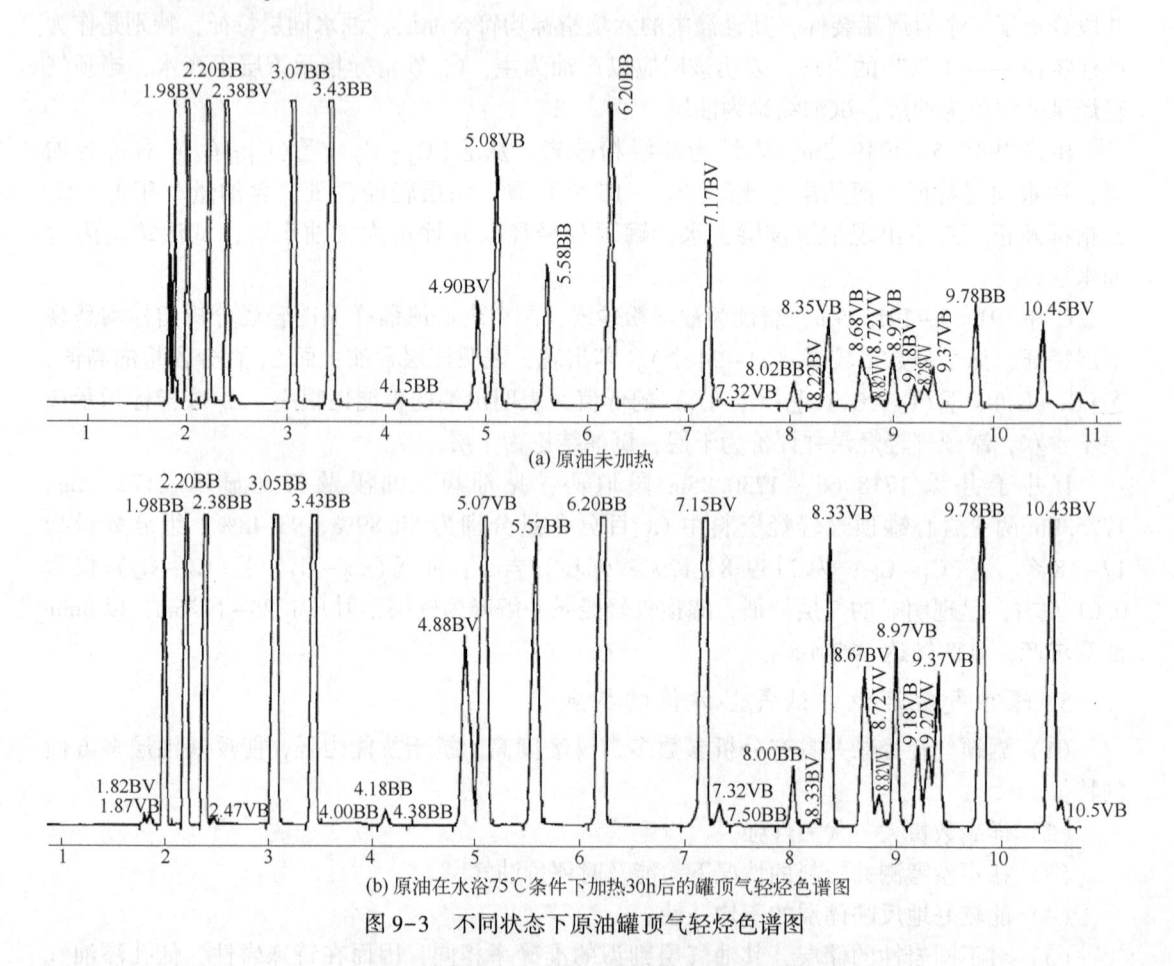

表 9-10　不同状态下原油的罐顶气轻烃分布表

参数 样品 类型	甲烷			乙烷			丙烷			29种烃 组分面 积和
	峰面积	绝对体积 百分含量	相对体积 百分含量	峰面积	绝对体积 百分含量	相对体积 百分含量	峰面积	绝对体积 百分含量	相对体积 百分含量	
原油	80864	0.199	1.68	102187	0.120	1.729	851960	0.668	14.411	591202025

续表

样品类型	甲烷 峰面积	甲烷 绝对体积百分含量	甲烷 相对体积百分含量	乙烷 峰面积	乙烷 绝对体积百分含量	乙烷 相对体积百分含量	丙烷 峰面积	丙烷 绝对体积百分含量	丙烷 相对体积百分含量	29种烃组分面积和
水浴75℃条件下加热1.5h的原油	30106	0.070	0.588	51177	0.060	0.999	555616	0.434	10.845	5123340
水浴75℃条件下加热5.5h的原油	3053	0.007	0.13	13468	0.016	0.499	225829	0.176	8.361	2701143
水浴75℃条件下加热30h的原油	633	0.001	0.092	552	0.0010	0.080	16684	0.013	2.415	690905

表9-11 不同状态下原油的罐顶气轻烃特征表

样品类型	C_2/C_1	C_3/C_1	C_3/C_2	C_4/C_1	nC_4/iC_4	nC_5/iC_5	nC_6/nC_7	A/C	(A+B)/C	E/D
原油	1.269	10.559	8.321	22.519	2.791	0.853	3.386	1.648	1.270	2.130
水浴75℃加热1.5h的原油	1.700	18.455	10.087	49.539	3.344	0.876	3.179	1.633	1.248	2.092
水浴75℃加热5.5h的原油	4.411	73.970	16.768	233.925	2.903	0.803	2.566	1.573	1.243	1.937
水浴75℃加热30h的原油	0.873	26.357	30.225	147.515	2.699	0.759	1.781	1.455	1.272	1.685

注：A—2-甲基戊烷；B—3-甲基戊烷；C—正己烷；D—环己烷；E—甲基环己烷。

从图9-3可以看出，随着原油的持续加热，C_1、C_2、C_3的百分含量和轻烃丰度大幅度减少，而C_6、C_7组分的相对含量明显增加。表9-10中的数据则更加清楚地说明了这种变化规律：

当原油未加热时，其罐顶气轻烃中C_1、C_2和C_3的百分含量分别为1.68%、1.729%、14.411%；当原油在水浴75℃条件下加热30h后，其C_1、C_2、C_3的百分含量仅分别为0.092%、0.080%和2.415%，此时，罐顶气中甲、乙烷的体积浓度仅为0.001%，表明原油加热一段时间后，其中的甲烷、乙烷已挥发殆尽。从表9-11中可以看出（2-MC_5+3-MC_5）/nC_6、nC_4/C_4、nC_5/iC_4的比值在加热过程基本不变，而2-MC_5/3-MC_5、MCC_5/CC_6、nC_6/nC_7随着加热时间的增加逐步减小。

根据以上实验数据和桩斜314、陈33—斜4两井的实际资料，总结出了混油钻井液条件下真假油气显示判识方法：即在录井过程中，同时分析钻井液中混入原油的罐顶气及混油后的岩屑、岩心罐顶气，对比它们之间的轻烃丰度、组成、相对含量，就可以识别真假油气显示，具体判识原则为：

(1) C_1和C_2：罐顶气中的C_1和C_2均来源于地层。

(2) C_3含量：真显示样品罐顶气中C_3含量>10%，假显示样品罐顶气中C_3含量<10%。

(3) $\Sigma(C_5 \sim C_7)/\Sigma(C_1 \sim C_4)$：真显示样品罐顶气中$\Sigma(C_5 \sim C_7)/\Sigma(C_1 \sim C_4)$一般小于0.8，假显示样品罐顶气中$\Sigma(C_5 \sim C_7)/\Sigma(C_1 \sim C_4)$大于0.6。

(4) $C_5 \sim C_7$体积浓度：岩屑（心）罐顶气中$C_5 \sim C_7$各组分的体积浓度若大于混油所用油品罐顶气中$C_5 \sim C_7$各组分的体积浓度，表示地层中含有油气。

(5) (2-MC_5+3-MC_5)/nC_6：若岩屑（心）罐顶气中（2-MC_5+3-MC_5）/nC_6与原油罐

顶气中（2-MC$_5$+3-MC$_5$）/nC$_6$ 相比，偏差超过 10%，表示地层中含有油气。

（6）2-MC$_5$/3-MC$_5$、MCC$_5$/CC$_6$、nC$_6$/nC$_7$：岩屑（心）罐顶气中上述比值出现偏离逐步减少规律的，表示地层中含有油气。

（四）原油生物降解作用程度判断

据 Гпкур（1983）研究，正常原油中异构己烷永远保持下列浓度系列：2-MC$_5$>3-MC$_5$>2,3-DMC$_4$>2,2-DMC$_4$。而当原油遭受生物降解作用时，异构己烷的抗生物作用的能力刚好与正常原油中异构己烷浓度系列相反，因此异构己烷浓度系列是判别原油生物降解程度最灵敏的指标之一，表 9-12 给出根据异构己烷浓度系列划分原油生物降解作用程度的指标。

表 9-12 生物降解作用异构己烷浓度系列变化

生物降解阶段	异构己烷浓度系列变化
正常油气或第一阶段低强度降解	2-MC$_5$>3-MC$_5$>2,3-DMC$_4$>2,2-DMC$_4$
第二阶段一般强度降解	2-MC$_5$≈3-MC$_5$>2,3-DMC$_4$>2,2-DMC$_4$
第三阶段中等强度降解	3-MC$_5$>2-MC$_5$>2,3-DMC$_4$>2,2-DMC$_4$
第四阶段严重降解	3-MC$_5$>2,3-DMC$_4$>2-MC$_5$>2,2-DMC$_4$
	2,3-DMC$_4$>3-MC$_5$>2-MC$_5$>2,2-DMC$_4$
	2,3-DMC$_4$>3-MC$_5$>2,2-DMC$_4$>2-MC$_5$
第五阶段严重降解	正己烷全部消失，然后是 2-MC$_5$，甚至朝着全部烷烃都消失的方向发展

（五）估算原油密度

原油中烃组分以及胶质、沥青质的组成主要取决于油气源岩的有机质类型、成熟度以及原油成藏后所经历的生物降解和氧化作用等后生变化。轻烃中 iC$_4$/nC$_4$、iC$_5$/nC$_5$ 是指示烃源岩成熟度的指标；2-MC$_5$/3-MC$_5$ 是指示原油生物降解和氧化作用程度的指标。

因而，上述三个指标可以反映原油中烃类组成，进而可以推算原油密度。

四、罐顶气轻烃录井的作用和意义

罐顶气轻烃录井技术发展到现在，已经成为油气勘探常规录井项目之一。实践证明，罐装岩样顶部空间气体 C$_1$~C$_7$ 轻烃分析是油气资源早期评价工作中一项经济、快速、有效的方法和手段。这种方法同有机碳分析、生油岩热解色谱分析相结合，已经成为油气勘探有机地球化学分析项目之一。

（1）罐装气分析成果，可广泛运用于研究油气生成条件、油气分析、油气源对比等诸方面。

（2）用于有机质热演化研究，在南海盆地钻探中已经取得效果。

（3）用于油气对比研究，也在南海等盆地的钻探中取得了成效。

（4）主要分析法：

① 氢气或氯气吹脱/毛细色谱法分析与鉴定轻烃成分。

② 采用冷却装置浓缩样品，提高含量极微的重质馏分的分离鉴定水平。

③ 通过湿度、异丁烷/正丁烷、异戊烷/正戊烷及石蜡指数等一系列有机地球化学指标，系统研究正构烷烃与异构烷烃的组成及其各种变化因素与热演化规律，对解决探区油/油、

油/气、气/气关系与其母岩特征很有意义。

(5) 由于罐装气录井技术在我国广泛采用的时间不长，各探区取得效果不一，还有待进一步总结完善和推广。

五、罐顶气轻烃录井施工

(一) 罐顶气轻烃录井原则

区域探井和天然气或轻质油区预探井岩屑录井井段均要相应进行罐装气录井。

(二) 罐顶气轻烃录井密度

(1) 区域探井非目的层每 50~100m 取一个样，次要目的层每 20~50m 取一个样，主要目的层每 10~20m 取一个样，显示段加密。

(2) 预探井非目的层，包括次要目的层每 50~100m 取一个样，主要目的层每 20~50m 取一个样，显示段加密。

(3) 对于评价井，各探区根据需要设计录井密度。

(4) 碳酸盐岩地层每 10~20m 取一个样，显示段加密。

(三) 罐顶气轻烃录井工作分工

(1) 罐装样由现场录井小队在钻进过程中按迟到时间，参照岩屑录井取样方法采集整理装箱并负责运送到化验室。

(2) 罐装气分析工作由化验室承担。成果要及时返回录井小队有关方面。

(3) 做好分工协调，各负其责，保证成果质量。

(四) 现场采样要求

(1) 采用 100mL 的取样罐，取样准时，装罐封罐要及时，符合质量标准。

(2) 取样罐内外要清洁干净无油污。使用前一定要检查认定合格。

(3) 取样必须在振动筛前架空槽内捞取。严禁在振动筛后的钻井液槽内捞取。

(4) 捞样不要冲洗，立即装入专用取样罐内密封倒置保存。

(5) 装罐时岩屑、钻井液、空间按 7∶2∶1 的比例进行。冲洗样罐时不得有水浸入。

(6) 装罐密封后，要立即检查密封性，不得漏气，贴好标签，及时送化验室分析。

(7) 取样密度间距照设计执行。

(8) 送样清单应一式两份，内容应与罐面标签的井号、样号、取样深度、层位、岩性相符。取样人、取样日期等也要一应俱全。一份随样送化验室，一份录井小队留存入原始记录备查。

(五) 罐装气室内分析

罐装气室内分析包括气样采集、气样分析与结果处理三部分工作。这项工作在化验室有专用规程和流程，此处从略。

(六) 资料录取内容

(1) 现场取样编号、井号、采样井深、层位、岩性等基础资料要齐全准确。

(2) 化验分析资料包括烃类气体含量，各组分含量、非烃气体含量以及解释结果等。

【任务实施】

一、目的要求

(1) 能够正确操作罐装气样品收集。
(2) 能够正确实施罐顶气轻烃录井操作。
(3) 会整理分析罐顶气轻烃录井资料，会撰写罐顶气轻烃录井成果报告。

二、资料、工具

(1) 学生工作任务单。
(2) 罐顶气轻烃录井实验室。

【任务考评】

一、理论考核

(1) 罐顶气轻烃录井原理是什么？
(2) 罐顶气轻烃录井应用包括哪些？

二、技能考核

（一）考核项目

罐顶气轻烃录井操作。

（二）考核要求

(1) 准备要求：工作任务单准备。
(2) 考核时间：20min。
(3) 考核形式：仪器操作+成果汇报。

项目十　定量荧光录井技术

定量荧光录井技术可以定量评价储层的含油特性，特别是对轻质油和低阻油层的判别更为有效。但它不能区分地层原油荧光和污染物荧光，因此又产生了可以区别各种荧光物质的全荧光扫描技术（TSF），这两种技术相结合，可以同时实现荧光定量检测，区分地层荧光和钻井液荧光。钻井地质的最终目的就是发现和研究油气层，因此，在钻井过程中确定有没有油气显示及显示的程度，是一件非常重要的事情，现场录井要求对砂岩等储层除做重点描述和观察之外，还要进行荧光分析。荧光分析是检验油气显示的直接手段，是地质录井工作中落实油气层不可缺少的分析资料。

【知识目标】
（1）了解定量荧光录井原理；
（2）掌握定量荧光录井资料分析解释方法。

【技能目标】
（1）认识相关定量荧光录井设备；
（2）能够根据定量荧光录井资料发现钻遇油气层。

【相关知识】

定量荧光录井就是在石油钻探过程中利用荧光录井仪器定量检测岩样中所含石油的荧光强度，通过比较同一口井不同层位的荧光强度大小来判断地层含油情况的方法。依据所用的荧光录井仪的类型和方法不同，在有些情况之下，定量荧光录井技术还可以粗略地定出地层的原油含量及反映油质轻重的油性指数等，但是定量荧光一般只是在现场取样，分析工作在基地开展。

一、常规荧光的局限性

常规荧光灯是用波长为 365nm 的紫外光照射石油，不能充分激发轻质油的荧光。

用肉眼观察只能看到波长大于 410nm 的可见光，而轻质油、煤成油、凝析油发出的荧光为波长小于 400nm 的不可见光，因此常规荧光检测方法观察不到，容易漏掉轻质油、煤成油和凝析油显示层。

常规荧光录井用氯仿或四氯化碳浸泡进行系列对比，而氯仿对人体健康有害，四氯化碳则对荧光有猝灭作用，会降低仪器检测的灵敏度，都不是理想的荧光试剂。

常规荧光录井不能消除钻井液中荧光类有机添加剂的荧光干扰，在特殊施工井中会影响地质资料的准确录取。

常规荧光采用肉眼观察和描述，人为影响因素太大。

二、定量荧光录井仪的类型

定量荧光录井就是在石油钻探过程中利用荧光录井仪定量检测岩样中所含石油的荧光强度，利用邻井相同层位的油所做的标准工作曲线计算当量烃浓度，根据烃含量的多少和油质情况来判断地层含油情况，从而进行油气储层评价的方法。

依据所用荧光录井仪的类型和方法不同,在有些情况下,定量荧光录井技术还可以粗略地给出地层中反映油质轻重的油性指数及含油饱和度等。

美国德士古石油公司在20世纪80年代后期对荧光录井技术进行了深入研究,推出了QFT单点定量荧光录井技术;20世纪90年代初推出了QFT二维定量荧光录井技术;20世纪90年代后期推出了三维定量荧光技术(全扫描荧光分析技术)TSF。

我国近年来引进了该项技术的设备,目前仍处于对应用技术的试验研究发展阶段。

定量荧光分析技术是近几年发展起来的录井新技术,该技术继承了常规荧光录井方法的优点,弥补了肉眼分辨范围的局限性。

目前在国际国内的石油工业生产中所使用的荧光录井仪主要有以下三种类型(表10-1)。

表10-1 荧光录井仪器性能对比

仪器名称 对比项目	常规紫外荧光灯录井	单点定量荧光录井仪 (QFT为例)	二维荧光分析仪 (OFA-Ⅱ型为例)	三维荧光分析仪 (FAD、LYC-B型为例)
激发波长	365nm	254nm	254nm	200~800nm
发射接收方式	人眼直接观察	单点	自动谱图记录	自动谱图记录
发射接收波长	混合光	320nm(强度)	200~600nm (波长、强度)	200~800nm (波长、强度)
灵敏度	0.6mg/L 5~10级较准确	0.25μg/L	0.1mg/L	0.1mg/L
分析时间	8h	15min	15min	30min
信息显示方式	肉眼观察记录	强度数字显示	二维谱图、强度、波长、含烃浓度	二维、三维谱图、强度、波长、含烃浓度
强度采集方式	肉眼比较	单点	单点	光谱面积积分
荧光扫描	无	无	有	有
激发扫描	无	无	无	有
萃取剂使用	四氯化碳	异丙醇	正己烷	正己烷/异丙醇
消除污染方式	无	人工判断	计算机自动扣除	计算机自动扣除
脱机情况	无	可脱机	脱机/联机	不可脱机

(一)单点定量荧光录井仪

单点定量荧光录井仪是指仪器内只安装有一个单一波长的激发滤光片和一个单一波长的发射滤光片,所以它只能在单一指定波长处(如320nm处)测定样品的荧光强度。它的特点是仪器简单,但能够提供的数据信息量极其有限。

单点定量荧光录井仪采用定激发波长(254nm)和固定发射波长(320nm)。

(二)二维荧光分析仪

二维荧光分析仪是在原QFT荧光仪的工作原理基础上加以改进,采用了分光技术。在仪器内安装有一个单一波长的激发滤光片和一个连续的接收光栅,将发射波长从原来固定的320nm光波改为260~800nm进行波长扫描,并给出每次扫描的二维荧光图谱(横坐标为发射波长,纵坐标为荧光强度)。

二维荧光分析采用定激发波长(254nm)和不定发射波长(200~800nm),可测取以波长为横轴、以荧光强度为纵轴的二维荧光图谱，也能给出定波长下的荧光强度。

二维荧光分析的特点是能够检测从凝析油气到重质油的各种油类；能够直观地反映原油的油质特点；能够有效地辨别天然原油和钻井液添加剂的荧光干扰；能够在钻井现场的环境下使用。

（三）三维荧光分析仪

根据二维荧光分析仪的工作原理，对激发波长也采用分光技术，当用不同波长的激发光对样品进行照射时就测得了不同的二维光谱，多个二维光谱叠加就生成了三维光谱，经处理可得到样品的荧光指纹图，从而产生了三维荧光仪。

三维荧光谱图采用不定激发波长（200～800nm）和不定发射光波长（260～800nm），可测取"激发波长—发射光波长—荧光强度"的三维荧光谱图。

定量荧光录井在储层性质判断以及油源对比追踪等油藏地球化学方面有较高的应用价值。

三、定量荧光分析资料应用

（一）单点定量荧光分析资料应用

单点检测荧光强度与储层原油性质和含油级别关系密切：原油越轻，荧光强度越高；含油越饱满，荧光强度越高。单点定量荧光分析资料的这种规律在多个油田均得到了验证，通过统计分析，建立了划分储层性质和原油性质的工作标准（表10-2、表10-3）。

表10-2　划分储层性质和原油性质的标准1

储层性质\流体性质	轻质油 QFT	中质油 QFT	重质油 QFT	稠油 QFT
油层	>2500	>1500	>1000	>800
油水同层	1200～2500	900～1500	700～1000	600～800
含油水层	600～1200	500～900	400～700	300～600
水层、干层	<600	<500	<400	<300

表10-3　划分储层性质和原油性质的标准2

储层性质\流体性质	轻质油 QFT	中质油 QFT	重质油 QFT
油层	>2000	>1700	>1000
差油层	1500～2000	700～1700	700～1000
水层、干层	<1500	<700	<500

由于不同油区原油族组分的差异，在同样的荧光激发和检测条件下，相同原油当量浓度样品的定量荧光检测数据有较大的差异。另外，功能相同的分析仪器，如果采用不同的溶剂，也将导致分析数据的较大差别。因此，储层解释判断标准不能照搬，应在区域分析统计的基础上制定合适的标准。

（二）二维定量荧光录井资料应用

二维定量荧光录井主要依据谱图特征、荧光主峰波长、含油浓度及荧光系列对比级等特征参数与油性指数，对录井中发现的异常显示层进行油质判别与储层流体性质评价。

1. 含油级别划分

对应于常规荧光录井的含油级别划分，以及荧光系列对比15个级别的标准样品进行系统分析（表10-4），其含烃浓度与荧光系列对比级 N 的对应关系式如下：

$$N = 15 - (4 - \lg C)/0.301 \quad (10-1)$$

其中
$$C = nC'$$

式中　C——被测样品的当量原油浓度，mg/L；
　　　C'——被测样品稀释后仪器检测的当量原油浓度，mg/L；
　　　n——稀释倍数；
　　　N——荧光系列对比级。

表10-4　原油浓度与荧光系列对比级关系数据表

原油浓度 C, mg/L	定量荧光	10000	5000	2500	1250	625	312.5	156.3	78.1
	地质录井	10000	5000	2500	1250	625	320	160	80
荧光系列对比级 N		15	14	13	12	11	10	9	8
原油浓度 C, mg/L	定量荧光	39	19.5	9.8	4.9	2.4	1.2	0.6	0.305
	地质录井	40	20	10	5	2.5	1.25	0.625	
荧光系列对比级 N		7	6	5	4	3	2	1	0

2. 原油性质判别

中国石油勘探开发研究院所使用的各类原油密度划分标准见表10-5。

表10-5　各类原油密度（API标准）

原油类型	原油密度，g/cm³
轻质油	<0.87
常规原油	0.87~0.92
重质油	0.92~0.95
特重质油	>0.95

中国石油勘探开发研究院所使用的油质系数采用波长365nm及320nm的强度之比。判别原油性质标准如表10-6所示。

表10-6　各类原油荧光波长及油性指数表

原油性质	凝析油	轻质油	中质油	重质油	超重油
波长，nm	≤320	320~360	360~380	>380	>420
油性指数 R	≤1	1~1.5	1.5~3	>3	

在中原油田，使用的原油按相对密度的分类标准见表10-7。

表10-7 中原油田原油相对密度分类标准

原油类别	密度，g/cm³
轻质油	0.740~0.830
中质油	0.830~0.904
重质油	0.904~0.934

计算油性指数（R）时，取波长为350~370nm的最大荧光强度峰值310~330nm间的最大荧光强度峰的比值，同时结合谱图形态和主峰波长对油质进行判断（表10-8至表10-10）。

表10-8 不同原油的谱图形态和主峰波长判断方法

原油性质	主峰波长 nm	谱图形态	油性指数
轻质油	320~355	以轻质组分为主峰，无重质组分或重质组分占的比例小，谱图形态较窄	1~1.5
中质油	355~380	以中质组分为主峰，轻质峰不高，可见重质峰	1.5~3
重质油	380~400	中质峰与重质峰并列出现，轻质峰较低，谱图形态较宽	>3

表10-9 据油性指数（R）判别原油性质标准（南阳油田）

环烷型		石蜡型		芳香型		原油密度 g/cm³
油质类型	油性指数	油质类型	油性指数	油质类型	油性指数	
凝析油	≤1.2	凝析油	≤1.2			≤0.82
轻质油	1.2~3.5	轻质油	1.2~2.8	轻质油	1.2~2.8	0.82~0.87
中质油	3.5~4.5	中质油	2.8~4.2	中质油	2.8~4.2	0.87~0.934
		重质油	>4.2	重质油	>4.2	>0.934

表10-10 据油性指数（R）判别原油性质标准（胜利油田）

原油性质	主峰波长位置	谱图形态	油性指数	原油密度，g/cm³
轻质油	358~360	轻质组分主峰的荧光强度有非常明显地增大，无重质组分，或重质组分占相当小的比例	<2.97	0.75~0.86
中质油	360~364	轻质油峰不高，可见重质油峰	2.97~3.74	0.86~0.90
重质油	362~365	重质油峰比主峰稍低，轻质油峰明显变低，图谱峰形形态较宽	3.74~4.10	0.90~0.95
稠油	364~367	中质油峰与重质油峰双峰并列，轻质油峰低，有时主峰与重质油峰重叠为一个峰，图谱形态很宽	>4.10	>0.95

例如：中原油田胡114井3149.1~3150.8m井段的岩性为灰色油迹细砂岩，其荧光主峰波长在360nm，油性指数（R）为2.49，荧光谱图与标准中质油的谱图具有相似特征，属于中质油范围（图10-1）。

3. 储层性质评价

定量荧光分析仪可以数字化显示样品的相对荧光强度和含油量，从而在纵向上可对一口井自上而下的岩石样品进行对比，荧光强度值明显高于基值处极有可能是油气显示的层段。目前我们主要是用荧光系列对比级和基于含油浓度计算出的含油饱和度这两项参数，结合测

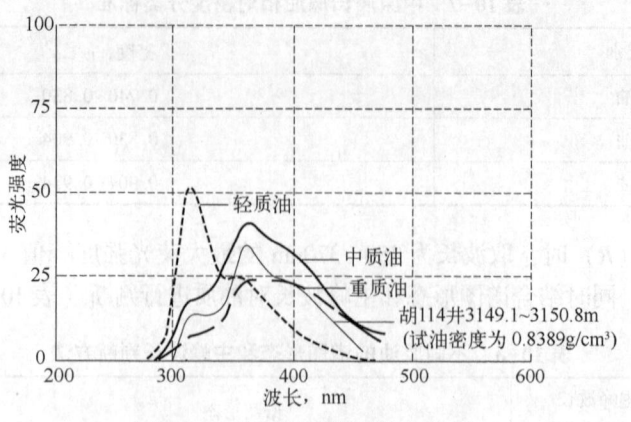

图 10-1　定量荧光谱图分析示例 1

井孔隙度、岩性及其他资料来评价储层性质。从应用实践来看，使用荧光系列对比级的特点是快速直观，含油饱和度也可以作为一个较为重要的参考指标。

【任务实施】

一、目的要求

（1）能够正确实施定量荧光录井操作。
（2）会整理分析定量荧光录井资料，会撰写定量荧光录井成果报告。

二、资料、工具

（1）学生工作任务单。
（2）定量荧光录井实验室。

【任务考评】

一、理论考核

（1）定量荧光录井原理是什么？
（2）定量荧光录井应用有哪些？如何实施？

二、技能考核

（一）考核项目

定量荧光录井操作。

（二）考核要求

（1）准备要求：工作任务单准备。
（2）考核时间：20min。
（3）考核形式：仪器操作+成果汇报。

项目十一 岩石热解录井技术

岩石热解录井技术是地化录井技术发展的起源，最初仅用于生油岩热解快速定量评价，该技术于20世纪70年代末由法国石油研究院（IFP）研究成功。1979年法国石油研究院以此分析方法为基础研制了ROCK-EVAL I型岩石热解仪，此仪器推向国际市场后获得巨大成功，成为生油岩评价必备仪器。1982年，法国石油研究院又推出了用于评价储集岩的油气显示分析仪。20世纪80年代末我国成功地将岩石热解仪国产化，并将岩石热解分析技术应用于录井现场，用于生油岩及储集岩评价。

【知识目标】
(1) 了解岩石热解录井技术原理及分析周期；
(2) 掌握岩石热解录井相关参数；
(3) 掌握岩石热解录井资料分析解释方法。

【技能目标】
(1) 认识相关岩石热解录井设备；
(2) 能够掌握岩石热解录井资料解释评价方法。

【相关知识】

一、岩石热解录井分析原理及分析周期

（一）分析原理

在程控升温的热解炉中对生油岩、储油岩样品进行加热，使岩石中的烃类热蒸发成气体，并使高聚合的有机质（干酪根、沥青质、胶质）热裂解成挥发性的烃类产物，这些经过热蒸发或热裂解的气态烃类，在载气的携带下，直接进入氢火焰检测器（FID）进行检测。氢火焰检测器将其浓度的变化转换成相应的电流信号，经微机处理可得到各组分峰的含量及最高热解温度。将热解分析后的残余样品送入氧化炉中氧化，样品中残余的有机碳转化为 CO_2 及少量的 CO，由红外检测器（或TCD检测器）检测 CO 及 CO_2 的含量，可得到残余碳的含量。分析流程如图11-1所示。

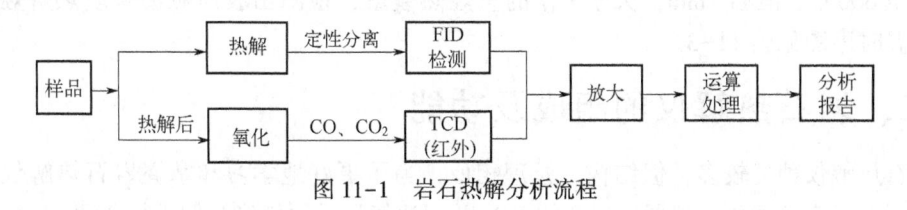

图 11-1 岩石热解分析流程

（二）分析周期

根据烃类和干酪根挥发或裂解的温度差异，国产YQ系列的岩石热解仪设置了两个分析周期，而法国岩石热解仪的升温阶数、恒温时间、升温速率则自行设定。

1. CYCLE1 分析周期

用于生油岩、储集岩样品分析，该周期可测定天然气（S_0）、热蒸发烃（S_1）、热解烃（S_2）及 S_2 峰的最高峰值温度（T_{max}）。该分析程序是将岩石样品在温度 90℃ 的气流（氮气流）中吹扫 2min，吹出的 $C_1 \sim C_7$ 气态烃被氢火焰离子鉴定器检测，检测出天然气（S_0）峰。然后岩样被顶进热解炉，在温度 300℃ 恒温 3min，岩样中 $C_7 \sim C_{32}$ 烃热蒸发成气态，检测出热蒸发烃（S_1）峰。从 300℃ 开始以 50℃/min 程序升温至 600℃ 后恒温 1min，大于 C_{32} 的重烃热裂解，检测出热解烃（S_2）峰。升温时序图见图 11-2。

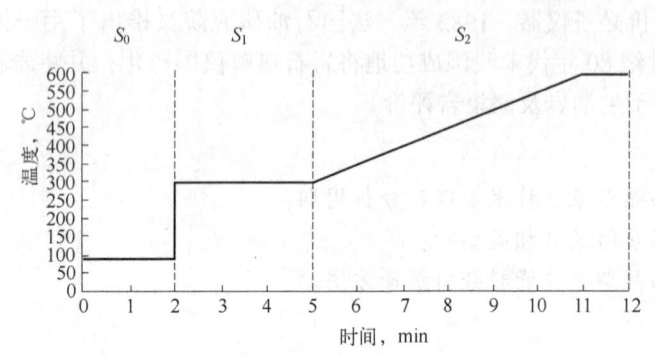

图 11-2 周期 1 升温时序图

S_0：90℃ 恒温 2min；S_1：300℃ 恒温 3min；S_2：300~600℃ 程序升温，升温速率 50℃/min，600℃ 恒温 1min

2. CYCLE2 分析周期

用于储集岩样品的分析，采用了北京石油勘探开发研究院实验中心的发明专利"储集岩油气组分定量分析方法"（专利号 89107296.1），把储油岩的油气分为 5 种组分，即天然气（S'_0）、汽油馏分（S'_1）、煤油及柴油馏分（S'_{21}）、蜡和重油馏分（S'_{22}）及胶质和沥青质热解烃（S'_{23}）。该分析程序是将岩石样品在温度 90℃ 的气流（氮气）中吹扫 2min，吹出的 $C_1 \sim C_7$ 气态烃被氢火焰离子检测器检测，检测出天然气（S'_0）峰。然后岩样被顶进热解炉，在温度 200℃ 恒温 1min，岩样中 $C_7 \sim C_{14}$ 烃热蒸发成气态，检测出汽油馏分（S'_1）峰。从 200℃ 开始以 50℃/min 程序升温至 350℃ 后恒温 1min，岩样中 $C_{14} \sim C_{25}$ 烃热蒸发成气态，检测出煤油及柴油馏分（S'_{21}）峰。从 350℃ 开始以 50℃/min 程序升温至 450℃ 后恒温 1min，岩样中 $C_{25} \sim C_{38}$ 烃热蒸发成气态，检测出蜡和重油馏分（S'_{22}）峰。从 450℃ 开始以 50℃/min 程序升温至 600℃ 后恒温 1min，大于 C_{38} 的重烃热裂解，检测出胶质和沥青质热解烃（S'_{23}）峰。升温时序图见图 11-3。

二、岩石热解仪的组成及功能

岩石热解仪种类较多，但结构、原理相似，为了更好地学习和掌握岩石热解仪基础知识，下面以辽宁海城化工仪器厂生产的 YQ-Ⅱ型油气显示评价仪为例进行介绍。

油气显示评价仪包括主系统和辅助系统两大部分，其中，主系统包括样品处理系统（热解炉部分）、检测放大系统（检测器和微电流放大器）和单片机控制系统等，辅助系统由气路系统、温控系统和电源系统等组成，岩石热解仪流程图见图 11-4。

主系统中，样品处理系统负责完成对样品加热处理，使样品中的烃类物质分离出来；检

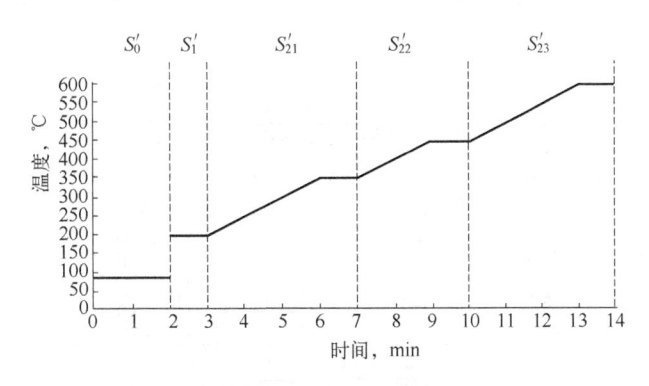

图 11-3 周期 2 升温时序图

S'_0：90℃恒温 2min；S'_1：200℃恒温 1min；S'_{21}：200~350℃程序升温，升温速率 50℃/min，350℃恒温 1min；
S'_{22}：350 450℃程序升温，升温速率 50℃/min，450℃恒温 1min；S'_{23}：450~600℃程序升温，
升温速率 50℃/min，600℃恒温 1min

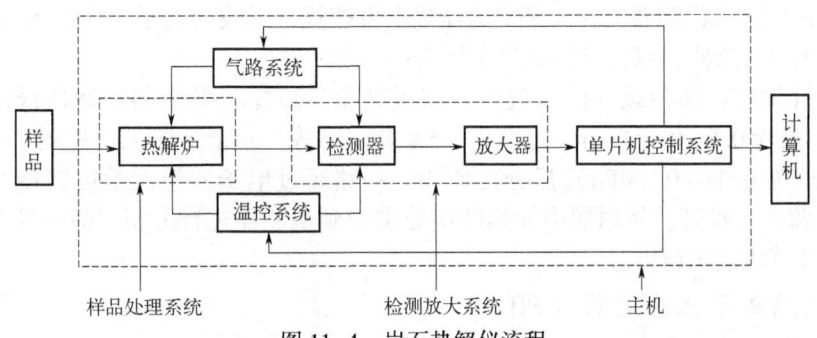

图 11-4 岩石热解仪流程

测放大系统中的检测器是主机的信号转换部分（即传感器），负责将烃类物质转换为电信号；微电流放大器负责将该电信号进行放大处理；单片机控制系统完成主机的信号采集、传送及主机的过程控制等功能。

辅助系统是为主系统服务的，给主系统提供各种必要的保障。气路系统给检测器提供燃气和助燃气，给热解炉提供载气并保障热解炉气动装置的运行，温控系统实现热解炉、检测器和进样杆的温度控制，电源系统为整个主机提供电力供应，使主机能够按照设计方案正常运行，完成样品分析工作。

1. 气路系统

岩石热解仪有三路气源，即空气、氢气和氮气，一般是由空气压缩机、氢气发生器和氮气发生器（或氮气瓶）供应。气路流程原理图见图 11-5。

（1）空气气路：作为助燃气的空气，自空气压缩机输出（输出压力一般为 0.3~0.4MPa），经过净化器（其中有活性炭和硅胶等）除去油、水分等杂质后分为两路，一路直接进入电磁阀，控制炉子的密封、进样、结束、吹冷气等过程；另一路进入稳压阀（输出压力为 0.15~0.25MPa），然后再分为两路，其中一路进入压力传感器供计算机显示压力，另一路经过气阻或稳流阀（流量 200~500mL/min）后进入检测器参与燃烧。

（2）氢气气路：作为燃气的氢气，自氢气发生器输出（输出压力一般为 0.3~0.4MPa，纯度≥99.99%），经过净化器（硅胶或 5A 分子筛等）除去气体中的水分后进入电磁阀，再经过稳压阀输出（输出压力为 0.08~0.25MPa）后分为两路，一路经气阻或稳流阀（流量

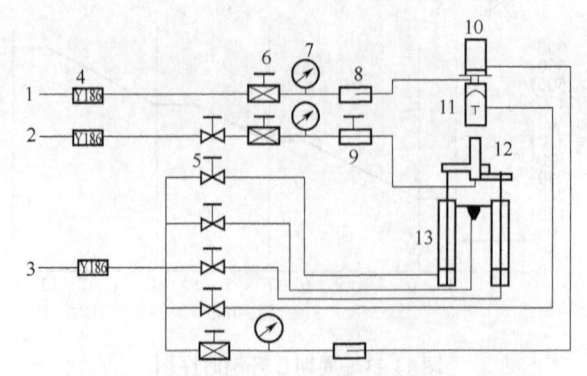

图 11-5 气路流程原理图

1—氢气；2—氮气；3—空气；4—过滤器；5—电磁阀；6—稳压阀；7—压力传感器；8—气阻；
9—质量流量控制器；10—检测器；11—热解炉；12—进样杆；13—气缸

$20\sim 40\text{mL/min}$）进入检测器，在离子室的喷嘴上方燃烧，形成的离子流经放大器放大输出，另一路进入压力传感器，以供计算机显示压力。

（3）氮气气路：作为载气的氮气，自高压气瓶（或氮气发生器）减压阀减压后输出（输出压力一般为 $0.3\sim 0.4\text{MPa}$），经净化（5A 分子筛等）过滤后进入电磁阀，再通过稳压阀（压力一般为 $0.08\sim 0.2\text{MPa}$）后分为两路，一路经过电子质量流量控制器（流量 $10\sim 40\text{mL/min}$）流入进样杆，将坩埚中加热的组分携带到检测器进行分析，另一路进入压力传感器，以供计算机显示压力。

2. 氢火焰离子化检测器（FID）

氢火焰离子化检测器属于质量型检测器，由筒体、筒顶圆片、绝缘套、收集极、陶瓷火焰喷嘴、固定螺母、密封石墨垫、密封紫铜垫、点火极化极探头、收集极探头、信号电缆、点火电缆及螺帽等组成。它是以氢气和空气燃烧生成火焰为能源，当载气携带有机物进入检测器时，生成了很多带电的粒子和离子，这些离子在电场的作用下就形成了一个离子流，收集极收集到这些离子流，经过微电流放大器放大后将样品中含有的有机物检测出来，从而对样品进行定量分析。仪器使用的 FID 检测器，其极化电压为 +300V，最小检测量不大于 $5\times 10^{-10}\text{g/s}$。其原理见图 11-6，结构图见图 11-7。

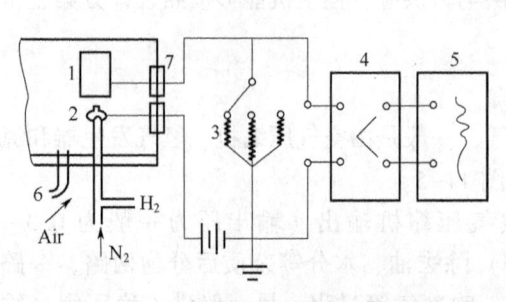

图 11-6 氢火焰离子化检测器原理图
1—收集极；2—极化极；3—高电阻；4—放大器；
5—记录器；6—空气入口；7—绝缘器

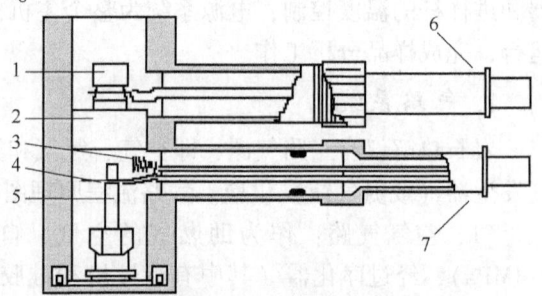

图 11-7 FID 结构图
1—收集极；2—绝缘体；3—点火线圈；4—极化极；
5—喷嘴；6—信号电极；7—点火极化极

3. 热解部分

热解部分主要由热解炉、进样杆、气动装置等部件组成。

（1）热解炉：热解炉由炉体、加热丝组成，其结构如图 11-8 所示。

炉体为不锈钢材料制成，炉体顶部的检测器座、空气进气口和氢气进气口供点火用。热解炉丝采用铠装炉丝，炉丝易于损坏，须小心拆装，不要弯成死角，不要硬拉炉丝接头，炉体内部为测温热电偶。

（2）进样杆：由不锈钢材料加工而成，载气由下端进气孔流入，杆内装有一根杆丝和铠装热电偶，用来实现 90℃温度控制。

（3）气动装置：用以推动密封滑块和进样杆升降，由两个活塞式气缸来实现，在密封滑块上有 O 形密封圈，用来密封，其气缸动力由空气压缩机提供。

① 预热阶段：密封、进样、载气 3 个电磁阀动作；
② 准备阶段：结束电磁阀动作；
③ 工作阶段：密封、进样、载气、冷气 4 个电磁阀分别动作；
④ 结束阶段：结束电磁阀动作。

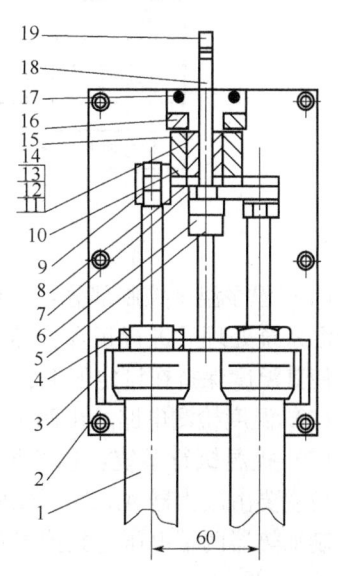

图 11-8 热解炉结构图
1—气缸；2—底板；3—支撑板；4—气缸帽；
5—杆丝密封圈；6，11—压帽；7—后拉板；
8—密封垫；9—螺帽；10—进样杆密封圈；
12—衬套；13—密封套；14—O 形圈；
15—前拉板；16—固定板；17—螺钉；
18—进样杆；19—坩埚

4. 微电流放大器

微电流放大器是将微弱的离子流信号转换为电压信号的高增益放大器，它由高输入阻抗和低输入电流的放大器以及外围元件组成，具有稳定性好、噪声低、灵敏度高等特点，最高增益为 10^8，电流测量范围为 $10^{-6} \sim 10^{-14}$ A，仪器后面板上设有调零转换开关、基流补偿电位器和衰减电位器，从而保证放大器有很宽的测量范围。另外放大器内部设有调零端，调整时需将转换开关转到相应位置，调整好后恢复至原位置。

5. 温度控制部分

温度控制部分是仪器的重要单元，其控制精度直接影响仪器的技术指标，温度控制部分由程序温度控制、温度检测电路、控温执行系统组成。一般由测温元件、温度执行回路、温度控制对象和单片机控制系统中的温度比较控制回路、温度检测回路等组成（图 11-9）。

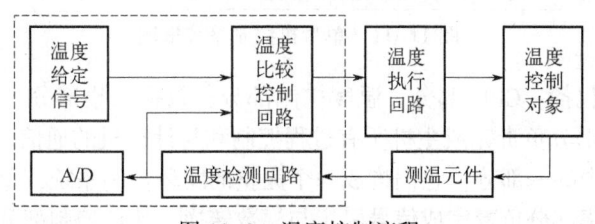

图 11-9 温度控制流程

温度控制原理：温度给定信号由单片机控制系统给出，温度检测回路和测温元件共同完成温度控制对象的温度测量，将温度转换成电信号，再放大成适合比较的电压，并与比较器中的给定电压（与温度相当的电信号）进行比较，根据设定温度和实际温度的偏差大小，比较器输出差值给放大器，通过触发电路控制可控硅的导通程度来控制加热器的电压值，从而控制加热器的温度（图 11-10）。

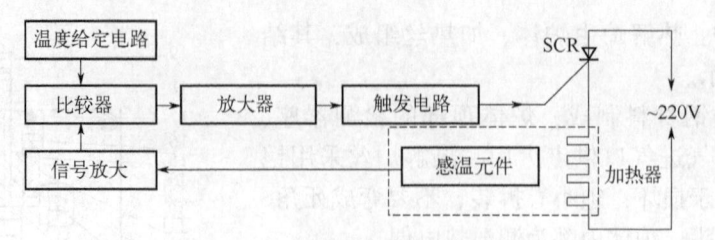

图 11-10 温度控制系统原理图

(1) 程序温度控制部分：由微机和其必要的外围接口组成，热电偶测温点的温度值经过测温系统处理后进行运算，然后输出相应控制信号，由触发模块控制各温控点的加热功率，使其温度保持在设定值上，实现温度的闭环控制。

(2) 温度检测电路：由两个热电偶组成。

(3) 控温执行系统：包括控温板、触发模块和热解炉丝、加热杆丝、热电偶等部件。控温板主要由放大器 AD620、OP07、LM358 及其附属电路等构成。通过控制触发模块，进而控制加热器两端电压达到控温目的。

6. 电源系统

电源系统提供+24V、±15V、+5V、~3.8V 电压，由于电源系统的稳定性直接关系到仪器的稳定性，所以评价仪采用两级高精度的三端稳压器进行稳压。

其中，+24V 供给电磁阀、压力传感器和点火继电器；±15V 分两路，一路供给控制单元母板，另一路供给微电流放大器；+5V 分两路，一路供给极化极电压模块，另一路供给控制单元母板；~3.8V 为氢火焰检测器点火用。

7. 微处理控制系统部分

微处理控制系统是仪器的心脏，主要完成主机各部件的正常运行、数据采集并传送至计算机进行数据处理，具有故障诊断及自动报警功能（图 11-11）。

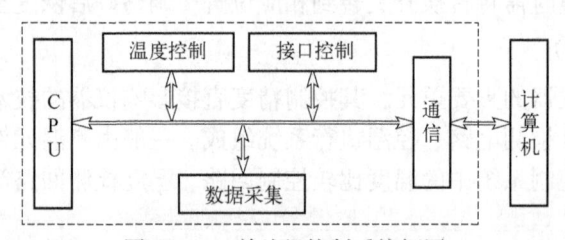

图 11-11 单片机控制系统框图

单片机控制系统包括：CPU 部分、温度控制部分、数据采集部分、接口控制部分和通信部分等。其中，CPU 部分负责完成主机所有过程控制和与计算机的通信。温度控制部分是前面讲过的温度控制系统中的一部分，它们构成一个完整的闭环控制系统，负责完成主机上各路温度控制工作。数据采集部分负责完成信号采集与模数转换。接口控制部分为主机的电磁阀、继电器等元器件提供驱动，负责它们的正常运行。通信部分负责主机与计算机的串口通信工作。

三、岩石热解录井分析参数及计算参数

（一）"三峰"法分析参数

S_0：90℃时单位质量岩石中烃含量，mg/g；

S_1：300℃时单位质量岩石中烃含量，mg/g；

S_2：300~600℃单位质量岩石中烃含量，mg/g；

T_{max}：S_2 的峰顶温度，℃。

（二）"五峰"法分析参数

S'_0：90℃时单位质量岩石中烃含量，mg/g；

S'_1：200℃时单位质量岩石中烃含量，mg/g；

S'_{21}：200~350℃单位质量岩石中烃含量，mg/g；

S'_{22}：350~450℃单位质量岩石中烃含量，mg/g；

S'_{23}：450~600℃单位质量岩石中烃含量，mg/g。

（三）残余碳分析参数

S_4：单位质量岩石热解后残余有机碳含量，mg/g；

RC：RC = $12CO_2/44+12CO/28$，或 RC = $S_4/10$，表示单位质量岩石热解后残余有机碳占岩石质量的百分数。

（四）储集岩评价计算参数

（1）热解烃总量 P_g：

$$P_g = S_0 + S_1 + S_2 \text{（三峰法）} \tag{11-1}$$

$$P_g = S'_0 + S'_1 + S'_{21} + S'_{22} + S'_{23} \text{（五峰法）} \tag{11-2}$$

式中，P_g 为热解烃总量，mg/g。

（2）含油气总量 S_T：

$$S_T = S_0 + S_1 + S_2 + 10RC/0.9 \text{（三峰法）}$$

$$S_T = S'_0 + S'_1 + S'_{21} + S'_{22} + S'_{23} + 10RC/0.9 \text{（五峰法）} \tag{11-3}$$

式中，10、0.9 为换算系数。

（3）凝析油指数 P_1：

$$P_1 = \frac{S'_0 + S'_1}{S'_0 + S'_1 + S'_{21} + S'_{22} + S'_{23}} \tag{11-4}$$

式中，P_1 为凝析油指数，无量纲。

（4）轻质原油指数 P_2：

$$P_2 = \frac{S'_1 + S'_{21}}{S'_0 + S'_1 + S'_{21} + S'_{22} + S'_{23}} \tag{11-5}$$

式中，P_2 为轻质原油指数，无量纲。

（5）中质原油指数 P_3：

$$P_3 = \frac{S'_{21} + S'_{22}}{S'_0 + S'_1 + S'_{21} + S'_{22} + S'_{23}} \tag{11-6}$$

式中，P_3 为中质原油指数，无量纲。

（6）重质原油指数 P_4：

$$P_4 = \frac{S'_{22} + S'_{23}}{S'_0 + S'_1 + S'_{21} + S'_{22} + S'_{23}} \tag{11-7}$$

式中，P_4 为重质原油指数，无量纲。

(7) 气产率指数 GPI：

$$\mathrm{GPI} = \frac{S_0}{S_0 + S_1 + S_2} \tag{11-8}$$

式中，GPI 为气产率指数，无量纲。

(8) 油产率指数 OPI：

$$\mathrm{OPI} = \frac{S_1}{S_0 + S_1 + S_2} \tag{11-9}$$

式中，OPI 为油产率指数，无量纲。

(9) 总产率指数 TPI：

$$\mathrm{TPI} = \frac{S_0 + S_1}{S_0 + S_1 + S_2} \tag{11-10}$$

式中，TPI 为总产率指数，无量纲。

(10) 原油轻重组分指数 PS：

$$\mathrm{PS} = S_1 / S_2 \tag{11-11}$$

(11) 原油中重质烃类及胶质和沥青质含量 HPI：

$$\mathrm{HPI} = S_2 / (S_0 + S_1 + S_2) \tag{11-12}$$

（五）生油岩评价计算参数

(1) 产烃潜量 P_g：

$$P_g = S_0 + S_1 + S_2 \tag{11-13}$$

式中，P_g 为产烃潜量，mg/g。

(2) 有效碳 C_p：

$$C_p = 0.083 \times (S_0 + S_1 + S_2) \tag{11-14}$$

式中，C_p 为有效碳，%。

(3) 总有机碳 TOC：

$$\mathrm{TOC} = C_p + RC \tag{11-15}$$

式中，TOC 为总有机碳，%。

(4) 降解潜率 D：

$$D = \frac{C_p}{\mathrm{TOC}} \times 100\% \tag{11-16}$$

式中，D 为降解潜率，%。

(5) 氢指数 HI：

$$\mathrm{HI} = \frac{S_2}{\mathrm{TOC}} \times 100\% \tag{11-17}$$

式中，HI 为氢指数，%。

(6) 生烃指数 HCI：

$$\mathrm{HCI} = \frac{S_0 + S_1}{\mathrm{TOC}} \times 100\% \tag{11-18}$$

(7) 产率指数 I_P：

$$I_P = S_1 / (S_1 + S_2) \tag{11-19}$$

式中，I_P 为产率指数，无量纲。

(8) 烃指数 I_{HC}：

$$I_{HC} = S_1/TOC \tag{11-20}$$

式中，I_{HC} 为烃指数，%。

四、岩石热解录井方法

(一) 样品采集

储集岩和烃源岩样品的采样间距不同。

1. 储集岩

(1) 岩屑：按岩屑录井采样间距分析。

(2) 岩心：同一岩性段厚度小于 0.5m 时，分析 1 个样品；同一个岩性段厚度介于 0.5~1.0m 时，等间距分析 2~3 个；同一岩性段厚大于 1.0m 时，每米等间距分析 3 个。

(3) 井壁取心：逐颗分析。

2. 烃源岩

(1) 岩屑：按岩屑录井采样间距分析。

(2) 岩心：每米等间距分析 2~3 个。

(3) 井壁取心：逐颗分析。

(二) 样品预处理

待分析的样品预处理应符合：

(1) 应在自然光和紫外灯下观察并选取有代表性的样品。

(2) 储集岩样品用滤纸吸干表面水分；不能及时分析的样品，用恒温冷藏箱密封保存。

(3) 烃源岩样品，自然风干并粉碎，粒径应为 0.07~0.15mm。

(三) 辅助设备

辅助设备包括：

(1) 氢气发生器：输出压力不小于 0.4MPa，流量不小于 200mL/min，纯度不小于 99.99%。

(2) 空气压缩机/空气发生器：输出压力不小于 0.4MPa，空气供气量不小于 1000mL/min，无水、无油 3 级。

(3) 氮气发生器输出压力不小于 0.4MPa，氮气发生量不小于 300mL/min，纯度不小于 99.99%。

(4) 电子天平：最大称量不大于 100g，分度值不大于 0.1mg。

(5) 暗箱式荧光观察仪。

(6) 恒温冷藏箱：温度控制范围 2~20℃，容积不小于 50L。

(7) UPS 不间断稳压电源：额定功率不小于 2000W，断电持续时间不小于 30min（额定负载情况下）。

(四) 工作条件

(1) 电源应满足以下条件：

① 电压：220V±22V（AC）；
② 频率：50Hz±5Hz；
③ 采用集中控制的配电箱，具有短路、断路、过载、过压、欠压、漏电等保护功能，各路供电应具有单独的控制开关，分别控制。

(2) 环境应满足以下条件：
① 温度：10~30℃；
② 湿度：RH 不大于 80%；
③ 无影响测量的气体污染、震动和电磁干扰。

五、岩石热解储集岩解释评价方法

生油岩中干酪根生成的油气混合物，经过初次运移和二次运移，最终聚集于具有渗透性和孔隙性的储集岩中形成油气藏。能储集油气并具备孔隙、裂缝及有渗透性的地层称为储层。

地质录井工作的核心任务是及时发现并准确评价油气层，应用岩石热解技术、热解气相色谱技术可以取得储层中含油气总量及烃类组分等参数，利用这些参数可以判断真假油气显示、原油性质、流体性质，定量计算含油饱和度，达到全面评价储层的目的。

（一）真假油气显示识别

为了安全钻井及保护油气层，需要在钻井液中加入成品油或添加剂，这在较大程度上影响着地质录井对真假油气显示的发现和识别，给勘探工作带来一定的困难。如何找到一种能够去伪存真、提高油气解释符合率、降低勘探成本的方法呢？针对这一问题探讨了应用岩石热解技术从油气显示程度、成分组成等方面加以区分鉴别，为这一问题的解决提供了新的方法。

1. 谱图比较法

首先把常用的有机添加剂做热解分析，作为比较的标准谱图，当某种成品油或添加剂与一种油气显示混在一起时，分析出来的色谱指纹图有两个重叠峰的特点，将此重叠峰与各自的标准谱图相比较，就可以快速、有效排除样品污染。下面以柴油识别方法为例进行说明。

首先将柴油进行热解分析，其谱图特征是 S_1 峰较高且峰较窄，S_2 峰曲线峰值很低，说明柴油的碳数范围较窄，没有 300℃ 以后的组分，而含油样品 S_1、S_2 均有峰，S_1 峰较高且较柴油的 S_1 峰宽（图 11-12、图 11-13）。

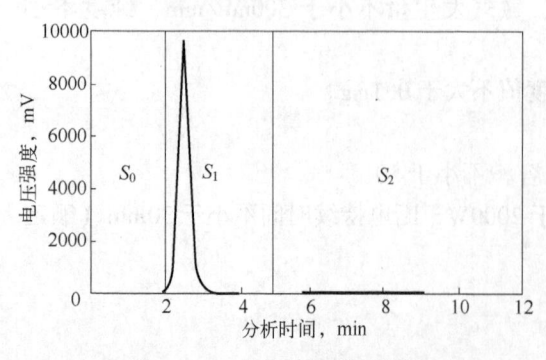

图 11-12 柴油热解分析谱图

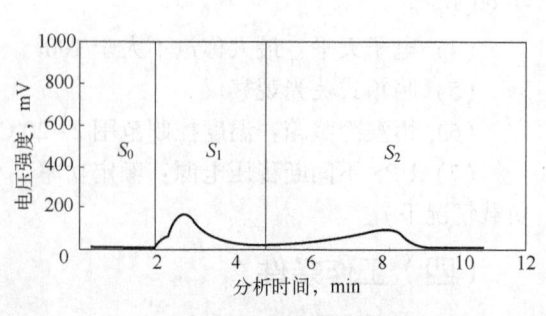

图 11-13 含油岩屑热解谱图

将含油砂岩样品中混入一些柴油进行热解分析，其谱图特征是 S_1 峰远大于 S_2 峰。其中，S_1 峰为柴油的 S_1 峰与样品中原油 S_1 峰叠加，导致叠加后的 S_1 峰较柴油的 S_1 峰宽；S_2 峰为样品中原油 S_2 峰。由于 S_1 峰增值较大，图形的比例发生变化，S_2 峰增值较小或不变，使 S_2 峰压缩的很低，使其谱图基本与柴油谱图相似（图 11-14），因此，根据谱图的形态能够识别成品油及添加剂的污染。

2. 热解分析数据比较法

1) 原油热解分析特征

应用热解分析技术识别真假油气显示依据的是成品油及钻井液添加剂的组成与原油不同。为了认识原油地化特征，采用五峰分析法对某区块 20 块油砂样品进行了分析（表 11-1），原油中汽油峰 S'_1 为 4.29~14.17mg/g，柴油+煤油峰 S'_{21} 为 14.09~37.48mg/g，重油+蜡峰 S'_{22} 为 9.52~24.22mg/g，胶质+沥青质峰 S'_{23} 为 0.39~3.4mg/g，凝析油指数 P_1 小于 0.26，轻质油指数 P_2 为 0.66~0.71，中质油指数 P_3 为 0.74~0.93，重质油指数 P_4 为 0.30~0.35。

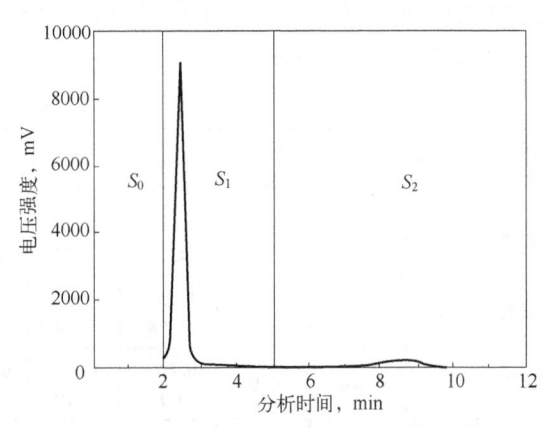

图 11-14 柴油与含油粉砂岩混合热解谱图

表 11-1 某区块油砂样品热解分析

样品号	样重 mg	S'_0 mg/g	S'_1 mg/g	S'_{21} mg/g	S'_{22} mg/g	S'_{23} mg/g	P_1	P_2	P_3	P_4
23	100.0	0.00	13.57	26.86	16.51	1.28	0.24	0.71	0.76	0.31
25	100.0	0.00	11.38	23.56	15.39	0.70	0.23	0.69	0.77	0.32
38	100.0	0.00	13.24	24.18	15.83	1.17	0.25	0.70	0.75	0.31
39	100.0	0.00	12.01	20.72	13.40	1.36	0.26	0.71	0.74	0.31
40	100.0	0.00	11.74	29.22	18.34	1.85	0.20	0.69	0.80	0.33
41	100.0	0.00	11.71	23.08	15.78	1.16	0.23	0.69	0.77	0.33
42	100.0	0.00	10.09	23.10	14.83	0.75	0.21	0.69	0.79	0.32
118	100.0	0.00	14.17	34.68	24.22	2.24	0.19	0.67	0.81	0.35
119	100.0	0.00	10.97	26.78	18.00	1.00	0.20	0.68	0.80	0.33
120	100.0	0.00	7.23	17.06	12.42	0.43	0.20	0.66	0.79	0.35
124	100.0	0.00	7.46	14.09	9.52	0.39	0.24	0.69	0.76	0.32
130	100.0	0.00	7.84	25.62	13.39	0.64	0.17	0.71	0.83	0.30
194	100.0	0.00	11.36	23.08	16.78	0.87	0.22	0.67	0.78	0.34
197	100.0	0.00	8.07	16.03	11.59	0.57	0.23	0.68	0.77	0.34
198	100.0	0.00	7.51	15.19	11.18	0.52	0.22	0.67	0.78	0.34
209	100.0	0.00	8.44	26.60	15.30	1.29	0.17	0.70	0.83	0.32
210	100.0	0.00	5.00	36.40	21.06	1.19	0.08	0.66	0.92	0.35
211	100.0	0.00	4.29	35.24	19.82	1.74	0.07	0.67	0.93	0.35
212	100.0	0.00	8.46	37.48	19.46	3.40	0.13	0.70	0.87	0.33
230	100.0	0.00	13.58	25.82	16.88	2.31	0.24	0.70	0.76	0.33

2）成品油热解分析

为了明确成品油的地化特征，分别对柴油、机油、黄油、螺纹油进行热解五峰分析（表11-2），柴油中主要以汽油峰 S_1' 为主，机油以柴油峰 S_{21}' 和重油峰 S_{22}' 为主，黄油和螺纹油以重油峰和胶质、沥青质 S_{22}' 为主，S_{21}' 和 S_{23}' 也较高。

表11-2 成品油热解分析

样品名称	样重 mg	含碳数	S_0' mg/g	S_1' mg/g	S_{21}' mg/g	S_{22}' mg/g	S_{23}' mg/g	P_1	P_2	P_3	P_4
柴油	50	$C_{15}\sim C_{25}$	0.0	42.0~43.5	2.0~2.22	0.20~0.35	0.10~0.19	0.90~0.94	0.71~0.99	0.06~0.10	0.01~0.10
机油	50	$>C_{25}$	0.0	1.35~1.58	8.54~9.10	5.88~6.70	3.26~3.90	0.05~0.10	0.6~0.63	0.90~0.93	0.40~0.47
黄油	50	$>C_{25}$	0.0	0.66~0.74	4.36~4.70	6.90~7.03	3.36~4.20	0.16~0.20	0.48~0.50	0.80~0.84	0.60~0.61
螺纹油	50	$C_{15}\sim C_{25}$	0.0	1.09~1.10	5.03~5.20	8.1~8.76	4.33~4.80	0.18~0.20	0.49~0.50	0.80~0.81	0.60~0.61

从上述对原油和成品油的实验分析中可明显看出，它们在组分上具有很大差异，应用岩石热解分析可在现场及时进行区分，对油气显示进行判断，去伪存真。表11-3展示了某探区原油及成品油的热解分析参数。

表11-3 成品油与原油热解分析参数

样品名称	P_1	P_2	P_3	P_4
原油	<0.26	0.66~0.71	0.74~0.93	<0.35
柴油	0.9~0.94	0.71~0.99	0.06~0.10	0.01~0.1
机油	0.05~0.1	0.6~0.63	0.90~0.93	0.4~0.47
黄油	0.16~0.2	0.48~0.50	0.80~0.84	0.6~0.61
螺纹油	0.18~0.2	0.49~0.50	0.8~0.80	0.6~0.61

岩石热解技术与现场地质录井的有机结合，能在很大程度上弥补其他录井方法的不足，快速、准确地做出含油性评价，为生产决策提供依据。

（二）含油饱和度的计算及校正

含油饱和度是反映储层产油能力的主要参数之一，未注水开采时的储层含油饱和度称为原始含油饱和度（S_o），水淹以后的储层含油饱和度称为目前剩余油饱和度（S_{om}）。在录井解释评价中，该参数的获得主要基于岩石热解分析资料，根据含油饱和度的经典公式进行求取，并对主要参数 S_T 进行了校正，建立了热解法与密闭取心实验分析方法之间的校正关系，提高了含油饱和度的计算精度，在探井及水淹层解释评价中见到了较好的应用效果。

1. 岩石热解法求取含油饱和度原理

实验室岩心分析测定含油饱和度的表达式为

$$S_o = \frac{V_{油}}{V_{孔}} = \frac{V_{油}}{\phi_e \times V_{岩}} \times 100\% \tag{11-21}$$

式中 $V_{岩}$——样品体积，cm^3；

$V_孔$——孔隙体积，cm^3；

$V_油$——孔隙中油所占的体积，cm^3；

ϕ_e——有效孔隙度，小数。

岩石热解分析和室内常规测定含油饱和度的原理基本一致，但其操作方法和样品分析原理是不同的。岩石热解分析的含油气总量 S_T（单位：$mg_{烃}/g_{岩石}$）值是指单位质量岩石中的烃含量，通过该参数可以求取岩石的含油饱和度。其理论计算公式推导如下：

$$\frac{S_T}{1000} = \frac{W_油}{W_岩} = \frac{V_油 \times \rho_油}{V_岩 \times \rho_岩}$$

$$S_o = \frac{V_油}{V_岩 \times \phi_e} \times 100\% = \frac{S_T \times \rho_岩}{1000 \times \rho_油 \times \phi_e} \times 100\%$$

则

$$S_o = \frac{S_T \times \rho_岩 \times 10}{\rho_油 \times \phi_e} \quad (11-22)$$

$$S_T = S_0 + S_1 + S_2 + 10 \times \frac{RC}{0.9}$$

式中　S_T——热解含油气总量，mg/g；

$W_油$、$W_岩$——原油、岩石的质量，g；

$V_油$、$V_岩$——原油、岩石的体积，cm^3；

$\rho_油$、$\rho_岩$——原油、岩石密度，g/cm^3；

S_o——含油饱和度，%；

ϕ_e——有效孔隙度，%。

2. 热解分析参数 S_T 的校正方法

1) 井壁取心与密闭取心样品的热解参数校正

密闭取心岩心出筒后应及时分析，这样烃类的挥发程度很低，可假设密闭取心热解分析是在地面条件下基本无损失的分析。因而用密闭取心可较好地校正井壁取心热解参数由于环境因素造成的损失。对某密闭取心井同时进行井壁取心工作，采取一颗井壁取心对应三块岩心的办法，在物性、含油性相同的情况下，分别进行热解分析，建立校正关系图（图 11-15）。

由图 2-20 得出校正关系式为

$$MS_T = 0.96 JS_T + 8.46 \quad (11-23)$$

式中，M 代表密闭取心；J 代表井壁取心。

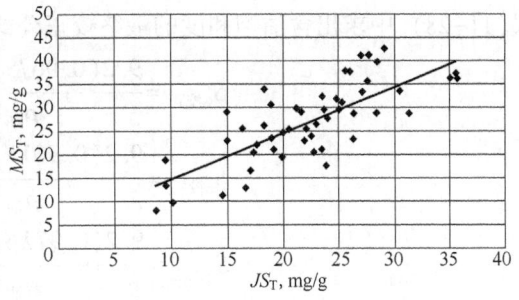

图 11-15　井壁取心与密闭取心热解分析 S_T 校正关系图

2) 岩心、岩屑、井壁取心热解分析参数的校正

在岩心录井井段选取岩屑样品，同时进行井壁取心，并及时进行热解分析，该方法仍然采用以往的方法，校正关系式为

$$JS_T = 0.94 YS_T - 1.34 \quad (11-24)$$

$$JS_T = 1.01 XS_T + 0.92 \quad (11-25)$$

式中，J 代表井壁取心；X 代表岩屑；Y 代表岩心。

3) 岩心、岩屑、井壁取心与密闭取心热解参数的校正

将式(11-23)、式(11-24)代入式(11-25)求得岩心、岩屑、井壁取心与密闭取心热解参数之间的校正关系式为

$$MS_T = 0.90YS_T + 7.17 \tag{11-26}$$

$$MS_T = 0.97XS_T + 9.34 \tag{11-27}$$

3. 含油饱和度的校正

每一种测定含油饱和度的方法都可能存在一定的偏差，统计并校正这种系统偏差，可进一步提高参数的准确性和可对比性。目前该参数以密闭取心实验分析为准，因此采用密闭取心实验室常规分析测定含油饱和度校正热解分析含油饱和度。根据某井密闭取心资料建立了二者之间的关系（图11-16）。

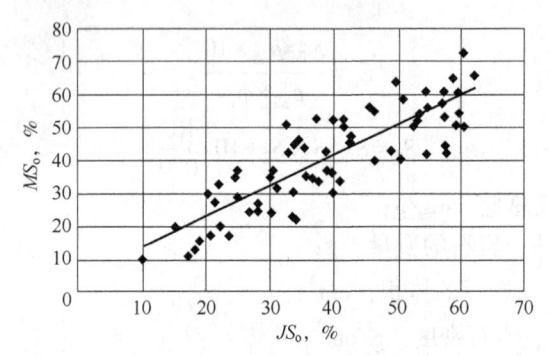

图11-16 井壁取心与密闭取心含油饱和度关系图

由图11-16得出校正关系式：

$$MS_o = 0.92JS_o + 13.91 \tag{11-28}$$

4. 建立含油饱和度的校正公式

将式(11-23)、式(11-26)、式(11-27)代入含油饱和度的求取公式，然后代入式(11-28)中求出含油饱和度的最终校正公式为

$$S_{o校正} = \frac{9.2(0.96JS_T + 8.46) \times \rho_{岩}}{\rho_{油} \times \phi_e} + 13.91$$

$$S_{o校正} = \frac{9.2(0.90YS_T + 7.17) \times \rho_{岩}}{\rho_{油} \times \phi_e} + 13.91$$

$$S_{o校正} = \frac{9.2(0.97XS_T + 9.34) \times \rho_{岩}}{\rho_{油} \times \phi_e} + 13.91 \tag{11-29}$$

式中 $S_{o校正}$——校正后含油饱和度；

JS_T——井壁取心样品含油气总量，mg/g；

XS_T——岩屑样品含油气总量，mg/g；

YS_T——岩心样品含油气总量，mg/g；

$\rho_{岩}$——岩石密度，g/cm³；

$\rho_{油}$——原油密度，g/cm³；

ϕ_e——有效孔隙度，%。

通过密闭取心井资料建立含油饱和度的校正关系式，提高含油饱和度求取的准确程度，将热

解分析资料计算含油饱和度数据恢复到密闭取心实验室状态下，这种方法的实际应用效果较好。

（三）原油性质识别方法

原油是一种成分极其复杂的混合物，其主要成分为饱和烃、芳烃、胶质和沥青质，不同性质的原油各组分含量相差较大，总体规律为胶质和沥青质含量越高，油质越重；反之则油质越轻。原油性质的不同表现在热解参数上的差异即 S_0、S_1、S_2 之间相对含量的不同。

1. 应用热解参数比值法判别原油性质

比值法是指用五峰分析各相关区间参数与总烃含量的比值对储层原油性质判别。

$$P_1 = \frac{S'_0 + S'_1}{S'_0 + S'_1 + S'_{21} + S'_{22} + S'_{23}} \tag{11-30}$$

$$P_2 = \frac{S'_1 + S'_{21}}{S'_0 + S'_1 + S'_{21} + S'_{22} + S'_{22} + S'_{23}} \tag{11-31}$$

$$P_3 = \frac{S'_{21} + S'_{22}}{S'_0 + S'_1 + S'_{21} + S'_{22} + S'_{23}} \tag{11-32}$$

$$P_4 = \frac{S'_{22} + S'_{23}}{S'_0 + S'_1 + S'_{21} + S'_{22} + S'_{22} + S'_{23}} \tag{11-33}$$

式中　S'_0——天然气组分；

S'_1——汽油馏分；

S'_{21}——柴油+煤油馏分；

S'_{22}——蜡及重油馏分；

S'_{23}——胶质、沥青质馏分；

P_1、P_2、P_3、P_4——凝析油、轻质油、中质油、重质油指数。

热解五峰分析原油性质判别标准：

$P_1>0.9$，为凝析油；$P_2>0.9$，为轻质油；$0.5<P_3<0.8$，为中质油；$0.5<P_4<0.7$，为重质油；$P_4>0.7$，为残余油。

2. 应用原油轻重组分指数 PS 判别原油性质

热解分析得到的 S_1 值表示轻质组分的含量，S_2 值表示重质油组分的含量，原油轻重组分指数 PS 为两者的比值：

$$PS = S_1/S_2 \tag{11-34}$$

PS 值越大表明原油性质越好，PS 值越小表明原油越重。

3. 应用油产率指数 OPI 判别原油性质

$$OPI = S_1/(S_0 + S_1 + S_2) \tag{11-35}$$

OPI 值越大表明原油性质越好，OPI 值越小表明原油越重。

4. 原油黏度、密度预测

原油黏度与原油烃类组分组成有关，重烃、胶质和沥青质含量高，由于其分子质量大、彼此亲合能力强，使得原油黏度就越高。储层原油产能的大小与原油性质密切相关，在同样物性、埋藏深度、含油厚度、地温及含油丰度条件下，原油黏度低的储层比原油黏度高的储层获得的产能要高。

（四）油水层热解识别方法

油气水层解释评价是油田勘探开发系统工程中的一个重要环节，是油气勘探测试选层设计、储量计算的重要依据，也是油田开发调整井投产射孔方案设计的重要依据。新钻一口井，地质家们就想知道，它有多少个含油气储层，含油气性怎么样，产油产气性怎么样，能产出多少液量，也就是人们通常所说的"是什么、有多少、产液性、产出量"，油气水层解释工作就是要解答这些问题的。

目前，油水层解释主要是依据图版法。主要分为以下三类：第一类（图 11-17），为孔隙度（ϕ）—热解烃总量（P_g）解释图版，即可反映孔隙度与含油饱和度对应关系；第二类（图 11-18），泥质含量的多少与渗透性相关，泥质含量（V_{sh}）—热解烃总量（P_g）解释图版可以反映渗透率—饱和度对应关系；第三类（图 11-19），为热解烃总量—原油轻重组分比解释图版，可反映含油性的双饱对应关系。

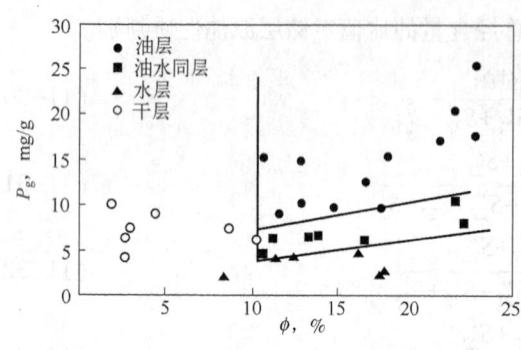

图 11-17　热解烃总量—孔隙度解释图版

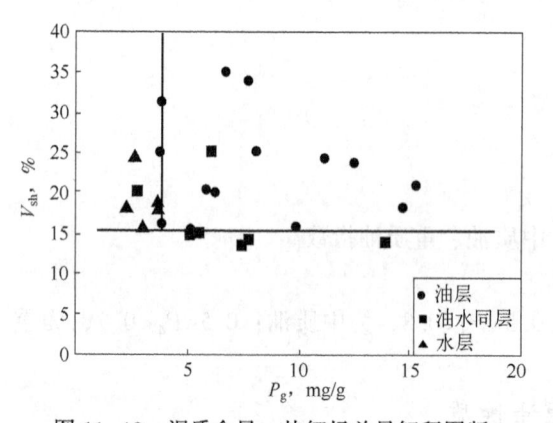

图 11-18　泥质含量—热解烃总量解释图版

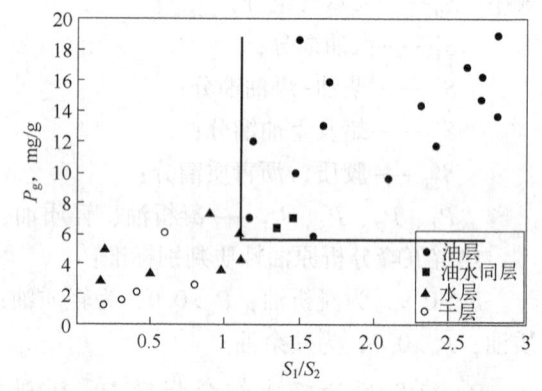

图 11-19　热解烃总量—原油轻重组分比解释图版

（五）水淹层热解评价方法

对岩石热解参数 P_g 值进行恢复、校正之后，根据含油饱和度经验公式可计算得到含油饱和度。含油饱和度是反映储层产油能力的主要参数之一，未注水开采时的储层含油饱和度称为原始含油饱和度（S_o），水淹以后的储层含油饱和度称为目前剩余油饱和度（S_{om}）。油田注水开发以后，随含水率的上升，含油饱和度发生变化。岩石热解分析能反映出注水开发阶段储层含油饱和度的变化，据此，可建立岩石热解分析水淹层评价方法。

1. 驱油效率评价方法

油层水淹以后最明显的变化就是含水饱和度上升和含油饱和度降低，其变化幅度反映着油层注水驱油效率。驱油效率是基本的水淹层评价指标，其计算公式为

$$E_D = \frac{S_o - B_o \times S_{om}}{S_o} \times 100\% \tag{11-36}$$

式中 E_D——驱油效率，%；

B_o——原油体积系数，可由高压物性资料获得；

S_{om}——剩余油饱和度，%，由热解分析方法得到；

S_o——原始含油饱和度，%。

1）原始含油饱和度的求取

油层水淹以后，储层含油饱和度必然发生变化，原始含油饱和度已无法直接测得，本教材尝试了一种利用孔隙度估算原始含油饱和度的方法。在原始储层为纯油层的前提下，有效孔隙度与总孔隙度的百分比就是原始含油饱和度，即 $S_o = \phi_e/\phi_t \times 100\%$，可见，原始含油饱和度与有效孔隙度是密切相关的，且总体上呈现正相关的趋势。可利用密闭取心岩心分析资料为依据，利用有效孔隙度回归原始含油饱和度，对其精度进行检验可以满足实际生产要求。

2）驱油效率评价标准的建立

根据热解分析与密闭取心岩心分析的对比结果，结合实际生产井投产或试油层资料，确定了热解分析驱油效率判别水洗级别的标准。

未水洗：$E_D \leq 15\%$；弱水洗：$E_D = 15\% \sim 26\%$；中水洗：$E_D = 26\% \sim 38\%$；强水洗：$E_D > 38\%$。

2. 有效孔隙度与剩余油饱和度评价图版的建立

有效孔隙度与剩余油饱和度评价图版是基于驱油效率的基本原理，采取分区分级定性判别方法以弥补驱油效率定量评价的不足。孔隙度是评价油层水淹程度的一个重要参数，含油饱和度与油层水淹程度有线性关系。虽然二者间不是一一对应关系，但含油饱和度随孔隙度增大而增大的规律是客观存在的，并且呈明显的带状分布特征（图11-20）。

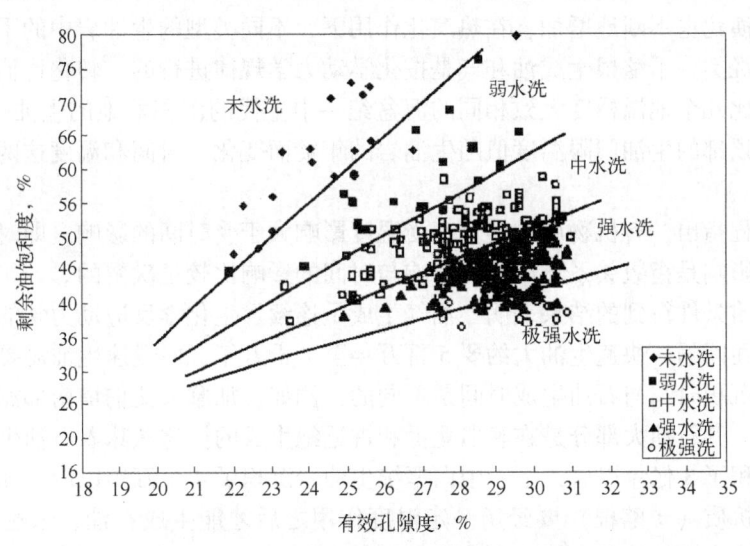

图11-20 有效孔隙度与剩余油饱和度图版

2009年LMD油田在北西块二区和北东块高台子试验区进行了井壁取心，其中，在北东块高台子试验区井壁取心6口，北西块二区二类油层上返设计井壁取心15口井，目的是评价试验区油层层内水淹状况及聚驱后油层层内水淹状况，研究聚驱后剩余油并为制定射孔方案提供依据。根据15口井壁取心录井评价成果，对加密调整的303口井提供确定射孔选层依据，2010年4月加密调整井投产，初期平均单井日产油1.70t，综合含水92.8%，综合含水下降0.7%，达到了开发方案设计的预期效果（表11-4）。

表11-4 LMD油田北西块二区应用录井技术的效果

类别	平均单井日产油量，t	综合含水，%	类别
原井网	4.1	93.5	原井网
新投产井	1.7	92.8	新投产井
井壁取心投产9口	2.12	93.7	井壁取心投产9口

六、生油岩岩石热解评价方法

在石油勘探中，迅速而准确地识别生油岩是十分重要的。广义的生油气岩是指能生成石油和天然气的岩石。狭义的生油气岩是指具有一定的有机质丰度并在适宜的热演化阶段能生成并排出油气的岩石。由能生成工业数量油气的生油气岩组成的地层称为生油气层。根据国内外研究，普遍认为最好的生油气岩为浅海、三角洲和深水湖泊等环境沉积的泥页岩和碳酸盐岩。从20世纪70年代开始随着油气勘探领域不断扩大，煤成油气被大量发现，煤系地层也成为重要的一类生油气层。

生油岩热解快速定量评价是20世纪70年代末发展起来的方法，目前国内外已普遍应用此法来快速评价生油岩的成熟度、有机质类型和产油潜量，以此来指导下一步的勘探工作。

（一）热解法评价生油岩原理

1. 油气生成的温度和时间

烃类生成的过程是随着生油岩埋藏深度增加其生烃量增大：深度的增加意味着温度的增加，有机质热演化也不断地增加，在热演化作用下，不同类型的生油岩中的干酪根形成不同数量和质量的烃类。干酪根生成油和气是按化学动力学规律进行的，转化比值取决于温度和时间。通过对比几个地温梯度大致相同的泥盆纪—中生代的沉积盆地的生油带顶部的地温，可看出生油带顶部的生油门限温度值随生油岩的年龄而变化。时间和温度这两个因素可以相互补偿。

动力学方程指出，有机物质的转化率受温度影响大于受时间的影响，即时间影响是线性关系，而温度影响是指数关系。压力的影响与时间的影响比较是次要的。

从不同地质条件得到的结果表明，油气生成是连续发生化学反应动力学的结果，同时要持续一定的时间间隔，快速生油大约要5百万年至1千万年，而慢速生油需要1亿年或更多时间。生油岩沉积时间与石油生成时间是不同的，例如，加拿大艾伯塔南部泥盆系或下—中白垩统生油岩，其石油大部分是在晚白垩世和古近纪生成的。这意味着石油生成的主要阶段是在泥盆系沉积了3亿年以后，下—中白垩统生油岩沉积了4千万年以后才开始。这说明了生油岩中的有机质（干酪根）要经历一定温度作用之后才能生成石油，未达到一定温度的生油岩，仍处于未成熟阶段，不会有大量石油生成。

2. 热解法评价生油岩原理

热解法评价生油岩的实施分为实验室内评价研究和钻井现场快速评价两种，其原理是一致的，只是各自独具特色。

热解法评价生油岩的原理是建立在干酪根热解生油的基础上，即在实验室中加热生油岩模拟自然界的生油过程。生油岩中的干酪根随上覆沉积的增加，温度逐渐上升，在漫长的地质历史时期生成油气，要在短暂的时间内观察研究油气生成只能通过实验室的模拟来进行。在沉积盆地内，在自然界相对较低的地温（50~150℃）下，有机质自然热演化生油气需几千万年至上亿年时间，在实验室内创造油气生成的温度不成问题，而几千万年的时间绝无重建的可能。但由于温度与时间可以互相补偿，以提高生成油气的温度来补偿时间的作用，使室内模拟油气生成成为可能，也就是说热解法分析评价生油岩就是用高于实际生油所需要的温度加热生油岩，促使在天然条件下需要数千万至数亿年才能完成的油气生成在短暂的时间内完成，即把温度和时间两个因素变成一个温度因素。

在钻井现场采用快速热解法对生油岩评价，主要分析对象是岩屑、岩心、井壁取心等实物，所得到的分析结果与室内热解分析相近。其主要优点为样品分析密度大，获得的生油岩的分析数据量多，这对准确评价生油岩是有益的。室内生油岩取样井段间隔长，分析结果达不到现场地化分析的精度和密度。现场取样，快速分析，挑选的样品真实地代表了生油井段的实际情况。尤其是在生油岩性质变化较大的情况下，现场每米挑选的样品可以准确地确定生油岩性质的变化情况，使粗略评价生油岩趋于精细评价。钻井现场湿样进行生油岩分析，可以避免吸附的气态烃和轻质烃类损失。

3. 生油岩的评价指标

生油气岩的地球化学评价要素有三个，即岩石中有机质的丰度和数量，有机质的类型、性质以及有机质的热演化程度。这三个因素之间既相互联系，又相互制约。对油气源岩进行评价就是研究它们的数量、性质和特性，以确定生油潜量的大小，从而最终确定油气资源量。

如果某一地层的有机质丰度很低，其有机质降解生成的烃类只能满足岩石矿物和有机质本身的吸附，甚至还不足以饱和这种吸附时，即使类型再好，并处于理想的演化阶段，也不能成为有效的生油岩。同时，若有机质丰度较高，但生烃潜量接近或等于零，即所谓"死碳"，这种有机质也是没有实际意义的。另外，若有机质丰度也高，类型也好，但没有到达生油门限，也不可能提供大规模的油气源形成大型油气藏。因此，在生油层评价中，不是孤立地研究其中的某一个因素，重要的是研究它们之间的相互关系，综合判断。

1) 有机质丰度

生油岩中有机质是油气形成的物质基础，因此生油层中有机质的含量及分布是评价生油层最基本的指标。但是由于沉积盆地中的有机质都经历了漫长的地质发展阶段，原始有机质丰度已无法直接测得，只能测出残留的有机质丰度。据研究，生油岩中有机质只有少部分转化为油气，因此，残留有机质也可作丰度的指标。目前生油岩有机质丰度的测试和评价已形成了一套成熟的技术，并建立了相应的评价指标和判别标准。主要包括有机碳含量、氯仿沥青"A"含量、总烃含量、有机质热解生烃潜量（$P_g=S_1+S_2$）四种评价指标。

2) 有机质类型

生油岩中有机质的类型是油气形成的重要因素之一，有机质类型分析是评价生油层的重要一环，有机质类型上的差别对于一个地区的产烃能力、生油规模以及油气组成性质都将产生重大影响。根据前人所做干酪根热模拟实验看，Ⅰ类干酪根的热降解潜率大于70%，Ⅱ类为40%左右，Ⅲ类小于20%。

有机质类型划分三种四类，即腐泥型（Ⅰ）、腐殖腐泥型（Ⅱ$_1$）、腐泥腐殖型（Ⅱ$_2$）和腐殖型（Ⅲ）。

腐泥型有机质含有众多的饱和碳链并富含氢，而杂原子官能团和多环芳核相对较少。其原始有机质主要是由富含类脂化合物的浮游植物、藻类以及细菌组成。Ⅰ类有机质的形成是有机质在沉积时，经过细菌降解后，只剩下化学结构抗细菌分解的有机物。从红外分析结果看，Ⅰ类有机质在结构上富含脂肪链，有利于生成大量油气，其产油气潜量为Ⅲ类有机质的5~10倍，为Ⅱ类有机质的2~3倍。混合型有机质的原始有机物主要是水生生物，但掺杂有来自陆地的高等植物，在形成还原环境前经过细菌的强烈降解。还原环境下由于厌氧细菌的作用，把水中的硫酸盐还原成大量的硫，继续与铁化合生成黄铁矿，因而生油岩中常含有大量的黄铁矿。Ⅱ类有机质的潜在含油量比Ⅲ类有机质大3~6倍。腐殖型有机质在化学结构上富含芳核及含氧官能团，特点是继承了来自高等植物的长链脂肪酸和烷烃，此类有机质富含氧而乏氢，其原始有机质主要是来自大陆的富含纤维素及木质素的高等植物。Ⅲ类有机质的产油气潜量很低，主要以产煤气为主（Tissot 等，1975）。

3）有机质的成熟度

近几十年来国内外对有机质的成烃演化规律进行了深入细致的研究，对有机质的成烃机理和演化模式有了较为清楚的认识。有机质只有达到一定的热演化阶段才能热降解生烃，同时在不同的热演化阶段有机质的产烃能力和产物是不同的。勘探实践表明，一个盆地或凹陷有机质所处的演化阶段，直接关系到其油气勘探的前景。根据研究，有机质可以划分为未成熟、低成熟、成熟、高成熟、过成熟五个热演化阶段。

正确确定有机质的成熟度对指导一个地区的勘探具有重要意义。目前用于判别有机质成熟度的指标有很多，但最主要的有：干酪根镜质体反射率、生油岩热解最高峰温度（T_{max}）、饱和烃气相色谱正构烷烃奇偶优势、孢粉颜色指数和甾萜烷生物标记化合物异构化参数等。

（二）生油岩有机质丰度评价

生油岩产油气量与干酪根含量有密切关系，油气是干酪根热演化的产物。干酪根是沉积岩中含量最丰富的有机质，它是褐色或黑色粉末状固体，不溶于无机或有机溶剂。干酪根是由生物有机质在沉积岩中经过化学重整及聚合形成的，是在较低的温度下生成的。随着埋藏深度的增加，温度达到一定值后，干酪根的化学结构按热动力平衡的规律发生变化，产生热降解，生成二氧化碳、水及轻质烃类。

干酪根的丰度是影响产油气量的重要因素。一般评价生油岩有机质丰度采用产油潜量（P_g）和有效碳（C_p）两项指标，其计算公式为

$$P_g = S_0 + S_1 + S_2 \tag{11-37}$$

$$C_p = 0.083(S_0 + S_1 + S_2) \tag{11-38}$$

式中　P_g——产烃潜量，mg/g；

　　　C_p——有效碳，%；

　　　S_0——岩石气态烃含量，mg/g；

　　　S_1——岩石液态烃含量，mg/g；

　　　S_2——岩石裂解烃含量，mg/g。

有机碳是指沉积岩石中与有机质有关的碳元素，总有机碳含量（TOC）是指单位重量岩石中有机碳的重量，用百分数来表示。

$$TOC = C_p + RC$$

或

$$TOC = C_p + S_4/10 \tag{11-39}$$

式中　TOC——总有机碳，%；

　　　C_p——有效碳，%；

　　　S_4——岩石热解后残余有机碳含量，mg/g；

RC——岩石热解后残余有机碳含量,%。

总有机碳含量分析是一种简便而有效的评价有机质丰度的办法,是几十年来评价生油岩有机质丰度最主要的指标。

将岩石样品粉碎至粒径小于 0.21mm,用 5%盐酸加热煮沸,除去碳酸盐后(除去无机碳)的剩余残渣,在高温有部分氧气存在的条件下将有机质燃烧成二氧化碳。检测产生的二氧化碳量并将其换算成碳元素的含量,最终计算出总有机碳的含量。根据二氧化碳含量检测原理不同可分为体积法、重量法、容量法、库仑法和仪器法。

总有机碳含量是国内外作为生油岩有机质丰度评价应用得最早、资料积累最多的一项指标。我国对陆相生油岩研究工作最为深入,已形成了一套较规范的评价标准。泥岩、页岩生油岩总有机碳含量值下限定为 0.4%,好生油岩 TOC>1.0%,差生油岩 TOC 为 0.4%~0.6%,中等生油岩 TOC 为 0.6%~1.0%。由于我国碳酸盐岩烃源岩多为古生界高成熟烃源岩,其特征与国外有很大不同,TOC 低是其一个显著的差别。不同学者提出了不同的评价标准,但一般认为碳酸盐岩烃源岩现今残余 TOC 下限值为 0.1%,中等烃源岩 TOC 为 0.2%~0.3%,差烃源岩 TOC 为 0.2%~0.1%,好的烃源岩 TOC>0.3%。针对不同地区不同演化阶段的 TOC 划分标准,应做相应的热模拟实验进行恢复以精确确定。仅凭 TOC 进行有机质丰度评价是不完善的,还应当结合氯仿沥青"A"、总烃及热解烃潜量综合评价。我国生油岩有机碳含量评价标准见表 11-5。

表 11-5 我国生油气岩总有机碳含量评价标准 单位:%

岩性	生油岩级别			
	好	中	差	非
泥岩	>1.0	1.0~0.6	0.6~0.4	<0.4
碳酸盐岩	>0.3	0.3~0.2	0.2~0.1	<0.1
煤系	>3.0	3.0~1.5	1.5~0.75	<0.75

生油岩的产烃潜量(P_g),就是生油岩中的有机质在热解时所产生的烃类(油+气)总和,即岩石中已存在的可溶烃 S_1 和岩石中有机质热解烃 S_2 之和(S_1+S_2)。一般生油岩在相同成熟度和类型条件下,有机质丰度大(有机碳含量高),产油气量就多。但因有机碳包括不能用有机溶剂抽提和不能热解生烃的碳,因此有机碳的含量并不绝对反映生油岩潜力的大小,而产烃潜量则是直接评价生油能力好坏的一个重要指标。

还可以用有效碳(C_p)来定量评价生油岩,在相同成熟度条件下生油潜量和有效碳越高,生油岩有机质丰度越高,目前国内外采用的是法国石油研究院生油岩定量评价分级标准(表 11-6),按照该标准,我们可以对生油岩有机质丰度进行定量分级。

表 11-6 生油岩定量评价分级

生油岩分级	P_g, mg/g	C_p, %
极好生油岩	>20	>1.7
好生油岩	5~20	0.4~1.7
一般生油岩	2~5	0.17~0.4
差生油岩	<2	<0.17

（三）生油岩有机质类型评价

以往对生油岩有机质类型的划分，主要建立在干酪根分析的基础上：即从生油岩中分离干酪根，然后用红外分析鉴定干酪根各官能团的结构，或用元素分析干酪根的氢、碳、氧含量，计算其氢、碳和氧碳原子比，根据图版来确定干酪根的类型。但由于从生油岩中提取干酪根成本高、周期长，不适合于大量分析样品。而热解法划分生油岩有机质类型，主要根据热解烃量（S_2）和热解残余碳（S_4）及总有机碳（TOC）、降解潜率、氢指数等来进行。

1. 氢指数（HI）与 T_{max} 值图版划分有机质类型

氢指数（HI）与热解烃峰顶温度（T_{max}）图版（图 11-21）是法国石油研究院 Espitalie（1982）提出来的。氢指数是指每克有机碳热解所产生的毫克热解烃量，计算公式为

$$HI = \frac{S_2}{TOC} \times 100\% \qquad (11-40)$$

式中　HI——氢指数；
　　　S_2——岩石热解烃量，mg/g；
　　　TOC——总有机碳，%。

如图 11-21 所示，4 条曲线分别为 I 型（腐泥型）、II_1 型（腐殖腐泥型）、II_2 型（腐泥腐殖型）和 III 型（腐殖型）干酪根。该图版的优点在于同时考虑了成熟度指标 T_{max} 对有机质类型指标的影响。可以看出氢指数是随 T_{max} 的升高而降低，由于曲线形态呈放射状，所以在低成熟和中等成熟区内，用此图版划分有机质类型仍能较清楚地得到生油岩的原始有机质类型。对于高成熟的生油岩，此图版的各类生油岩有机质曲线都趋于一条直线，所以失去了划分类型的作用。因此，该图版不适合于划分高成熟生油岩的有机质类型。

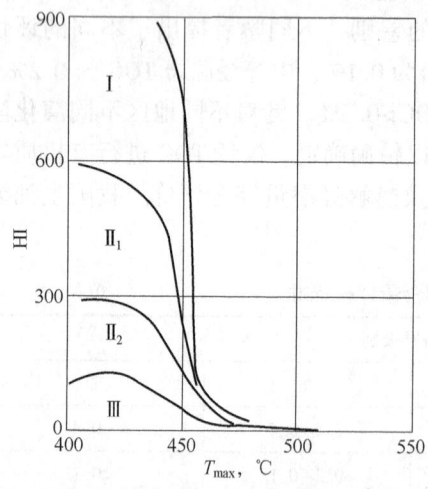

图 11-21　氢指数与 T_{max} 值划分生油岩类型图版

2. 用降解潜率和 T_{max} 值图版划分生油岩有机质类型

降解潜率是有效碳占总有机碳的百分率，北京石油勘探开发科学研究院邬立言等统计了我国 49 个盆地和地区共计一万多块生油岩的热解分析资料，证实生油岩的降解潜率是紧随着有机质类型而变化的。而且由于 S_2 分析误差小，由 S_2 换算的有效碳 C_p 能真实地反映生油岩有机质的类型，降解潜率用下式计算：

$$D = \frac{C_p}{TOC} \times 100\% \qquad (11-41)$$

其中　　　　　$C_p = 0.083(S_0 + S_1 + S_2)$

式中　C_p——有效碳，%；
　　　TOC——总有机碳，%；
　　　D——降解潜率，%。

有机质类型越好，有效碳越大，在总有机碳中有效碳所占的百分率也越大。有效碳和总

有机碳对未成熟生油岩来说是原始未经热降解变化的碳。而对成熟生油岩来说，有效碳是指残余有机质中潜在热解烃的碳，而总有机碳是指有效碳与残余有机质中不能生成油气部分碳的总和。

超过生油门限后，随着生油岩埋藏深度的增大，成熟度相应增高，生油岩的降解潜率也逐渐变小。这是由于生油岩成熟后，干酪根热降解生成的油气一部分已从生油岩运移走，而目前测得的成熟生油岩可溶烃 S_1 和热解烃 S_2 都是残余量。所以用降解潜率划分生油岩有机质类型时也要考虑成熟度这一因素。邬立言等根据全国各盆地一万多块生油岩样品分析资料绘制了降解潜率与 T_{max} 值划分生油岩有机质类型图版（图11-22），并提出了各类生油岩降解潜率的分布范围（表11-7）。

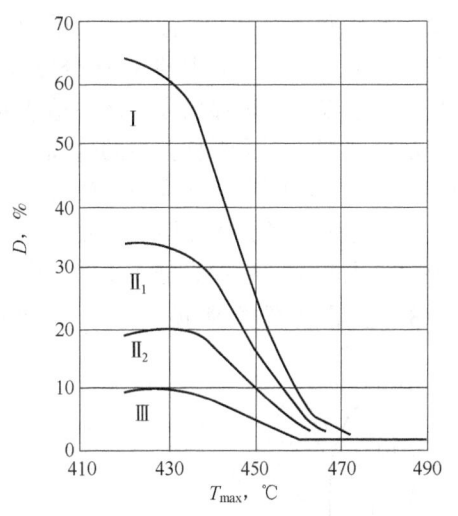

图 11-22 降解潜率 D 与 T_{max} 划分生油岩有机质类型图版

表 11-7 我国各类生油岩有机质降解潜率与氢指数分布范围

有机质类型	I	II_1	II_2	III
D, %	>50	20~50	10~20	<10
HI	>600	250~600	120~250	<120

（四）生油岩成熟度评价

生油岩成熟度是指生油岩热演化的程度。随着成熟度的增高，生油岩生成的油气越来越多，而使可溶烃（S_1）逐渐增大、干酪根裂解烃（S_2）逐渐变小，从而使产率指数、烃指数产生相应变化，应用这一变化可判断生油岩成熟度。

另外，由于生油岩中的干酪根热降解生成油气时首先降解热稳定性最差的部分，对余下部分热解就需要更高的热解温度，从而使干酪根开始热解生烃的 T_{max} 和热解生烃量最大时的 T_{max} 随成熟度增大而不断增高。另外，未成熟生油岩的氢指数随埋深的增大而变大，但进入生油门限后由于 S_1 增加、S_2 减小而使氢指数急剧降低，也可作为判断生油岩成熟度的指标。

1. 应用氢指数判断生油岩成熟度

热解过程中生成的有机二氧化碳是由干酪根中的含氧官能团受热断链生成的，氧链相对较脆弱，只需较低的温度便相继断裂生成二氧化碳和水，因而在成岩作用阶段是发生生油岩的脱氧过程。在生油岩埋藏深度接近生油门限时，生油岩有机质的氧含量已趋稳定。在超过生油门限后，随着埋藏深度的增加，干酪根热降解生油使有机质中的氢含量迅速下降，表现为氢指数也急速变小。

2. 应用产率指数判断生油岩的成熟度

产率指数 [$I_p = S_1 / (S_1 + S_2)$] 是指生油岩中的热蒸发烃和热蒸发烃与热解烃之和的比值。生油岩随埋深增加，成熟度增大，即 S_1 增大而 S_2 减少，对应产率指数上相应增大，产率指数可视作在某成熟度下的产烃率或转化率。产率指数 I_p 随成熟度的增高而增大，因此产率指数的变化可视为生油岩成熟度的重要指标。但在现场录井中受取样条件、样品处理等过程的影响，致使样品中的 S_1 成分部分损失。另一方面生油岩连续厚度大，封阻性好可能使生成的油气无法运移出去，从而造成局部 S_1 值偏大，因此应用产率指数只能定性反映生油岩的成熟度。不论哪种类型的生油岩在进入生油门限后，产率指数都随熟度的增高而逐渐变大，然而有时在成熟度很高的生气阶段，生油岩的产率指数反而很小，这是由于取样时损失甲烷等轻质烃类的原因。I_p 是一个定性的热演化指标，根据一个剖面（井）系统取样，I_p 显著增大时指示生油岩进入生油门限。

3. 应用热解峰峰顶（T_{max}）判断生油岩成熟度

T_{max} 是评价生油岩成熟度的重要参数，它随地层埋藏深度的增大和地层时代的变老而增高，图 11-23 为酒泉盆地 II 类生油岩的 T_{max} 随埋藏深度的变化图。从图上可明显看出在 1500~4215m 井段，白垩纪地层 T_{max} 值从 422℃ 缓慢增至 444℃，而 4215m 后 T_{max} 急剧增大至 560℃，反映生油岩处于成熟阶段。

邬立言等人根据我国生油岩的特点，采用全国 39 个盆地 73 口井共计 194 块各类生油岩的热解 T_{max} 数据及相同样品所测得的干酪根的镜质组反射率（R_o）数据，建立了各类生油岩 T_{max} 与 R_o 关系（表 11-8）。可以看出各类生油岩的生油门限的 T_{max} 以 I 类生油岩最高，III 类生油岩最低（表 11-8）。

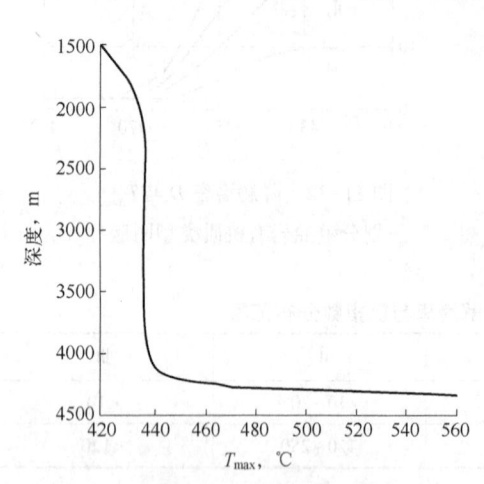

图 11-23 酒泉盆地 II 类生油岩的 T_{max} 随埋藏深度的变化

表 11-8 我国生油岩的 T_{max} 范围

成熟度指标		未熟	生油	凝析油	湿气	干气
镜质组反射率，%		<0.5	0.5~1.3	1.0~1.5	1.3~2.0	>2
T_{max}	I	<437	437~460	450~465	460~490	>490
	II	<435	435~455	447~460	455~490	>490
	III	<432	432~460	445~470	460~505	>505

4. 用烃指数研究生油岩的成熟度

烃指数（I_{HC}）是 S_1 与总有机碳 TOC 的比值，计算公式为

$$I_{HC} = \frac{S_1}{TOC} \times 100\% \tag{11-42}$$

式中 I_{HC}——烃指数，%；

TOC——总有机碳，%；

S_1——岩石热蒸发烃含量，mg/g。

I_{HC} 与 I_p 一样随生油的成熟度增高而增大，由于烃指数是 S_1 与总有机碳的比值而与 S_2 无关，可消除由于生油岩类型差异引起的产油潜量 S_2 变化而产生的影响。I_{HC} 随深度的变化符合有机质的热演化规律。同时，利用 I_{HC}、I_p 与 T_{max} 及 R_o 参数划分热演化阶段的结果是一致的。

七、岩石热解录井的作用和意义

近年来，国产热解仪器不断的更新换代，仪器操作简单，仪器的智能化、自动化水平及分析精度等大大提高，为全面开展地化录井技术奠定了坚实的基础，并为现场地质录井评价储层带来新的生机和活力。岩石热解地化录井技术应用范围已从最初的油气水层评价发展到水淹层评价，在勘探开发领域发挥越来越重要的作用，是近年来储层评价中全面推广的一项录井技术。

八、岩石热解录井施工

（一）岩石热解录井原则

区域探井、评价井和以油为勘探目的的岩屑录井、岩心录井均要进行岩石热解录井。

（二）岩石热解录井密度

储集岩和烃源岩样品进行岩石热解录井时的取样间距不同。

1. 储集岩

（1）岩屑：按岩屑录井采样间距分析。

（2）岩心：同一岩性段厚度小于 0.5m 时，分析 1 个样品；同一个岩性段厚度介于 0.5~1.0m，等间距分析 2~3 个；同一岩性段厚大于 1.0m，每米等间距分析 3 个。

（3）井壁取心：逐颗分析。

2. 烃源岩

（1）岩屑：按岩屑录井采样间距分析。

（2）岩心：每米等间距分析 2~3 个。

（3）井壁取心：逐颗分析。

（三）岩石热解录井工作分工

（1）样品由现场录井小队在钻进过程中按迟到时间，参照岩屑录井取样方法采集整理装箱并负责运送到化验室。

（2）分析工作由化验室承担，成果要及时返回录井小队有关方面。

（3）做好分工协调，各负其责，保证成果质量。

（四）现场采样要求

（1）取样瓶要清洁干净无油污，使用前一定要检查认定合格。

（2）岩屑样品清洗后取湿样，取样不低于 10g；装入取样瓶中，加水密封，贴好标签，及时送化验室分析。

（3）岩心样品取新鲜面、裂缝面的块状样品，重量不低于 10g；对于特别疏松的砂岩或者砂砾岩，可以取大块样品装置岩屑袋中密封送回实验室。

（4）钻井液为油基钻井液时，岩屑样品清洗后直接装入取样瓶中，无需加水密封。岩心样品取新鲜面中部样品，减少油基钻井液的污染。另外需随样品将随钻钻井液、岩屑岩心清洗剂、钻井液添加剂等一并送回实验室，做基值分析。

(5) 岩屑、岩心样品严禁烘烤。

(6) 取样密度间距照设计执行。

(7) 送样清单应一式两份，内容应与标签的井号、样号、取样深度、层位、岩性相符。取样人、取样日期等也要一应俱全。一份随样送化验室，一份录井小队留存入原始记录备查。

（五）岩石热解样品室内分析

包括样品处理、样品分析、资料解释三部分工作。针对这项工作，化验室有专用规程和流程，此处从略。

（六）资料录取内容

(1) 现场取样编号、井号、采样井深、层位、岩性等基础资料要齐全准确。

(2) 化验分析资料包括含油气丰度、T_{max}、解释结果等。

【任务实施】

一、目的要求

(1) 能够正确操作岩石热解样品收集。

(2) 能够正确实施岩石热解录井操作。

(3) 会整理分析岩石热解录井资料，会撰写岩石热解录井成果报告。

二、资料、工具

(1) 学生工作任务单。

(2) 岩石热解录井实验室。

【任务考评】

一、理论考核

(1) 岩石热解录井原理是什么？

(2) 岩石热解应用包括哪些？

二、技能考核

（一）考核项目

岩石热解录井操作。

（二）考核要求

(1) 准备要求：工作任务单准备。

(2) 考核时间：20min。

(3) 考核形式：仪器操作+成果汇报。

项目十二　岩石热解色谱录井技术

岩石热解色谱分析技术即岩石热解气相色谱分析技术,在20世纪四五十年代引入了我国石油地质研究,在勘探领域里最初应用于生油岩评价和原油性质识别,也用于油源对比研究。在2000年,国内地化仪器生产厂家研发了用于储集岩热蒸发烃组分分析的岩石热解气相色谱分析技术。由于生油母质在350℃下不会降解,故通过热解得到的色谱图上所有峰均为样品中可溶性组分。该方法具有灵敏度高、稳定性好、样品无需前处理等特点,大大缩短了分析周期。

热解气相色谱分析技术主要分析岩石中 $C_{10} \sim C_{40}$ 的正构烷烃、姥鲛烷（Pr）及植烷（Ph）等。最初主要用于评价生油岩的有机质类型、成熟度、丰度及油源对比等研究。近年来逐渐将该项技术引入储层评价,与岩石热解技术结合,用于油水层识别及水淹层评价中。

【知识目标】
（1）了解岩石热解色谱录井原理；
（2）掌握岩石热解色谱录井资料分析解释方法。

【技能目标】
（1）认识相关岩石热解色谱录井设备；
（2）能够根据岩石热解色谱录井资料解释、评价油气层。

【相关知识】

一、岩石热解色谱分析原理及参数意义

（一）分析原理

岩石热解色谱分析依据的是气相色谱的分析原理。将样品放在热解炉中加热使岩石中的烃类挥发,通过载气的携带进入色谱柱,组分就在流动相和固定液两相间进行反复多次的分配,由于固定相对各组分的吸附或溶解能力不同,因此,各组分在色谱柱中的运行速度就不同,经过一定的柱长后,便彼此分离,顺序离开色谱柱进入检测器,产生的离子流信号经放大后,由计算机自动记录各组分的色谱峰及其相对含量。其原理图如图12-1所示。

（二）分析条件

热解炉温度为300℃,FID温度为310℃;初始柱温为100℃,以10~15℃/min程序升温至300℃,恒温10~15min,运行结束。氮气做载气,流速为41.5mL/min;氢气做燃气,流速为40mL/min;空气做助燃气和动力气,流速为300mL/min,分流比为1∶60;尾吹用氮气,流速为25mL/min。

（三）组分的定性方法

应用该分析方法可得到 $nC_{10} \sim nC_{40}$ 的正构烷烃、姥鲛烷及植烷的色谱峰及各组分的相对

百分含量，姥鲛烷（Pr）、植烷（Ph）分别与正碳十七烷、正碳十八烷比邻其后，以类异戊二烯烃中姥鲛烷（Pr）、植烷（Ph）为标志峰，可定性判别各组分名称（图12-2）。

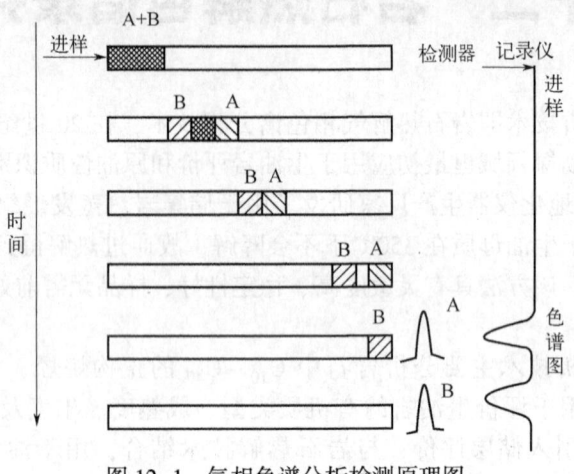

图 12-1 气相色谱分析检测原理图

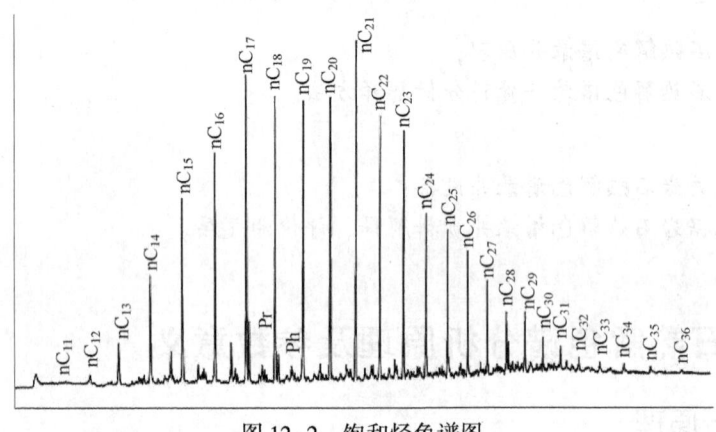

图 12-2 饱和烃色谱图

（四）参数意义

热解气相色谱分析直接得到的参数为 $nC_{10} \sim nC_{40}$ 的正构烷烃、姥鲛烷（Pr）、植烷（Ph）等各组分的峰高、峰面积及质量分数，通过它们可得到相关的计算参数。

1. 主峰碳数

主峰碳数即一组色谱峰中质量分数最大的正构烷烃碳数，此值的大小表示岩样中有机质或油样中烃类的轻重、成熟度和演化程度的高低。数值小的烃类轻、成熟度和演化程度高。主峰碳数与原始母质性质有关，一般以藻类为主的有机质其主峰碳位于 $nC_{15} \sim nC_{23}$；而以陆源高等植物为主的有机质，其主峰碳数则为 $nC_{25} \sim nC_{29}$。另外，主峰碳数也随有机质成熟度的增加而降低。

2. 碳数范围及分布曲线

前者指一组色谱峰的最低至最高碳数的容量峰，后者反映了这组容量峰的分布形态。通过这两个参数可以了解有机质或油样中烃类的全貌，包括有机质丰度、母质类型和演化程

·244·

度。烃类丰富、低碳烃含量高、无明显奇偶优势者一般多为海相生油母质，其演化程度高，反之为陆相生油母质，其演化程度低。

3. 碳优势指数（CPI）和奇偶优势（OEP）的意义

这两个参数的意义相同，都是说明一组色谱峰中，正烷烃奇数碳的质量分数与偶数碳的质量分数之比。因为生物体内的正烷烃中奇数碳高于偶数碳，存在着明显的奇偶优势，而有机质在演化过程中是大分子变成小分子，结构复杂的分子变成结构简单的分子，正烷烃奇数优势消失。所以奇偶优势值越接近于"1"，则说明该样品的演化程度和成熟度越高，反之越低。

4. $\sum nC_{21^-}/\sum nC_{22^+}$

$\sum nC_{21^-}/\sum nC_{22^+}$即一组色谱峰中，$nC_{21}$以前烃的质量分数总和与$nC_{22}$以后烃的质量分数总和之比。$\sum nC_{21^-}/\sum nC_{22^+}$是碳数范围和分布曲线的具体描述，它是一个有机质丰度、母质类型和演化程度的综合参数。

5. $(nC_{21}+nC_{22})/(nC_{28}+nC_{29})$

$(nC_{21}+nC_{22})/(nC_{28}+nC_{29})$是指一组色谱峰中$(nC_{21}+nC_{22})$烃的质量分数之和与$(nC_{28}+nC_{29})$烃的质量分数之和的比，是一个有机质类型指标。因为海生生物有机质中的正烷烃检测结果以$(nC_{21}+nC_{22})$烃类为主，而陆源植物有机质中的正烷烃则以$(nC_{28}+nC_{29})$居多，所以其比值高是海相沉积背景的象征，而比值低多为陆相沉积背景。通常认为陆源有机质的生油岩和原油的该比值为0.6~1.2，以海洋有机质为主的生油岩和原油的该比值为1.5~5.0。但该值同时也受成熟度控制，不同类型、不同成熟度的有机质或原油，其谱图形态不相同。

6. Pr/Ph

Pr/Ph即姥鲛烷与植烷比值，其值在成岩和运移过程中比较稳定，所以是一个追踪运移的指标。在海陆相成因问题上，一般认为陆相成因的有机质的Pr/Ph>15，而海相成因的有机质则Pr/Ph<1，所以Pr/Ph也是一个有机质类型参数。

7. Pr/nC_{17}、Ph/nC_{18}

这是两个运移参数。因为埋藏在地层中的有机质，在运移过程中Pr、nC_{17}、Ph、nC_{18}等组分均按比例丢失，所以其比值保持不变。它们也是两个很好的成熟度指标，随着演化程度的加深，这两个比值均逐步变小。

二、岩石热解色谱仪简介

下面以辽宁海城化工仪器厂生产的油气组分综合评价仪为例进行介绍。

油气组分综合评价仪的设计与油气显示评价仪相同，同样由主机和计算机构成。其中热解炉和色谱分离部分是样品的处理部分。与油气显示评价仪的流程框图相比，油气组分综合评价仪的流程框图只增加了"色谱分离"部分，其余部分均相同。

油气组分综合评价仪的主机可分为主系统和辅助系统两大部分。主系统包括样品处理系统（热解炉部分和色谱分离部分）、检测放大系统（检测器和微电流放大器）和单片机控制系统等。辅助系统由气路系统、温度控制系统和电源系统等组成。其系统组成如图12-3所示。

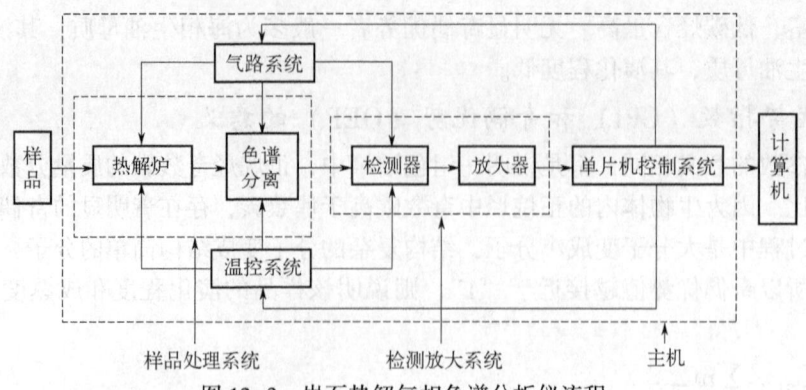

图 12-3 岩石热解气相色谱分析仪流程

（一）热解炉部分

油气显示评价仪与油气组分综合评价仪的热解炉部分结构基本相同，也是由热解炉、进样杆、气动装置三部分组成（图 12-4）。

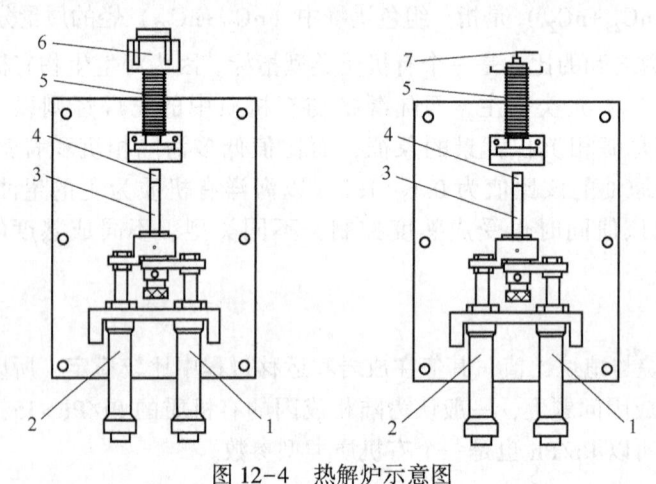

图 12-4 热解炉示意图
1，2—气缸；3—进样杆；4—坩埚；5—热解炉；6—加热装置；7—管线

热解炉炉体为不锈钢材料制成，热解炉丝采用铠装炉丝，炉丝内层为测温元件。油气显示评价仪和油气组分综合评价仪热解炉的区别是：油气显示评价仪的热解炉炉体顶部为检测器座，而油气组分综合评价仪顶部为管线。热解炉和管线始终恒温 300℃。氮气作载气，气动装置由两个气缸等组成，气缸动力由外部空气气源提供。

（二）色谱分离部分

色谱分离部分由柱箱及色谱柱等部分组成，是本仪器的核心部分（图 12-5）。

柱箱由鼓风电动机/叶轮、加热丝及其挡板等组成，作用是安装色谱柱及提供样品在色谱柱中分离的温度条件。柱箱控温精度要求较高，因为柱箱温度的波动会改变组分的保留时间，且保留时间越长，其影响越大。箱外有一个电动机带动箱内的风叶搅拌箱内空气，保证温度均匀，一般要求柱箱的控温精度应小于 0.01%，温度梯度小于 1%。

色谱柱是仪器的心脏，样品中的各个组分在色谱柱中经过反复多次分配后得到分离，从而达到分析的目的。

（三）气路系统

油气组分综合评价仪的气路系统有三路气源（图12-6），即空气（助燃气）、氢气（燃气）和氮气（载气），分别由空气发生器、氢气发生器和氮气发生器（或氮气瓶）供应。

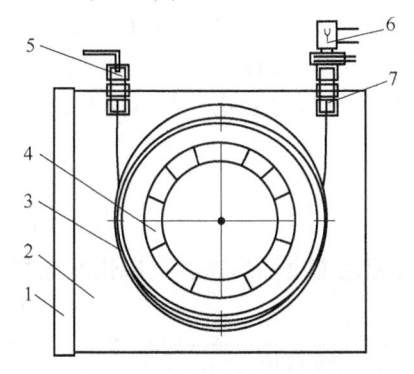

图12-5 色谱分离示意图
1—柱箱门；2—柱箱；3—色谱柱；4—柱箱风扇；
5—进样口分流接头；6—检测器；7—出气口分流接头

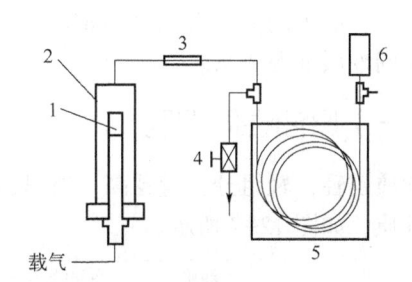

图12-6 岩石热解色谱仪气路流程
1—坩埚；2—热解炉；3—气阻（或稳流阀）；
4—分流阀；5—柱箱；6—检测器

（1）载气：作为载气的氮气，自高压气瓶（或氮气发生器）经减压阀减压后输出（输出压力一般为0.3~0.4MPa），经（5A分子筛等）净化过滤后进入电磁阀，再通过稳压阀（压力一般为0.08~0.2MPa）后分为两路。一路载气经过电子质量流量控制器（流量10~40mL/min）流入进样杆，将坩埚中加热的组分携带到色谱柱进行分离。由于毛细管色谱柱的柱容量很小，所以采用分流进样法。热解后的蒸发烃组分经载气携带，只有很少一部分进入色谱柱，大部分放空，放空端通过一个限流器（分流阀）来控制进入色谱柱中的量。另一路载气进入压力传感器，以供计算机显示压力。

（2）尾吹气：在毛细管分析中，由于载气流速很低，所以要在柱后增加一个补充气，这样不但可以增加柱效，减小检测限，又可保证检测器正常工作。

（3）燃气气路：作为燃气的氢气，自氢气发生器输出（输出的压力一般为0.3~0.4MPa，纯度≥99.99%）经过净化器（硅胶或5A分子筛等）除去气体中的水分后进入电磁阀，再经过稳压阀输出（输出压力为0.08~0.25MPa）后分为两路。一路经气阻或稳流阀（流量20~40mL/min）进入检测器，在离子室的喷嘴上方燃烧，形成离子流以完成后级的需要；另一路进入压力传感器，以供计算机显示压力。

（4）空气气路：作为助燃气的空气，自空气压缩机输出（输出压力一般为0.3~0.4MPa）经过净化器（活性炭和硅胶等）除去油、水分等杂质后分为两路。一路直接进入电磁阀，控制炉子的密封、进样、结束、吹冷气等过程。另一路进入稳压阀（输出压力为0.15~0.25MPa），然后再分为两路，其中，一路进入压力传感器供计算机显示压力，另一路经过气阻或稳流阀（流量为200~500mL/min）后进入检测器参与燃烧。

（四）温度控制系统

温度控制系统原理与油气显示评价仪一致。控温范围及精度如下：
(1) 热解炉：恒温可控，控温精度为±1℃；
(2) 柱箱：多阶程序升温50~350℃，控温精度为±0.1℃；

(3) 检测器：恒温可控，控温精度为±1℃；
(4) 管路：恒温可控，控温精度为±1℃。

三、岩石热解色谱分析资料应用方法

热解气相色谱分析技术在勘探领域最初是用于评价生油岩，主要评价生油母质类型、成熟度及开展油源对比研究等。如原油中的类异戊二烯烷烃组分因结构稳定，是油源对比的重要参数，一般采用 Pr/nC_{17}、Ph/nC_{18} 及 Pr/Ph（姥鲛烷与植烷之比，简称姥植比）等指标判断不同地层油源关系。

（一）原油性质识别

油质越轻，轻组分含量越高。所以，根据热解气相色谱谱图形态，可以快速地判别储层原油性质，如图12-7所示。

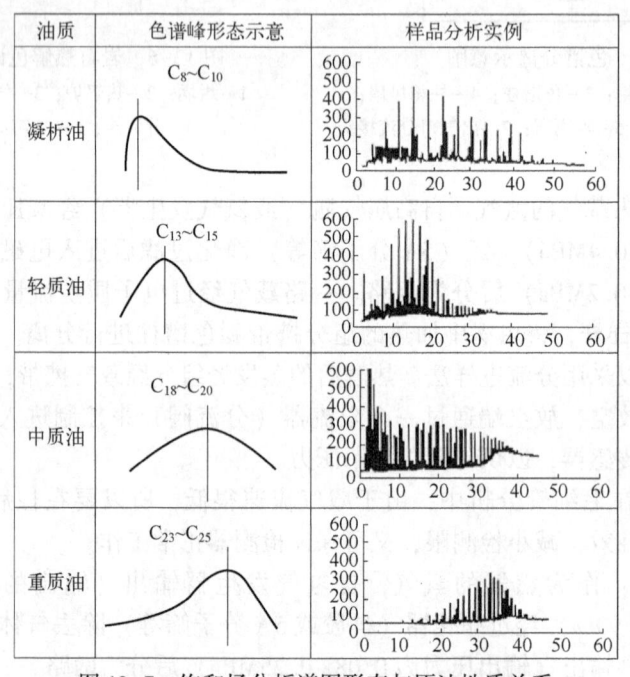

图12-7 饱和烃分析谱图形态与原油性质关系

（1）天然气：干气藏是以甲烷为主的气态烃，甲烷含量一般在90%以上，有少量 C_2 以上的组分。湿气藏含有一定量的 $C_2 \sim C_5$ 组分，甲烷含量偏低。

（2）凝析油：轻质油藏和凝析气藏中产出的油，碳数范围分布窄，主要分布在 $C_1 \sim C_{20}$，主碳峰为 $C_8 \sim C_{10}$，$\sum nC_{21-}/\sum nC_{22+}$ 值很大，色谱峰表现为"前端高峰型，峰坡度极陡"。

（3）轻质原油：轻质烃类丰富，碳数主要分布在 $C_1 \sim C_{28}$，主碳峰为 $C_{13} \sim C_{15}$，$\sum nC_{21-}/\sum nC_{22+}$ 值大，前端高峰型，峰坡度极陡。

（4）中质原油：饱和烃含量丰富，碳数主要分布在 $C_{11} \sim C_{32}$，主碳峰为 $C_{18} \sim C_{20}$，$\sum nC_{21-}/\sum nC_{22+}$ 比轻质原油小，色谱峰表现为中部高峰型。

（5）重质原油（稠油）：异构烃和环烷烃含量丰富，胶质、沥青质含量较高，链烷烃含量特别少。重质原油组分峰谱图主要特征是碳数主要分布在 $C_{10} \sim C_{33}$，主碳峰为 $C_{23} \sim C_{25}$，主峰碳数高，$\sum C_{21-}/\sum C_{22+}$ 值小，谱图基线隆起，色谱峰表现为后端高峰型。

（二）真假油气显示识别

1. 各种添加剂对热解分析影响剖析

选择 27 种添加剂进行热解分析，实验表明这 27 种添加剂的热蒸发烃（S_1）和热解烃（S_2）具有不同特征，主要分以下四类：第一类的 S_1 谱峰高、S_2 谱峰与基线吻合；第二类的 S_1 和 S_2 谱峰都高；第三类的 S_1 和 S_2 谱峰都低；第四类的 S_1 和 S_2 谱峰很小。S_1 和 S_2 的不同特征表明添加剂对样品污染程度是有差别的。表 12-1 给出热解参数 S_1、S_2 和 T_{max} 及间接参数 C_p、TPI。

表 12-1 钻井液中各种添加剂热解分析数据表

类别	序号	添加剂名称	S_1 mg/g	S_2 mg/g	T_{max} ℃	有效碳 C_p，%	产率指数 TPI
第一类	1	润滑剂 RH-3	354.07	0.00	—	29.40	1.00
	2	润滑剂 MRH-86D	398.00	0.00	—	33.03	1.00
	3	煤油	480.13	0.00	—	39.85	1.00
	4	柴油	373.33	0.00	—	31.11	1.00
	5	液压油	580.62	0.00	—	48.38	1.00
	6	生物聚合物	3.85	0.00	—	0.32	1.00
	7	聚阴离子纤维素 PVC-L	1.26	0.00	—	0.10	1.00
第二类	8	清泡剂 RH-4	154.28	35.71	438	15.77	0.81
	9	磺化沥青	92.12	33.12	435	10.43	0.74
	10	加重解卡剂 PIPELAX-N	193.33	0.66	332	16.16	1.00
	11	氧化沥青	121.41	109.30	438	19.15	0.53
	12	塑料球固体润滑剂 HZN-102	26.66	463.18	411	40.82	0.05
	13	棕红色通用密封脂	250.95	113.33	470	30.35	0.69
	14	机油	420.00	13.33	376	36.11	0.97
	15	螺纹密封脂	465.00	7.00	384	39.18	0.99
	16	有机皂土	43.85	49.08	449	7.74	0.47
	17	解卡剂 SR-301	20.29	105.29	424	10.26	0.16
第三类	18	铁铬木质素磺酸盐（Fcls）	10.09	7.02	335	1.42	0.59
	19	抗饱和盐高温稳定剂（SPC）	7.60	24.56	449	2.68	0.24
	20	高温钻井液处理剂（SPNH）	1.12	10.06	431	0.93	0.10
	21	阳离子有机硅缩聚物	0.71	7.67	342	0.69	0.08
	22	碘甲基酚醛树脂（SMP-1）	0.28	2.30	480	0.21	0.11
第四类	23	PAC-HV	0.14	0.03	—	0.01	0.82
	24	MAN-101	0.15	0.06	—	0.02	0.71
	25	WFT-666	0.08	0.02	—	0.01	0.80
	26	氧化铁解卡剂	0.01	0.00	—	0.01	1.00
	27	降失水剂	0.00	0.22	541	0.01	1.00

(1) 添加剂的 S_1 含烃量高，S_2 无含烃量。S_1 值在 1.26~580.62mg/g。该类添加剂包括润滑剂 RH-3、润滑剂 MRH—86D、煤油、柴油、液压油、生物聚合物、聚阴离子纤维素 PVC-L。其中，生物聚合物、聚阴离子纤维素 PVC-L 的 S_1 值为 1.26~3.85mg/g，有效碳分别为 0.32 和 0.10，这两种添加剂在钻井过程中经钻井液稀释对样品 S_1 值不会产生影响；润滑剂 RH-3 等 5 种添加剂对样品 S_1 值会产生较大影响。

(2) 添加剂的 S_1 和 S_2 含烃量都高。S_1 值为 20.09~465.00mg/g，S_2 值为 0.66~463.18mg/g。该类添加剂包括清泡剂 RH-4、磺化沥青、加重解卡剂 PIPELAX-N、氧化沥青、HZN-102、棕红色通用密封脂、机油、螺纹密封脂、有机皂土、解卡剂 SR-301。这 10 种钻井液添加剂都不同程度的影响 S_1 和 S_2 值；而加重解卡剂、螺纹密封脂的 S_2 含烃量分别为 0.66~7.00mg/g，对 S_2 值不会产生大的影响。

(3) 添加剂的 S_1 和 S_2 含烃量都偏低。该类添加剂包括 Fcls、SPC、SPNH、阳离子有机硅缩聚物、SMP-1，其 S_1 值为 0.28~10.09mg/g，S_2 值为 2.30~24.56mg/g，有效碳范围为 0.21~2.68。这 5 种添加剂对 S_1 和 S_2 值影响甚微。

(4) S_1 和 S_2 含烃量甚微。该类添加剂包括 PAC-HV、MAN-101、WFT-666、氧化铁解卡剂、降失水剂，其 S_1 值为 0.01~0.15mg/g，S_2 值为 0.02~0.22mg/g，对 S_1 和 S_2 值无影响。

通过对钻井液添加剂热解谱图和数据剖析，确定可以影响 S_1 值但对 S_2 值无影响的添加剂有 RH-3、MRH-86D、煤油、柴油、液压油、PIPELAX-N、螺纹密封脂；可以影响 S_1 和 S_2 值的添加剂包括 RH-4、磺化沥青、氧化沥青、HZN-102、棕红色通用密封脂、机油、有机皂土、SR-301；对 S_1 和 S_2 值影响甚微的添加剂包括 Fcls、SPC、生物聚合物、PVC-L、SRHN、阳离子有机硅缩聚物 SMP-1；对 S_1 和 S_2 参数值无影响的添加剂有 PAC-HV、MAN-101、WFT-666、氧化铁解卡剂、降失水剂。

2. 各种添加剂对热解气相色谱分析的影响剖析

图 12-8 是钻井常用的 27 种纯添加剂和三类原油的热解气相色谱分析曲线。这些添加剂合成材料大多为原油炼制过程中不同温度下馏出产物或化学合成物质。它们具有不同的色谱曲线特征，因而正确分析其特征有利于鉴别假油气显示。可看到影响色谱曲线的有 RH-3、BH-4 等 15 种添加剂，不影响或影响甚微的有 WFT-666、PAC-HV 等 12 种添加剂。将 15 种添加剂与原油热解蒸发烃色谱曲线进行比较，其主峰碳、碳数范围、峰形特征与三种原油具有明显差异，因此很容易区分添加剂及原油，这为区分真假气显示奠定了基础。

3. 油水层热解色谱识别方法

当储层为油水混相时，水中含有一定量的氧气和各类细菌。地下水动力作用越强，水中氧的含量就越高，以氧赖以生存的细菌也就越发育，在漫长的地质历史过程中，水中的细菌就会与部分烃类发生菌解和氧化作用，使正构烷烃减少、异构烃类与杂原子化合物增加，导致色谱峰较油层低，表现出轻组分相对减少、主峰碳明显、碳数范围变窄等特征。

(1) 油层的谱图形态特征：正构烃含量较高，碳数范围较宽，一般在 nC_{10} ~ nC_{40} 之间，主峰碳不明显，轻质油谱图外形近似正态分布或前峰型，中质油谱图外形近似正态分布或正三角形，如图 12-9 所示。图 12-9(a)、图 12-9(b) 中正构烷烃含量高，谱峰呈正态分布，主峰碳不明显。图 12-9(c) 中正构烷烃含量高，谱峰呈前三角形分布，主峰碳不明显，并且主峰碳在 nC_{17} 或 nC_{17} 之前。

图 12-8 各种添加剂和三类原油的热解气相色谱分析谱图

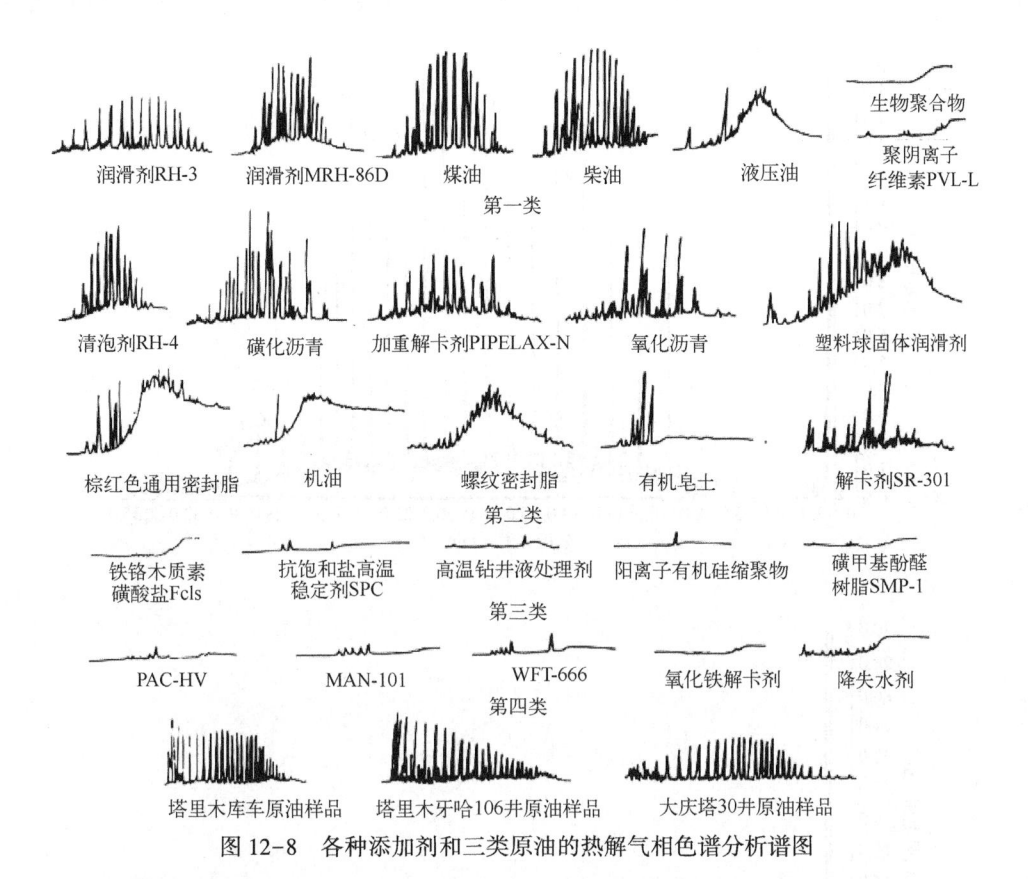

(2) 油水同层的谱图形态特征：主峰碳明显，谱图外形为后峰型，正构烷烃含量较高，碳数范围较油层窄，一般为 $nC_{13} \sim nC_{29}$，如图 12-10 所示。图 12-10(a) 中正构烷烃含量高，谱峰呈后三角形分布，主峰碳明显。图 12-10(b)、图 12-10(c) 中正构烷烃含量高，谱峰呈后三角形分布，主峰碳明显，并且主峰碳在 nC_{20} 或 nC_{20} 之后。nC_{17} 之前的正构烷烃含量很低。

(3) 水层或干层的谱图形态特征：不含任何烃类物质的水层或干层，谱图为无任何显示的一条直线。含有烃类物质的水层或干层，峰值较低，碳数范围小，如图 12-11 所示。图 12-11(a) 中正构烷烃含量低，呈平梳状或马鞍状，无明显的主峰碳，碳数范围较窄，为明显水层或干层特征。图 12-11(b) 中正构烷烃含量低，呈正三角形，碳数范围较窄，为水层或干层特征。

实例：

X52-58 井是一口控制井，该井在完钻后测井显示不好，决定不下套管，现场人员对该井进行井壁取心。录取井壁取心 12 颗，其中含油样品 11 颗，对井壁取心样品进行热解分析、热解气相色谱分析，综合这两项资料解释 2 层油水同层。

X52-58 井在井段 1609.8~1611.2m 井壁取心 3 颗，见 2 颗棕灰色含油粉砂岩。从井壁取心观察来看，含油分布不均，呈团块状，含油欠饱满，具油气味，含油砂岩物性一般；热解分析 S_1 值平均为 3.76mg/g，S_2 值平均为 4.93mg/g，P_g 值平均为 8.69mg/g，S_1/S_2 比值平均为 0.76，呈油水同层特征。饱和烃气相色谱分析谱峰较高，碳数范围较高，呈正态分布，为油层特征（图 12-12），综合以上资料解释为差油层。

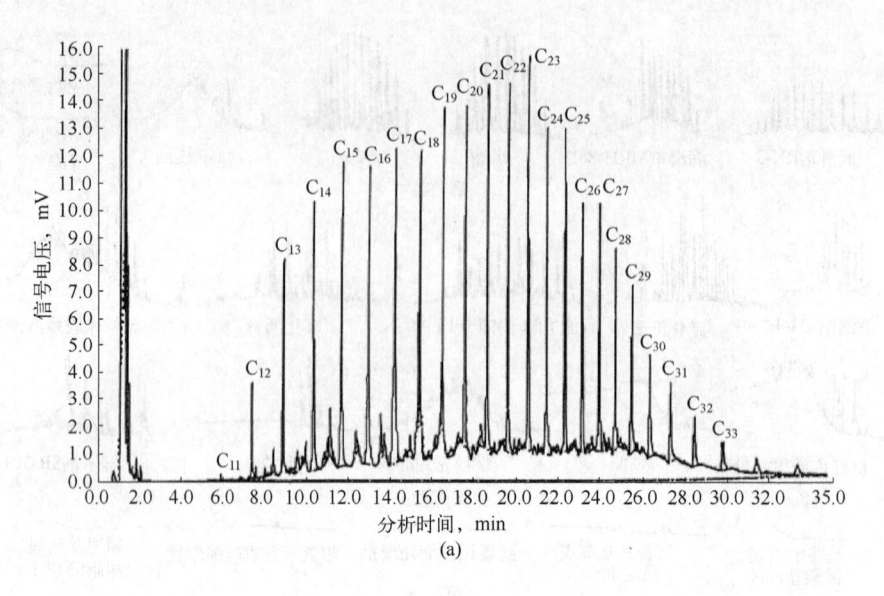

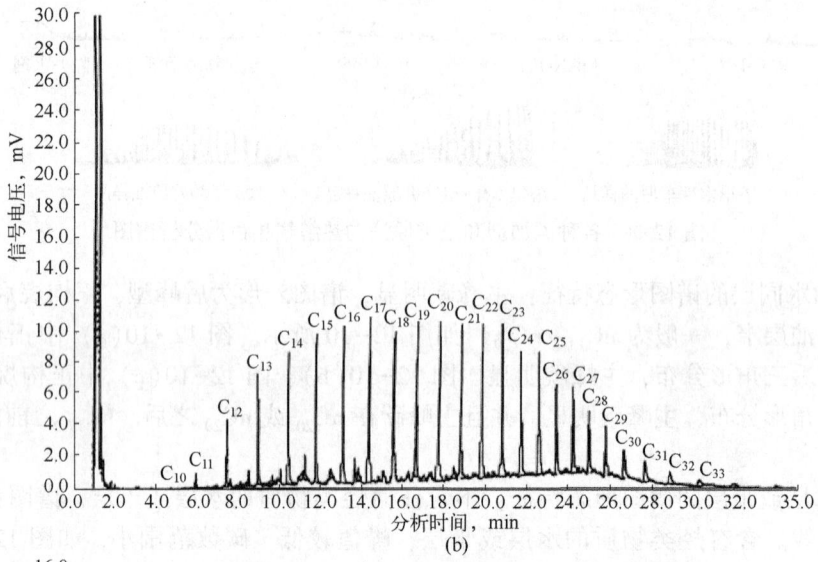

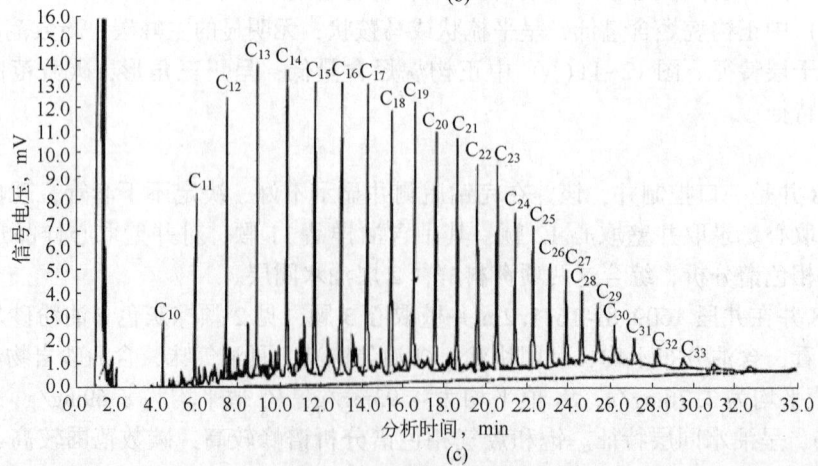

图 12-9 油层岩石热解色谱图

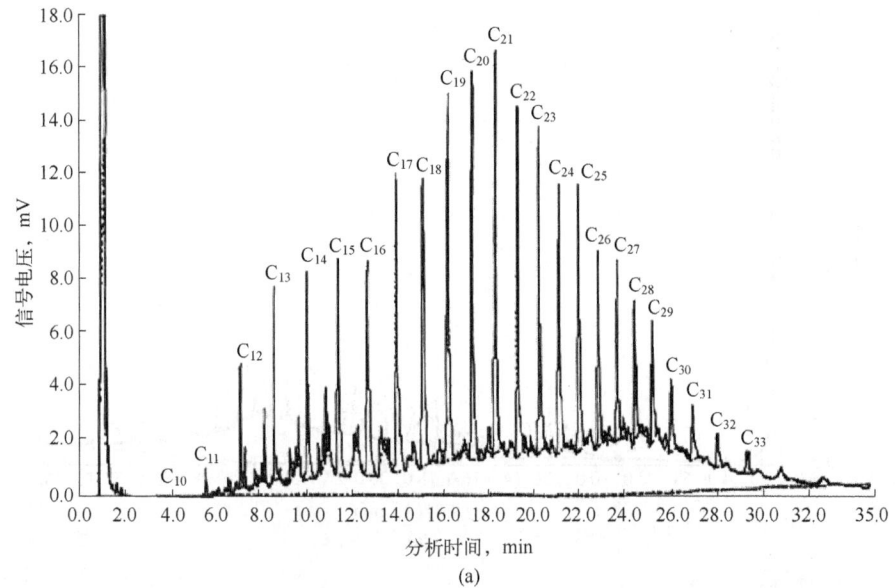

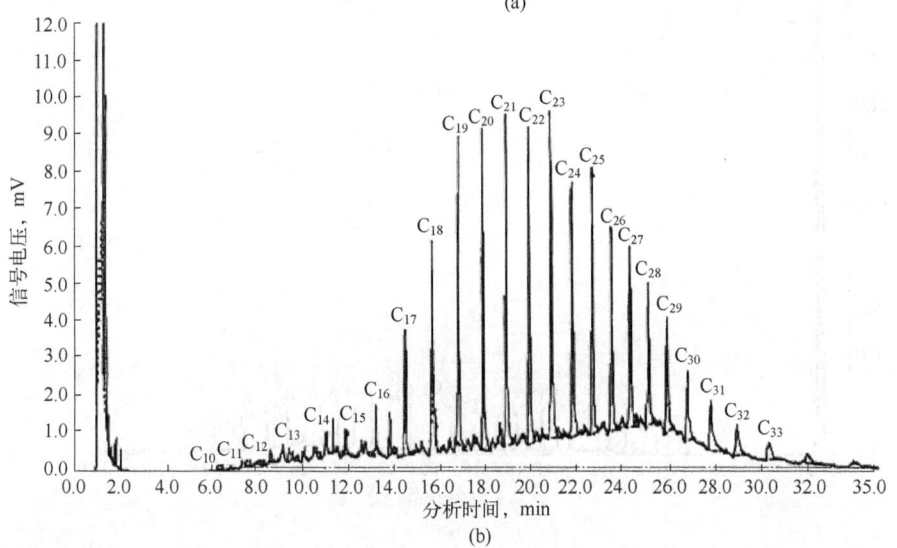

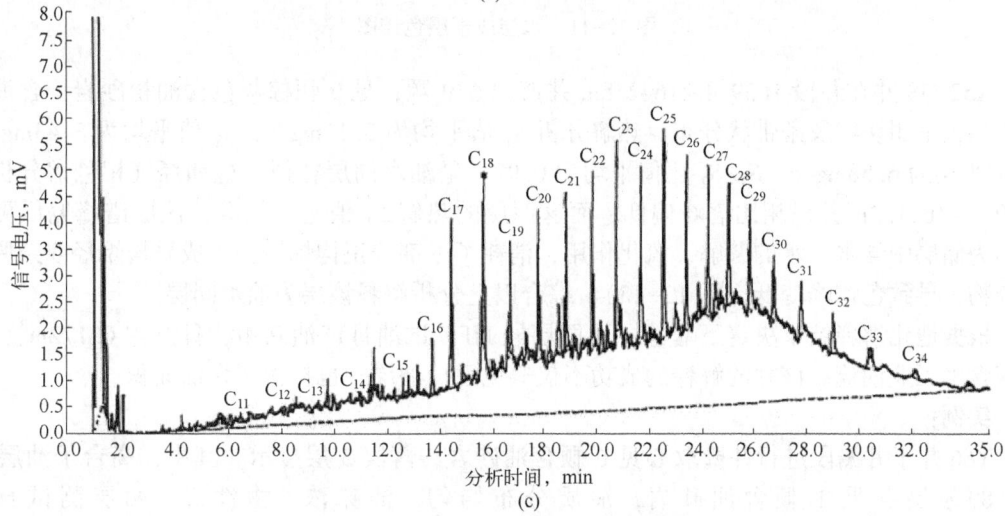

图 12-10 油水同层岩石热解色谱图

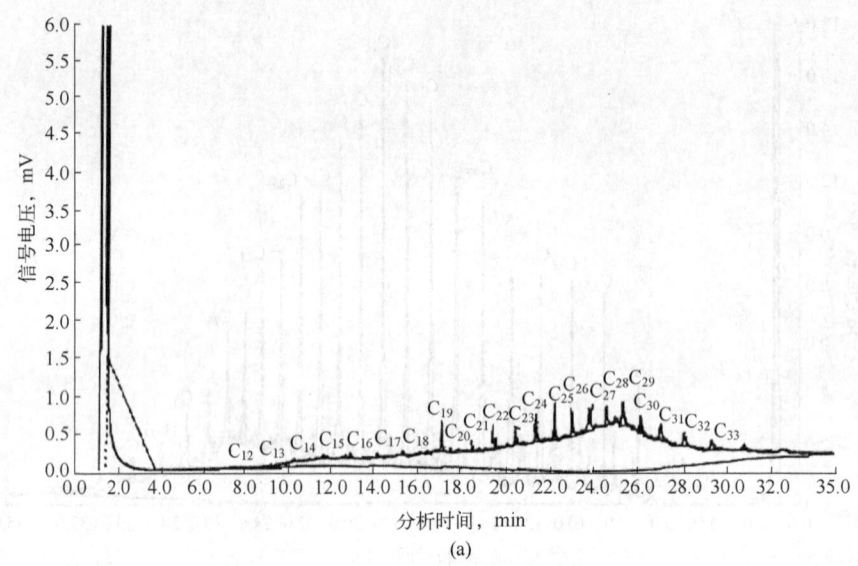

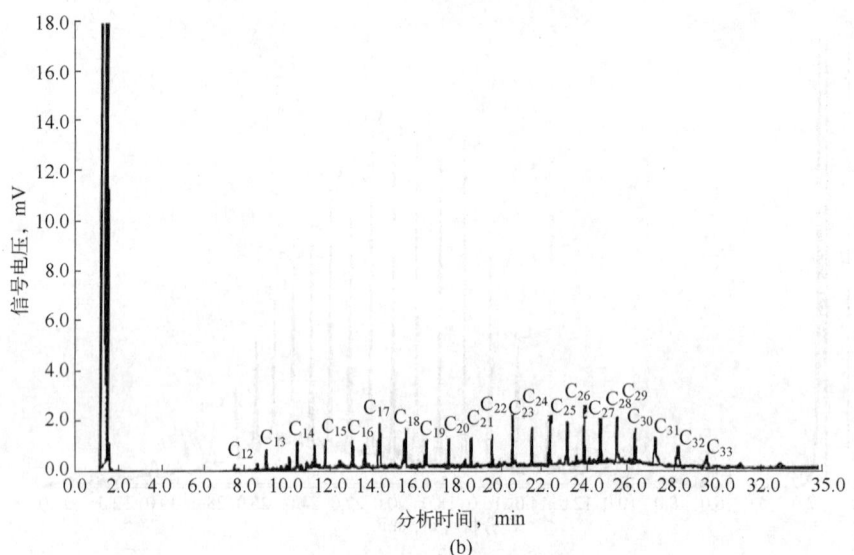

图 12-11 水层或干层色谱图

X52-58 井在井段 1639.4~1642.8m 井壁取心 9 颗，见 9 颗棕灰色含油粉砂岩，含油分布不均，呈团块状及条带状分布，热解分析 S_1 值平均为 3.15mg/g，S_2 值平均为 3.43mg/g，P_g 值平均为 6.58mg/g，S_1/S_2 比值平均为 0.92，呈油水同层特征。饱和烃气相色谱分析与 1609.8~1611.2m 井段相比谱峰偏低，而这两层的热解 S_1 值基本相等，该层谱峰偏低可能是因为储层中含水，水的菌解、氧化作用，消耗了一部分正构烷烃，生成异构烷烃或杂原子化合物，导致色谱峰变低（图 12-13），综合以上分析解释该层为油水同层。

根据地化解释结果决定下套管，这两层经 MFE 试油日产油 0.4t，日产水 0.172m³，压后获含水工业油流。该井的解释的成功不仅避免丢掉油层，也扩大了含油面积。

实例：

Y66 井于井漏段进行井壁取心见 6 颗含油砂岩，落实 5 层显示。其中，高台子油层 88 号、89 号层各见 1 颗含油砂岩，油质分布均匀，油味浓，物性好。两层测试日产油 27.047t。

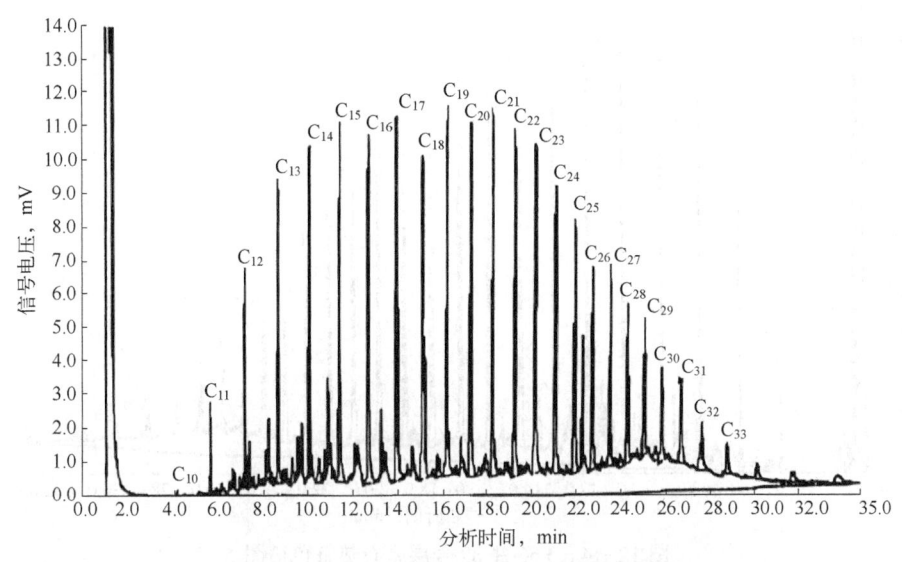

图 12-12　X52-58 井 1 号层岩石热解色谱图

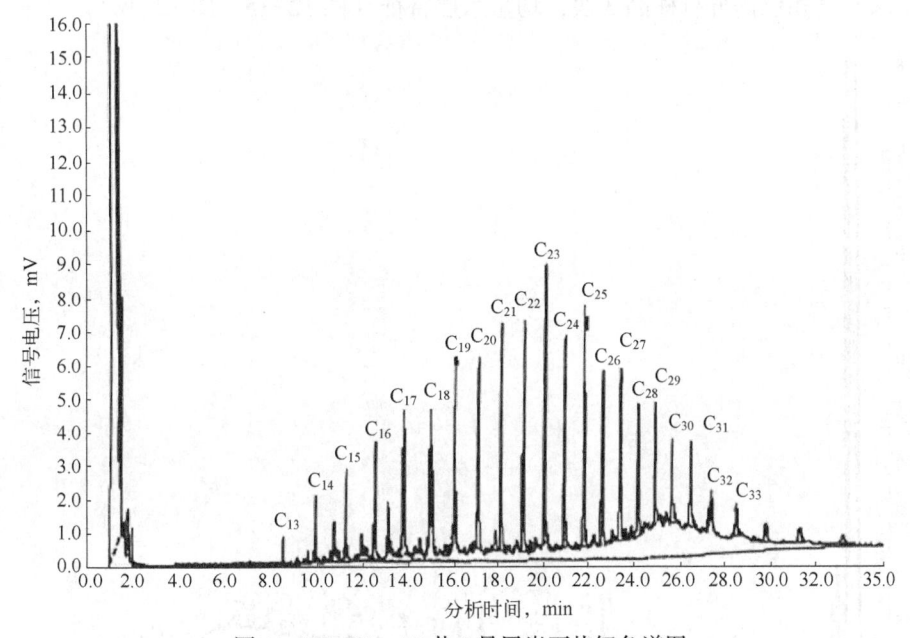

图 12-13　X52-58 井 2 号层岩石热解色谱图

岩石热解分析 88 号层的 P_g 值为 18.86mg/g，S_1/S_2 比值为 1.08；89 号层的 P_g 值为 18.12mg/g，S_1/S_2 比值为 2.96；饱和烃气相色谱资料为油层特征（图 12-14）。两项资料均说明这两层含油丰度高、油质轻。

实例：

C80 井扶余油层 6 号层 MFEⅡ+抽汲，日产水 3.00m³，见油花，试油结论为水层。该层岩屑及井壁取心录井均见含油显示。井壁取心 13 颗，其中 3 颗含油。

井壁取心热解分析样品 3 块，其 P_g 平均值为 14.84mg/g，S_1/S_2 比值为 0.82，反映油质较重。

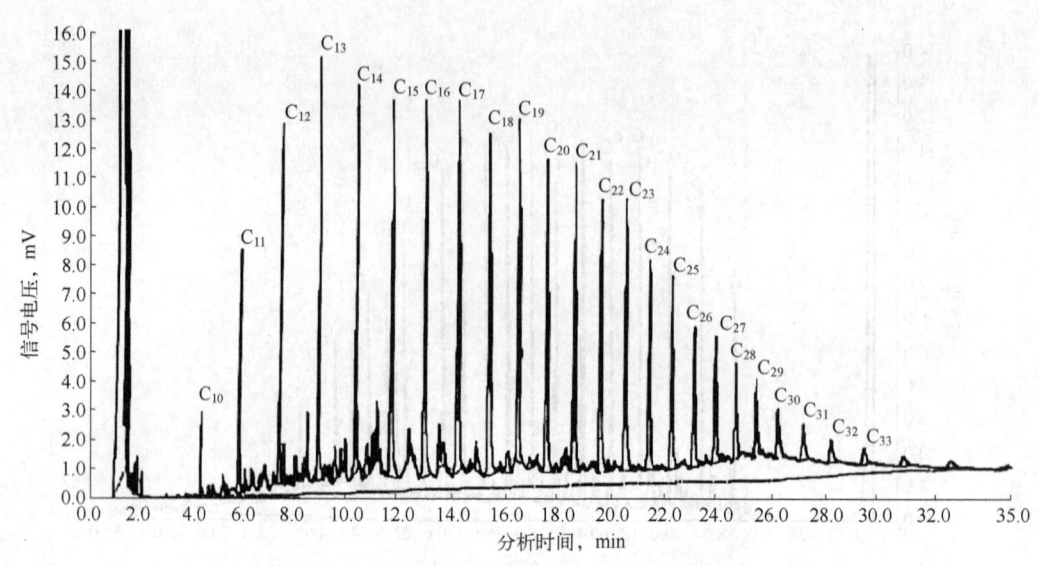

图 12-14 Y66 井 89 号层岩石热解色谱图

井壁取心气相色谱分析样品 3 块，均呈水层特征（图 12-15、图 12-16）。

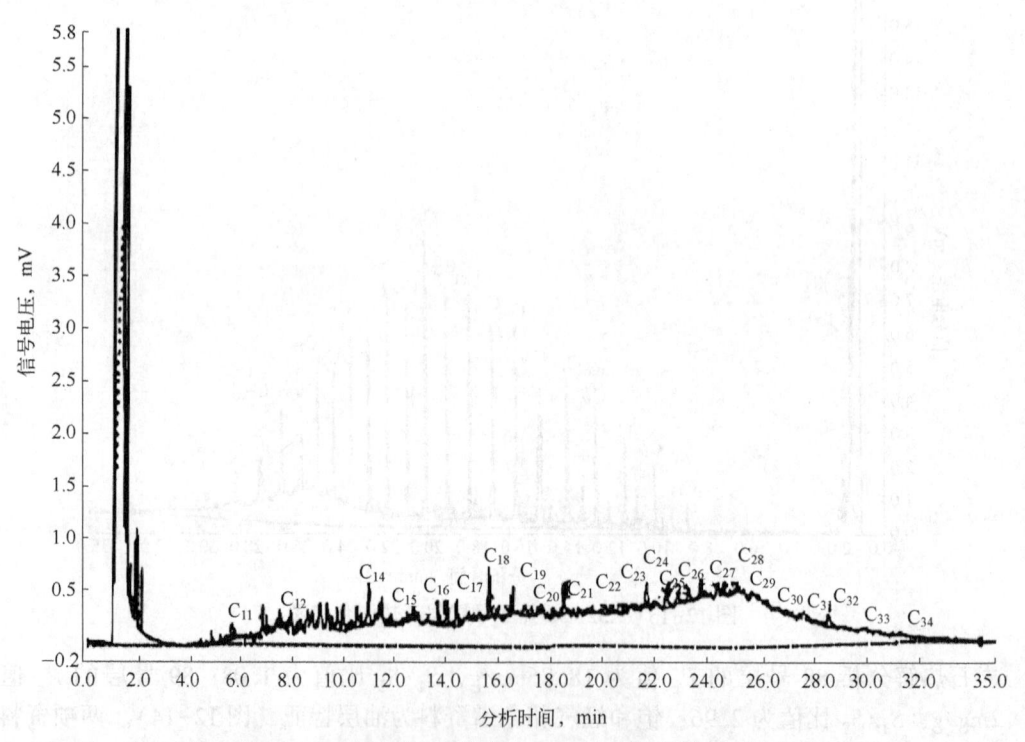

图 12-15 C60 井 F6 号层（626.6m）岩石热解色谱图

四、岩石热解色谱录井技术的作用和意义

岩石热解色谱录井技术促进了地球化学录井采集的信息由单一向多种手段、多种信息的方向发展，拓宽了地球化学录井技术的发展思路。

通过岩石热解色谱输出端各个参数（正构烷烃含量、碳数分布范围等）及谱图的形态

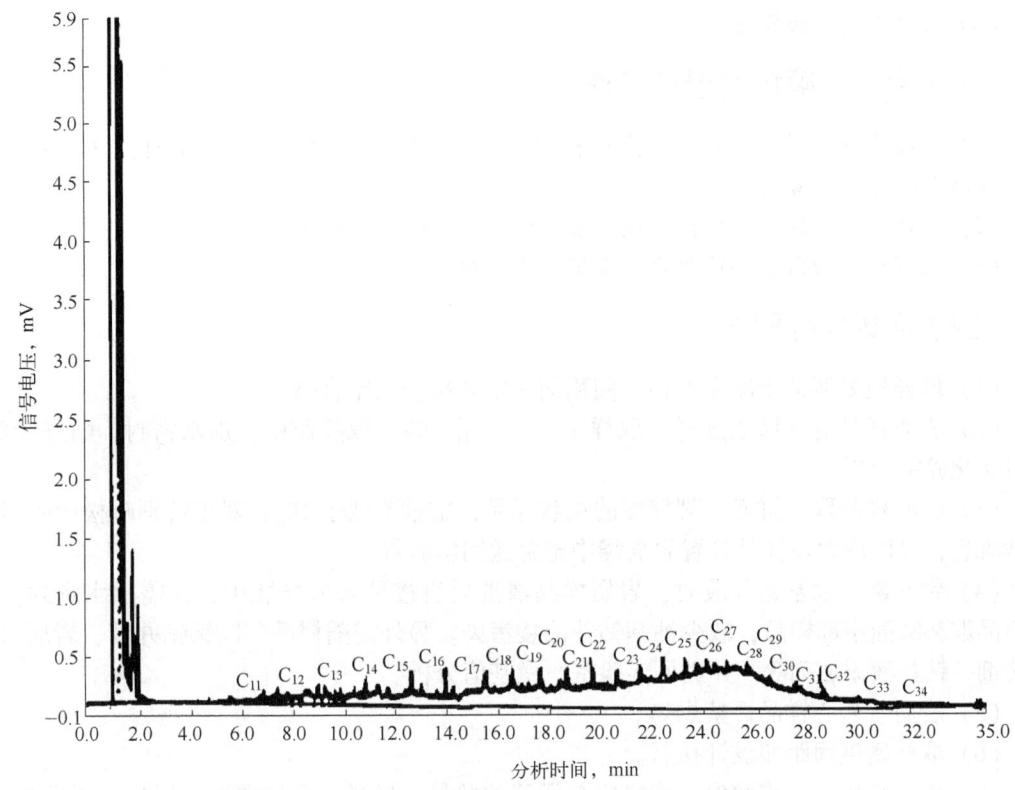

图 12-16　C60 井 F6 号层（630.2m）岩石热解色谱图

分析，能够有效地识别储层原油性质，发现各类油气显示，进行储层产液性质评价、含水性识别、水淹层识别，判断真假油气显示，分析钻井液添加剂影响，以及评价生油岩的成熟度等，目前主要应用于储层原油性质识别和储层流体评价。

五、岩石热解色谱录井施工

（一）岩石热解色谱录井原则

区域探井、评价井和以油为勘探目的的岩屑录井、岩心录井均要进行岩石热解色谱录井。

（二）岩石热解色谱录井密度

开展岩石热解色谱录井的储集岩和烃源岩样品的取样间距不同。

1. 储集岩

（1）岩屑：按岩屑录井采样间距分析。

（2）岩心：同一岩性段厚度小于 0.5m 时，分析 1 个；同一个岩性段厚度介于 0.5~1.0m，等间距分析 2~3 个；同一岩性段厚大于 1.0m 时，每米等间距分析 3 个。

（3）井壁取心：逐颗分析。

2. 烃源岩

（1）岩屑：按岩屑录井采样间距分析。

(2) 岩心：每米等间距分析2~3个。
(3) 井壁取心：逐颗分析。

（三）岩石热解色谱录井工作分工

(1) 样品由现场录井小队在钻进过程中按迟到时间，参照岩屑录井取样方法采集整理装箱并负责运送到化验室。
(2) 分析工作由化验室承担，成果要及时返回录井小队有关方面。
(3) 做好分工协调，各负其责，保证成果质量。

（四）现场采样要求

(1) 取样瓶要清洁干净无油污，使用前一定要检查认定合格。
(2) 岩屑样品清洗后取湿样，取样不低于10g，装入取样瓶中，加水密封，贴好标签，及时送化验室分析。
(3) 岩心样品取新鲜面、裂缝面的块状样品，重量不低于10g；对于特别疏松的砂岩或者砂砾岩，可以取大块样品装置岩屑袋中密封送回实验室。
(4) 钻井液为油基钻井液时，岩屑样品清洗后直接装入取样瓶中，无需加水密封。岩心样品取新鲜面中部样品，减少油基钻井液袋污染。另外需随样品将随钻钻井液、岩屑岩心清洗剂、钻井液添加剂等一并送回实验室，做基值分析。
(5) 岩屑、岩心样品严禁烘烤。
(6) 取样密度间距照设计执行。
(7) 送样清单应一式两份，内容应与标签的井号、样号、取样深度、层位、岩性相符。取样人、取样日期等也要一应俱全。一份随样送化验室，一份录井小队留存入原始记录备查。

（五）岩石热解色谱样品室内分析

岩石热解色谱样品室内分析包括样品处理、样品分析、资料解释三部分工作。针对这项工作，化验室有专用规程和流程，此处从略。

（六）资料录取内容

(1) 现场取样编号、井号、采样井深、层位、岩性等基础资料要齐全准确。
(2) 化验分析资料包括正构烷烃碳数范围、主峰碳、姥鲛烷、植烷等。

【任务实施】

一、目的要求

(1) 能够正确操作岩石热解色谱样品收集。
(2) 能够正确实施岩石热解色谱录井操作。
(3) 会整理分析岩石热解色谱录井资料，会撰写岩石热解色谱录井成果报告。

二、资料、工具

(1) 学生工作任务单。
(2) 岩石热解色谱录井实验室。

【任务考评】

一、理论考核

（1）岩石热解色谱录井原理是什么？
（2）岩石热解色谱应用包括哪些？

二、技能考核

（一）考核项目

岩石热解色谱录井操作。

（二）考核要求

（1）准备要求：工作任务单准备。
（2）考核时间：20min。
（3）考核形式：仪器操作+成果汇报。

项目十三　核磁共振录井技术

核磁共振物理现象于1946年被发现，广泛应用在物理、化学、材料科学、医学等领域。1990年核磁共振成像测井仪器应用到石油工业。1992年贝克休斯核磁共振P-K录井仪问世。1996年北京石油勘探开发研究院研制出低磁场核磁共振全直径岩心分析系统。2001年Magnetic-2000便携式核磁共振岩心岩屑分析仪研制成功，使核磁共振技术由实验室走向录井现场。核磁共振录井具有用样少、分析快、参数多、准确性高等特点，能够提供孔隙度、渗透率等6项参数，在划分储层、研究孔隙结构、识别流体性质等方面发挥了重要作用。核磁共振录井先后在国内四川、辽河、吉林、青海、吐哈等油田进行了现场应用，取得了较好的效果。

【知识目标】
（1）了解核磁共振录井原理；
（2）了解核磁共振录井测量参数及物理含义；
（3）掌握核磁共振物性、含水性分析解释方法。

【技能目标】
（1）能够根据核磁共振录井资料评价储层物性；
（2）能够根据核磁共振录井资料识别油水层。

【相关知识】

一、核磁共振录井原理

原子核能产生核磁共振现象是因为氢核等特定的原子核具有核自旋特性，其自旋时必然会产生核磁矩，这种原子核称为磁性核，如^1H、^{19}F、^{13}C等原子核都是磁性核。迄今为止，只有自旋量子数为半整数的原子核，其核磁共振信号才能够被人们利用，如^1H、^{11}B、^{13}C、^{17}O、^{19}F、^{31}P，其中氢原子核最简单，丰度高，磁矩大，应用最为广泛。岩石核磁共振分析测量也是利用氢原子核（^1H）与磁场之间的相互作用。由于构成岩石骨架的主要核素^{12}C、^{16}O、^{24}Mg、^{28}Si、^{40}Ca等均为非磁性核，对核磁共振信号无贡献，因而岩石核磁共振分析测量参数与岩石骨架无关，只对孔隙流体有响应。

简单地说，地层流体（油、气、水）中富含氢核，其质子在自然界中是随机取向和任意排列的，当把这些自旋的氢原子核置于静磁场中后，每个氢原子核具有一致取向，每个氢核磁矩的合成表现为对外具有宏观磁化矢量。磁化矢量的大小与氢核的个数成正比，即与流体量成正比。

当垂直于磁场方向施加一射频场时，如果射频场的角频率与静磁场角频率相同，氢核吸收这一频率电磁波的能量，从低能级跃迁到高能级，使原子核的能量增加，也就使原子核磁矩与外加磁场的夹角发生变化，这个过程称为核磁共振（NMR）。外加射频电磁波停止后，氢核摆脱了射频场的影响，只受到主磁场的作用，所有核磁矩力图恢复到原来的热平衡状态，即从高能级的非平衡状态向低能级的平衡状态恢复，这一过程称为弛豫。弛豫包含两个部分：宏观核磁化矢量在纵轴上的分量最终趋向初始磁化强度，称为纵向弛豫，其时间常数

T_1 称为纵向弛豫时间；在平面上的分量最终趋向于零，称为横向弛豫，其时间常数 T_2 称为横向弛豫时间。纵向弛豫时间 T_1 的测量速度非常慢，所以目前应用中通常测量横向弛豫时间（T_2）。

便携式岩心岩屑核磁共振分析仪利用永久磁铁提供横向的恒定磁场。当岩石样品放在磁体中，样品中流体氢核（质子）被磁化，沿着磁场方向排列极化，这样就在原来的强静磁场上叠加了一个小的净磁场，这个净磁场称为磁化矢量，磁化矢量的大小与氢核的数量成正比。

仪器射频振荡器线圈垂直于恒定磁场，利用射频振荡电路施加一个外加的射频电磁波脉冲。将这部分的磁化矢量旋转到与主磁场垂直的方向（90°脉冲），此时样品自旋的氢原子核在磁场中受电磁波激励而发生共振，从射频磁场吸收能量而跃迁到高能级，引起磁化矢量发生变化。

在外加射频电磁波脉冲停止后，氢原子核以特定频率发射出电磁波，将吸收的能量释放出来，使原子核从高能级的非平衡状态向低能级的平衡状态恢复，同时引起磁化矢量幅度衰减。这种磁化矢量信号幅度变化以及磁化矢量的衰减过程会引起检测线圈中感应电动势的相应变化，产生自由感应衰减曲线（FID）。磁化矢量的衰减过程称为核弛豫过程，重建系统平衡所需要的时间称为弛豫时间。90°脉冲后检测到的 FID 初始幅度信号（最初幅值）与样品中氢核的数量成正比（图 13-1）。

在 90°脉冲后，按照一定的时间间隔 T_E 施加一个 180°脉冲（对于指定的原子核，回波间隔 T_E 是一个时间常数）。180°射频脉冲将磁化矢量翻转后，在接收线圈中将重新出现一个幅值先增长（重聚成回波信号）后衰减的射频信号（磁矩散开信号衰减），在 $t = T_E$ 处出现最大值，这一信号就是自旋回波，其最大幅值小于 FID 信号的初始幅值且只和物质的横向弛豫有关，是样品本身横向弛豫时间（T_2）的函数。增加 180°脉冲个数，可以得到不同时间间隔（nT_E）的多个自旋回波，几百个自旋回波形成回波串（图 13-2）。这些回波信号最大幅值之间的变化代表了样品横向磁化强度 T_2 衰减的变化，即 T_2 衰减曲线。核磁共振录井测量的原始数据就是射频脉冲之后采集到的 FID 信号幅度以及 T_2 弛豫衰减曲线。

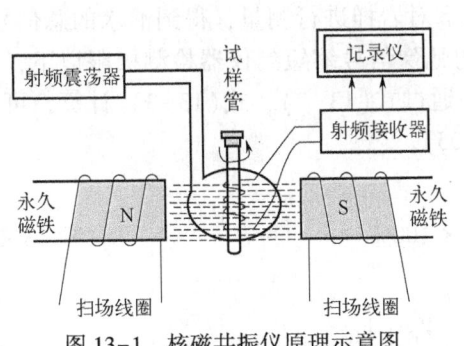

图 13-1 核磁共振仪原理示意图

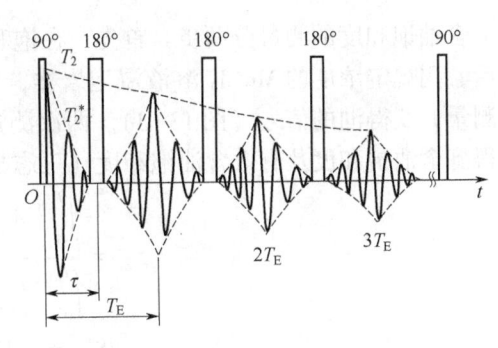

图 13-2 自旋回波法脉冲序列

磁化矢量的衰减过程与样品的物理性能有关，不同的物质有着不同的弛豫时间。自由水（例如试管中装 1mL 水）的弛豫时间约 3s，但当这些水被紧闭在岩石孔隙中时弛豫时间就小得多，在 1ms 至几百微秒之间。这是因为孔隙的禁闭表面给氢核释放所吸收的射频场能量提供了条件，扩散运动使得分子多次与岩石表面发生碰撞。在每次碰撞中，可能会发生两种弛豫过程：一是质子将能量传给岩石颗粒表面，从而产生出纵向弛豫 T_1；二是自旋相位发生不可恢复的相散，从而产生出横向弛豫 T_2。T_1 和 T_2 包含着相同的信息，是岩石内孔隙大小、固体表面性质以及流体性质等的综合反映。大孔隙内的流体受固体表面的作用力小，因此弛豫速度低，T_2值大；反之，小孔隙内的流体受固体表面的作用力大，弛豫速度高，T_2值小。

便携式核磁共振岩样分析仪通过对核磁共振信号初始幅度的标定，可以把仪器数据直接转换为岩石孔隙度；进行简单的T_2谱解析，可以计算出渗透率、可动流体、束缚流体等重要的岩石物理特性；通过添加顺磁离子二次分析的方法，可以得到含油饱和度等重要的油层物理参数，这些信息恰恰是常规录井无法提供的。

二、核磁共振录井测量参数及物理含义

（一）核磁共振孔隙度

岩石样品中流体的含量越高，氢原子核数目就越多，从射频磁场中吸收的能量也就越多，产生的信号也就越大。核磁共振信号初始幅度与测量区内所含的氢核数目即流体量成正比。当岩石孔隙被流体饱和时，核磁共振测量的总信号（磁化强度）与样品的孔隙度成正比，通过刻度，磁化强度可以转化为孔隙度。核磁共振孔隙度不受岩石矿物影响，准确可靠。刻度方法：用已知孔隙度的一组标准样进行仪器标定，建立标准样孔隙度与核磁共振信号的线性关系曲线［式(13-1)］。将未知样品的测量信号代入线性公式，便可计算得到核磁共振孔隙度。

$$\phi = aS/V + b \tag{13-1}$$

式中　ϕ——核磁共振孔隙度；

　　　S——核磁共振信号大小；

　　　V——样品体积，mL；

　　　a，b——定标求得的系数值。

（二）含油饱和度

含油饱和度的测量分两步：首先，在饱和状态下对岩样进行测量，得到油水的总信号；然后，用规定浓度的$MnCl_2$溶液浸泡岩样，将水的弛豫信号缩短到仪器检测极限以下，再次测量，获得油的信号（图13-3）。两次测量结果通过式(13-2)、式(13-3)计算，可分别得到含油饱和度及有效含油饱和度（王志战，2005）。

$$S_{oi} = \frac{\int_0^{T_{2max}} A_o(t) dt}{\int_0^{T_{2max}} A_{ow}(t) dt} \times 100\% \tag{13-2}$$

$$S_{oiA} = \frac{S_{oi} \times \phi_t}{\phi_{tA}} = \frac{V_{Ro}}{V_{Pt}} \times \frac{V_{Pt}}{V_R} \times \frac{V_R}{V_{PA}} = \frac{V_{Ro}}{V_{PA}} \tag{13-3}$$

式中　S_{oi}——含油饱和度，%；

　　　S_{oiA}——有效含油饱和度，%；

　　　$A_{ow}(t)$——第一次测量弛豫时间为t时的油水信号幅度，s；

　　　$A_o(t)$——第一次测量弛豫时间为t时的油信号幅度，s；

　　　ϕ_t——总孔隙度，%；

　　　ϕ_{tA}——有效孔隙度，%；

V_{Ro}——石油占据的孔隙体积，mL；
V_{Pt}——总孔隙体积，mL；
V_R——岩样体积，mL；
V_{PA}——有效孔隙体积，mL。

（三）T_2弛豫时间谱反演与各种孔隙度求取

岩石中单个孔道内流体的核磁共振弛豫特性服从单指数衰减，可以用单个T_1弛豫时间来表示，见式(13-4)，由此可以确定单个孔隙内横向弛豫时间（T_2）。

$$A(T_e) = A(0)\exp\left(-\frac{T_e}{T_2}\right)$$

$$T_e = 2n\tau \quad n = 1,2,\cdots \tag{13-4}$$

式中 $A(T_e)$——各T_e时刻测得的回波信号幅度；

τ——回波间隔的一半，即180°脉冲到回波最大值之间的时间；

$A(0)$——零时刻的回波幅度，即90°射频脉冲刚结束时FID信号的初始幅值。

实际上，岩石孔隙是由不同大小的孔道组成的，在实际测量过程中，获取的T_2衰减曲线是由许多不同孔隙中流体衰减信号叠加而成的，是一系列单指数衰减的线性叠加。总的核磁共振弛豫信号$S(t)$是这些孔道流体核磁共振弛豫信号的叠加，可以用一个多指数函数表示：

$$S(t) = \sum_i A_i \exp(-t/T_{2i}) \tag{13-5}$$

式中 $S(t)$——总的核磁共振弛豫信号；

T_{2i}——第i组分（第i类孔隙）的T_2弛豫时间；

A_i——第i组分所占的比例，即弛豫时间为T_{2i}的孔隙所占的比例。

当固体表面性质和流体性质相同或相似时，横向弛豫时间（T_2）的差异主要反映岩样内孔隙大小差异。孔隙越大，氢核越多，核磁共振信号越强，衰减越慢，对应的弛豫时间（T_2）越长。在油层物理上，核磁共振T_2谱的含义是岩石中不同大小孔隙的体积占总孔隙体积的比例，即T_2谱包含了孔隙大小分布信息。通过求解样品各个流体单元（岩石孔隙）横向弛豫时间（T_{2i}）及其在总流体（岩石总孔隙）中的相应贡献A_i，来构造T_2弛豫时间谱（图13-4）。

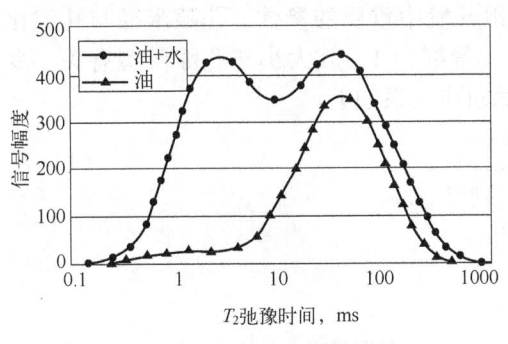

图13-3 含油饱和度的测量

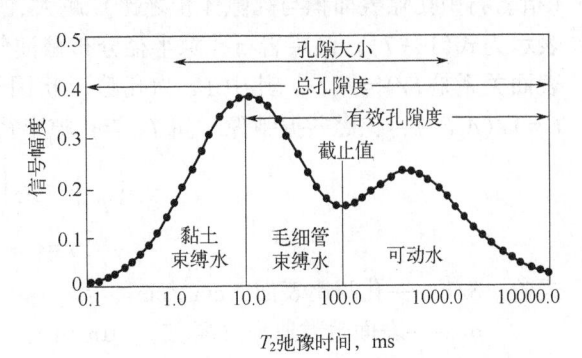

图13-4 不同类型孔隙度与核磁共振T_2谱关系

T_2谱曲线以T_{2i}和与其对应的A_i幅度连点绘制。T_2谱的横坐标表示T_2值，对应于孔隙大小，与孔隙大小之间有正比关系：大孔隙对应的弛豫时间长，小孔隙对应的弛豫时间短。纵坐标幅度对应于孔隙体积，幅度与孔隙体积之间有正比关系：具有特定弛豫时间的孔隙体积越大，占总幅度的比例也就越大，其幅度也就越高。总幅度为 T_2 谱所有点的幅度之和。

在岩样孔隙全部为流体所饱和时，黏土束缚流体、毛细管束缚流体及可动流体所占据的孔隙体积总和与岩样体积的比值为总孔隙度（ϕ_t），以百分数表示。毛细管束缚流体及可动流体所占据的孔隙体积总和与岩样体积的比值为有效孔隙度（ϕ_{tA}），以百分数表示。

从核磁共振弛豫机制中可知，岩石中不同类型孔隙中的流体具有不同的弛豫时间（图 13-4）。当流体受到的孔隙固体表面的作用力很强时，如微小孔隙内的流体或较大孔隙内与固体表面紧密接触的流体，其 T_2 值很小，流体处于束缚或不可动状态，这样的流体称为束缚流体或不可动流体；反之，当流体受到的孔隙固体表面的作用力较弱时，如较大孔隙内与固体表面不是紧密接触的流体，T_2 值较大，流体处于自由或可动状态，这样的流体称为自由流体或可动流体。因此，利用核磁共振孔隙度和 T_2 谱数据，可以计算岩石总孔隙度、有效孔隙度、岩石的黏土束缚水孔隙度（微孔）、毛细管束缚水孔隙度（小孔隙）以及可动流体孔隙度（大孔隙），对于裂缝、溶洞型岩石，还可得到裂缝、溶洞孔隙度、裂隙孔隙度、基质孔隙度、泥质孔隙度等一系列参数。例如，裂缝孔隙度和溶洞孔隙度计算方法是：用 T_2 谱裂缝峰或溶洞峰各点的幅度和除以 T_2 谱所有点的幅度和再乘以岩样的核磁共振总孔隙度，即可得到裂缝孔隙度或溶洞孔隙度，其他以此类推。

（四）弛豫时间与岩石比表面、孔隙半径的关系

在岩石孔隙中，流体的 T_2 值计算公式表示为

$$\left(\frac{1}{T_2}\right)_{\text{total}} = \left(\frac{1}{T_2}\right)_S + \left(\frac{1}{T_2}\right)_D + \left(\frac{1}{T_2}\right)_B \tag{13-6}$$

式中　$(1/T_2)_{\text{total}}$——总的弛豫贡献；

$(1/T_2)_S$——来自岩石颗粒表面的弛豫贡献；

$(1/T_2)_B$——来自流体本身的弛豫贡献（体弛豫）；

$(1/T_2)_D$——来自分子扩散的弛豫贡献。

在石油核磁共振研究和应用中，体弛豫和扩散弛豫项通常可以忽略，流体的 T_2 弛豫时间主要取决于表面弛豫。岩石表面弛豫的一个重要特征是与岩石比表面有关。岩石比表面（指岩石中孔隙表面积与孔隙体积之比）越大，弛豫越强，T_2 值越小，因此岩石表面弛豫可表示为式(13-7)。储层岩石孔隙半径分布是油气田开发中重要的参数。孔隙半径与孔隙比表面关系是 $S/V = F_S/r$。其中 F_S 为孔隙形状因子，量纲为 1，其大小与孔隙模型有关。令 $C = 1/(\rho_2 F_S)$，核磁共振弛豫时间 T_2 与孔隙半径的对应关系如下：

$$\left(\frac{1}{T_2}\right)_S = \rho_2 \left(\frac{S}{V}\right)_{\text{pore}} \tag{13-7}$$

$$r = C \cdot T_2$$

式中　S/V——孔隙比表面，cm^2/cm^3；

ρ_2——表面弛豫速率（常数），$\mu m/ms$；

T_2——弛豫时间，ms；

r——孔隙半径，μm；

C——转换系数。

可见，将核磁共振 T_2 谱图的横坐标乘以一个换算系数，能够使核磁共振弛豫时间分布

定量换算成以长度为单位的孔隙半径分布（图13-5），从而进行岩石孔隙结构研究。换算系数的大小具有地区经验性，分布范围为 0.01~0.1μm/ms，但同一油田同一层位岩样（储层）的换算系数值通常很接近。

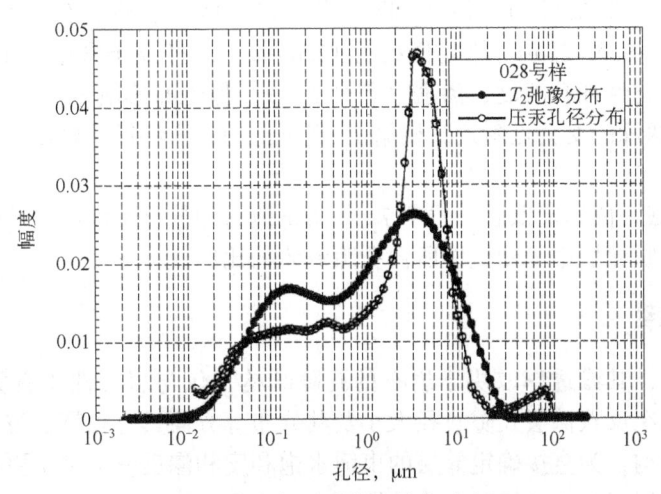

图 13-5 岩心 T_2 分布与压汞孔径分布对比（$C = 0.047$）

（五）可动流体 T_2 截止值与可动流体百分数

T_2 谱代表了岩石孔径分布情况。当孔径小到某一程度后，孔隙中的流体将被毛细管力束缚而无法流动。因此，在弛豫谱上存在一个界限，当孔隙流体的弛豫时间大于某一弛豫时间时，流体为可动流体，反之为束缚流体。这个弛豫时间界限称为可动流体截止值，是评价储层的一个重要指标，研究可动流体及其截止值的特征和规律对油田勘探和开发具有重要的意义。

可动流体 T_2 截止值通常是通过比较离心前后样品的 T_2 谱的变化来确定的。对离心后 T_2 谱所有点的幅度求和，然后在离心前的 T_2 谱中找出一点，使得该点右边各点的幅度和与离心后 T_2 谱所有点的幅度和相等，则该点对应的横坐标即为所分析岩样的可动流体 T_2 截止值（图 13-6）。

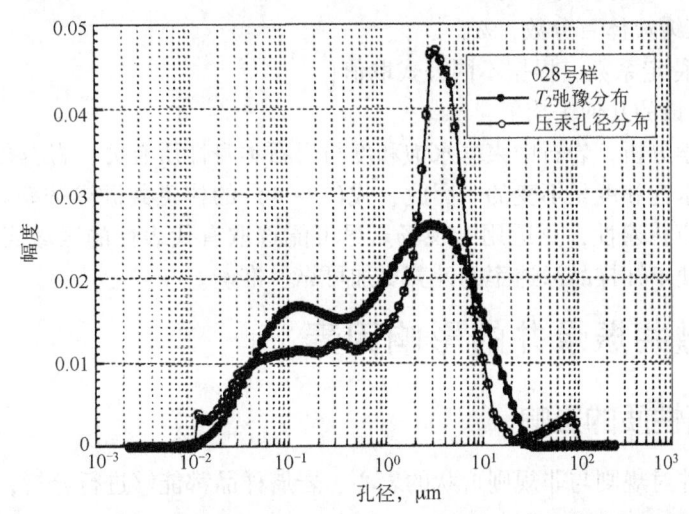

图 13-6 砂岩岩样离心前后 T_2 谱比较（可动流体 T_2 截止值为 10.48ms）

严格来说，不同的岩样应有不同的可动流体 T_2 截止值。在实际应用中，通常是对一个地区有代表性的一定数目岩样进行室内分析，首先求得每块岩样的可动流体 T_2 截止值，然后取其平均值作为该地区核磁共振测井录井解释的可动流体 T_2 截止值标准。

国内油气田砂岩储层可动流体 T_2 截止值具有地区经验性，分布范围大致为 4.79~29.09ms，主要分布在 5~20ms，平均值约为 12.85ms。岩样黏土含量大小是影响 T_2 截止值的重要因素，岩石物性如孔隙度、渗透率等对 T_2 截止值也有影响。对砂岩而言，T_2 截止值通常位于 T_2 谱中两峰的交会点附近，根据 T_2 截止值的这个特征，可以实现可动流体的快速确定（图 13-6）。

可动流体 T_2 截止值确定以后，位于 T_2 谱截止值右侧各点幅度和与总幅度和比值即为可动流体百分数，反映储层中可动流体所占孔隙流体的比例。

（六）渗透率

对于岩石而言，其渗透率取决于岩石的孔隙结构，仅与岩石性质有关，与流体性质无关。核磁共振技术在反映储层孔隙直径大小及其分布等方面具有独特的技术优势，可较好地反映岩石的孔隙结构，为直接确定储层的束缚水饱和度和渗透率提供了更有效的方法。核磁共振渗透率一般采用以下 4 种经验公式计算：

$$K_{\mathrm{NMR1}} = \left(\frac{\phi_{\mathrm{NMR}}}{C_1}\right)^4 \left(\frac{\mathrm{BVM}}{\mathrm{BVI}}\right)^2 \quad (13-8)$$

$$K_{\mathrm{NMR2}} = C_2 \times \phi_{\mathrm{NMR}}^4 \times T_{2\mathrm{g}}^2 \quad (13-9)$$

$$K_{\mathrm{NMR3}} = C_3 \times \phi_{\mathrm{NMR}}^2 \times T_{2\mathrm{g}}^2 \quad (13-10)$$

$$K_{\mathrm{NMR4}} = C_4 \times \phi_{\mathrm{NMR}}^m \times T_{2\mathrm{g}}^n \quad (13-11)$$

式中 K_{NMR1}，K_{NMR2}，K_{NMR3}，K_{NMR4}——核磁共振绝对渗透率，mD；

C_1，C_2，C_3，C_4——地区经验常数，与地层的形成过程有关，随不同层位或地区而变化，需要通过室内岩心分析校准来确定；

ϕ_{NMR}——核磁共振总孔隙度，%；

BVM——可动流体百分数，%；

BVI——束缚流体百分数，%；

m，n——待定系数，根据不同公式取值；

$T_{2\mathrm{g}}$——T_2 谱的几何平均值，ms。

从油层物理学分析，岩石中束缚水饱和度与岩石本身性质有关，岩石孔隙中无论充填什么流体，其束缚水饱和度是不变的。因此，式（13-8）的核磁共振渗透率评价模型（Coates 等，1999）更具有普遍性，更适用于现场。尽可能选取有代表性的区域岩心样品求取地区经验常数，才能使未知样品渗透率的计算更加可靠、准确。

三、核磁共振录井的影响因素

（一）岩石性质的影响

核磁共振录井对规则与非规则形状的岩心、岩屑样品都能够进行分析，但仍然受到以下限制：

（1）成岩性差、胶结疏松的地层，当其岩屑从井底返到井口时，受钻头的冲击、钻井液的浸泡冲刷等影响，已然变得过于细碎不成颗粒，孔隙结构发生了很大变化，无法呈现地层的真实情况，不能用于核磁共振分析。如含砾砂岩基本都变成了单个的石英颗粒，挑不出成块的岩屑，即使能挑出小岩屑，分析出的孔隙度也不能代表地层的真实情况。

（2）岩石通常是非均质的，在其破碎成岩屑过程中，其颗粒表面的孔隙在一定程度上会受到破坏，而易碎处往往是孔隙发育处，样品则往往是胶结致密、孔隙度偏低的坚硬部分，导致分析结果偏低。

（3）核磁共振分析要经过"泡盐水饱和"和"泡顺磁锰离子"等浸泡过程，易于泡散膨胀的样品不能用于分析。泥质含量较高的砂岩、渗透率特低的砂岩以及泥岩样品在"泡盐水饱和"过程中被盐水完全饱和是很困难的，使得核磁共振孔隙度测量结果会偏低。

（二）岩屑颗粒大小和质量的影响

实验表明，岩屑过于细碎，颗粒过小、样品用量过少对核磁共振分析结果会产生很大影响。要保证核磁共振分析结果的可靠性，岩屑颗粒大小至少要大于1.5mm，岩屑样品质量在0.5g以上。

（三）原油性质的影响

地层原油黏度对T_1和T_2均有较大的影响，T_1和T_2随原油黏度的升高而下降。原油黏度较高时，特别是当原油黏度大于30mPa·s后，核磁共振信号的衰减很快，信号弱，横向弛豫时间T_2很短，原油核磁共振信号常常缩短到T_2截止值左侧（束缚区间内），使不可动流体计算值（束缚水饱和度）偏大，可动流体计算值偏小。当原油黏度大于200mPa·s时，可动流体测定便失去实质性意义。随着原油黏度增大，原油中胶质、沥青质含量高，在相同体积条件下，原油中氢核的数目要小于稀油（黏度小于25mPa·s）和水中的氢核数目，即使含氢指数变小且小于1，如果不进行校正，也必然导致孔隙度、含油饱和度偏低。

不同地区、不同层位的原油，其性质不同，T_2弛豫谱也有所不同，录井前用邻井原油进行修正可以提高核磁共振分析精度，尤其是原油黏度较大的稠油层，必须进行校正。校正方法：单位体积标样信号量除以单位体积脱水原油核磁共振信号量作为原油修正系数，对所测的原油孔隙体积乘以修正系数，再加上岩样中水的孔隙体积，即可以得到修正后的总孔隙体积。同理，用修正后的原油孔隙体积除以修正后的总孔隙体积，可以计算出含油饱和度。

（四）样品处理的影响

样品干燥处理中岩样表面水的去除程度是影响核磁共振分析结果的关键因素。受盛装样品的小试管内径的限制，样品直径不能太大，多为2mm左右，颗粒多，表面积大，在干燥处理过程中会失去过多的孔隙水，导致分析结果偏低。碳酸盐岩多为裂缝性储层，表面的干燥程度难以控制。因此，需要通过实验得到不同仪器、不同岩性最佳干燥时间和饱和水时间，使测量结果更加准确可靠。

四、储层识别与评价

凡是可以储集和渗滤流体的岩层，称为储层。储层是控制油气分布、储量及产能的主要因素，因此，在油气勘探开发过程中，储层识别与评价具有决定性的作用。随着勘探开发节奏的持续加快及勘探成本的不断攀升，对储层随钻识别与评价的要求越来越高。核磁共振录井技术打破了现场录井长期以来不能定量评价储层物性的局面，可以在钻探过程中，及时识别和准确评价储层，为勘探开发决策提供及时、可靠的依据，成为目前最理想的储层随钻分析技术。下面将介绍储层识别、物性评价、储集空间类型评价、孔隙结构评价、孔喉分选性评价和有效储层识别。

（一）储层识别

核磁共振 T_2 谱中包含着丰富的信息。根据饱和岩样孔隙中流体的 T_2 谱的峰的形状、峰的个数、弛豫时间长短、幅度高低，核磁共振录井技术可以快速识别和定性评价储层。T_2 谱的谱峰越靠右，幅度越高，指示该岩样的物性越好。反之，则越差，甚至为非储层。如图 13-7 所示，最下面的 T_2 谱的谱峰相对靠左，幅度较低，说明该岩样物性较差，如果这个 T_2 谱是该储层的典型图谱，那么该储层就是差储层；同理，中间的 T_2 谱的谱峰相对居中，幅度较高，代表中等储层；最上面的 T_2 谱的谱峰相对靠右，幅度最高，代表好储层。岩性不同，T_2 谱的谱峰形状及个数也将不同。泥质岩的 T_2 谱为单峰，峰形窄，位置偏左，常在 T_2 截止值的左边。砂岩的 T_2 谱多为双峰，也有单峰或三峰，砂岩的双峰在 T_2 截止值的两侧皆有分布。碳酸盐岩的 T_2 谱含有三峰，主要是由于存在裂缝和溶洞的缘故。因此，根据核磁共振 T_2 谱可以判断岩性及储层的好差等。

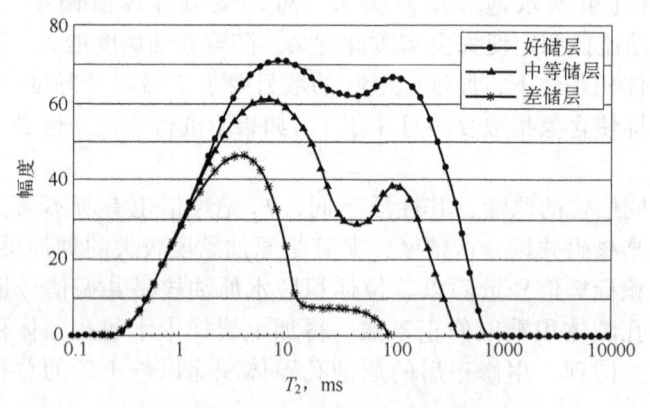

图 13-7 储层类型的识别

如 XLS1 井是一口预探井，对井段 4374.00~4381.80m 钻井取心，进行核磁共振物性分析发现：该井段 T_2 谱大多为双峰结构，弛豫时间较短，幅度较低，与泥岩的 T_2 谱类似，物性较差。从电镜扫描图上可以看出，岩样中含有大量黏土，如图 13-8 所示。核磁共振孔隙度分布在 1.07%~3.11%，可动流体饱和度主要在 20%~40%（表 13-1），证明该井段泥质岩为储层，是油气产能的贡献者。于井深 4271.21~4374.00m 采用裸眼支撑测试，日产油 128.6m^3，日产气 25.049×$10^4 m^3$。核磁共振测井结果也表明，该段泥质岩为储层，与核磁共振录井的评价结论相一致。

(a) 4375.2m

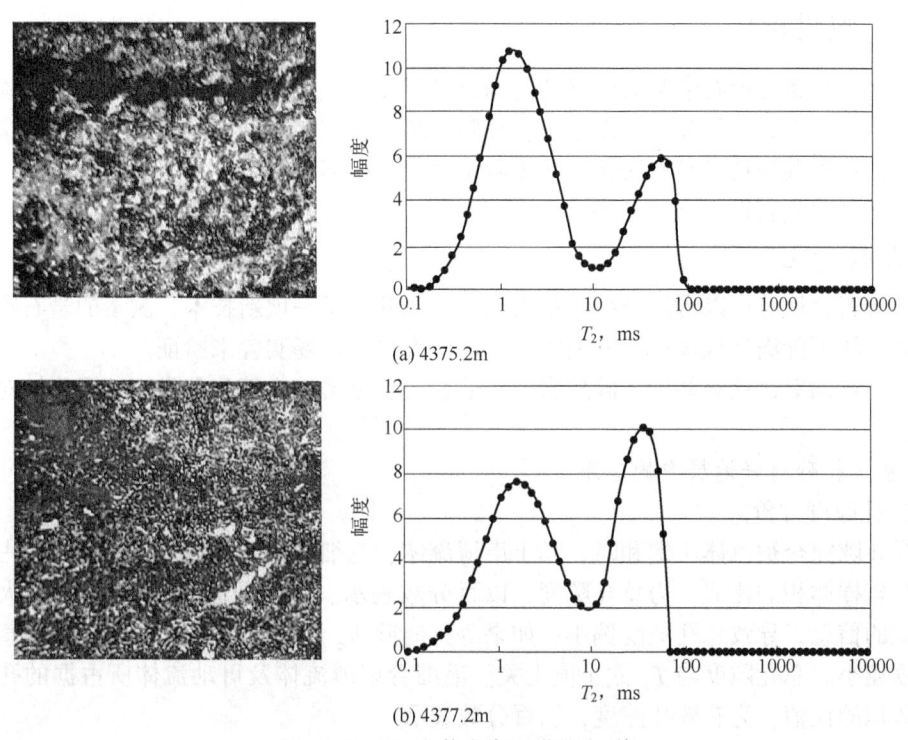

(b) 4377.2m

图 13-8　XLS1 井含膏泥岩的 T_2 谱

表 13-1　XLS1 井核磁共振录井数据表

井深，m	孔隙度，%	可动流体，%
4374.1	1.07	40.21
4374.4	1.65	38.84
4375.2	1.64	24.28
4375.6	2.31	18.83
4375.8	1.85	41.90
4376.0	2.89	12.98
4376.0	2.11	20.64
4376.3	3.11	4.19
4376.5	2.45	16.93
4376.5	2.05	20.24
4376.7	2.01	44.04
4377.0	2.69	15.02
4377.0	1.69	33.98
4377.2	1.64	37.65
4378.0	2.20	40.31
4378.4	1.77	26.66
4378.8	2.27	32.66
4380.7	1.75	26.12
4381.8	1.99	20.64

(二)物性评价

储层必须具备储存石油和天然气的空间以及能使油气流动的条件，因此，储层物性评价中最重要的两项参数是孔隙度和渗透率：孔隙度决定岩层储存油气的数量，渗透率决定了储层的产能。核磁共振技术具有快速、无损测量以及一机多参数、一样多参数的技术特点，它的优势将在录井领域得到充分发挥。

1. 物性对比

通常岩石物性分析以常规分析结果为准，核磁共振是一项新技术，测量的岩石物性参数是否可靠，能不能满足现场勘探开发需求，需要大量的现场实验来验证。

下面，详细对比核磁共振在碎屑岩、碳酸盐岩、致密砂岩等几种类型储层物性对比方面的应用。

1) 在陆相碎屑岩地层中的应用

(1) 孔隙度评价。

岩样孔隙完全被流体所饱和时，黏土束缚流体、毛细管束缚流体及可动流体所占据的孔隙体积与岩样体积的比值，为总孔隙度，以百分数表示。如果回波时间间隔 T_e 过大，会丢失小孔隙的信息，导致总孔隙度偏小；如果等待时间 R_d 太小，会丢失大孔隙的信息，导致总孔隙度偏小。总孔隙度与 T_2 截止值无关。毛细管束缚流体及可动流体所占据的孔隙体积与岩样体积的比值，为有效孔隙度，以百分数表示。

孔隙度是核磁共振录井参数中最直接、最准确的一个。对于不同的储集岩类型，从低孔低渗到高孔高渗，均有满意的评价结果。

以胜利油田陆相碎屑岩地层为例，岩样主要包括砂砾岩体和滩坝砂。选取地层深度相近的不同岩样进行常规测量和核磁共振测量，并将测量结果进行对比分析。核磁共振录井孔隙度与常规孔隙度的平均相对误差为 0.16%，测井孔隙度与常规孔隙度的平均相对误差为 0.41%。核磁共振录井孔隙度与常规孔隙度的相关系数为 0.8513，核磁共振录井与测井孔隙度的相关系数为 0.6434（图 13-9），说明核磁共振录井孔隙度与常规孔隙度的相关性要好于其与测井孔隙度的相关性。

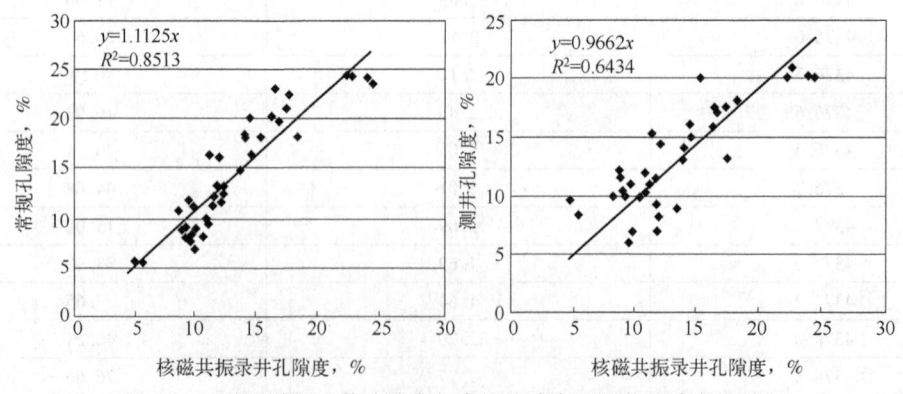

图 13-9 核磁共振录井孔隙度与常规孔隙度及测井孔隙度的对比

(2) 渗透率评价。

核磁共振录井求取渗透率与核磁共振测井一样，通常采用经验模型来计算。本书中的核磁共振渗透率采用 Coates 模型进行计算，没有方向性，其应用效果与地区常数及岩性类型有关。在胜利油田，滩坝砂的应用效果明显好于砂砾岩体中的应用效果。前者的相关系数达到 0.87，而后者的相关性较差。可以通过地区性常规孔渗关系式代入核磁共振录井孔隙度，计算渗透率，可提高其应用效果，如图 13-10 所示。

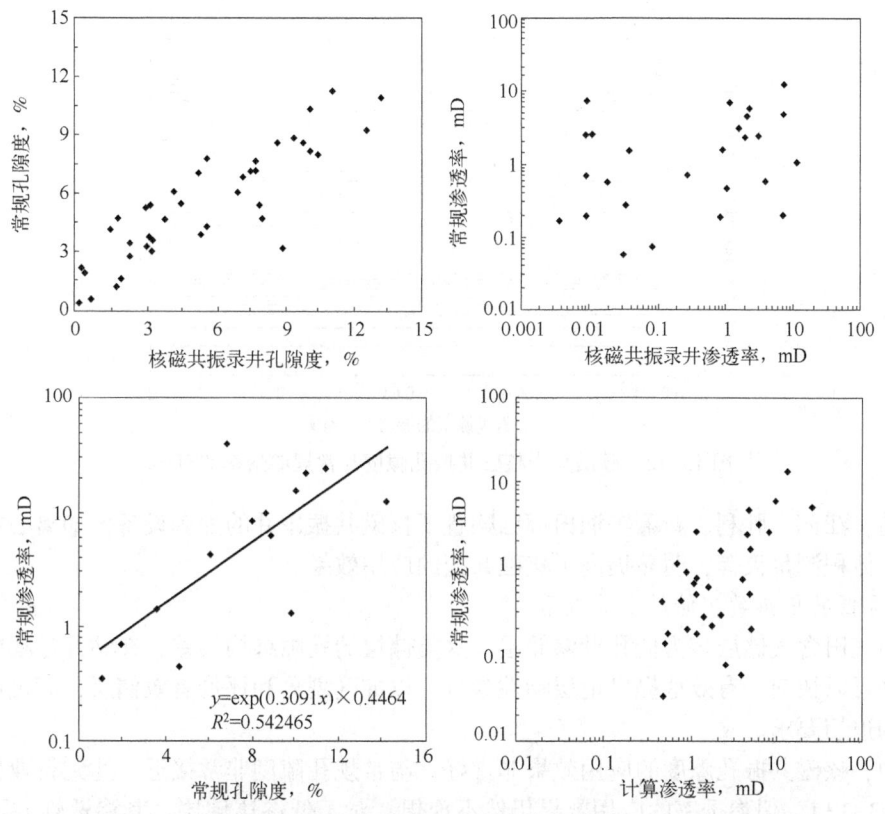

图 13-10 借助常规孔渗关系式提高砂砾岩体核磁共振渗透率的准确性

2) 在海相碳酸盐岩地层中的应用

以四川气田为例，核磁共振录井与常规分析采用的是同一个样品。从分析结果来看，碳酸盐岩的核磁共振孔隙度与常规孔隙度具有非常好的相关性（图 13-11）。但是，渗透率的应用效果相对较差（图 13-12）。这主要是因为核磁共振渗透率的测量是不具方向性的。另外，孔隙度尤其是总孔隙度的测量与 T_2 截止值无关，而核磁共振渗透率的计算模型则与 T_2 截止值及渗透率待定系数 C 等有关，影响因素较多。常规分析是一个个样品进行计算的，

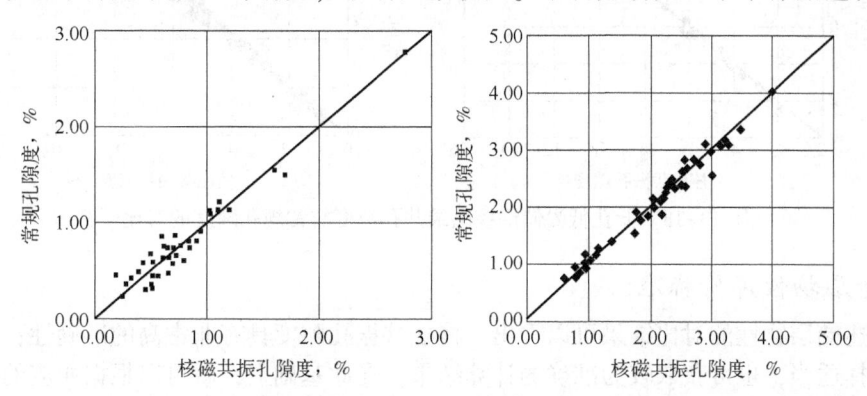

图 13-11 碳酸盐岩核磁共振孔隙度与常规孔隙度的对比

而核磁共振的渗透率是选用同一套参数进行计算的，如果针对每一个样品进行离心确定好截止值，其相关性则会大大提高。

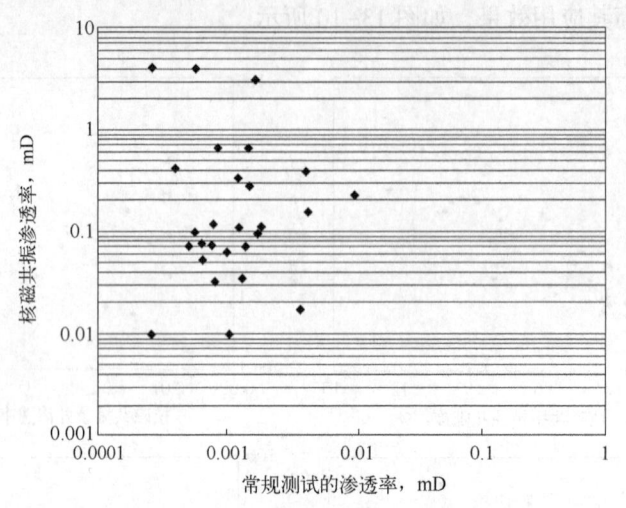

图 13-12 碳酸盐岩核磁共振孔隙度与常规渗透率的对比

目前，江苏、胜利、新疆等油田都已购置了核磁共振录井的配套设备，如离心机、油水饱和仪、体积测量仪等，明显提高了核磁共振的应用效果。

3）在低孔低渗致密储层中的应用

四川气田含气储层多为低孔低渗储层，这类储层的孔隙结构较差，在钻井过程中，核磁共振录井可以快速、有效地提供地层物性参数，以准确划分和评价有效储层，满足油气田勘探开发的迫切要求。

其中，核磁共振孔隙度的应用效果非常好，与常规孔隙度非常接近，达到行业标准的要求（图 13-13）。但渗透率的应用效果仍然不理想。对于低渗透储层，其渗透性并不遵循达西定律，而是具有非达西流特征，所以需要对原来的计算模型进行修正或建立新的渗透率计算模型。

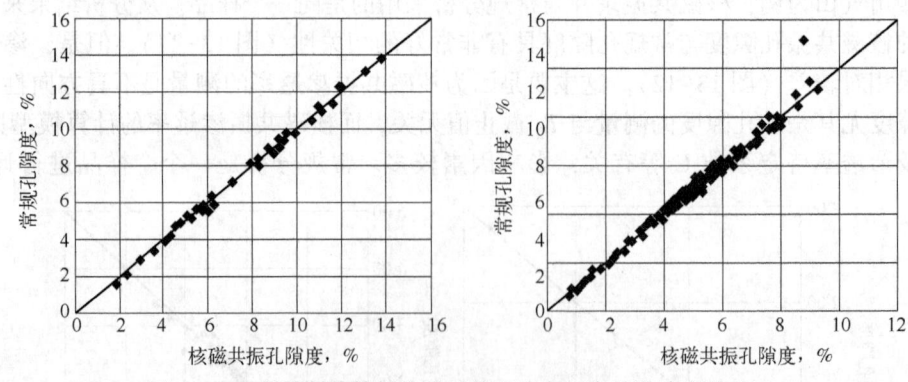

图 13-13 低孔低渗储层核磁录井孔隙度与常规孔隙度的对比

2. 储层物性评价标准

从上述储层物性的对比结果可以看出，核磁共振孔隙度具有非常高的准确性；渗透率只要模型选择适当，也可获取较为准确的计算结果。在此基础上，就可以根据相应的标准进行储层物性评价，评价标准见表 13-2 至表 13-5。

表 13-2 含油碎屑岩储层储集性能评价

含油储层	孔隙度, %	渗透率, mD
特高孔高渗储层	>30	>2000
高孔高渗储层	25~30	500~2000
中孔中渗储层	15~25	100~500
低孔低渗储层	10~15	10~100
特低孔低渗储层	<10	<10

表 13-3 含气碎屑岩储层储集性能评价

含油储层	孔隙度, %	渗透率, mD
高孔高渗储层	>25	>500
中孔中渗储层	15~25	10~500
低孔低渗储层	10~15	0.1~10
特低孔低渗储层	<10	<0.1

表 13-4 碎屑岩储层的评价标准

储层类型	有效孔隙度, %	绝对渗透率, mD
好	>15	100~1000
中	5~15	10~100
差	<5	<10

表 13-5 碳酸盐岩储层分类表

含油储层	孔隙度, %	渗透率, mD
高孔高渗储层	>20	>100
中孔中渗储层	12~20	10~100
低孔低渗储层	4~12	0.1~1
特低孔低渗储层	<4	<0.1

（三）储集空间类型评价

储集空间类型可分为孔隙型、裂缝型和孔隙—裂缝复合型三大类。在核磁共振 T_2 谱上，孔隙与裂缝的弛豫时间有明显差异，裂缝的弛豫时间相对孔隙较长。因此，可以根据 T_2 谱划分储集空间类型。下面分别以华北油田探区的 C3 井和 XL1 井为例，阐述核磁共振录井技术在评价储层储集空间方面的应用。C3 井是一口重点古潜山探井，该井中途试油获得高产油流，是当年中国石油天然气集团公司陆上勘探的第一口高产井。XL1 井是一口重点风险探井，该井从 4401m 开始进行了核磁共振随钻录井分析，分析样品主要为岩屑，由于该井分析样品埋藏深、成岩作用强，岩屑样品的代表性好，可以在很大程度上反映地层岩石储集物性的真实情况。

1. 孔隙型储层

1）C3 井

为了更好地评价储层物性，利用核磁共振录井仪对岩心、岩屑样品进行了系统分析

(图13-14)。在4086~4102m井段内,图13-14(a)和图13-14(b)中的两个初始状态的T_2谱表现为单峰型,谱峰对应的弛豫时间一般为30ms左右,储集类型以晶间孔为主;图13-14(c)和图13-14(d)中初始状态的T_2谱弛豫时间比图13-14(a)和图13-14(b)的长,分布范围扩大到1000ms左右,表明存在裂缝和微裂缝。核磁共振分析孔隙度分布在3.36%~16.6%,渗透率分布在0.01~61.52mD,可动流体含量主要分布在50%~75%。由于该井段内存在裂缝和微裂缝,可动流体饱和度高,所以表明储层中的流体可流动性很强。

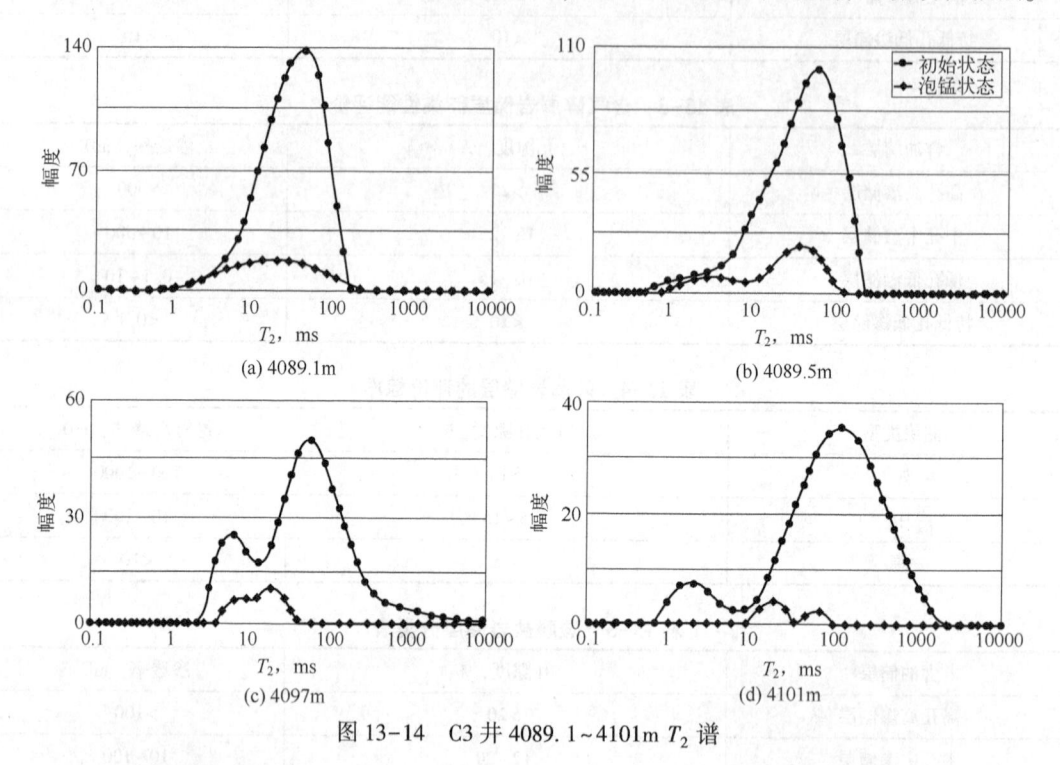

图13-14 C3井4089.1~4101m T_2谱

由荧光显微图像分析图片可见,薄片发光均匀,指示原油均匀地分布于岩石中的晶间孔中(图13-15)。

图13-15 C3井4088~4098m岩心荧光薄片图像

该井段储层类型比较复杂,既有裂缝发育的碎屑岩储层,又有晶间孔发育的碳酸盐岩储层。丰富的储集空间类型和较高的可动流体饱和度是该井测试获得高产的主要原因。

2) XL1井

图13-16所示为XL1井4400~4600m井段典型的单峰型核磁共振T_2谱。该井段以单峰型T_2谱为主,弛豫时间较短,小于10ms,孔隙较小,储集流体以束缚流体为主。

图13-17所示为XL1井4400~4600m井段典型的双峰型核磁共振T_2谱。该井段的双峰

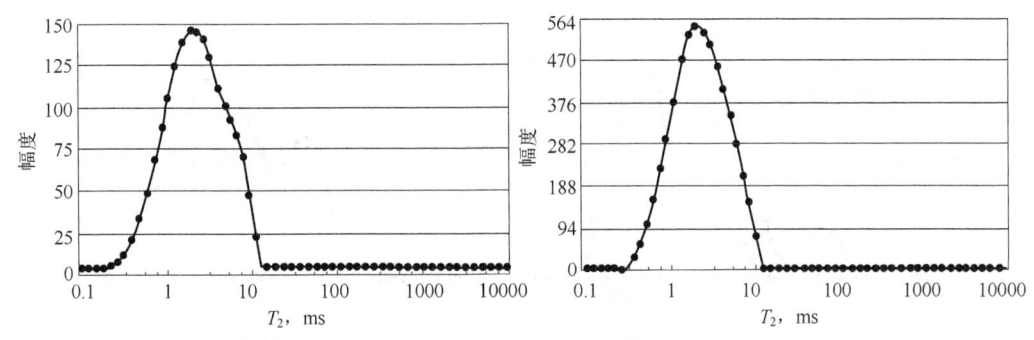

图 13-16　单峰型 T_2 谱

型 T_2 谱分为两部分：一部分是束缚流体，弛豫时间较短，主要分布在 0.2~10ms，孔隙较小，与该井段单峰型的 T_2 谱相似；另一部分是可动流体，弛豫时间相对较长，主要分布在 20~400ms，孔隙较大。由于可动流体部分的幅度高，积分面积大，所以大孔隙的数量多，可动流体的饱和度高，孔隙流体易产出。同时两峰之间凹点的高低、谱峰的宽度反映孔喉的分选情况。

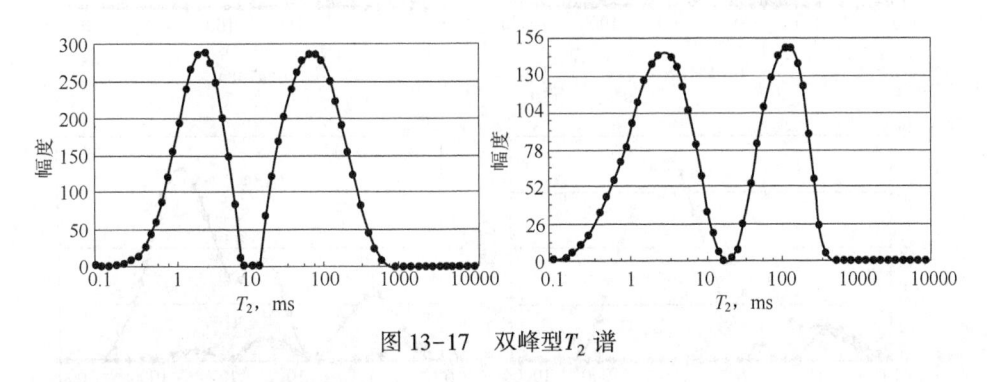

图 13-17　双峰型 T_2 谱

XL1 井 4400~4600m 井段主要以孔隙型储层为主，由于该井段内孔隙型储层的有效孔隙度比较小、渗透率差，导致该井段内油气显示不活跃。

2. 裂缝型储层

C3 井 4102~4160m、4180~4215m 井段内，核磁共振分析孔隙度分布在 2.70%~20.5%，渗透率分布在 0.01~40.63mD，可动流体含量主要分布在 50%~75%。图 13-18 为该井段典型的核磁共振 T_2 谱。该井段内很多样品的核磁共振 T_2 谱表现为多峰型，弛豫时间分布在 0.1~2000ms，主要分布在 30~2000ms，充分说明大孔隙和裂缝较发育，储层中的流体可流动性强。

C3 井 4102~4160m、4180~4215m 井段内，裂缝较发育，可动流体饱和度较高，为又一有利储层发育段。

3. 裂缝孔隙型储层

裂缝孔隙型储层岩样的核磁共振 T_2 谱表现为多峰型，图 13-19 所示岩样存在 3 个谱峰，弛豫时间较长的峰幅度较低，弛豫时间相对较短的左边两个峰幅度较高，此类储层以孔隙为主，裂缝为辅。裂缝的发育为流体的储集提供了又一空间。XL1 井裂缝孔隙型储层主要分布在 4705~4750m 井段。

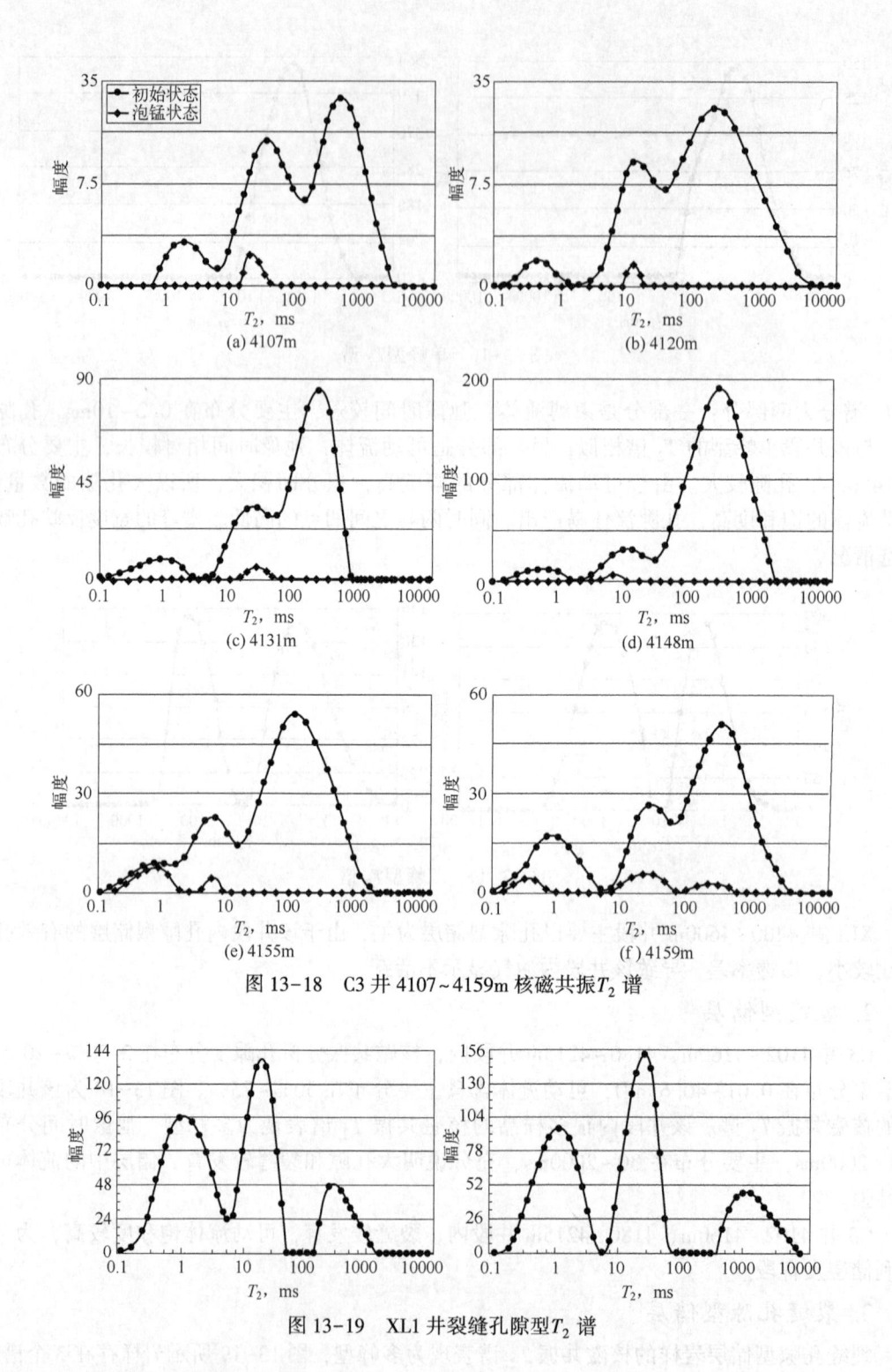

图 13–18　C3 井 4107~4159m 核磁共振 T_2 谱

图 13–19　XL1 井裂缝孔隙型 T_2 谱

4. 孔隙裂缝型储层

孔隙裂缝型储层岩样的核磁共振 T_2 谱同样表现为多峰型（图 13–20），弛豫时间相对较长的右峰幅度较高，而弛豫时间较短的左边两个峰幅度相对较低，此类储层以裂缝为主，孔隙为辅。

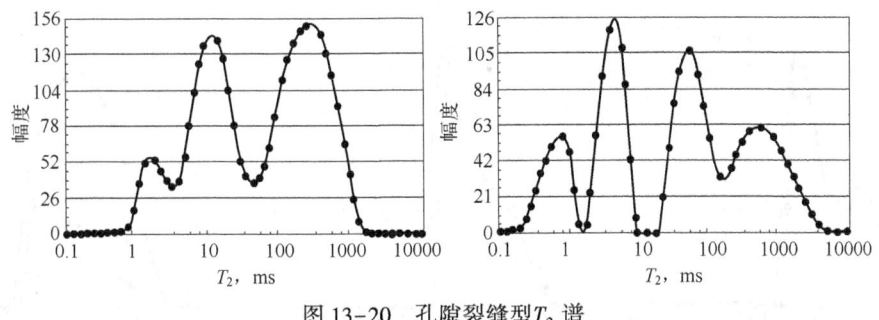

图 13-20 孔隙裂缝型 T_2 谱

XL1 井孔隙裂缝型储层主要分布在 4601~4680m 井段。该段内储层物性较好，利于油气聚集，同时在下伏井段内发育的良好生油岩可以提供油气资源，这也是该井段油气显示较为活跃的物质基础。

五、储层流体识别与评价

核磁共振录井技术不仅能评价储层的物性，还能评价含油饱和度和孔隙流体的分布，尤其是通过"一样三谱"（初始状态 T_2 谱、饱和状态 T_2 谱和泡锰状态 T_2 谱）的叠加，能够反应出油的饱和度、散失量、气油比以及是否含水、所含流体是否可动等信息，从而可进行孔隙流体的识别与评价。

（一）储层含水性识别

含水性识别是油气层评价的基础，是重点更是难点。岩石样品的核磁共振 T_2 谱中包含了油水含量及其分布信息，是目前应用效果最佳的含水性随钻判识方法。利用核磁共振录井技术识别储层含水性的方法是：从密封保存的岩心或井壁取心样品中选取适量的新鲜样品，直接进行核磁共振分析，其 T_2 谱反映了地层所含原始流体的信息。测完饱和样后，在 15000mg/L 的 $MnCl_2$ 溶液中浸泡 24h 甚至更长的时间后，再次进行核磁共振分析，水的测量信号被消除，其 T_2 谱反映的是地层中原油的信息。通过新鲜样和泡锰样谱图的比较，便可以获得含油饱和度、初始可动水饱和度、初始束缚水饱和度等流体信息。不同类型储层的 T_2 谱具有不同的特征（图 13-21）。图 13-21(a) 所示的初始状态和泡锰状态的 2 个 T_2 谱几乎完全重合，说明孔隙中饱含油，没有水或含水率小于油层定义的下限 5%，该类储层无论是否压裂，均为油层。图 13-21(b) 所示的储层，泡锰状态 T_2 谱右边的峰与初始状态 T_2 谱右边的峰基本重合，而左边的峰明显低于初始状态，说明储层中含水，由于泡锰后左峰消失，且位于 T_2 截止值左侧，认为水是以束缚状态存在的，压裂前为油层，压裂后则为油水同层。图 13-21(c) 所示的储层，泡锰状态 T_2 谱的弛豫时间远小于初始状态，且截止值右边的谱峰的面积明显小于初始状态，则说明地层含水，存在束缚水和可动水两种状态，视二者面积差异的不同，分别解释为油水同层、含油水层或水层。

含水性评价结果是否准确往往以试油结果作为衡量标准。由于初始状态和泡锰状态两种状态中间间隔了 24h 甚至更长的时间，所以要在保证样品分析及时性的前提下，综合考虑稠油单位体积信号偏小、凝析油易挥发等特征。

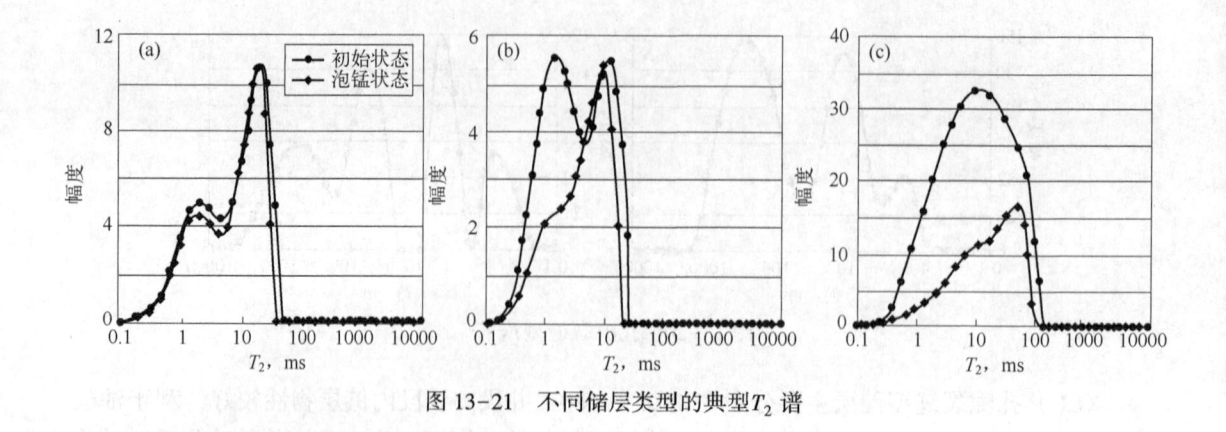

图 13-21 不同储层类型的典型 T_2 谱

（二）油水层评价方法

核磁共振录井评价产层性质的方法有图版法和图谱法两种。

1. 图版法

根据测得的物性参数，建立图版用以判识油气水层的性质，这种方法在辽河等一些油田取得了较好的应用效果（图 13-22）。图版法主要是利用可动流体饱和度与含油饱和度这两项参数，将岩层划分为油层、油水同层、低产油层、含油水层、水层和干层。

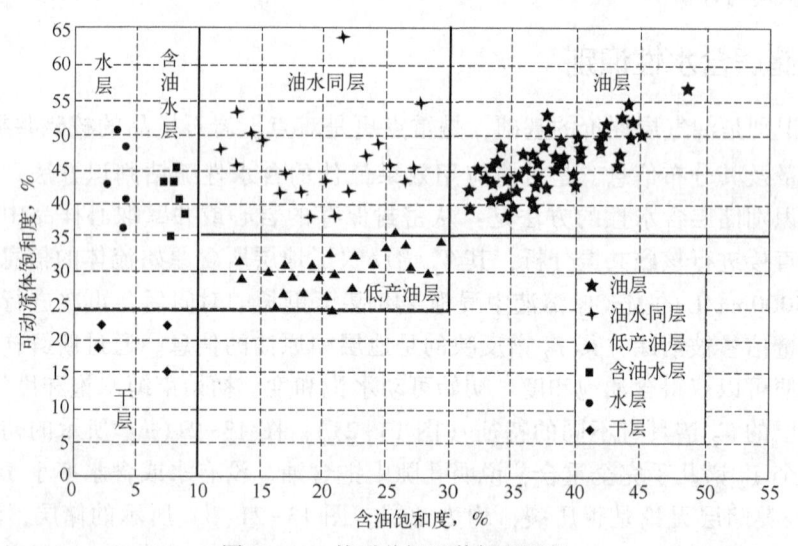

图 13-22 核磁共振录井解释图版

基于核磁共振录井能够获取许多参数，可以建立不同的图版。下面以新疆准噶尔盆地稠油层为例，进一步阐明图版法的应用。

1）XI 103 井

XI 103 井位于准噶尔盆地西北缘乌夏断裂带上盘。该井在井段 1696.00~1712.49m 处见到油气显示，并在 1699.56~1712.49m 处取心，岩性为绿灰色油浸砂砾岩。1700.56~1711.00m 井段岩样核磁共振分析孔隙度分布在 11.95%~19.77%，平均为 15.57%；渗透率分布在 0.22~9.92mD，平均为 7.67mD；含油饱和度主要分布在 20.3%~39.92%；可动流体饱和度主要分布在 6.22%~32.91%；束缚水饱和度分布在 43.91%~82.59%；可动水饱和度分布在 0~22.82%。以上资料均表明该套储层物性中等，属于中孔低渗储层。从孔隙流体 T_2 谱可以看出，储层小孔隙发育；从油水 T_2 谱和油 T_2 谱可以看出，油存在于大孔隙中，地层水主要以束缚水状态存在（图 13-23）。数据点大多数落入稠油层解释图版的油区和油水同层区，如图 13-24、图 13-25 的 1 号层区域所示。因此，该段核磁共振解释为油水同层。试油结果表明该井段也为油水同层。

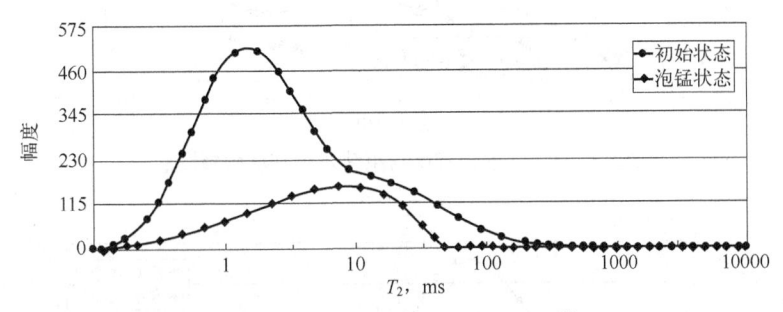

图 13-23　XI 103 井 1701.60m T_2 谱

2) XI 104 井

XI 104 井位于准噶尔盆地西北缘乌夏断裂带上盘乌 40 井北断块，该井在井段 1952.00~1962.00m 处见到油气显示并取心，岩性为褐灰色中砂岩。核磁共振分析孔隙度分布在 12.55%~16.47%，渗透率分布在 13.31~76.33mD，束缚水饱和度分布在 35.05%~44.16%，可动水饱和度分布在 22.61%~38.21%。以上资料均表明该套储层物性中等—好，属于中高孔中渗储层。从孔隙流体 T_2 谱可以看出，储层小孔隙发育；从油水 T_2 谱和油 T_2 谱可以看出，大、小孔隙中都存在油，地层水以束缚水、可动水状态存在（图 13-26）。将数据点点入稠油层解释图版，大多落入水区、含油水层区，如图 13-24、图 13-25 的 2 号层区域所示。该段试油为含油水层。

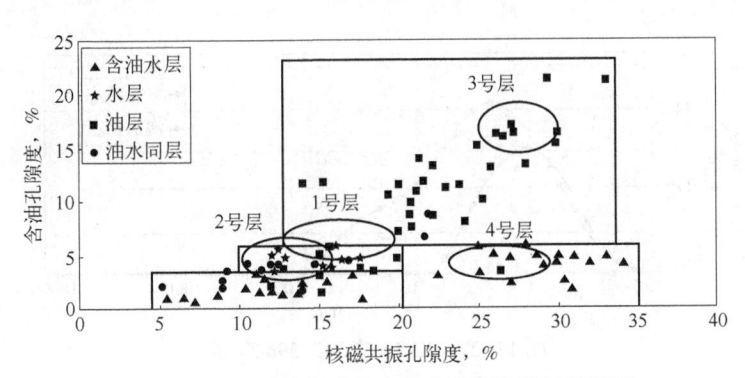

图 13-24　核磁共振孔隙度与含油孔隙度解释图版

3) XI 13 井

XI 13 井位于准噶尔盆地西部隆起克百断阶带西白百断裂东段下盘，该井在井段 738.00~766.00m 处见到油气显示并连续大段取心，纵向上在 750.00m 处有一个明显的分界，具体情况分述如下：

738.00~750.00m 井段的岩性为灰色油斑中砂岩。岩样的核磁共振分析孔隙度分布在 24.76%~29.94%，渗透率分布在 80.17~197.77mD，含油饱和度分布在 51.53%~65.72%，可动水饱和度分布在 25.51%~39.76%。以上资料均表明该套储层物性较好—好，属于高孔

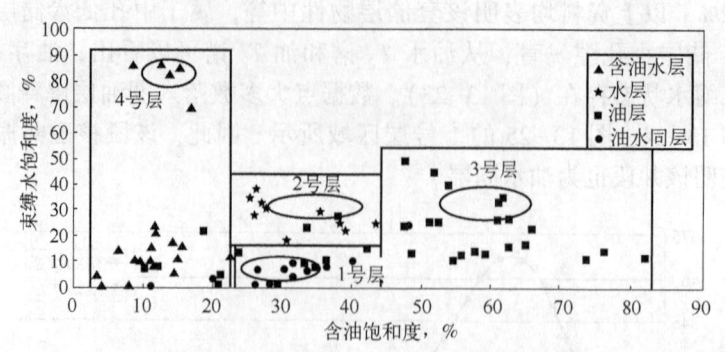

图 13-25 含油饱和度与束缚水饱和度解释图版

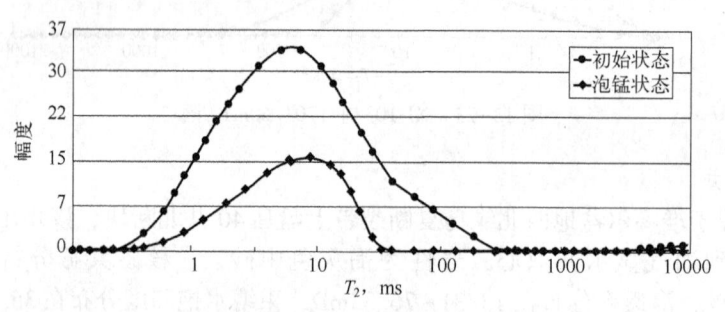

图 13-26 XI 104 井 1959.78m T_2 谱

高渗储层。从孔隙流体 T_2 谱可以看出，储层大、小孔隙均较发育；从油水 T_2 谱和油 T_2 谱可以看出，油存在于大、小孔隙中（稠油谱有左偏移现象），地层水以束缚水、可动水状态存在（图 13-27）。点入稠油层解释图版，数据点大多落入油区、油水同层区，如图 13-24、图 13-25 的 3 号层区域所示。该段试油为油水同层。

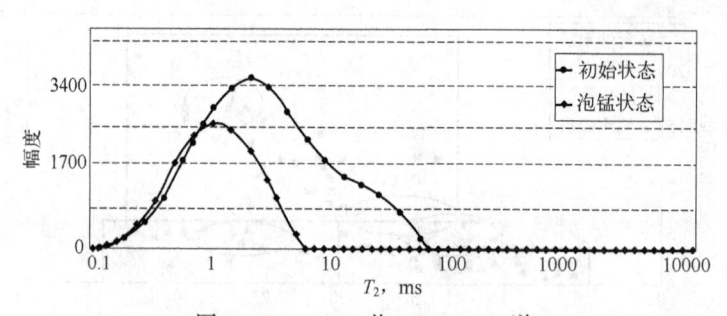

图 13-27 XI 13 井 747.39m T_2 谱

750.00~766.00m 井段的岩性为灰色油斑中砂岩。岩样的核磁共振分析孔隙度分布在 22.49%~29.86%，渗透率分布在 0.12~7.11mD，含油饱和度分布在 12.3%~16.85%，可动水饱和度分布在 82.99%~86.55%，以上资料均表明该套储层物性中等—较好，属于中高孔低渗储层。从孔隙流体 T_2 谱可以看出，储层大孔隙均较发育；从油水 T_2 谱和油 T_2 谱可以看出，油存在于小孔隙中，地层水以可流动水状态存在于大孔隙中（图 13-28）。点入稠油层解释图版，数据点大多落入含油水层区、水区，如图 13-24、图 13-25 的 4 号层区域所示。解释为含油水层，该段试油为水层。

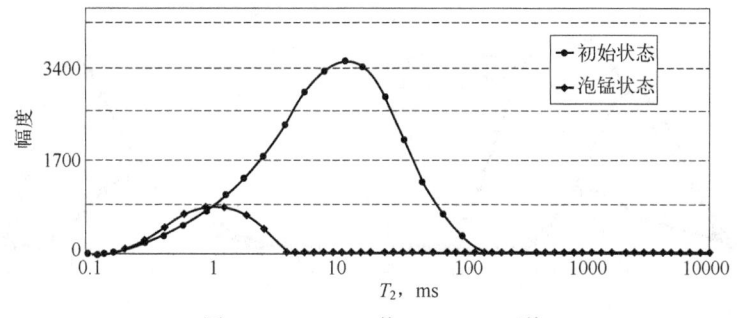

图 13-28　XI 13 井 756.14m T_2 谱

2. 图谱法

通过对比岩心或旋转式井壁取心岩样初始状态和泡锰状态的 T_2 谱，可以判识地层是否含水，在此基础上评价产层类型，该种方法在胜利油田取得了较好的应用效果。如 YD1 井 3590.0~3597.4m 和 3696.0~3702.0m 井段岩石样品的岩性以富含油灰质的白云岩和油迹灰质细砂岩为主，其初始状态和泡锰状态的 T_2 谱几乎完全重合，具有典型的油层特征 [图 13-29 (b)]。3579.9~3715.0m 井段处试油的产油量为 147t/d、产水量为 0，为纯油层。3272.0~3275.5m 井段岩石样品岩性以油斑中砾岩、油浸粉细砂岩和油斑细砂岩为主，其初始状态和泡锰状态可动部分的 T_2 谱几乎完全重合；而不可动部分，泡锰状态 T_2 谱幅度明显低于初始状态，正常试油应为油层，但压裂后一部分束缚状态的水转化成可动水流出，为油水同层。3271.0~3294.5m 井段处试油，压裂前产油量为 5.63t/d，未出水；压裂后产油量为 7.06t/d，产水量为 7.92m³/d，为油水同层。YA1 井 3985.8~3987.5m 井段岩石样品岩性为油斑砂砾岩，其泡锰状态的 T_2 谱的幅度和峰面积明显小于初始状态，具有油水同层的特征。3985.8~4194.6m 井段处试油，产油量为 17.7t/d、产气量为 298m³/d、产水量为 6.63m³/d，结论为油水同层。

初始状态和泡锰状态的 T_2 谱并不总是具有良好的对应关系，有时泡锰状态的 T_2 谱相对于初始状态的 T_2 谱会发生偏移，甚至变得不规则，给解释带来困难。在不完全重合或谱图差异很大的情况下，要视孔隙结构的不同区别对待。砂岩储层的孔隙结构一般分为单峰结构和双峰结构。对于饱和样为单峰结构的储层，虽然初始状态和泡锰状态的 T_2 谱不重合，但如果其右侧重合，就表明其大孔隙中为油所占据，试油情况下为油层，如图 13-29(a) 和图 13-29(c) 所示。无论单峰结构还是双峰结构，如果两个谱图的右侧有一定距离，就表明大孔隙中有一定量的水，而且是可动水，因此，试油会出水，如图 13-29(d) 所示。对于双峰结构的储层，如果右侧初始状态和泡锰状态 T_2 谱重合，而左侧初始状态的谱峰高于泡锰状态，则说明大孔隙充满了油，小孔隙中既有油也有水，在正常求产情况下为油层或低产油层，而在压裂情况下会出一定量的水，为油水同层，如图 13-29(e) 所示。如果饱和样为双峰结构，而初始状态和泡锰状态的 T_2 谱为单峰结构（这种峰一般都在左侧），且有较大幅度差，那么正常试油为干层，压裂情况下为水层，如图 13-29(f) 所示。当核磁共振测量信号较弱时，由于信噪比较低，反演受到噪声的干扰，有时会出现初始状态和泡锰状态的 T_2 谱分布在饱和状态的左侧，如图 13-29(c) 所示，此时应该适当增加扫描次数，提高测量信号的信噪比。

下面以几口井为例详细说明核磁共振录井技术在油水层识别评价的应用。

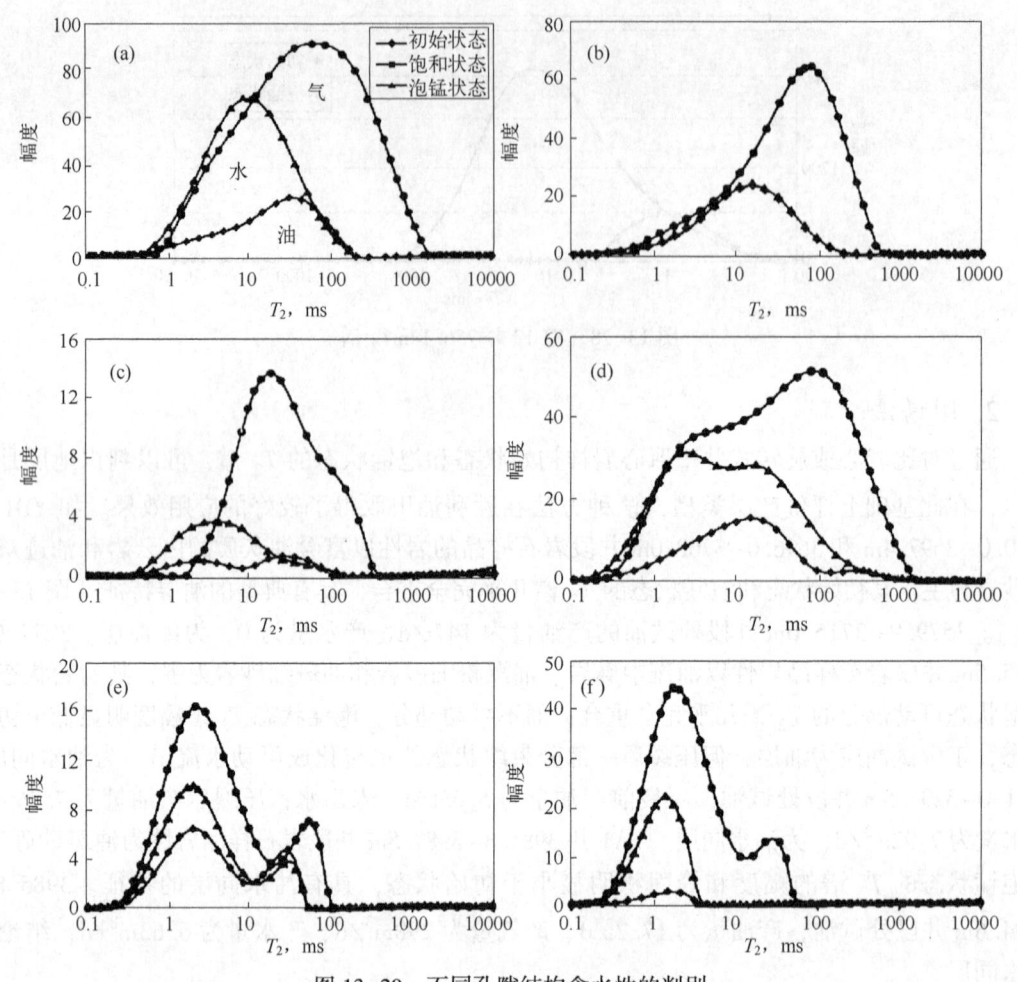

图 13-29 不同孔隙结构含水性的判别

1）在低阻油气层中应用

G898 井是位于济阳坳陷东营凹陷樊家—金家鼻状构造带的一口评价井，设计井深为 3100.00m，目的层为沙四段，钻探目的是了解 G898 井区古近系含油气情况。该井在沙四段 2619.70~2627.40m 处取心，岩性为棕黄色油浸细砂岩、灰色油斑细砂岩、灰色细砂岩、灰色灰质砂岩；气测全烃平均为 7.12%，甲烷为 2.77%；测井解释孔隙度为 18.067%，渗透率为 29.20mD，含水饱和度为 86.147%，测井解释为油水同层；综合解释为油层。

核磁共振录井对该段进行了分析，其中核磁共振孔隙度分布在 22.01%~24.19%，核磁共振渗透率分布在 39.10~80.28mD，可动流体饱和度分布在 73.73%~78.17%，核磁共振含油饱和度平均为 58.48%。由此可见，该段属于中孔中低渗储层，物性较好；由于可动流体饱和度和含油饱和度较高，所以具备较高的产液能力，达到了油层标准。如图 13-30 所示，孔隙中存在油水两相，地层水以束缚水居多，可动水较少。综合以上因素，核磁共振录井解释为油层。对该段试油后日产油 17.6t，不产水，结论为油层。

2）在滩坝砂中的应用

L75 井位于济阳坳陷东营凹陷利津洼陷带西坡南端。该井在 3425.3~3432.7m（钻具井深）处取心，岩性为油斑粉砂岩、荧光泥质粉砂岩、白云质砂岩、泥岩等。3426.9~

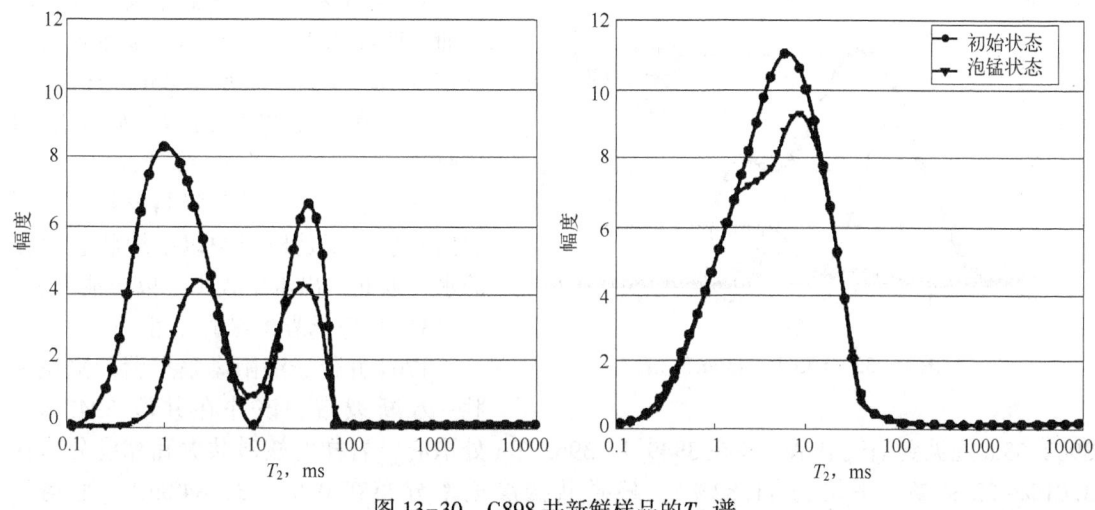

图 13-30　G898 井新鲜样品的 T_2 谱

3429.35m 岩样的核磁共振孔隙度分布在 6.44%~8.8%（平均为 7.73%），核磁共振渗透率分布在 0.02~0.22mD（平均为 0.15mD），核磁共振可动流体饱和度分布在 34.33%~37.63%（平均为 36.52%），核磁共振含油饱和度平均为 28.3%；常规孔隙度平均为 10.3%，常规渗透率平均为 0.241mD；测井孔隙度为 9.77%，测井渗透率为 3.62mD。从测井、常规物性、核磁共振录井的分析结果可以看出，该段储层属于低孔低渗储层。如图 13-31 所示，小孔隙发育，但也存在一定量的大孔隙；从油水 T_2 谱和油 T_2 谱可以看出，油存在于大孔隙中，地层水主要以束缚水状态存在；核磁共振含油饱和度较低，正常试油应为差油层，压裂后为油水同层。

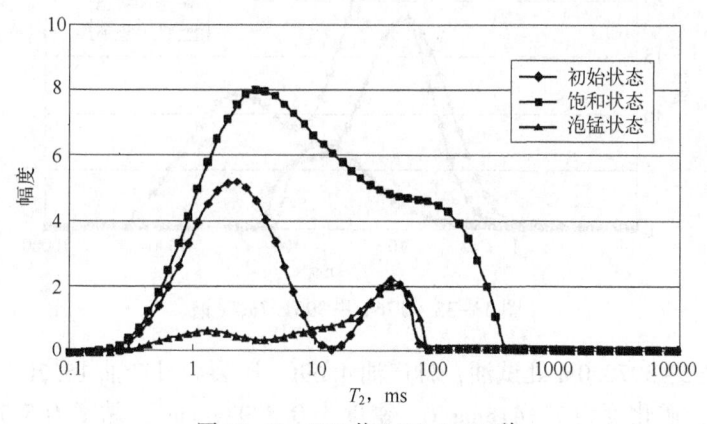

图 13-31　L75 井 3428.7m T_2 谱

L75 井 3435.1~3437.0m 井段岩样的核磁共振孔隙度为 7.93%，核磁共振渗透率为 0.1mD，核磁共振可动流体饱和度 31.65%，核磁共振含油饱和度 12.35%；常规孔隙度平均为 8.7%，常规渗透率平均为 0.133mD；测井孔隙度为 5.75%，测井渗透率为 0.591mD。从测井、常规物性、核磁共振录井的分析结果可以看出，该段储层属于低孔低渗储层。从孔隙流体 T_2 谱可以看出，小孔隙发育，但也存在一定量的大孔隙，如图 13-32 所示；从油水 T_2 谱和油 T_2 谱可以看出，油存在于大孔隙中，地层水主要以束缚水状态存在；核磁共振含油饱和度较低，正常试油应该为差油层，压裂后为油水同层。

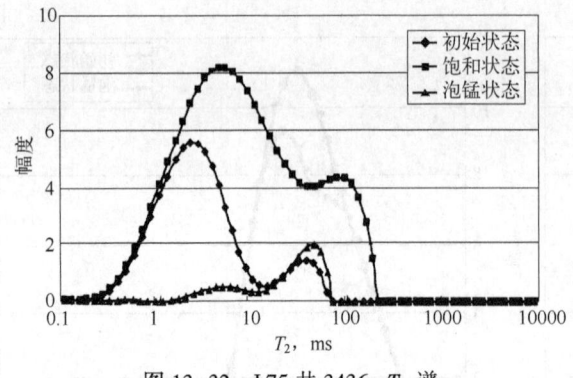

对 3413.8~3447.3m 井段试油，压裂前日产油 0.26t，不产水，显示地层偏干；压裂后日产油 7.85t，日产水 0.87m³，水型是氯化钙型，矿化度为 178473mg/L，结论为油水同层。

基于核磁共振录井资料分析，压裂后出的水主要是地层中以束缚状态存在的水，因此，出水量较少，以产油为主。

3) 在砂砾岩体中的应用

T764 井位于济阳坳陷东营凹陷坨—胜—永断裂带。该井在井段 3947.4~

图 13-32 L75 井 3436mT_2 谱

3962.65m 处见到油气显示，并在 3949.1~3962.2m 处取心，岩样的核磁共振孔隙度分布在 3.01%~22.97%（平均为 11.82%），核磁共振渗透率分布在 0.01~37.842mD（平均为 12.949mD），核磁共振可动流体饱和度分布在 24.4%~72.41%（平均为 54%），核磁共振含油饱和度平均为 22.48%；岩心常规孔隙度分布在 3.4%~22.3%（平均为 16.95%），常规渗透率分布在 0.136~23.4mD（平均为 1.902mD）；测井孔隙度分布在 10.612%~21.147%（平均为 17.23%），测井渗透率分布在 1.774~36.871mD（平均为 17.332mD）。以上资料均表明该套储层物性较差，属于中低孔低渗储层；从孔隙流体 T_2 谱可以看出，储层大孔隙发育，如图 13-33 所示；从油水 T_2 谱和油 T_2 谱可以看出，油存在于大孔隙中，地层水主要以束缚水状态存在，正常试油为油层，压裂后为油水同层。

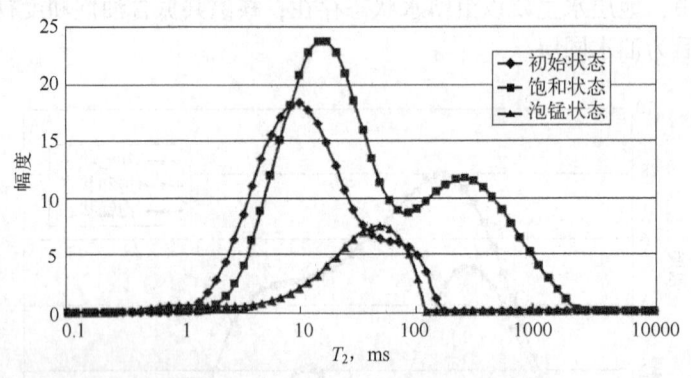

图 13-33 T764 井 3951.7mT_2 谱

对井段 3947.5~3970.0m 处试油，日产油 4.69t，压裂后日产油 15.2t，日产水 5.31m³，水型为氯化钙型，矿化度为 271418mg/L，密度为 0.8398g/cm³，黏度为 5.74mPa·s，结论为油水同层。

（三）水淹层评价方法

利用核磁共振测井资料评价水淹层在国内已开展了大量的研究，方法基本成熟。基于核磁共振录井含油饱和度和含水饱和度的测量较为准确，在水淹层评价中具有良好的应用效果。图 13-34 所示为 T149 井 10 个样品含水饱和度的对比。

在实验过程中，选取同一口井、同一井段、同样岩性、物性相当的 10 个旋转井壁取心样品作为研究对象，采用稳态法，在实验室内模拟水驱油过程中不同产水率下的含油样品，

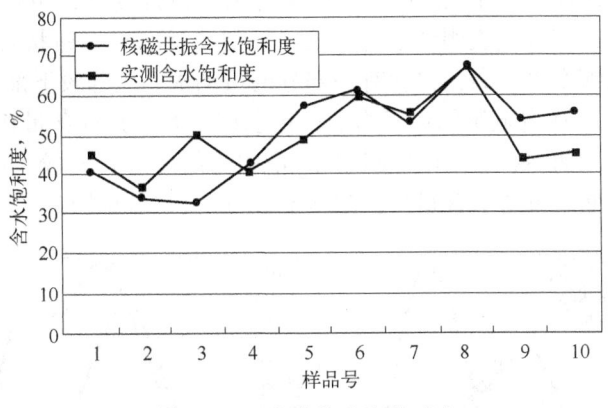

图 13-34 含水饱和度的对比

分别测量核磁共振录井 4 项参数，并与实测的岩心分析参数相对比。从分析结果来看，这 10 个旋转井壁取心样品的核磁共振孔隙度与实测孔隙度的吻合性相当好，两者的误差在 -3.106%~0.303%，完全可以满足实验要求。核磁共振含水饱和度与实测含水饱和度吻合性也比较好，特别是含水率在 80% 以上的 3 个样品，两种方法所测得的含水饱和度基本一致。根据样品的油水相对渗透率曲线可知，当样品含水饱和度约大于 76% 时，储层产纯水；当含水饱和度在 20%~76% 时，储层油水同出；只有当含水饱和度小于 20% 时，储层才产纯油，这样就为利用样品的核磁共振含水饱和度预测储层的产水率提供了可能。

X176 块主力层系为沙四段，2006 年该块第一口井 X176 井钻遇沙四段油层 4 层 27.2m，初期 4mm 油嘴放喷，日产液 119.8t，日产油 118.8t，含水率为 0.8%；随后该块滚动建产开发，先后部署了 X176 斜 1、X176 斜 2、X176 斜 3、X176 斜 4、X176 斜 5、X176 斜 6、X176 斜 7、X176 斜 9、X176 侧斜 1 等井。本区储层为深湖—半深湖亚相浊积扇沉积，储层岩性主要以灰色中砂质细砂岩、含中砂细砂岩、粉砂质细砂岩为主。自然电位曲线呈箱形，微电极曲线具有相对较大的正幅度差等，电阻率值相对较低，最低值为 $0.6\Omega \cdot m$，仍然出油。根据 X176 斜 1 井常规物性分析资料，储层渗透率在 41~279mD，平均渗透率为 85mD，平均孔隙度 26%，含油饱和度为 60.0%，碳酸盐含量为 16.3%，为中孔中渗储层。原油密度（20℃）为 $0.8764g/cm^3$，原油黏度（50℃）为 18.7mPa·s，属于低黏度轻质原油。根据油水相对渗透率曲线，束缚水饱和度为 41.6%~45.6%，曲线交叉点为 60% 左右，曲线右摆，可判断岩石亲水。最大含水饱和度时，驱油效率为 30.2%~34.2%。XI1 井沙四段目前纵向上划分出 3 个层，油层相对集中，厚度较薄（2 号层平均厚度为 3m，3 号层平均厚度为 11m），因此，设计采用一套层系开发。2008 年 2 月，X176-斜 6 井、X176-斜 9 井对 2、3 号层开始注水开发。半年之后距 X176-斜 6 井一个井距的 X176-斜 15 井投产。

X176 斜 15 井在 3270.0~3330.0m 井段进行了连续取心，核磁共振录井分析数据与实测孔、渗参数较为吻合，表明整套储层上下部物性较好，中间物性较差。但从定量荧光强度、地化分析参数来看，1 号储层和 3 号储层上下部含油丰度较均匀、2 号储层上下部含油丰度差别较大。从自然伽马曲线及核磁共振录井分析的数据来看，2 号储层上部较下部物性要好，但定量荧光强度、地化分析参数正好相反，上部较下部要低，同时油性指数较 1 号储层和 3 号储层有所增大，相对应的热蒸发烃色谱分析参数 $\sum nC_{21-}/\sum nC_{22+}$、$\sum (nC_{21}+nC_{22})/\sum (nC_{28}+nC_{29})$ 均表现为上低下高，说明储层上部原油轻质组分明显少于下部，油质略有所变重。2号层核磁共振录井T_2谱形态以双峰为主，粗歪度型，主峰为可动流体，峰尖、幅度较高，孔喉的分选较好，表明储层物性较好；初始状态与泡锰状态T_2谱存在着一定的面积差，显示储层束缚水含量高，也含有一部分的可动水，上部较下部可动水含量要高。而3号层核磁共振录井T_2谱以宽缓的单峰为主，正态型，大小孔喉含量相当，孔喉分选中等，表明储层物性中等；但初始状态与泡锰状态T_2谱仅束缚水存在着较大的面积差，可动部分基本是重合的，显示储层束缚水含量高，基本不含可动水，如图13-35所示。

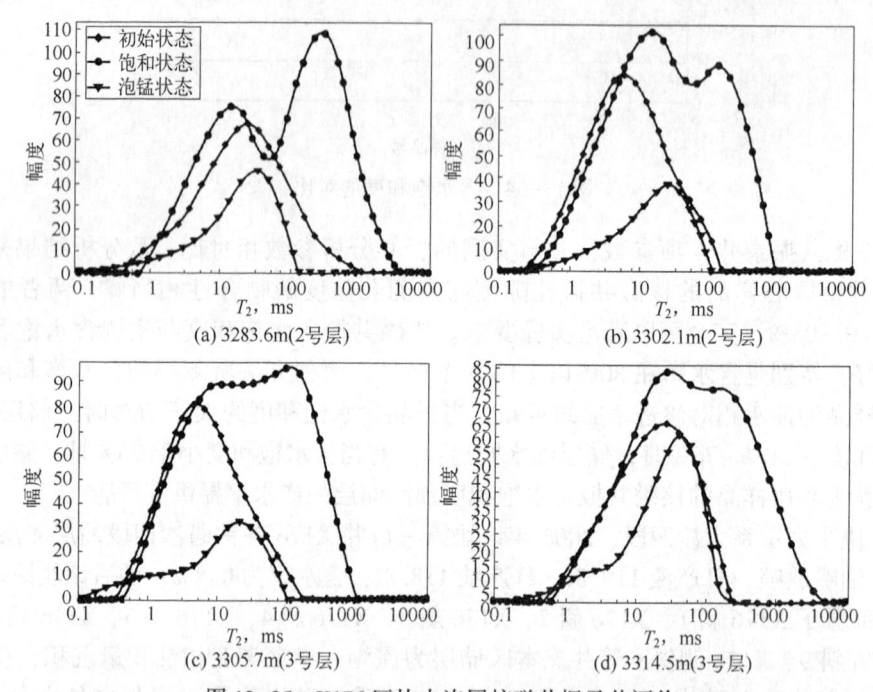

图13-35　X176区块水淹层核磁共振录井评价

2号储层显微荧光图像发光不均匀；发光强度弱—中等；荧光颜色为灰绿、褐黄色为主；油以吸附状、薄膜状分布，可见角隅状。3号储层显微荧光图像发光较均匀；发光强度中—极强；荧光颜色为褐黄色、亮黄色为主；油以连片状分布在孔隙中。各项录井资料均表明2号储层具有水淹的特征，储层的含油丰度与储层物性不成正相关，原油性质有变重的现象。

经校正，由岩石热解地化计算出来的储层含水饱和度一般为35%~45%，但2号层储层含水饱和度明显要高，为45%~58%。由X176斜1井的油水相对渗透率曲线可以知道含水饱和度与产水率之间的对应关系，可以预测3号储层不出水，未水淹；2号储层产水率不大于40%，属于弱水淹。对3号储层井段3307.0~3316.0m进行测试，初期日产油21.7t，含水率为2.4%，与预测完全吻合。而试产一个月后，含水率上升为16.4%，水型以地层水为主混有注入水，说明3号储层逐渐遭受水淹，对本层产生了影响。

六、核磁共振录井的作用和意义

核磁共振录井技术通过对岩样孔隙内的流体量、流体性质，以及流体在岩石孔隙中的核磁共振特征等测试分析，快速获得储层孔隙度、渗透率、含油饱和度、含气饱和度、可动流体饱和度、可动水饱和度、束缚水饱和度等物性和流体参数，为地质家划分和评价有效储层、识别油气层，提供了有效的方法和手段。

随着技术的不断发展和成熟，钻井岩屑、钻井取心和井壁取心的"井口随钻测量分析"成为现实，实现了岩石测量分析从室内到钻井现场的转移，这不仅降低了测量分析成本，而且保证了测量分析结果都准确、可靠和快速。

七、核磁共振录井施工

（一）核磁共振录井原则

区域探井、评价井取心段均要相应进行核磁共振录井，岩屑样品根据设备要求进行核磁共振录井。

（二）核磁共振录井密度

（1）岩屑样品：目的层的储层应逐包取样；非目的层的储层，单层厚度不大于5m的每层取1个样，大于5m的每5m取一个样，有油气显示的逐包取样。

（2）岩心样品：储层每米选样2~3块，其中含油气层每米选样加密到8~10块。

（3）井壁取心样品：旋转式井壁取心的储层应逐颗取样。

（三）核磁共振录井工作分工

（1）岩屑样品由现场录井小队在钻进过程中按迟到时间，参照岩屑录井取样方法采集整理装箱并负责运送到化验室。岩心样品由现场地质人员确定取样位置及数量。

（2）分析工作由化验室承担，成果要及时返回录井小队有关方面。

（3）做好分工协调，各负其责，保证成果质量。

（四）现场采样要求

（1）在岩屑洗净并除去掉块后取样，岩屑捞取后20min内应将样品装入取样桶，其样品质量应不少于50g。

（2）岩心样品在岩心中部取样，岩心出筒后30min内应将样品装入取样桶，其样品质量应不少于20g，且大小以30mm×30mm×30mm为宜。

（3）井壁取心样品，在岩心中心部位取样，岩心出筒后20min内应将样品装入取样桶，其样品质量应不少于10g。

（4）送样清单应一式两份，内容应与罐面标签的井号、样号、取样深度、层位、岩性相符。取样人、取样日期等也要一应俱全。一份随样送化验室，一份录井小队留存入原始记录备查。

（五）核磁共振室内分析

包括样品采集、样品分析、资料处理、资料应用四部分工作。这项工作，化验室有专用规程和流程，此处从略。

（六）资料录取内容

（1）现场取样编号、井号、采样井深、层位、岩性等基础资料要齐全准确。

（2）化验分析资料包括孔隙度、渗透率、含油饱和度、含水饱和度、解释结果等。

【任务实施】

一、目的要求

(1) 能够正确进行核磁共振样品收集。
(2) 会整理分析核磁共振录井资料，会撰写核磁共振录井成果报告。

二、资料、工具

(1) 学生工作任务单。
(2) 核磁共振录井实验室。

【任务考评】

一、理论考核

(1) 核磁共振录井原理是什么？
(2) 核磁共振录井应用包括哪些？

二、技能考核

（一）考核项目

核磁共振录井操作。

（二）考核要求

(1) 准备要求：工作任务单准备。
(2) 考核时间：20min。
(3) 考核形式：仪器操作+成果汇报。

项目十四　碳酸盐岩含量分析录井技术

碳酸盐岩含量分析录井技术是碳酸盐岩地层录井的重要手段之一，其优点是能够定量测定岩屑中碳酸盐含量，在实钻过程中为现场录井提供岩屑中碳酸盐含量变化规律，为更加准确地判断地层变化情况，以及碳酸盐岩岩性定名提供可靠数据支持。

【知识目标】

（1）了解碳酸盐岩含量分析录井技术原理；

（2）掌握碳酸盐岩含量分析录井资料分析解释方法。

【技能目标】

（1）认识相关碳酸盐岩含量分析设备；

（2）能够根据碳酸盐岩含量进行岩性定名。

【相关知识】

一、碳酸盐岩含量分析录井原理

碳酸盐岩主要岩石类型为石灰岩和白云岩，其主要化学成分为 CaO、MgO 及 CO_2，其余氧化物还有 SiO_2、TiO_2、Al_2O_3、FeO、Fe_2O_3、K_2O、Na_2O 和 H_2O 等。纯石灰岩的理论化学成分为 CaO、CO_2；纯白云岩（白云石）的理论化学成分为 CaO、MgO、CO_2。此外，还有一些微量元素或痕迹元素，如 Sr、Ba、Mn、Ni、Co、Pn、Zn、Cu、Cr、V、Ti 等，可利用这些元素的种类、含量的比值来划分和对比地层，判断沉积环境和研究岩石成因。

盐酸与方解石和白云石的反应方程式如下：

$$CaCO_3 + 2HCl = CaCl_2 + H_2O + CO_2 \uparrow \qquad (14-1)$$

$$MgCa(CO_3)_2 + 4HCl = CaCl_2 + MgCl_2 + 2H_2O + 2CO_2 \uparrow \qquad (14-2)$$

二、碳酸盐岩含量分析录井操作过程

目前常用的碳酸盐岩分析仪是将一定质量的岩屑和盐酸放在密封的反应池中反应，碳酸盐与盐酸反应，不断生成 CO_2 气体，造成密封池压力不断变化，通过测量压力的变化，从而确定碳酸盐岩的含量。

下面以 CA-03 型碳酸盐岩分析仪为例，进行说明。

（一）碳酸盐分析软件配置

（1）在成功运行安装文件（setup.exe）后，系统将软件自动安装在 C:\Program Files\Oushen\Analyser 目录下，并分别对桌面和开始菜单建立快捷方式。双击桌面或开始菜单快捷方式将自动弹出画面（图 14-1）。

（2）单击"编辑"栏下的系统菜单自动弹出画面进行设置。注：【AD 采集配置】是对硬件采集数据进行配置，操作者可以选择进计算机相应的串口（根据实际连接口设置）及设置采样间隔、屏幕显示刷新时间、最大采样时间及样品分析时间（可以根据操作者需要而定）。

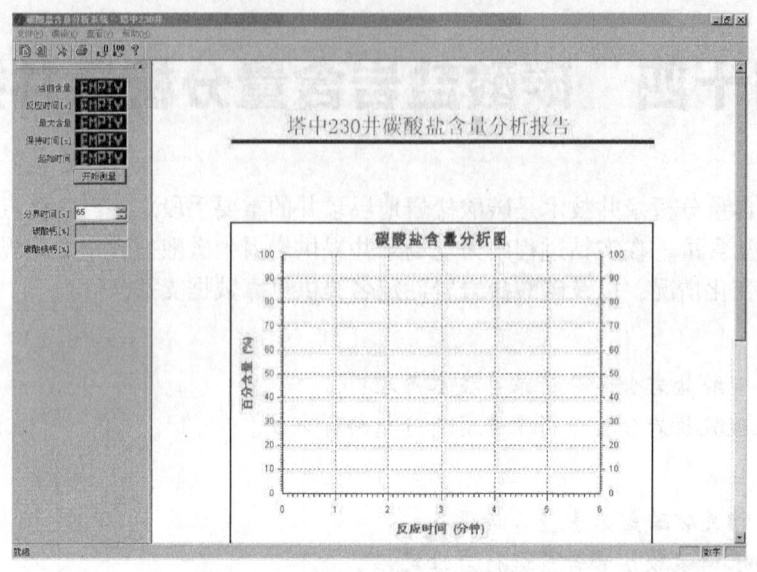

图 14-1 碳酸盐岩分析仪操作界面

（二）设定项目（即井号）

（1）单击"编辑"栏下的【设定项目】自动弹出设置窗口，设置井名、区域、综合录井等信息（注：新井都要设置）。

（2）单击"文件"栏下的【打开样品】自动弹出设置窗口，注：若选择历史数据样品即可查询打印以前所做的分析结果；若选择新样品分析后输入相关的样品信息即可进行新样品的分析工作。

（三）零位、满度调校及多点标定

（1）零位调校：在"高级标定"栏中，点击"开始测量"，在反应池未反应的状态下，打开放气阀门，使压力传感器受压为零，此时所采集的当前采集数据值直接输入为标定值，再按"设为零位"按钮即可。

（2）满度调校：待反应池装 1g 纯碳酸钙样品，放入 5mL 一定浓度的盐酸（浓度最小应大于 18%），让其完全反应，此时所采集的当前采集数据值直接输入为标定值，再按"设为满度"按钮即可。

（3）多点标定：点击"多点标定"菜单，进行多点标定。

（4）碳酸盐反应池的操作方法：将 5mL 稀盐酸（浓度以能过充分反应为准）用滴管滴入反应池的中间酸槽中，将 1g 研磨好的岩屑样品用纸将其倒入外围槽中，拧好反应池，接好连线（串口线、电源线、传感器信号线），再将反应池倾斜，使之完全反应。严禁倾斜反应池时将反应混合物倒入 250kPa 压力孔中。若不慎将混合物倒入 250kPa 压力孔中，应及时用清水清洗。清洗压力传感器时，要防止水进入压力传感器信号插座。

（四）碳酸盐岩分析软件操作

（1）单击"查看"栏下的高级标定栏自动弹出如下画面：反应池开始化学反应时，点击【开始测量】按钮，当反应池无化学反应时，点击【结束测量】按钮。注：【开始测量】

按钮和【结束测量】按钮为同一个按钮。

（2）单击"编辑"栏下的样品信息：在样品测量结束后，操作者需要填写样品测量结果信息。用以保存，以便操作者以后查询。

（五）碳酸盐数据库的管理

每次分析数据结果均存在 projects.mdb 文件下，操作者可用 OFFICE 的 Access 或 Excel 打开，可进行修改、转储、打印等操作。

（六）传感器的维护

用完反应池后必须及时用清水清洗反应池及 250kPa 压力孔，否则高浓度的盐酸长时间腐蚀 250kPa 压力孔，导致 250kPa 压力膜片损坏。

三、碳酸盐岩含量分析结果应用

（一）岩性定名的参考

（1）非碳酸盐岩地层（砂、泥岩）定名原则见表 14-1。

表 14-1　非碳酸盐岩地层含量定名

岩类	碳酸钙含量，%	岩性定名
砂岩	10~25	含灰质砂岩
	25~50	灰质砂岩
泥岩	10~25	含灰质泥岩
	25~50	灰质泥岩

（2）碳酸盐岩地层定名原则见表 14-2。

表 14-2　碳酸盐岩地层岩性定名

岩类	碳酸钙含量，%	碳酸镁钙含量，%	岩性定名
石灰岩	100~90	0~10	石灰岩
	90~75	10~25	含白云质灰岩
	75~50	25~50	白云质灰岩
白云岩	50~25	50~75	灰质白云岩
	10~25	75~90	含灰质白云岩
	10~0	90~100	白云岩

岩类	碳酸钙含量，%	砂、泥质含量，%	岩性定名
石灰岩	100~90	0~10	石灰岩
	90~75	10~25	含泥灰岩
	75~55	25~45	泥质灰岩
	55~50	45~50	泥灰岩

（二）碳酸盐岩地层卡取依据

碳酸盐岩地层均为孔缝洞储集体，具有易漏失的特点。地层变化时会存在岩性上的取消右侧缩进过渡，即从碎屑岩向碳酸盐岩或碳酸盐岩向白云岩过渡，但岩性识别存在一定的难度，因此需确定岩屑中碳酸盐含量变化情况。

实钻卡层中，引入碳酸盐岩分析技术，可以准确测量岩屑中碳酸盐含量。通过连续测量能反映出岩屑中碳酸盐含量变化规律，指导判断岩性变化，卡准地层。

四、实例应用

（一）龙岗地区飞仙关组鲕滩岩性识别

在四川盆地龙岗地区飞仙关组钻进中，应用碳酸盐岩定量分析技术对龙岗地区3口井进行了采样分析。从其中一口井的分析可见，在6750~6890m储层段，酸不溶物、石灰质含量高，与上部泥灰岩的自然伽马高值、双侧向低值对应较好；在6890~6992m储层段，白云质含量出现至高值，与鲕滩白云岩的自然伽马低值、双侧向高值显示吻合较好（图14-2），为判断飞仙关组鲕滩储层提供了可靠依据。但酸不溶物含量偏高，与鲕滩储层物性的相关性稍差。

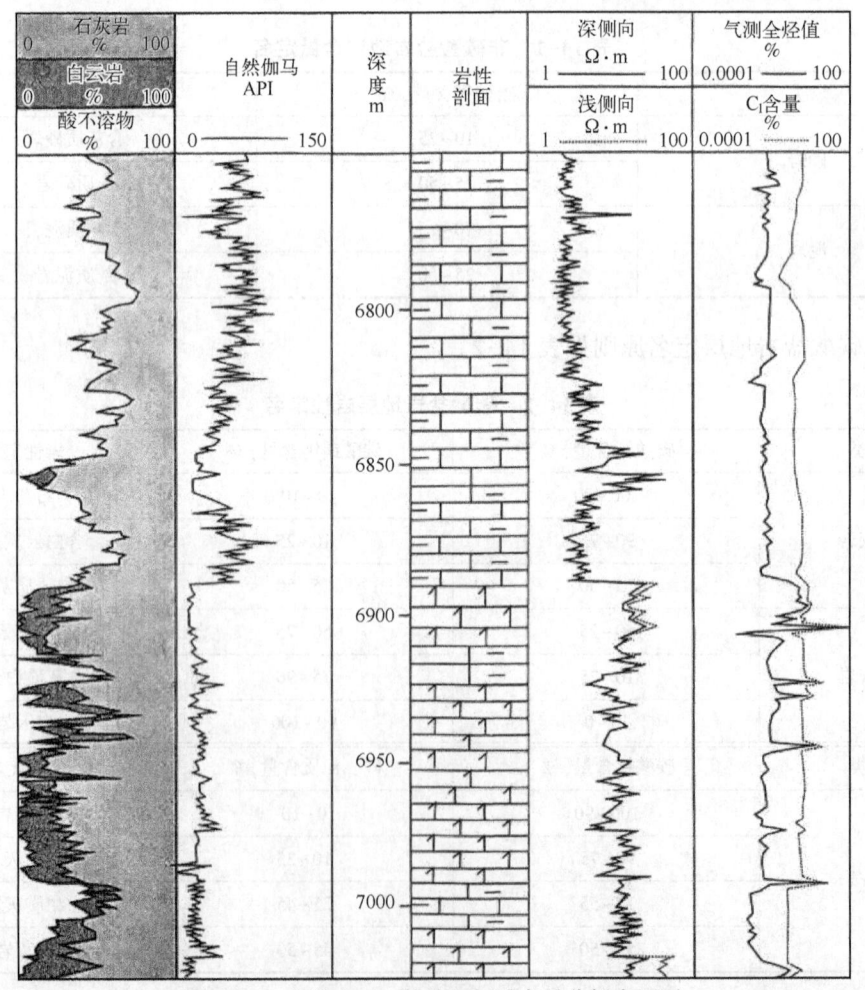

图14-2 龙岗地区飞仙关组鲕滩定量分析应用图

（二）川中磨溪构造雷口坡组岩性识别

针对碳酸盐岩地层，显微识别定量分析岩性存在困难，可应用碳酸盐岩定量分析技术。对 M030-H2 井进行分析，在 2961~3046m、3148~3164m、3208~3308m 储层段，显示方解石含量低，白云石含量高，对应综合录井参数为低钻时、高气测值段，证实碳酸盐岩定量分析获得的方解石、白云石、酸不溶物含量与岩屑剖面、钻时、气测等资料对比吻合性较好，能快速识别出白云岩储层（图 14-3）。

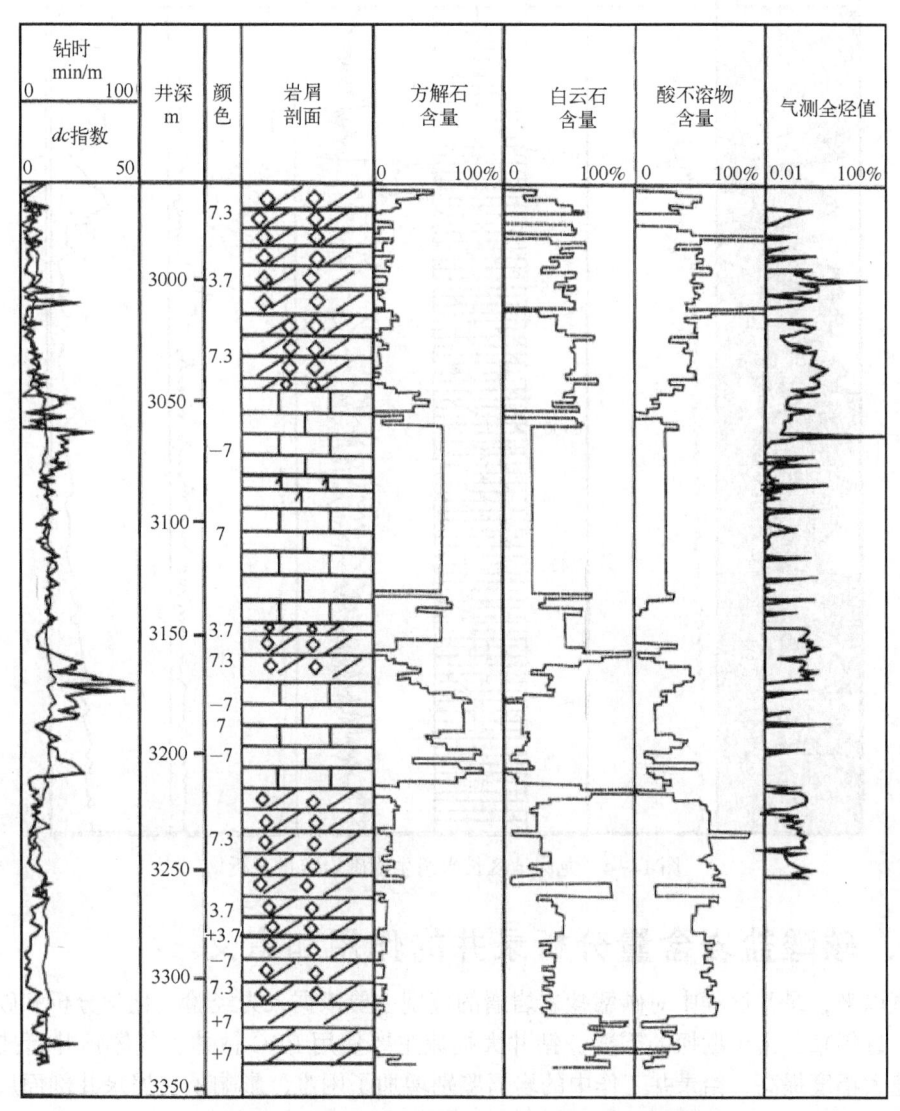

图 14-3　M030-H2 井雷口坡组定量分析应用图

（三）龙岗地区长兴组生物礁岩性识别

在龙岗地区长兴组生物礁钻进中，应用碳酸盐岩定量分析技术对龙岗 62 井、龙岗 63 井和龙岗 68 井等进行采样分析。从龙岗 62 井的分析可见，在 6300~6354m 储层段，石灰质含量极高，与纯石灰岩的自然伽马低值、双侧向高值对应较好；在 6354~6462m 储层段，白云质含量出现至高值，与生物礁白云岩的自然伽马低值、双侧向高值显示吻合较好（图14-4），为判断长兴组生物礁储层提供了可靠依据。但酸不溶物含量偏高，与显示对应的生物礁储层物性相关性稍差。

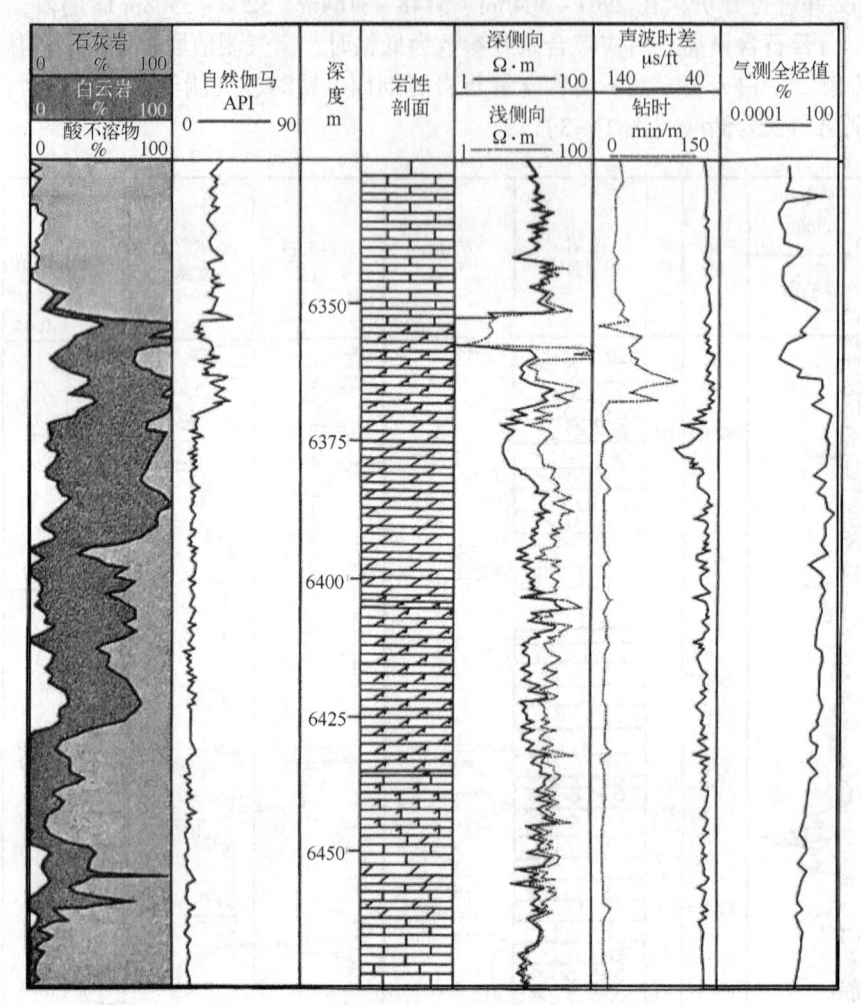

图14-4 龙岗地区长兴组生物礁岩定量分析

五、碳酸盐岩含量分析录井的作用和意义

一直以来，录井过程中对碳酸盐岩岩屑的鉴别主要依据人为经验、化学分析和碳酸盐岩分析仪。近年来，由于勘探的需要，钻井大提速主要使用PDC钻井、气体钻井新技术新工艺，钻速大幅度提高，给录井工作中的岩屑鉴别增加了困难，影响了岩屑录井剖面质量和碳酸盐岩储层的发现。采用合适的碳酸盐岩分析技术，在现场能够比较准确地分析出岩石的主要成分如白云石、方解石和酸不溶物的含量，用于岩性定名、地层对比和白云岩储层的发现。

六、碳酸盐岩含量分析录井施工

（一）碳酸盐岩含量分析录井原则

碳酸盐岩地层或含有碳酸盐岩的地层需进行碳酸盐岩含量分析录井。

（二）碳酸盐岩含量分析取样密度

（1）碳酸盐岩地层按录井间距分析。
（2）可能含有碳酸盐岩的地层根据需要设计分析。

（三）碳酸盐岩含量分析录井工作分工

（1）在录井现场施工时，由现场录井小队在钻进过程中按迟到时间，参照岩屑录井取样方法采集样品后由现场负责分析。
（2）在化验室分析时，由现场录井小队在钻进过程中按迟到时间，参照岩屑录井取样方法采集整理装箱并负责运送到化验室由化验室承担分析工作。成果要及时返回录井小队有关方面。
（3）一般情况下碳酸盐岩含量分析录井工作在录井现场进行。
（4）做好分工协调，各负其责，保证成果质量。

（四）现场采样要求

（1）岩屑要保证清洗干净、无钻井液添加剂的污染。
（2）在选取岩屑样品过程中，要剔除掉块、水泥固相等假岩屑。
（3）选取的样品不少于10g，装入取样瓶中。
（4）送回化验室分析的样品，要贴好标签。
（5）取样密度间距照设计执行。
（6）送样清单应一式两份，内容应与标签的井号、样号、取样深度、层位、岩性相符。取样人、取样日期等也要一应俱全。一份随样送化验室，一份录井小队留存入原始记录备查。

（五）碳酸盐岩含量现场及化验室分析

碳酸盐岩含量现场及化验室分析包括样品采集、样品分析、数据处理三部分工作。

（六）资料录取内容

（1）现场取样编号、井号、采样井深、层位、岩性等基础资料要齐全准确。
（2）化验分析资料包括碳酸钙含量、碳酸镁钙含量、解释结果等。

【任务实施】

一、目的要求

（1）能够正确进行碳酸盐岩含量分析所需样品收集。
（2）能够正确实施碳酸盐岩含量分析录井操作。
（3）会整理分析碳酸盐岩含量分析录井资料，会撰写成果报告。

二、资料、工具

（1）学生工作任务单。
（2）碳酸盐岩含量分析录井实验室。

【任务考评】

一、理论考核

（1）碳酸盐岩含量分析录井原理是什么？
（2）碳酸盐岩含量分析录井应用包括哪些？

二、技能考核

（一）考核项目

碳酸盐岩含量分析录井操作。

（二）考核要求

（1）准备要求：工作任务单准备。
（2）考核时间：20min。
（3）考核形式：仪器操作+成果汇报。

项目十五 XRD 录井技术

　　XRD 录井技术，即 X 射线衍射全岩矿物分析录井技术，是一种在石油和天然气勘探中应用的技术。在传统的地质勘探中，地质学家们往往依赖于岩屑和岩心的直观观察以及化学分析来推断地下岩石的性质，但这种方法存在一定的局限性，尤其是在面对细碎岩屑或是在特殊钻井条件下，传统的分析方法往往难以准确识别岩石的矿物组成。XRD 录井技术的出现，有效弥补了这一缺陷。它能够提供更为精确的矿物成分分析，帮助地质学家们更好地理解岩石的物理和化学特性，从而为油气勘探提供更为可靠的数据支持。

　　XRD 录井技术的应用范围非常广泛。在油气勘探的早期阶段，它可以用来识别和划分地层，为地质分层提供依据。在钻探过程中，XRD 录井技术可以实时监测岩石的矿物组成变化，帮助地质学家判断岩性和地层界面。此外，它还可以用于评估储层的孔隙性和渗透性，预测油气藏的分布和规模。在油气田的开发阶段，XRD 录井技术同样发挥着重要作用，可以用来评估油气井的生产潜力，指导油气田的合理开发。

【知识目标】

　　（1）了解 XRD 录井原理；

　　（2）了解 XRD 录井矿物检测范围；

　　（3）掌握 XRD 录井技术应用。

【技能目标】

　　（1）认识相关 XRD 录井设备；

　　（2）能够根据 XRD 录井资料进行相关解释评价。

【相关知识】

一、XRD 录井原理

　　XRD 录井技术是利用 X 射线衍射分析方法检测岩样中晶体矿物含量，通过对矿物组合特征分析进行岩性识别、层位判断及储层评价的一种技术方法，简称 XRD 录井。

二、XRD 录井矿物检测范围

　　矿物检测只检测晶体矿物，可检出的矿物种类包括但不限于：石英、钾长石、斜长石、方解石、铁方解石、白云石、铁白云石、石盐、硬石膏、刚玉、菱铁矿、钛铁矿、磁铁矿、黄铁矿、赤铁矿、针铁矿、菱镁矿、无水芒硝、重晶石、方沸石、浊沸石、萤石、金红玉、天青石、滑石、透辉石、绿辉石、铁钙辉石、黄玉、叶蜡石。

三、XRD 录井技术应用方向

（一）岩性识别方法的建立

　　通过建立不同岩性火成岩的谱图库和矿物含量数据库，依据岩性分类、数学统计、人工区分、软件计算等处理，初步形成了矿物含量数值识别、谱图比对、三端元图版等一系列岩性识别方法。

1. 矿物含量数值识别法

不同岩性的火成岩其矿物组合和含量有所不同：以流纹岩为代表的酸性岩类，其矿物成分特点是石英含量高，其石英含量是所有类型火成岩中最高的；以玄武岩为代表的基性岩类，其矿物成分以斜长石和辉石为主，不含或含少量石英；以安山岩为代表的中性岩类，特点为矿物成分以长石为主，石英含量中等，含有少量的辉石及云母。以岩浆岩的分类为理论依据，结合X射线衍射矿物分析，基于准噶尔盆地腹部区块火成岩的具体矿物种类及含量范围的实际，建立了矿物含量数值识别常见火成岩的方法（表15-1）。

表15-1 准噶尔盆地腹部常见火成岩矿物含量表　　　　　单位：%

矿物含量\岩性	凝灰岩	安山岩	流纹岩	玄武岩
石英	15~25	6~15	20~30	2~10
长石	25~35	35~55	30~45	45~60
黏土总量	15~25	5~10	5~10	5~10
辉石	5~15	5~10	0~10	8~20
角闪石	0~5	0~10	0	0~10
云母	0~5	0~10	0~10	5~15
磁铁矿	0~7	0~5	0~3	5~10

2. 谱图比对识别法

衍射谱图反映衍射角度和衍射强度相同的岩性具有相同谱图形态。以准噶尔盆地腹部区块常见火成岩岩心为标准，这类岩心均经过镜下薄片鉴定且证实未经次生蚀变及风化，对上述不同岩性的岩心进行精细衍射分析，获得的衍射谱图即认定为腹部区块常见火成岩标准谱图（图15-1至图15-4）。利用标准谱图与未知样品的谱图进行比对，从而进行单井纵向上岩性的识别及区块各井横向上的岩性对比识别。根据X射线衍射进行矿物成分分析原理可知，任何矿物的特征峰衍射角度都是一定的，例如：石英特征峰衍射角度为26.5°，长石特征峰衍射角度为27.8°，辉石特征峰衍射角度为30.4°，角闪石特征峰衍射角度为10.4°，云母特征峰衍射角度为9.2°，磁铁矿特征峰衍射角度为35.4°，所以各种矿物对应谱图横坐标的衍射特征峰的角度是不变的。但是，矿物含量的不同可以造成衍射谱图纵坐标衍射能量的较大变化。通过衍射谱图的纵坐标可以看出，不同火成岩的矿物衍射能量不同（表15-2），也就使得不同岩性的谱图形态出现差异变化，从而可以通过谱图形态特征来达到识别不同岩性的目的。

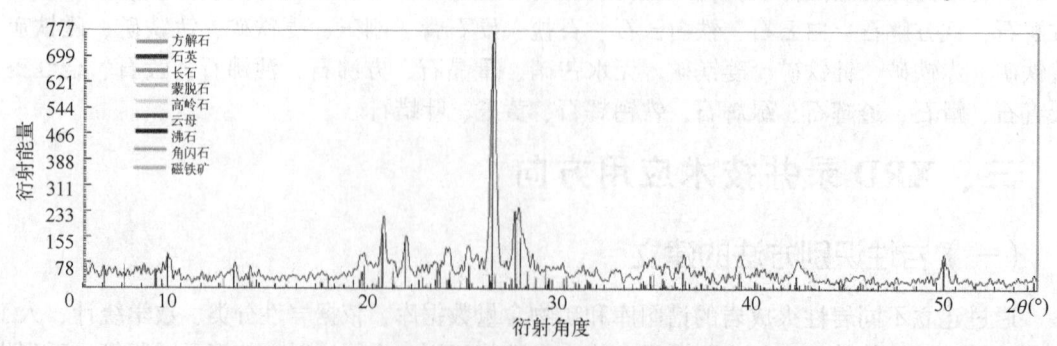

图15-1　M001井井深4697.00m凝灰岩标准衍射谱图

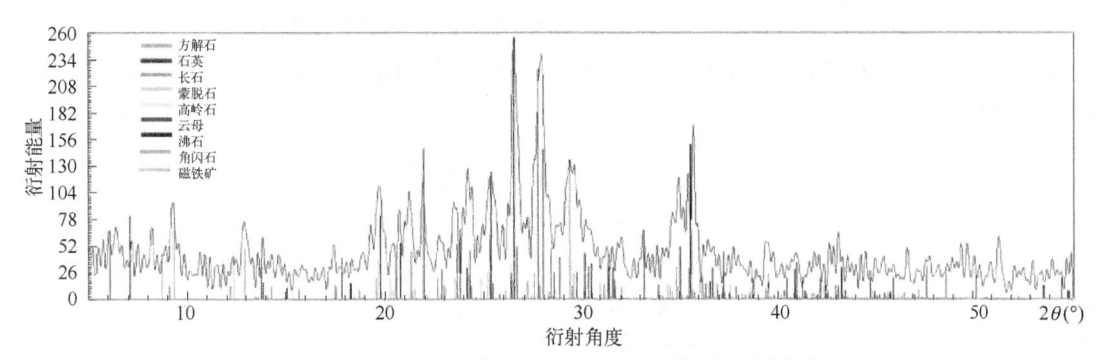

图 15-2　M8 井井深 4134.00m 安山岩标准衍射谱图

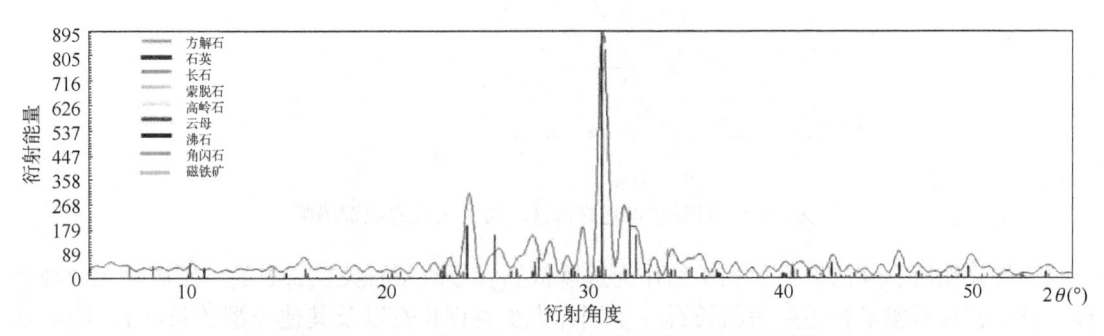

图 15-3　M6 井井深 4075.00m 流纹岩标准衍射谱图

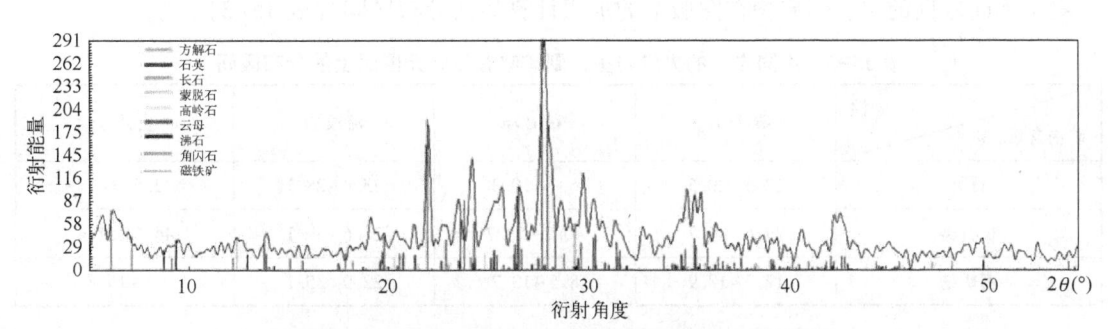

图 15-4　M8 井井深 4031.00m 玄武岩标准衍射谱图

表 15-2　准噶尔盆地腹部常见火成岩谱图衍射强度区间表

岩石名称 \ 岩性	石英	长石	黏土（总）	辉石	角闪石	云母	磁铁矿
安山岩	100~300	150~250	50~100	100~150	50~100	50~100	40~100
玄武岩	50~100	80~300	30~60	50~100	50~100	50~100	50~150
凝灰岩	350~700	50~350	50~150	0~70	0~50	50~200	0~80
流纹岩	300~1000	100~400	0~50	0~50	0~50	100~250	0~60

3. 三端元图版识别法

三端元图版识别法是一种数学统计的方法。研究中以准噶尔盆地腹部区块不同火成岩的主、副矿物为坐标极，对不同矿物的占比进行了归一化的数学计算处理，在参与计算的矿物选取中，考虑到黏土、沸石等矿物可能为火成岩次生蚀变或者原生孔隙被后期充填的产物，故以上两类矿物不参与图版计算。三端元识别图版在建立过程中既参考了不同火成岩主、副矿物含量的差别，又依据火成岩酸碱度的不同，确立了不同岩性的火成岩在图版上的分区（图 15-5）。

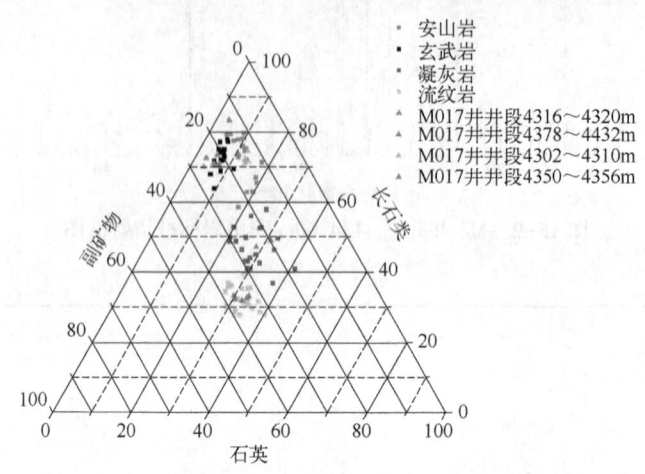

图 15-5 准噶尔盆地腹部区块常见火成岩识别图版

三端元图版识别法以主、副矿物作为选取依据，形成了石英、长石类、副矿物三个坐标极。其中，长石类矿物主要为斜长石（个别井也少见钾长石以及其他类型的长石），副矿物主要为云母、角闪石、辉石及磁铁矿，酸性火成岩角闪石的含量极低甚至不含。通过图版可以看出不同岩性的主、副矿物在图版上的加权计算后的分布区间（表 15-3）。

表 15-3 不同岩性的火成岩主、副矿物在三端元图版上的分布区间

矿物含量，% \ 岩性	凝灰岩	安山岩	流纹岩	玄武岩
石英	12.5~20.5	5.1~10.3	23.4~28.1	2.5~6.5
长石类	29.6~36.7	40.2~58.7	26.6~39.1	44.5~51.4
副矿物	12.3~18.9	8.5~13.7	22.9~35.1	11~15.8

4. 应用实例

M017 井是准噶尔盆地腹部区块的一口评价井，目的层为石炭系。该井从井深 4250m 开始随钻进行 X 射线衍射矿物分析，分析目的是辅助现场地质卡准石炭系层位、识别火成岩岩性，建立了石炭系岩性剖面（图 15-6）。随钻 X 射线衍射分析过程中依据石英、长石及黏土矿物的变化，结合现场岩屑实物资料判定该井于井深 4302m 进入石炭系地层，二叠系与石炭系界面的矿物变化特征明显。

同时结合火成岩主、副矿物含量的变化，并以黏土、沸石矿物含量为参考，确定井段 4302~4376m 岩性以火山碎屑岩及火成岩为主，推断该段存在石炭系风化壳特征。现场利用 X 射线衍射矿物分析技术通过矿物含量数值法、谱图对比法及三元图版法等，确定了井段 4302~4312m、4312~4324m、4350~4356m、4378~4434m 等四段矿物含量变化较为明显的火成岩分别为安山岩、凝灰岩、流纹岩及玄武岩（表 15-4）。后续该井岩性定名均以该四段岩性为参考，为该井准确卡取石炭系层位、顺利钻开目的层提供了技术支持。

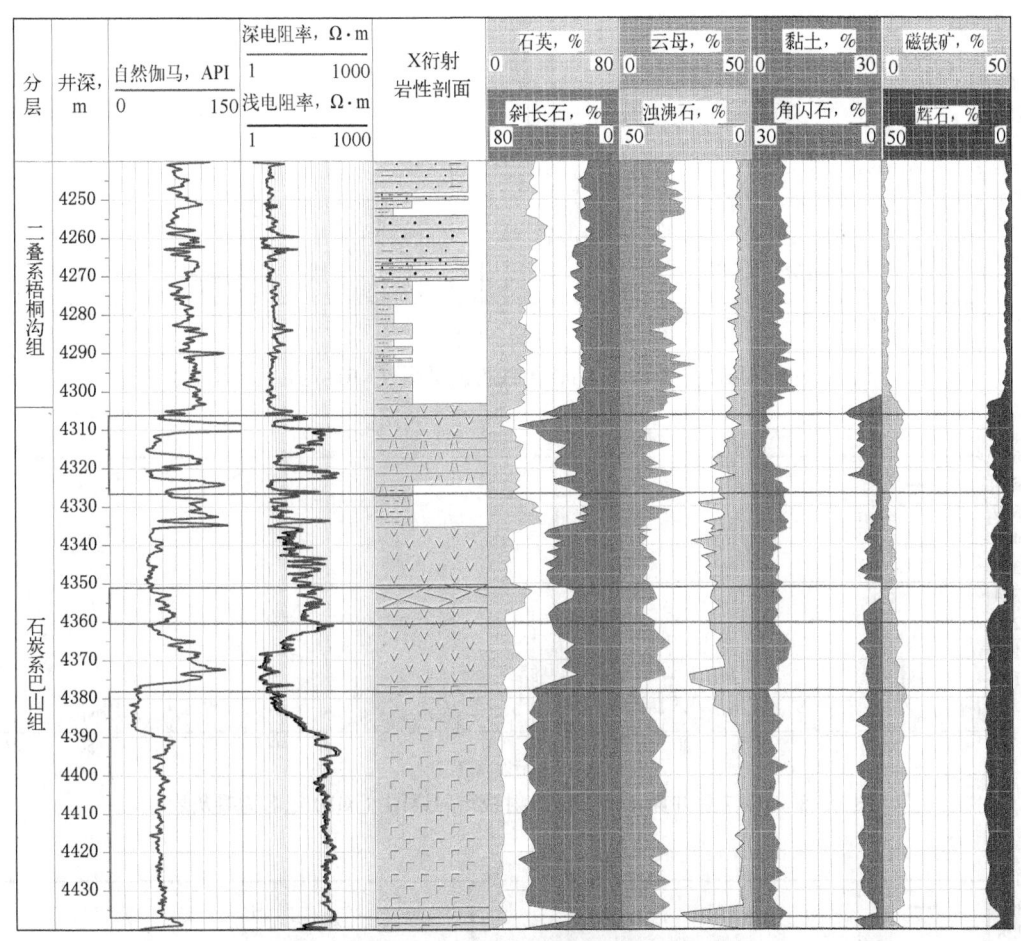

图 15-6　M017 井 X 射线衍射分析矿物含量图

表 15-4　M017 井火成岩段 X 射线衍射矿物含量及岩性定名表

井段, m	主、副矿物含量, %						岩性定名
	石英	长石	云母	角闪石	辉石	磁铁矿	
4302~4312	7~12	40~53	6~8	3~8	6~9	4~10	安山岩
4312~4324	15~22	26~34	1~5	0~7	5~13	3~7	凝灰岩
4350~4356	21~30	32~43	5~10	0~1	0~1.5	0~2	流纹岩
4378~4434	2~7	48~60	5~12	2~8	8~14	5~9	玄武岩

在利用矿物含量数值法分析的基础上，提取了 M017 井的井段 4302~4312m、4312~4324m、4350~4356m、4378~4434m 四段不同岩性的 X 射线衍射谱图，利用谱图的形态与该区块的标准岩性谱图进行了对比，通过待解释岩性谱图与腹部区块石炭系标准岩性谱图进行比对，基本可以确定岩性（图 15-7 至图 15-10）。

为了更好地验证定名的准确性，将 M017 井井段 4302~4312m、4312~4324m、4350~4356m、4378~4434m 的矿物分析数据代入三元图版，经过计算，四段岩性分别落入安山岩、凝灰岩、流纹岩及玄武岩样本点区（图 15-5）。

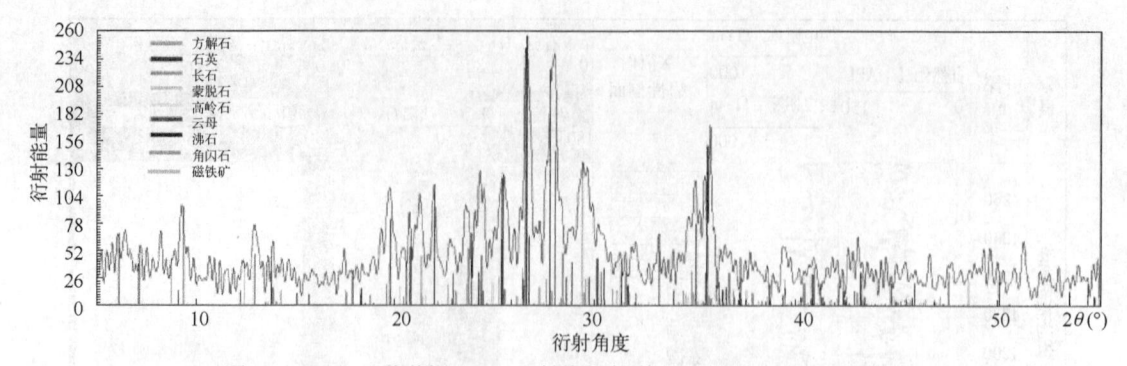

图15-7　M017井井深4307mX射线衍射谱图（XRD定名为安山岩）

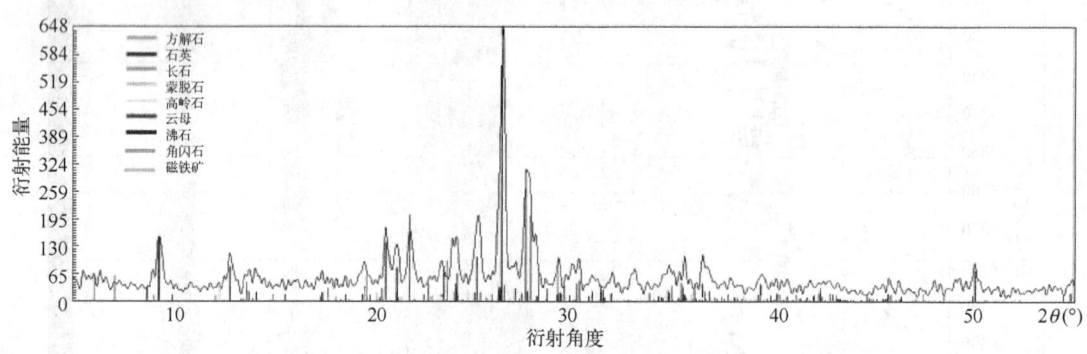

图15-8　M017井井深4313.58mX射线衍射谱图（XRD定名为凝灰岩）

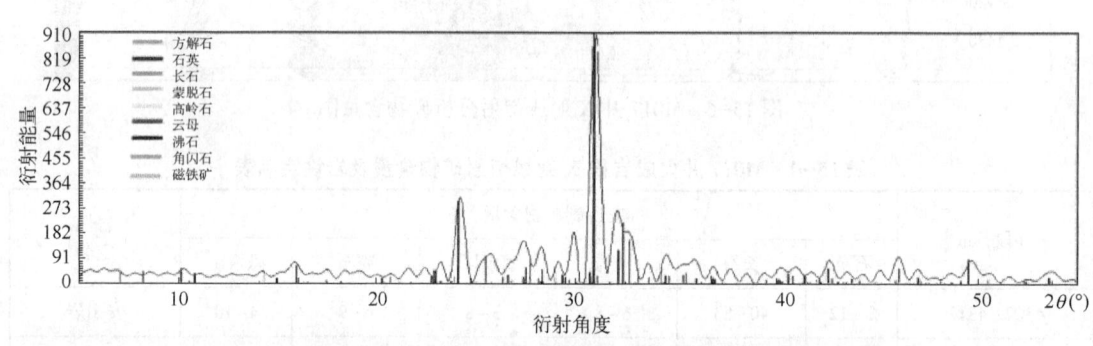

图15-9　M017井井深4353mX射线衍射谱图（XRD定名为流纹岩）

为了验证X射线衍射矿物分析定名的准确性，最后将以上四段岩屑及岩心样品送至实验室进行镜下薄片鉴定，最终鉴定结果与X射线衍射分析定名结果一致（表15-5），证实了X射线衍射分析岩性定名的可靠性。

表15-5　M017井石炭系薄片观察与X射线衍射分析定名对比表

井深，m	样品类型	薄片镜下观察定名	X射线衍射分析定名
4307.00	岩屑	灰色安山岩	安山岩
4313.58	岩心	灰色凝灰岩	凝灰岩
4353.00	岩屑	灰白色流纹岩	流纹岩
4390.20	岩心	灰褐色蚀变玄武岩	玄武岩

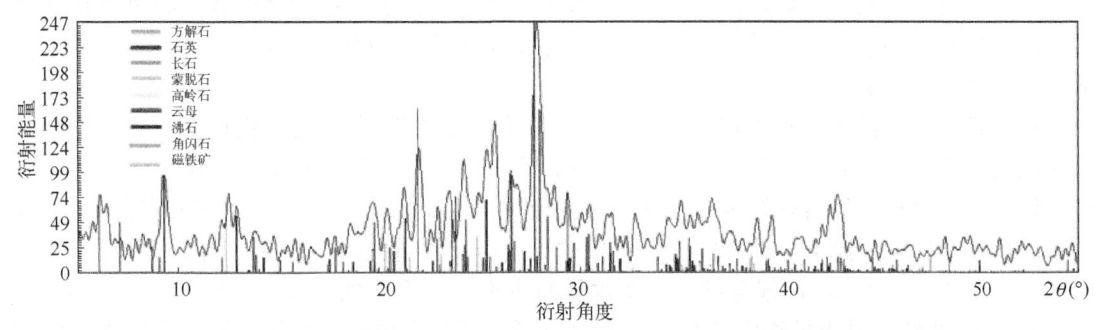

图 15-10　M017 井井深 4390.20mX 射线衍射谱图（XRD 定名为玄武岩）

（二）辅助解释评价

依据 XRD 录井技术提供的信息，可分析样品矿物种类及其含量，展现岩石矿物的组合特征以及标志性的矿物成分，进而通过岩石的矿物组合特征可反应岩石矿物成熟度，通过标志性的特殊矿物反应沉积环境，通过次生矿物反映裂缝发育情况。因此可以利用 XRD 录井技术辅助解释评价油气显示层。

1. 特殊矿物与储层流体性质识别

沉积岩中的矿物记录了丰富的物源、气候、沉积环境和构造等方面的信息，为认识地质过程、沉积环境以及构造隆升剥蚀过程提供了分析依据。例如：黄铁矿反映的是强还原环境、富含有机质或硫酸盐环境下细菌参与生物化学反应过程，这种环境下油气显示反映的储层流体性质不同于一般油气水层的显示特征。

以 BY 凹陷某区块及其周缘油田的结合部井为例，该区 H_3Ⅳ下部—H_3Ⅴ上部地层为砂岩地层，岩屑录井常常发现良好的油气显示，显示级别达到油斑、油浸级，气测异常明显，气测具有典型油层特征，钻过该地层后气测基值明显抬升到一个新的台阶，并且"单根峰"明显，按一般习惯，录井通常会将其解释为油层，实际上部分井的测井也将该地层解释为油层，但试油或开发投产结果均为水层（甚至部分井还试获高产水层）。过去岩屑录井在该地层常常能够发现一定量的黄铁矿成分，说明该区块为静水区富含有机质沉积，所生成的油气未能有效排替岩石孔隙中富集的地层水；同时，岩石热解录井 S_1 值仅为 4~6mg/g，显示该地层油气显示含烃量较低，从另一个侧面证实该地层岩石孔隙中富集地层水。由于新钻井技术的应用，岩屑细碎，肉眼观察已很难在岩屑中发现黄铁矿，应用 XRD 录井技术进行矿物分析，便可以解决细碎岩屑中黄铁矿发现的难题。该区块进行 XRD 录井发现黄铁矿时，在根据上述特征实现地层层位快速识别的同时，可以直接将该油气异常显示层解释为水层。

不同地区沉积环境下的矿物组成不同，储层的流体性质也不同。结合区块储层矿物成分与流体性质统计分析，掌握相关储层流体性质与岩石矿物及其含量关系后，结合 XRD 录井获得的矿物含量，可以辅助识别储层流体性质。

2. 为曲线形态法解释提供辅助依据

由于不同录井曲线均可以在一定程度上反映储层含油性、物性以及能量，利用录井曲线形态解释评价油气异常显示层一直为各方所重视。目前，针对气测和岩石热解录井已开发出了多种以不同参数曲线形态特征为主的储层解释评价方法。理论与实例分析均表明，地层黏土矿物含量增加会引起孔隙度、渗透率及单位岩石含烃量的降低，从而导致气测值、岩石热解地层含烃总量等相应下降。因此，应用XRD录井分析黏土矿物含量变化，将黏土矿物含量曲线与岩石热解、气测录井曲线纵向上对比，进行相关性分析，可为录井根据曲线形态法的解释提供辅助依据。

通常情况下，油层的黏土矿物含量曲线呈低值"箱形"或"微齿化箱形""三角形"，该曲线与气测全烃（T_g）、岩石热解S_1曲线呈反向变化，即黏土矿物含量越低，地层孔渗性越好，气测全烃、岩石热解S_1值越高，黏土矿物含量曲线与气测全烃、岩石热解S_1曲线叠合后所包含的面积越大。油水同层、水层的黏土矿物含量曲线与油层相似，但水层的气测全烃或C_1、岩石热解S_1曲线与黏土矿物含量曲线不具有相关性；油水同层气测全烃或C_1、岩石热解S_1曲线与黏土矿物含量曲线表现为小幅度反向变化或不具相关性；差油层段的特点是黏土矿物含量明显高于油层，但仍低于非渗透层，黏土矿物含量曲线与气测全烃或C_1、岩石热解S_1曲线仍呈反向变化，但气测全烃或C_1、岩石热解S_1值明显低于油层，黏土矿物含量曲线与气测全烃或C_1、岩石热解S_1曲线叠合后所包含的面积远低于油层。

BXX井1650～1658m井段和1662～1668m井段的岩屑录井均为油斑砂岩（图15-11）。对比分析发现，气测全烃或C_1、岩石热解S_1曲线与XRD录井的黏土矿物含量曲线具有良好相关性：黏土矿物含量曲线呈低值时，气测全烃或C_1、岩石热解S_1曲线均呈相对高值；反之，黏土矿物含量曲线呈高值时，气测全烃、岩石热解S_1曲线均呈相对低值。虽然两井段下部气测全烃、岩石热解S_1曲线出现"斜坡状"或"台阶状"下掉，且对应的黏土矿物含量曲线有所上升，但因气测全烃、岩石热解S_1值仍高于区块解释标准，解释为油层。

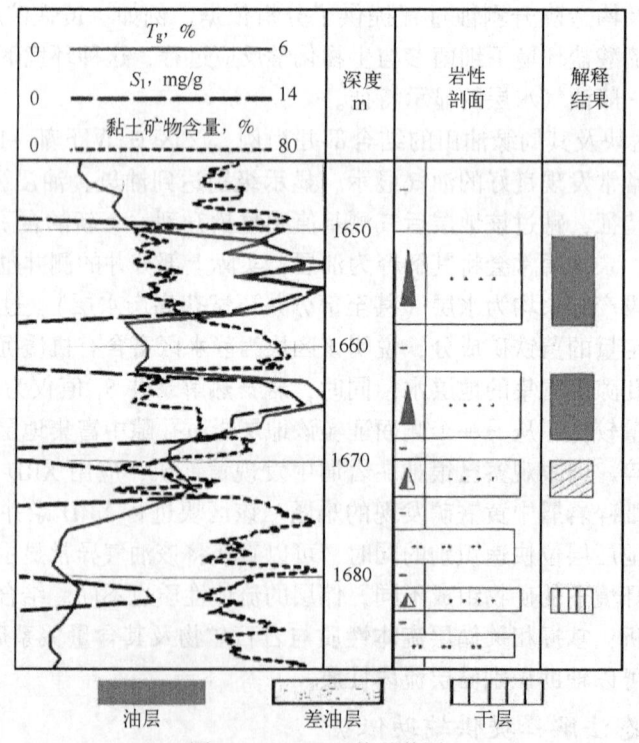

图15-11 BXX井录井图

3. 与气测全烃结合进行产能评估

储层的产量与其孔渗性呈正相关。在其他条件接近的情况下，要获得较高产量，必须钻遇较高孔渗地层。较高孔渗地层具有原生与后生两类：原生高孔渗地层黏土矿物含量低、矿物种类少、单矿物含量高；后生高孔渗地层形成的原因不同，有的区块地层依靠构造应力形成微裂缝，有的区块地层由于长石的溶蚀而增大孔隙。录井识别微裂缝的主要方法是依靠钻时、dc 指数、气测值的相对变化，而矿物溶蚀、交代形成的孔隙则可以通过分析矿物含量变化来定量识别。

XRD 录井分析结果能够用于判断地层物性，但地层的油气产出能力还与地层的含油气性有关。气测录井全烃具有连续实时测量、人为影响因素较少的优势，它是地层能量及孔渗条件的综合反映，在油气显示层发现与评价中起着不可或缺的作用。气测录井测量的是钻井液中烃类气体的相对量。在其他条件相对不变的情况下，气测全烃值高，说明地层含烃量高、压力系数高、地层能量高、单位时间产出烃类物质多、产能高。基于这一规律，国内录井技术人员从不同方面开展了应用气测全烃进行产能评估方法的研究，并取得了一定的成果。

四、XRD 录井的作用和意义

XRD 录井技术在石油和天然气勘探中的应用是多方面的，它通过提供岩石矿物组成的详细分析，可以帮助地质学家更好地理解和解释地下岩石的性质和分布。随着技术的不断进步和应用的拓展，XRD 录井技术有望在油气勘探和开发中发挥更大的作用。

五、XRD 录井施工

（一）XRD 录井原则

依据钻井地质设计进行 XRD 录井。

（二）XRD 录井密度

依据钻井地质设计进行样品装取。

（三）XRD 录井工作分工

（1）由现场录井小队在钻进过程中按迟到时间，参照岩屑录井取样方法采集整理装箱并负责运送到化验室。
（2）分析工作由化验室承担。成果要及时返回录井小队有关方面。
（3）做好分工协调，各负其责，保证成果质量。

（四）现场采样及分析要求

（1）选取清洗干净、具备代表性岩样，样品质量不少于 3g。
（2）分析样品应干燥后置于研钵中研磨，粒径小于 150μm。
（3）送样清单应一式两份，内容应与罐面标签的井号、样号、取样深度、层位、岩性相符。取样人、取样日期等也要一应俱全。一份随样送化验室，一份录井小队留存入原始记录备查。

（五）XRD 室内分析

包括样品采集、样品分析与结果处理三部分工作。对于这项工作，化验室有专用规程和流程，此处从略。

（六）资料录取内容

（1）现场取样编号、井号、采样井深、层位、岩性等基础资料要齐全准确。
（2）化验分析资料包括石英、长石、黏土矿物含量及解释结果等。

【任务实施】

一、目的要求

（1）能够正确操作 XRD 样品收集。
（2）能够正确实施 XRD 录井操作。
（3）会整理分析 XRD 录井资料，会撰写 XRD 录井成果报告。

二、资料、工具

（1）学生工作任务单。
（2）XRD 录井实验室。

【任务考评】

一、理论考核

（1）XRD 录井原理是什么？
（2）XRD 录井应用包括哪些？

二、技能考核

（一）考核项目

XRD 录井操作。

（二）考核要求

（1）准备要求：工作任务单准备。
（2）考核时间：20min。
（3）考核形式：仪器操作+成果汇报。

项目十六　特殊钻井工艺录井技术

随着油田勘探开发和钻井技术的发展，近年来为了加快钻井的进度和钻井的质量，在复杂的地区和地层中开始使用了一些新的钻井方法，如定向井、丛式井、多目标井、水平井等。这些新的钻井技术的应用对油田的勘探和开发起到了巨大的推进作用。另外，新的勘探目标的出现也为录井增加了新的难度。

在新的钻井技术的发展和新的勘探目标的情况下，录井技术相应的也遇到了困难，因此地质录井工作者必须随着钻井技术的发展而进行相应的分析和研究，才能在新的复杂地质条件下做好地质录井工作。

【知识目标】

(1) 了解定向井、水平井、欠平衡井、油基（混油）钻井液录井概念；
(2) 了解定向井、水平井分类及参数；
(3) 掌握定向井、水平井录井方法；
(4) 掌握欠平衡井录井方法；
(5) 了解油基（混油）钻井液录井影响因素及油气层识别。

【技能目标】

(1) 能够根据相关资料进行定向井、水平井地质导向；
(2) 掌握油基（混油）钻井液荧光识别方法。

【相关知识】

一、定向井

（一）定向井定义

按照预先设计的具有井斜和方位变化轨迹而钻的井。采用定向井技术可以使地面和地下条件受到限制的油气资源得到经济、有效的开发，能够大幅度提高油气产量和降低钻井成本，有利于保护自然环境。

（二）定向井分类

1. 按基本剖面类型分类

定向井可分为"J"型、"S"型和连续增斜型井。

2. 按设计井眼轴线形状分类

(1) 两维定向井：井眼轴线在某个铅垂平面上变化的定向井，井斜变化、方位不变。
(2) 三维定向井：井眼轴线在三维空间变化的定向井，井斜、方位均变化，可分为三维纠偏井和三维绕障井。

3. 按设计最大井斜角分类

(1) 低斜度定向井：井斜小于15°，钻井时井斜、方位不易控制，钻井难度大。

(2) 中斜度定向井：井斜在 15°~45°，钻井时井斜、方位易控制，钻井难度相对较小，是使用最多的一种。

(3) 大斜度定向井：井斜在 46°~85°，其斜度大，水平位移大，增加了钻井难和成本。

(4) 水平井：井斜在 86°~120°，其钻井相对较难，需要特殊设备、钻具、工具仪器。

4. 按钻井的目的分类

可分为救援井、多目标井、绕障井、多底井等。

5. 按一个井场或平台的钻井数分类

(1) 单一定向井。

(2) 双筒井：一台钻机，钻出井口相距很近的两口定向井。

(3) 丛式井（组）：在一个井场或平台上，钻出几口或几十口定向井和一口直井。

（三）定向井井身参数

(1) 井深：井眼轴线上任一点到井口的井眼长度，称为该点的井深，也称为该点的测量井深或斜深，单位为 m，一般用 L 表示。

(2) 垂深：井眼轴线上任意一点到井口所在平面的距离，称为该点的垂深，单位为 m。

(3) 水平位移：井眼轨迹上任意一点与井口铅垂线的距离，称为该点的"水平位移"，也称该点的闭合距，单位为 m。

(4) 视平移：水平位移在设计方位线上的投影长度。

(5) 井斜角：井眼轴线上任意一点的井眼方向线与通过该点的重力线之间的夹角，称为该点处井斜角，单位为度（°），一般用 α 表示。

(6) 方位角：表示井眼偏斜的方向，它是指井眼轴线的切线在水平面投影的方向与正北方向之间的夹角。它以正北方向开始，按顺时针方向计算。单位为度（°），一般用 ϕ 表示。

(7) 磁偏角：地磁北极方向线与地理北极方向线之间的夹角。随着地理位置和时间不同其数值也不同，有正负值之分。

(8) 磁方位角：用磁性测斜仪测得的方位角。

(9) 地理方位角：以地理北极为基准的方位角。

$$地理方位角 = 磁方位角 + 磁偏角$$

(10) 井斜变化率：单位井段内井斜角的改变速度。以两测点间井斜角的变化量与两测点井段的长度的比值表示。

(11) 方位变化率：单位井段内方位角的变化值。

(12) 造斜率：表示造斜工具的造斜能力，其值等于该造斜工具所钻出的井段的井眼曲率。

(13) 增（降）斜率：增（降）斜井段的井斜变化率。

(14) "狗腿"严重度：简称"狗腿度"，与"全角变化率""井眼曲率"是相同的意义，指单位井段内井眼前进的方向在三维空间内的角度变化。它既包含了井斜角的变化又包含着方位角的变化。

(15) 增斜段：井斜角随井深增加的井段。

(16) 稳斜段：井斜角保持不变的井段。

(17) 降斜段：井斜角随着井深增加而逐渐减小的井段。

(18) 目标点：设计规定的必须钻达的地层位置。通常是以地面井口为坐标原点的空间坐标系的值来表示。

（19）靶区半径：允许实钻井眼轨迹偏离设计目标点的水平距离。靶区是指目标点所在水平面上，以目标点为圆心，以靶区半径为半径的圆面积。

（20）靶心距：在靶区平面上，实钻井眼轴线与目标点之间的距离。

（21）工具面：在造斜钻具组合中，由弯曲工具两个轴线所决定的那个平面。

（22）反扭角：动力钻具启动加压后，工具面相对于启动前逆时针转过的角度。

（23）高边：定向井的井底是个呈倾斜状态的圆平面，该平面上的最高点称为高边。

（24）工具面角：指工具面所在位置的参数。有两种表示方法：一种是以高边为基准；另一种是以磁北为基准。

① 高边工具面角：以高边方向线为始边，顺时针转到工具面与井底圆平面的交线上所转过的角度。

② 磁北工具面角：以磁北方向线为始边，按顺时针方向与工具面方向线在水平面上的投影线之间的夹角，等于高边工具面角加上井底方位角。

（25）定向角：在定向或扭方位钻进时，启动井下动力钻具之后，工具面所处位置，用工具面角表示。可用高边工具面角表示，也可用磁北工具面角表示。当用高边工具面角表示时与"装置角"一词的意义和计算法相同。

（26）安置角：在定向或扭方位时，当启动井下动力钻具之前，将工具面安放的位置以工具面角表示，此时的工具面角即为安置角。

二、水平井

（一）水平井定义

井斜达到或接近90°，井身沿着水平方向钻进一定长度的井。井眼在油层中水平延伸相当长一段长度。有时为了某种特殊的需要，井斜角可以超过90°。

（二）水平井分类

1. 根据水平井曲率半径的大小分类

（1）长半径水平井：设计井眼曲率小于6°/30m的水平井。

（2）中半径水平井：设计井眼曲率为（6°~20°）/30m的水平井。

（3）中短半径水平井：设计井眼曲率为（20°~60°）/30m的水平井。

（4）短半径水平井：设计井眼曲率为（60°~300°）/30m的水平井。

（5）超短半径水平井：井眼从垂直转向水平的井眼曲率半径为1~4m的水平井。

2. 按水平段特性和功能分类

可分为阶梯水平井、分支水平井、鱼骨状水平井、多底水平井、双水平井和长水平段水平井等。

三、定向井及水平井录井

（一）岩屑录井

（1）捞取：适当缩短取样间距。

(2) 清洗：洗样于小水压下搅洗，不宜使用高压冲洗，尽可能地保存细小颗粒岩屑。

(3) 烘晒：砂样在烘晒过程中岩屑颗粒表面水分未干前不能搅动砂样，防止颗粒表面污染和相互粘结，给岩屑描述带来困难。

(4) 描述：观察小于 2mm 颗粒岩性含量的变化，借助放大镜识别定名。

（二）荧光录井

对粉末状岩屑把氯仿均匀喷洒在岩屑上，以滤纸不湿透为宜，晾干后观察滤纸荧光显示，根据显示产状间接判断岩屑中含油岩屑的含量。

（三）随钻层位对比

定向井的随钻层位对比与直井方法不同。由于定向井的实钻井眼地层厚度变化受井斜和地层倾角两个因素的影响，因此，井眼轨迹方向与地层倾向同向或反向，计算地层厚度各不相同。井斜角、地层倾角较大时，计算地层厚度也各不相同。

为了搞清井斜和地层倾角对实钻井眼地层厚度的影响，首先假定地层是水平地层，则定向井的实钻井眼地层厚度应大于正常水平地层时的直井地层厚度，这时的定向井实钻井眼地层厚度与正常水平地层时的直井地层厚度关系可用简单直角三角函数来计算：

$$L_j = h/\cos\alpha \tag{16-1}$$

式中　α——井斜角，(°)；

h——直井时的井段单位，为计算方便取值为 1；

L_j——当 h 为 1 时实钻斜井井段长，m。

当 $\alpha=30°$时，L_j 是 h 的 1.15 倍，即直井每增加 100m，定向井相应地层厚度增加 15m；

当 $\alpha=45°$时，L_j 是 h 的 1.41 倍，即直井每增加 100m，定向井相应地层厚度增加 41m；

当 $\alpha=60°$时，L_j 是 h 的 2.00 倍，即直井每增加 100m，定向井相应地层厚度增加 100m；

当 $\alpha=89°$时，L_j 是 h 的 57.29 倍，即垂深每增加 1m，对应斜深为 57m；

当 $\alpha=90°$时，$L_j=\infty$，即沿地层水平钻进。

大井斜、大地层倾角地层增厚倍数计算公式如下：

当断层与地层呈同（倾）向形成的叠瓦状断块油气藏，或从构造高部位向低部位定向时：

$$L = L_j + L_j \times L_d = L_j(1+L_d) = h/\cos\alpha(1+L_d) \tag{16-2}$$

式中　L——当 h 为某一单位直井段时的实钻斜井井段长，m；

L_d——为地层倾角造成实钻井眼地层的增厚倍数，通过摸索，它的经验值一般取值为 0~2。

当断层与地层呈反（倾）向形成的屋脊状断块油气藏，或从构造低部位向高部位定向时：

$$L = L_j - L_j \times L_d = L_j(1-L_d) = h/\cos\alpha(1-L_d) \tag{16-3}$$

式中，L_d 的经验值一般取值为 0~L_j。

式(16-2)、式(16-3) 中的 L_d 实际意义是"追加"或"吃回"地层倾角的地层增厚倍数，大位移定向井工程造斜呈逐步增大，因此，地层增厚倍数也应呈逐步增大。

在实际应用中应考虑以下因素的影响：

(1) 对比井也是定向井，且位移、斜度相差悬殊；

(2) 对比井与定向井的定向方向正好相反；

(3) 设计的断层有无已钻井控制；
(4) 工程设计与实钻方位、井斜误差；
(5) 对比井与正钻井的构造高度误差；
(6) 标志层的合理控制。

（四）水平井综合录井地质导向

水平井综合地质导向核心是地层对比，重点在于综合利用各项录井、测井及随钻资料。有四个关键点：

一是在水平井录井施工前，录井技术人员要吃透设计，详尽收集并熟悉区域及邻井资料，对该井油层位置、厚度及展布范围形成整体认识；

二是在水平井录井施工中通过油层进入点以上标志层位的精细对比，准确确定油层进入点，确保钻头在靶前井段尽可能以最少的钻井进尺、合理的井斜角度进入油层；

三是依据实钻资料校正 A、B 靶点，及时修正油层模型，确定实钻钻头轨迹；

四是根据实钻过程中钻时、岩性及油气显示等录井资料，实现水平段的轨迹跟踪与控制，让水平段尽可能多地在有效油层内穿行。

综合录井现场主要采用岩性、油气显示、气测录井资料和随钻测井（MWD/LWD）资料进行地质导向，方法有以下四种。

1. 利用岩性进行地质导向

水平井地质导向的基础是准确落实岩性，通过对录取的岩屑进行观察分析，判断井身轨迹是否在目的层中延伸，使井身轨迹保持在目的层的有利位置。水平井的井斜一般在 90°左右，容易形成岩屑床，并且岩屑随着钻井液上返时，由于岩屑密度不同，不同岩性的岩屑混杂严重，导致识别困难，需细心观察才会发现不同岩性，结合钻时资料、气测资料、MWD（LWD）曲线准确区分岩性。

关键问题是如何进行岩屑归位，准确录取岩屑的前提条件是正确确定迟到时间。由于岩屑在井下呈波状运动状态，迟到时间比常规定向井、直井要大。LWD 在施工时不允许用重物实测迟到时间，轻物实测迟到时间与钻井液流动速度基本一致，在录井时进行迟到时间校正。现场一般采取以下两种方法进行校正：

(1) 岩性变化：根据钻时曲线、MWD（LWD）曲线、气测资料判断岩性变化点，校正迟到时间。

(2) 接单根、短起下、起下钻：利用接单根、短起下、起下钻的机会，观察新鲜岩屑返出的时间，反推迟到时间。

2. 利用油气显示进行地质导向

准确落实油气显示也能够进行地质导向（从常规录井角度而言），有相对稳定的油气显示说明在目的层内，反之就偏离目的层或有利位置。

油气显示落实的难点有两个：一是水平井施工时经常混入成品油或原油，给油气显示落实带来一定的难度；二是岩屑在井筒内的运动状态，使油气和岩屑颗粒分离。上述两个原因造成了油气显示的级别降低。准确运用定量荧光技术和气测录井数据，可以有效地落实油气显示。定量荧光录井时，应该多做背景值，及时扣除背景的影响，取得真实的油气显示资料。气测录井时，要掌握基值的大小，观察全量值和组分值的细微变化。另外，原油各组分之间有一定的规律，通过了解区域油气分布情况和组分组成情况，可以准确落实油气显示，达到地质导向的目的。

3. 综合运用气测录井资料进行地质导向

水平井在施工时经常混入一定量的成品油或原油，现场利用全量和组分曲线形态，结合 3H 曲线进行地质导向。准确观察气测录井的曲线形态，了解混油产生的基值，结合采集的重烃含量，能够判断井身轨迹是否在目的层中延伸及油气水层的性质。

气测值的高低受钻井液性能等因素的影响，同一油气层内各烃类之间的比值是相对稳定的，可通过气体比值法进行导向跟踪及判断油气水层的性质。

霍沃斯法判别标准如表 16-1 所示，其中，湿度比（W_h）可以指示油气基本特征；平衡比（B_h）可以区别煤气层；特征比（C_h）可以区别介于油气之间的模糊显示、较大倾向于油的显示。

湿度比：$W_h = (C_2+C_3+C_4+C_5)/(C_1+C_2+C_3+C_4+C_5)$；

平衡比：$B_h = (C_1+C_2)/(C_3+C_4+C_5)$；

特征比：$C_h = (C_4+C_5)/C_3$。

表 16-1　霍沃斯法给定的判别标准表

流体类型	W_h	B_h		C_h
非可采干气	<0.5	$B_h > W_h$	$B_h > 100$	<0.5
可采气层			$B_h < 100$	
可采湿气	0.5~17.5			
可采轻质油		$B_h < W_h$		
可采石油	17.5~40			>0.5
非采稠油或残余油		$B_h \ll W_h$		

利用气体录井进行地质导向时，首先要收集区块邻井的气体录井资料，拟合油气水层的 3H 数值，绘制标准的 3H 曲线，找出区块油气水显示特征。其次要根据实钻采集的气测录井数据，拟合 3H 曲线，与区块 3H 曲线对比，来分析钻头所处位置。

根据在不同的储层，其气测值曲线和 W_h、B_h、C_h 三个比值的曲线各不相同，从曲线上可反映出其储层性质。在目的层内钻进时，其曲线和数据值基本保持不变，一旦离开了目的层，其曲线和数据值就会发生变化，利用这个特征可以准确地进行地质导向。

4. MWD（LWD）曲线进行地质导向

现场利用深浅侧向测井曲线进行地质导向，深浅侧向测井的探测深度不同，接近目的层时，曲线反映出不同的形态，根据深浅侧向测井曲线的差异，判断是否进入目的层、钻出目的层，从而及时进行地质导向。但是，随钻仪器的测量点距离钻头较远，一般为 2.5~37.5m（MWD 一般在 13m 左右，LWD 在 2.5~12.5m），容易造成较大的误差，且成本较高。目前使用的仪器以 MWD 为主。

实钻中，只有综合分析现场各项数据，综合应用以上地质导向方法，才能准确实施地质导向。

四、欠平衡钻井录井

欠平衡钻井是指在钻井过程中使钻井液柱作用在井底的压力（包括钻井液柱的静液压

力、循环压降和井口回压）低于地层的孔隙压力，允许地层流体进入井眼，并将其循环到地面且加以有效控制的一种钻井技术，又称负压钻井。

（一）欠平衡钻井概述

欠平衡钻井适用于地层压力、储层类型、流体性质比较清楚的地层，稳定性好且不易垮塌、过压实的硬地层，漏失严重地层、强水敏地层、钻井作业对储层污染严重地层等。在油气勘探开发过程中，根据具体地质情况及施工条件可以选择不同的欠平衡钻井技术。

1. 欠平衡钻井的基本分类

（1）气相欠平衡钻井：包括气体（空气、氮气、天然气和尾气）钻井、雾化钻井、泡沫钻井、充气液钻井等。

（2）液相欠平衡钻井：主要采用低密度钻井液来实现欠平衡钻进，如水基、油基、玻璃微珠、塑料微珠等。

2. 欠平衡钻井循环流体的当量密度适用范围

（1）气体钻井，包括空气、天然气、氮气钻井，密度适用范围为 $0.0001 \sim 0.01 \text{g/cm}^3$。

（2）雾化钻井，密度适用范围为 $0.01 \sim 0.03 \text{g/cm}^3$。

（3）泡沫钻井液钻井，包括稳定和不稳定泡沫钻井，密度适用范围为 $0.032 \sim 0.64 \text{g/cm}^3$。

（4）充气钻井液钻井，包括通过立管注气和井下注气两种方式，密度适用范围为 $0.45 \sim 0.90 \text{g/cm}^3$。井下注气技术是通过寄生管、同心管、钻柱和连续油管等在钻进的同时往井下的钻井液中注空气、天然气、氮气。

（5）水或卤水钻井液钻井，密度适用范围为 $1.00 \sim 1.30 \text{g/cm}^3$。

（6）油包水或水包油钻井液钻井，密度适用范围为 $0.80 \sim 1.02 \text{g/cm}^3$。

（7）常规钻井液钻井（采用玻璃微珠、塑料微珠等密度减轻剂），密度适用范围大于 0.90g/cm^3。

（8）钻井液帽钻井，国外称之为浮动钻井液钻井，用于钻地层较深的高压裂缝层或高含硫化氢的气层。

（二）欠平衡钻井录井介绍

气体欠平衡钻井对录井的影响表现在部分信息被弱化，或被叠加成干扰信息，或信息被混淆不能准确归位，或有的信息根本无法采集。

1. 气体欠平衡钻井录井

气体欠平衡钻井一般应用于常压区和低压区，应用压力系数范围为 $0.75 \sim 1.15$。空气钻井主要使用于非目的层段，要求地层无油气水显示，钻井工程上主要用于提高机械钻速，天然气钻井、氮气钻井、柴油机尾气钻井主要应用于目的层的钻井阶段，充分暴露油气层、防止因液相钻井造成介质污染，达到保护油气层、解放油气层的目的。气体钻井要求地层流体不含 H_2S。

1）气体钻井地质录井

（1）气体钻井迟到时间确定。

由于气体钻井的特殊性，常规液相钻井使用的迟到时间的测定和计算方法已不适用。目前使用的方法有以下三种。

① 岩屑观察法。

通常利用接单根后，记录钻头接触地层开始钻进的时间，在空气排出管出口处观察岩屑粉末返出的时间，当空气排出管出口返出的岩屑粉末含量增多时记录时间，两者之间的时间差，即为岩屑上返迟到时间。

② 气体染色法。

在接单根时钻具内放入一定量的彩色塑料碎片，记录空气泵开泵时间和彩色塑料片返出井口时间，两者的差值为循环一周时间（T）。由气体状态方程求出气流平均流速（单位为m/s），则可计算出气体下行时间（t）。迟到时间则为$T-t$。

③ 理论计算法。

岩屑在环空是在绕流阻力、浮力和重力的作用下上升的，在此过程中会产生一个沉降末速度，沉降末速度是指岩屑在上升气流中运动，最终达到稳定状态时岩屑相对于气流的速度。假设上升气流平均速度为v，岩屑在上升气流中的绝对速度为V，达到稳定状态时的岩屑相对于气流的速度为v_1（即沉降末速度），则在上升气流中建立方程$V=v-v_1$，只要保证$v>v_1$，即上升气流平均速度大于沉降末速度，则可使岩屑在上升气流中始终上升。根据牛顿第二定律列出受力平衡方程求解沉降末速度，对于球型岩屑，v_1的计算公式为

$$v_1 = [4gd_{max}(y_c-y_g)/(3cy_g)]^{1/2} \qquad (16-4)$$

式中　g——重力加速度，m/s^2；

　　　d_{max}——最大岩屑特征尺寸，mm；

　　　y_c——气体密度，g/cm^3；

　　　y_g——井底岩屑密度，g/cm^3；

　　　c——线流阻力系数，取0.44。

由气体状态方程求出上升气流平均流速（单位为m/s）：

$$v = RW_gT/(pS) \qquad (16-5)$$

式中　R——气体常数，J/(kg·K)；

　　　W_g——气体质量流量，kg/s；

　　　T——全井平均温度，K；

　　　p——井底气体压力，Pa；

　　　S——钻柱内截面积，m^2。

应用式（16-4）和式（16-5）可求出岩屑沉降末速度（v_1）和上升气流平均流速（v），通过推导求取出岩屑在上升气流中的绝对速度（V）。岩屑在上升气流中达到稳定状态时间很短，可以忽略这段时间，井深除以岩屑在上升气流中的绝对速度，即可求取出岩屑返出地面的迟到时间：

$$T_{迟到时间} = H/v_{气流} \qquad (16-6)$$

式中　H——井深，m；

　　　$v_{气流}$——气流速度，m/s。

整体上，第一种岩屑观察法计算迟到时间比较准确，简单又实用；第二种染色法成功率一般很低。

(2) 气体钻井岩屑录井。

① 对岩屑录井的影响。

气体钻井使用的钻头是空气锤，对地层岩石进行硬粉碎，岩屑一般较细，多呈粉末状。

岩屑在上返过程中，由于高速运动，与钻具、井壁之间的碰撞进一步加剧，使得岩屑的颗粒直径由常规的块状变成粉尘状，给岩性识别和定名带来较大的困难。

由于气体流动速度快（动力 1.5MPa、排气量 $100\sim130m^3/min$），迟到时间缩短 2min/1000m、$3\sim4$min/1500m、7min/2500m，造成岩屑混杂严重，岩屑对地层岩性的代表性难以确定，给岩屑的鉴别及分层卡层带来较大的困难。

② 气体钻井岩屑的取样方法。

气体钻井条件下岩屑取样的方法是在排砂管开一个支路，安装一个带阀门的取样管线（图 16-1）。取样器一头打磨成楔形，深入排砂管内形成一个挡板，另一头连接一个可以密封的布袋。取样器焊接在排砂管线的斜坡处，并向后倾斜，与排砂管线夹角 120°左右，这样捕获岩屑的数量有保证，进入取样器内的岩屑不会发生逆向反弹。采样时取样器的阀门处于半开状态，排砂管线内的部分岩屑进入支路管线；捞取岩屑样时阀门关闭，打开下端的布袋，岩屑自动流入砂样盆。

③ 气体钻井岩屑的鉴别和定名方法。

气体钻井下岩屑普遍较细，呈粉末状，很难找到直径在 2mm 以上的岩屑，一般小于 0.08mm，无法进行薄片鉴定，但可用显微镜对岩屑粉末进行观察，主要观察岩石矿物的成分，判断地层的岩性，建立岩性剖面。对于碎屑岩，可以利用岩屑颜色和岩石成分，结合其他物理性质加以识别；对于碳酸盐岩，利用碳酸盐岩测量仪检和元素分析仪测数据来解决岩性识别问题。

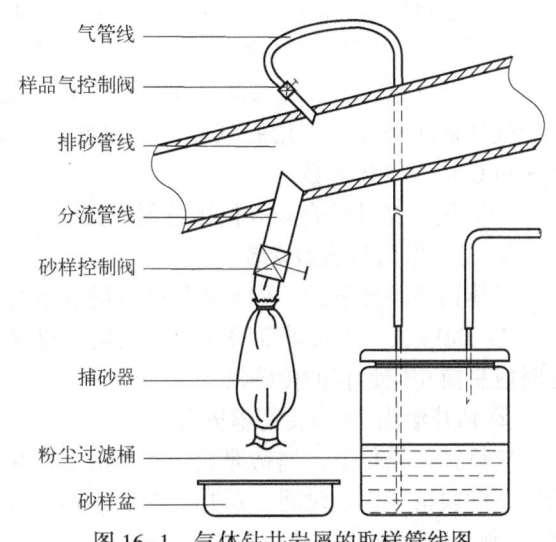

图 16-1 气体钻井岩屑的取样管线图

具体在岩性识别上遵循"大段摊开，颜色分段，逐包手感，浸水滴酸，显微镜观察"的原则。

④ 气体钻井中常见的岩屑识别特征。

砂岩：分为粉砂岩、细砂岩和中砂岩。细、中砂岩目测为砂粒，且多为无色透亮的石英矿物（其他成分均呈粉末状），手感砂粒也较强烈；粉砂岩呈粉末状，手感也有轻微砂粒的研磨感。将砂样装入烧杯中，用清水浸泡后，轻微晃动，细、中砂岩混合液较清，底部可见破碎岩屑颗粒，主要为石英；粉砂岩混合液较浑浊，底部破碎岩屑少且粒度小。倒出上部液体，选稍大颗粒的砂样在刻度放大镜下观察。

泥岩：主要通过观察颜色和泡水进行识别。

砾岩：颗粒相对较大，手感有强烈的研磨感，浸水后可看见破碎砾石。

白云岩：用水清洗后，滴酸起泡（粉末使接触面积增大）后，迅速变缓（剩余较大颗粒使这种影响减弱），反应不完全。

煤：颜色黑，染手，轻撒粉末不沉于水（质轻）。

石膏：颜色为浅灰色或白色，泡水晃动见分散物，拨开滴酸不起泡，取澄清滤液加入 $BaCl_2$ 液体，见白色沉淀物。

(3) 气体钻井荧光录井。

气体钻井岩屑呈粉末状，普通荧光录井中的干照和湿照很难发现荧光显示，但荧光喷照仍可发现荧光显示，因此在气体钻井中需要对每包岩屑进行荧光喷照。

定量荧光分析仪可解决可疑井段岩屑的含油气性，从而弥补气体钻井条件下岩屑喷照荧光效果差的影响。

2) 气体钻井综合录井

(1) 气体钻井的综合录井参数。

气体钻井是以气体作为钻井介质，无法录取液相钻井介质的进出口参数（泵冲、流量、温度、电导率、密度）。常用的 dc 指数监测地层压力方法因缺少钻井液密度数据而不能使用。

气体钻井条件下，能够测量立（套）压、悬重、扭矩、转盘转速、钻速这些工程参数。由于气体钻井条件下不用脱气器，经过对取样装置进行改进，可以测量气测全量、组分、H_2S 和 CO_2 等气体参数。

(2) 气体钻井综合录井仪传感器安装。

① 工程参数传感器安装。

气体钻井条件下，工程参数传感器的安装与常规钻井相同。由于气体钻井使用的立压一般在 2~3MPa，为了灵敏反映立压的变化，建议使用 6~10MPa 的压力传感器（转入液相钻井时应更换相应量程的传感器）。

② 钻井液出/入口传感器安装。

气体钻井条件下，当钻遇油层、水层、硫化氢气层后，气体钻进结束，转为液体钻进。为了不耽误钻井作业时间，录井前安装好钻井液出/入口传感器（包括池体积传感器和脱气器），作为转入液相钻井时备用。

③ 气体流量计的安装。

在进气处和排砂管线上安装气体流量计传感器，用于测量气体瞬时流量和累计流量。

④ 气体钻井色谱样品气的采集方法。

气体钻井条件下，地层气被高速流动的空气携带经排砂管直接喷射到地面。

在岩屑和空气介质返出排砂管线上开一个孔，插入一个取样管与排砂管焊接，取样管上装一个闸门，位置尽量靠上，取样管插入排砂管线的一头加工成楔形。

取样管线上的控制阀用来调节进入色谱单元的气体流量和压力，经过稳压、除尘、过滤和脱水后的气体进入集气瓶装置，由气路管线将气体导入仪器房进行分析。安装前需要准备同型号样品泵 2 个、50L 净化桶 1 个、500mL 脱水瓶 2 个、取样管线控制阀 1 个、$\phi6mm\times40m$ 的气管线两根、三通接头 3 个（气路）、玻璃胶 1 瓶。气体欠平衡钻井录井过程中，净化桶中的水量应在 35L 左右，每班更换一次，保证净化水不浑浊。

⑤ 硫化氢传感器的安装。

气体钻进时井口是密封的，可以在气体出口的样品管线上串接一个硫化氢传感器。

(3) 随钻工程异常监测。

气体钻井时工程异常预报与常规工程异常预报相比，相同的是同样通过泵压、悬重、扭矩、转盘转速、气测值及砂样变化来判断异常，不同的是常规钻进还可依靠进出口密度、电导、出口流量、泵冲、池体积变化作判断。

① 钻具刺特征：立压下降、岩屑减少易发生砂堵甚至卡钻，一般立压下降 0.2MPa 就可判断为钻具刺。

② 断钻具的特征：钻时增加、悬重下降、转速增加；如果钻具下部断，立压变化不明

显，如果钻具上部断，则立压下降较明显。

③ 产生滤饼环的特征：立压增大、转盘扭矩增大、排气口喷出的岩屑减少甚至没有，上提、下放钻具阻力增大。

④ 地层坍塌的特征：立压增大、转盘扭矩增大、排气口喷出的岩屑增多、上提钻具阻力增大、下钻遇阻。

⑤ 地层出水的特征：岩屑湿润、取样袋湿润、岩屑返出量减少或无返出。

(4) 随钻气测异常监测。

气体钻井过程中，当地层内的天然气进入井筒后与空气混合，浓度达到爆炸极限值时，在一定温度条件下，极易出现爆炸着火现象，将会严重影响钻具寿命。而这种燃烧通常在井眼底部，地面人员难以观察。为了避免该类事故的发生，气测全量低限报警门限值设定为1%，高限报警门限值设定为3%。在气体钻井过程中，应严密监测气测显示，当全量含量达到1%时，必须进行气测异常预报（低报），继续密切关注气测显示，当全量含量达到3%时，立即通知井队停止钻进（高报），建议结束气体钻井，转入其他钻井介质钻井。

(5) 随钻气测录井及评价。

① 气体钻井对气测影响。

以气体为循环介质时，由于油气层中的油气扩散到井筒内被大量的流动气体稀释，使色谱检测到的烃组分参数信息被弱化。

气体钻进时，第一个显示层的发现比较容易，后面新显示的发现比较困难，这是因为有机气体（如天然气）会直接影响气测监测，而无机气体则影响非烃的监测。对于多层显示的后效气测数据是其组分分数的叠加，没有必要进行显示井段的推测。气体为钻井介质，由于气体流动速度快，迟到时间缩短，且钻速快，受色谱分析周期影响，使单位时间内气体样采集点相对减少，影响油气层识别与评价。

② 气测显示评价。

若为氮气、空气、柴油机尾气钻进时，依靠全量值的变化可较容易地判断显示。但在天然气钻进中若遇显示，全量变化不甚明显，但可根据不同区域、不同层位烃类气体的组分含量不同来监测新的油气显示。首先在钻进前用天然气洗井时就用气测仪对其进行分析，测定后作为正常钻进中的背景值，如发现组分异常时，就可确定为气显示；但钻过第一个显示后，对气测值的监测就要转移到组分上了，组分的变化可以用来判断新的显示。

对于新的油气显示层的判断，除气测值的变化外，同时要注意进出口气体流量是否稳定，若进口流量稳定而出口流量变大，火焰变高，立压、套压有变化，则表明钻遇新显示（注意结合钻时等资料分析）。

a. 水层特征：注气压力增大，气体中含水度（湿度）的增加，出口有水喷些。

b. 气层特征：排砂管线出口出现火焰，停止注气后，仍有气体排出并见火焰。

c. 油层特征：注气压力增大，火焰增高，并且伴有黑烟。

2. 泡沫欠平衡钻井录井

泡沫欠平衡钻井以泡沫流体作为循环介质。泡沫流体为气液两相构成的乳化液，它具有静液柱压力低、漏失量小、携屑能力强、对油气层损害小等特点。稳定泡沫是水、压缩气体、发泡剂及其他化学剂组成的混合物，其中，压缩气体包括空气、氮气、二氧化碳及天然气。泡沫钻井特别适用于低压、低渗透或易漏失及水敏性地层的钻井，也可用于含水地区的钻井。

1) 泡沫钻井地质录井

(1) 迟到时间确定。

泡沫钻井中，造成迟到时间测量困难的影响因素较多。第一，由于钻具中安装单流阀，无法用塑料片等片状固体标记物实测迟到时间，只能用粉状小颗粒或液态标记物实测，而相对于大量的泡沫，小颗粒的固体标记物很容易被其包裹，肉眼无法观察，实测极为困难。第二，由于泡沫在钻杆内存在压缩过程，造成了下行时间计算不准确。第三，接单根时泡沫在钻杆内和环空内的运行状态是一种间断而非稳定状态，与正常钻进时相对连续而稳定的运行状态相差甚远，因而接单根时实测的迟到时间与正常钻进时实际的迟到时间有差距。

目前使用的确定泡沫钻井环境下迟到时间的方法有三种。

① 岩屑观察法。

此种方法局限性很大，仅限于井底无沉淀岩屑，通常是在刚开始泡沫钻进时，地质循环后、提钻下钻到底时等工况下。记录钻头接触地层开始钻进的时间，听到岩屑撞击排砂管线管壁声音的时间或者在排砂管线出口处观察到泡沫携带地层岩屑返出的时间，两者之间的时间差，即为岩屑上返迟到时间。

岩屑观察法虽然局限性很大，但不需要考虑下行时间，且较为准确、简便。

② 实物测量法。

与常规岩屑录井的迟到时间测量方法类似，接单根时将明显标志物混入液体中投入钻杆，记录开泵时间和标志物返出时间，其差值为循环一周时间，再减去下行时间（由理论计算得出），即为迟到时间。

③ 气测值对应分析检验法。

正常情况下，快钻时井段的岩屑上返量多，颗粒大、气测值上升，可将通过快钻时井段气测值上升井段作为标志井段来检验和校正迟到时间。采用该方法对检验和校正迟到时间非常必要和有效。

在泡沫钻井中，多种确定迟到时间的方法可同时使用，相互印证。

(2) 泡沫钻井岩屑录井。

① 岩屑录井影响。

泡沫钻井作业中，泡沫在井筒内流动时要经过加压和释压两个过程，造成井筒内泡沫返出时不连续。由于钻速快，接单根频繁，造成循环中断，岩屑在井筒内混杂沉淀，影响岩屑的代表性。泡沫钻井因为无法使用振动筛，直接由岩屑返出口经导管喷射到地面，所以传统的岩屑取样方式没有办法捞取岩屑。

② 泡沫钻井岩屑取样方法。

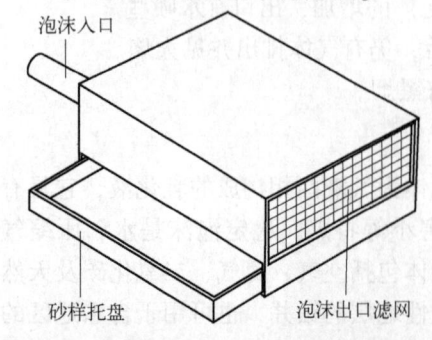

岩屑捞取装置为一密闭装置，一端为泡沫携带岩屑的入口，一端为泡沫的出口，底部为岩屑样托盘（图16-2）。泡沫的出口加装滤网装置，这样泡沫携带的岩屑就能被滤网阻隔下来，保留在下部的托盘上，泡沫经滤网被排出。捞取岩屑时，只需取出托盘即可。

图 16-2 泡沫钻井岩屑捞取装置示意图

③ 泡沫钻井液清洗。

泡沫钻井液对岩屑无污染，捞取的岩屑保持地层的原始颜色，清洗时加一点消泡剂，只需用清水冲洗即可。

2）泡沫钻井综合录井

（1）泡沫钻井综合录井参数。

泡沫钻井综合录井参数参照气体钻井。

（2）泡沫钻井综合录井仪传感器安装。

① 工程参数传感器安装。

泡沫钻井条件下，工程参数传感器的安装位置与安装方法与液体钻井条件下相同。

② 钻井液出/入口传感器的安装。

泡沫钻井条件下，当钻遇油层、水层、硫化氢气层后，泡沫钻进结束，转为液体钻进。为了不耽误钻井作业时间，录井前安装好钻井液出/入口传感器（包括池体积传感器和脱气器），作为转入液相钻进时备用。

③ 硫化氢传感器安装。

泡沫钻井井口是密封的，可以在岩屑捞取装置的泡沫排出口安装一个硫化氢传感器。

④ 泡沫钻井色谱样品气采集方法。

在排砂管线上焊接取样管，与气体钻井取样管安装相同（图16-2）。泡沫钻进时，地层气体被泡沫包裹，自然释放出来比较困难，常规的电动脱气不能使用，需采用专用的旋转离心脱气装置，将气体与泡沫分离，从而达到气测录井要求。

（3）工程异常监测。

泡沫钻井缺少出入口及池体积参数，可以通过立（套）压、悬重、扭矩、转盘转速、气测值、出口返出情况进行工程异常监测。

① 地层出油或出水特征。

泡沫钻井过程中，当油或水侵入井筒时，会起到消泡作用，气、液界面发生向上移动，立管压力会逐步上升，并且伴有排砂管线喷势减缓或者泡沫失返现象。如果地层出水，出口会明显见到水；如果地层出油，泡沫会携带油花喷出。

② 地层出气特征。

泡沫钻井过程中，当天然气侵入井筒时，天然气在上升过程中随着压力变小，体积自动增大，会造成井筒内上返流体当量密度下降，从而降低整个循环系统的负荷，导致立管压力下降，排沙管线喷势增强。

③ 地层漏失特征。

泡沫钻井过程中，当钻遇漏失地层，泡沫携带岩屑发生漏失现象，会造成井筒内上返流体当量密度下降，从而降低整个循环系统的负荷，导致立管压力下降，并且伴有排砂管线喷势减缓或者泡沫失返。

3. 液相欠平衡钻井录井

钻井工艺、流程和循环体系的改变，对录井及解释评价都带来不同程度的影响，需要对录井技术进行改进。

1）地质录井技术改进

（1）岩屑录井。

液相欠平衡钻井时，钻井介质需要经液气分离器除气后再流向振动筛，且钻井介质呈间断返出，由于钻井液密度较低，携砂能力差，返出的岩屑量少，而且岩屑细小、混杂，代表性差，给岩屑录井带来困难。

录井过程中，要求振动筛使用80目以上的筛网，尽量减少细小真岩屑从振动筛上流失；

清洗岩屑时应尽量采用小水流,轻搅拌,稍微沉淀后倒去混水再换清水漂洗,防止细小的岩屑在清洗过程中流失。

由于井的性质不同,欠平衡钻井工艺流程也有所差别。有的井将液气分离器出口直接导向常规钻井的钻井液缓冲罐,进入常规钻井液的循环系统,这时岩屑捞取就和常规钻井一样。当启用欠平衡钻井液罐时,钻井介质从液气分离器出口进入欠平衡钻井液罐的钻井液槽,不经过振动筛直接流入欠平衡钻井液罐,需要在欠平衡钻井液罐的钻井液槽内安置特制的筛网岩屑捕捞装置收集岩屑,或液气分离器出口分流钻井介质,在分流流程中设置岩屑收集装置。

(2) 荧光录井。

液相欠平衡钻井液体系通常采用混油和加处理剂的方法来降低钻井液密度,尤其是欠平衡水平井混入原油后,使常规的岩屑荧光录井技术和方法受到了局限。录井过程中,对荧光录井有影响的添加剂要进行荧光检测,与岩屑荧光对比分析,识别真假荧光。为了更为准确地识别荧光,可以采用定量荧光技术对录井岩屑进行分析。

(3) 槽面观察。

欠平衡钻井时,钻井液经液气分离器脱气后,槽面显示被弱化,观察槽面油气显示的同时,还要观察和记录液气分离器燃烧管线出口的点火情况以及火焰颜色、高度变化情况,这些变化可以间接反映油气显示强弱。

2) 综合录井技术改进

(1) 录井设备安装。

在液气分离器的出口进行分流,将分流的钻井液引入一个 $1m^3$ 缓冲罐内,准备好两套出口传感器和脱气器,一套安装在常规缓冲罐内,另外一套安装在加装的 $1m^3$ 缓冲罐内,这样在钻井状态进行欠平衡钻井液循环和常规钻井液循环转换时可保证出口参数的实时、连续监测。还可以在液气分离器燃烧管线上加装气体流量计,监测气体流量。

(2) 气测录井。

欠平衡钻井中,流体呈间断返出,因分离器中的气体不能充分排净形成的滞留气的影响,使得信息被混淆、干扰、叠加。因欠平衡钻井中,上部地层流体不断进入井筒,导致新钻遇油气层的发现困难。欠平衡钻井如果采用油基钻井液,气测采集分析的是经液气分离之后的流体内的气体,背景值较高,对地层油气发现有影响。钻井液经液气分离后,气测录井所检测的气测显示将被弱化,如果气测背景值较高时,对新钻遇油气显示的发现造成较大的困难。

欠平衡钻井的录井过程中,要结合常规录井资料,以发现被弱化的气测显示;背景值较高时要观察和记录液气分离器燃烧管线的点火和燃烧变化情况,发现被弱化的气测异常显示;还可以结合槽面观察发现气测异常显示;当使用油基钻井液欠平衡钻井,或是地层出油使钻井液混入原油时,可依据轻烃组分的变化等油基钻井液的气测录井方法来发现油气显示;如果液气分离器燃烧管线上加装了气体流量计,可以用气测曲线结合气体流量曲线发现气测异常显示。

(3) 录井解释评价。

由于欠平衡钻井使用液气分离器,对气测录井信息的弱化和干扰,给录井解释评价带来困难。录井解释时,在常规录井解释的基础上,还要参考液气分离器燃烧管线的气体流量、点火和燃烧情况。

五、油基（混油）钻井液录井

油基（混油）钻井液以其良好的润滑性、抑制性而在稳定井壁、抑制地层水敏膨胀及钻井提速等方面有独特优势，在越来越多的各种高难度钻井中被采用，但对传统录井产生较大影响。

（一）油基钻井液对录井影响

油基钻井液对录井影响较大，主要表现在对地质录井、气测录井的影响。

1. 对地质录井的影响

（1）岩屑清洗困难：在油基钻井液环境下，岩屑在振动筛上与油基钻井液分离后，其表面仍附着一层钻井液，由于油水互不浸润，取样后采用传统的洗砂方法用水搅拌冲洗，水洗多遍仍无法见到岩屑本色，反而会使原本松散的颗粒粘在一起。

（2）岩性辨认困难：被油基钻井液浸泡过的岩屑，表面颜色都失去了岩石本色，皆为深褐色，而且表面附着许多泥质或砂质小颗粒杂质，给识别岩性及确定岩性百分比带来许多困难。

（3）油气显示发现困难：用传统荧光灯湿照，岩屑均有荧光，喷照都见荧光扩散，浸泡定级在9级以上。

2. 对气测录井的影响

（1）在气测录井方面，色谱分析出的全量值明显增高，各烃类组分的值包含了混入原油中所含的烃类组分，使得气测解释结果出现错误，尤其在混油后不久就钻遇的气层，如果单纯地运用气测分析值或全脱分析值进行解释，就会因重烃组分含量较高，而误解释为油层，甚至有些水层也会因重烃组分含量较高，而误解释为油层。

（2）在一次性混入原油量较大时，如果不采取一定的措施，那么仪器在连续脱气分析的状况下，造成气路管线污染，可能会导致色谱柱污染、鉴定器积碳过多而灵敏度降低，甚至不出峰。

（3）当起钻、下钻测后效时，钻井液在井内的静止时间较长，从原油中分离出的轻烃类气体就会不断聚集，会造成后效峰值增高。

（二）油气层识别

原油颜色多呈棕色、黑褐色，甚至黑色，颜色鲜艳，地面成品油颜色较浅；井下原油多呈分散状、油珠或油块，混入的成品油多集中呈条带状；如是地下原油显示，钻井液性能有变化，地面混入的油循环均匀后则无变化。

1. 岩屑清洗及识别

岩屑清洗一般用专用清洗剂，轻度快速漂洗后，取少量放入小盘中，利用氯仿或酒精再次清洗，可观察荧光。

2. 荧光识别

（1）确定岩屑的背景荧光：找一段稳定的泥岩岩屑，相同方法清洗后在荧光灯下湿照、干照，仔细观察其荧光特征，包括大小颗粒岩屑表面及掰开后核心部分与边缘的荧光颜色，然后用氯仿喷照试验，观察喷照颜色、反应速度及荧光产状；最后观察氯仿蒸发完后残余物自然颜色及荧光颜色和形状,并记录清楚,作为发现地层油气显示的参照。在随后的取样观察中,要特别留意荧光特征的变化,尤其是对稍大一些的储层真岩屑。如钻遇含油储层,则在荧光灯下掰开观察新鲜断面会有未受钻井液污染的清晰的原油荧光,其边缘则呈现钻井液中混油荧光。油基钻井液与地层中的中质油、轻质油的荧光特征见表 16-2。

表 16-2 地层原油及油基钻井液荧光对比表

对照项目	柴油油基钻井液	地层中质油	地层轻质油
湿照特征	淡蓝色、蓝紫色	金黄色、亮黄色	蓝色
喷照反应	快速	视物性慢速—快速	快速
喷照颜色	蓝黄色	乳白色	蓝色
喷照残余物	蓝黄色荧光,日光下无残余物	亮黄色、黄色荧光,日光下呈褐色环状—薄膜状	无残余物

(2) 加强荧光湿、干照:较致密的不含油砂岩,虽然其外表被原油污染,但用手掰开后,可以看到新鲜面不含原油,在荧光灯下也看不到荧光显示。而真正的油砂,首先可以闻到油味,并且油味较浓,其次新鲜面在荧光灯下照射,可以见到黄色及浅黄色。

3. 气测录井识别

(1) 钻进前钻井液应进行充分循环,确定气体基值(背景值)。

(2) 混入的原油经过处理,其中轻烃类气体会逐渐蒸发和逸散,C_1 的绝大部分已被分离出去,而地层中的油气显示,其 C_1 含量处于原始状态;因此通过 C_1 的变化便可准确判断油气显示。

(3) 气管线采用两根防吸附管线,当一根气管线污染时,换另一根气管线,仪器要强制反吹,延长反吹时间,降低气管线及色谱柱的污染。

(4) 使用差分色谱系统可消除再循环气和背景气的干扰,提高气体检测信息变量在判断油气层方面的应用效果。

(5) 后效显示持续时间较长,而原油在井内聚集的轻烃气体一般维持 6~10min,且消失的速度很快,再结合槽面显示及钻井液变化的情况,可以判断出真假后效显示。

采用油基(混油)钻井液施工时,最好进行岩石热解基值(背景值)分析和三维定量荧光分析,可降低影响、提高识别率。

六、特殊钻井工艺录井的作用和意义

特殊工艺录井技术的发展,不仅提高了油气资源的开发效率,还有助于降低钻井成本和环境影响,对于现代石油和天然气工业的发展具有重要的意义。

(1) 提高油气采收率:特殊工艺录井能够更有效地接触到油气藏,尤其是在复杂的地质构造中,如裂缝性油气藏、薄层油气藏等,从而提高油气的采收率。

(2) 优化油气藏开发:通过精确控制井眼轨迹,可以减少对油气藏的损害,保护油气层,延长油气藏的生产周期。

(3) 减少环境影响:定向井和水平井可以在较小的地面占地面积内进行多井钻探,减少对环境的破坏,尤其是在城市或生态敏感区域。

(4) 降低钻井成本:特殊工艺录井可以减少钻井所需的时间和材料,尤其是在钻探高难度油气藏时,可以减少钻井风险和成本。

（5）提高钻井安全性：欠平衡钻井技术通过控制井底压力，减少井喷等安全事故的风险。

（6）实现复杂地质条件下的钻探：在地形复杂或地面设施限制的地区，定向井和水平井技术可以绕过障碍，实现有效钻探。

（7）提高钻井效率：水平井和多分支井可以增加与油气藏的接触面积，提高单井的产量，缩短钻井周期。

（8）促进技术创新：特殊工艺录井技术的发展推动了钻井工具、测量仪器和相关软件的创新，提升了整个石油行业的技术水平。

（9）支持油气勘探的深入：特殊工艺录井技术使得勘探者能够更深入地了解地下油气藏的分布和特性，为油气勘探提供更准确的数据。

（10）增强油气资源的可持续开发：通过提高单井产量和减少对油气藏的损害，特殊工艺录井有助于实现油气资源的长期可持续开发。

七、特殊钻井工艺录井施工

（一）特殊钻井工艺录井原则

根据钻井设计进行特殊钻井工艺录井。

（二）特殊钻井工艺录井取样密度

按地质设计要求进行取样分析。

（三）特殊钻井工艺录井工作分工

（1）地质设计涉及化验分析时，由现场录井小队在钻进过程中按迟到时间，参照岩屑录井取样方法采集整理装箱并负责运送到化验室。

（2）分析工作由化验室承担。成果要及时返回录井小队有关方面。

（3）做好分工协调，各负其责，保证成果质量。

（四）现场采样要求

（1）一般情况下需分析、岩石热解、岩石热解色谱、轻烃等项目，按照相关章节要求取样。

（2）送样清单应一式两份，内容应与罐面标签的井号、样号、取样深度、层位、岩性相符。取样人、取样日期等也要一应俱全。一份随样送化验室，一份录井小队留存入原始记录备查。

（五）室内分析

室内分析包括气样品采集、样品分析、结果处理三部分工作。对于这项工作，化验室有专用规程和流程，此处从略。

（六）资料录取内容

（1）现场取样编号、井号、采样井深、层位、岩性等基础资料要齐全准确。

（2）化验分析资料包括岩石热解、岩石热解色谱等分析参数。

【任务实施】

一、目的要求

(1) 能够熟悉特殊钻井工艺下的录井技术方法。
(2) 会整理分析相关录井资料，会撰写录井成果报告。

二、资料、工具

(1) 学生工作任务单。
(2) 录井实验室。

【任务考评】

一、理论考核

(1) 定向井录井相关知识。
(2) 水平井录井相关知识。
(3) 欠平衡井录井相关知识。
(4) 油基（混油）钻井液相关知识。

二、技能考核

（一）考核项目

理论考试。

（二）考核要求

(1) 准备要求：工作任务单准备。
(2) 考核时间：20min。
(3) 考核形式：成果汇报。

项目十七　录井资料综合解释

录井方法涵盖了钻时录井、钻井液录井、岩屑录井、岩心录井、气测录井、综合录井等多种方法，如何综合应用录井方法解释与评价地下地质情况是录井技术的核心内容。

【知识目标】
（1）掌握岩心录井综合图绘制方法；
（2）掌握岩屑录井综合图绘制方法；
（3）学会油气层综合解释方法；
（4）掌握完井地质总结编写方法；
（5）掌握单井评价的内容。

【技能目标】
（1）能够收集整理单井录测井资料；
（2）能够填写绘制相关报表及图件；
（3）能够撰写完井地质总结报告。

任务一　录井资料整理

【任务描述】
地质录井的基本任务是取全取准各项资料、数据，为油气田的勘探和开发提供可靠的第一手资料，包括12类93项基础资料和数据。单井录井资料的整理是对录井工作的系统总结，资料的汇总与整理体现着录井工程师的综合实力水平。本任务主要介绍录井资料整理项目及录井报告编写内容。教学中要求学生系统分析总结实际录井资料，从中提炼录井成果，并撰写录井报告，使学生掌握录井资料的整理方法及录井报告的撰写方法。

【相关知识】

一、岩心录井综合图的编制

岩心录井综合图是在岩心录井草图的基础上综合其他资料编制而成。它是反映钻井取心井段的岩性、含油性、电性、物性及其组合关系的一种综合图件，其编制内容和项目见图17-1。由于地质、钻井工艺方面的各种因素（如岩性、取心方法、取心工艺、操作技术水平等）影响，并非每次取心的收获率都能达到百分之百，而往往是一段一段的、不连续的，为了真实地反映地下岩层的面貌，需要恢复岩心的原来位置。又因岩心录井是用钻具长度来计算井深，测井曲线则以井下电线长度来计算井深，钻具和电缆在井下的伸缩系数不同，这样，录井剖面与测井曲线之间在深度上就有出入。而油气层的解释深度和试油射孔的深度都是以测井电缆深度为准，所以要求录井井段的深度与测井深度相符合。因此在岩心资料的整理、编图过程中，需按岩电关系把岩心分配到与测井曲线相对应的部位中去，未取上岩心的井段则依据岩屑、钻时等资料及测井资料来判断未取上岩心井段的地层在地下的实际面貌，如实地反映在综合图上。通常把这一项编制岩心录井图的工作叫作岩心"归位"或"装图"，如图17-2所示。

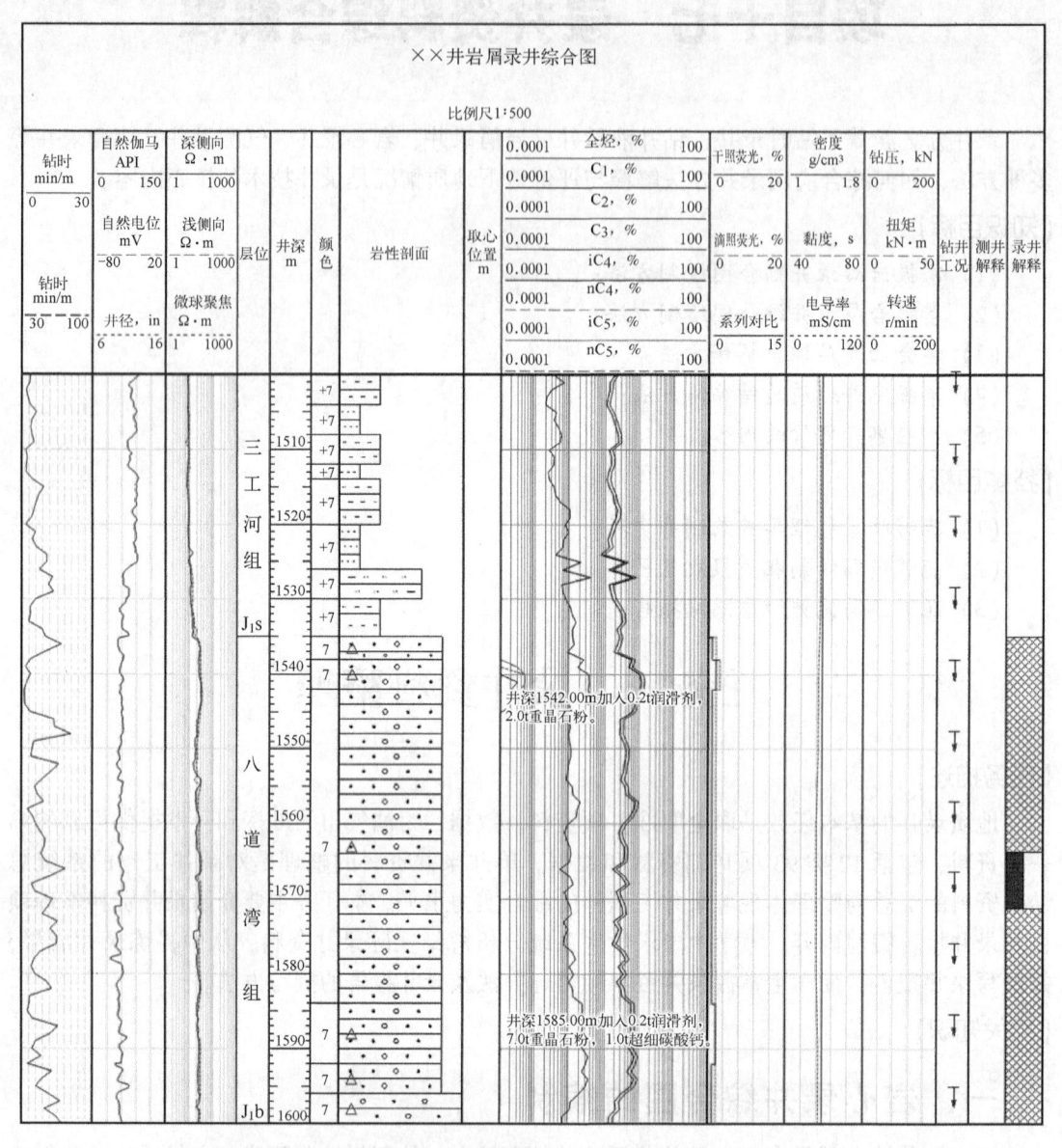

图 17-1 岩心录井综合图（据张殿强等，2010）

（一）准备工作

准备岩心描述记录本，1：50或1：100的岩心录井草图和放大井曲线。

编图前，应系统地复核岩心录井草图，并与测井图对比。如有岩性定名与电性不符或岩心倒乱时，需复查岩心落实。

（二）编图原则

以筒为基础，以标志层控制，破碎岩石拉压要合理，磨光面、破碎带可以拉开解释，破碎带及大套泥岩段可适当压缩。每100m岩心泥质岩压缩长度不得大于1.5m；碎屑岩、火成岩、碳酸盐岩类除在破碎带可适当压缩外，其他部位不得压缩，以最大程度地做到岩性与电性相吻合，恢复油层和地层剖面。

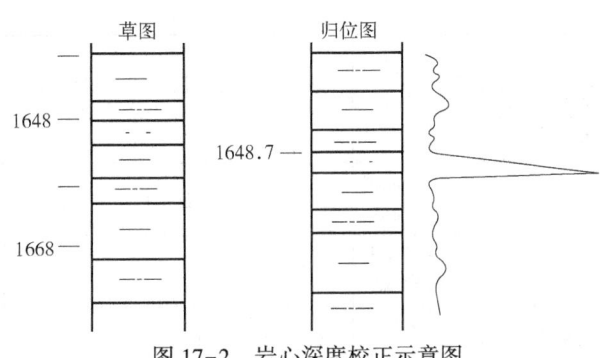

图 17-2　岩心深度校正示意图

（三）编图方法

1. 校正井深

编图时，首先要找出钻具井深与测井井深之间的合理深度差值，并在编图时加以校正。为了准确地找出深度差值，使岩性和电性吻合，就要选择统计编图标志层（岩性特殊、电性反映明显的层）。同时，地质人员要掌握各种岩层在常用测井曲线上的反映特征（表17-1）。

表 17-1　各种岩层在不同测井曲线上的响应特征

测井 地层	电阻率 $\Omega \cdot m$	自然 电位 mV	井径 cm	微电极 $\Omega \cdot m$	微侧向 $\Omega \cdot m$	感应真 电阻率值 $\Omega \cdot m$	声波时差 $\mu s/m$	放射性 自然伽马	放射性 中子伽马	井温 ℃
砾石层	高	负	$\geq d_o$	峰状高	峰状高	高	中—较大	较低	较高	
砂岩	中值	负	$\leq d_o$	次低 正常差	中值	中值	大 250 ± 1	次低或中等	较高	
泥岩	较低	偏正	一般$>d_o$	最低"0" 无差异	中—较低	低	小	最高	很低	
页岩	较低	偏正	$>d_o$	低（无或负差异）	中—较低	低	小	高	低	
油页岩	尖高状	一般偏正	$\geq d_o$	峰状高 无差异	高	低—中	小	较高	较低	
石膏	峰高状	偏正	$\geq d_o$	高尖状 无差异	高尖状	高	中	低	高	
硬石膏	很高	偏正	$\geq d_o$	高（无差异）	高尖状	高	中	低	高	
钠盐层	低	负偶正	$>d_o$	最低"0"	最低	不规则	小	较低	较高	升高
钾盐层	低	负偶正	$>d_o$	最低	最低	不规则	小	高	较高	升高
高岭土	中值	偏正	$\geq d_o$	次高	次高	中—高	中值	较高	较低	
白垩土	较高	一般偏负	$\geq d_o$	较高（近无差异）	较高	较高	小	高	高	

续表

测井＼地层	电阻率 $\Omega \cdot m$	自然电位 mV	井径 cm	微电极 $\Omega \cdot m$	微侧向 $\Omega \cdot m$	感应真电阻率值 $\Omega \cdot m$	声波时差 $\mu s/m$	放射性 自然伽马	放射性 中子伽马	井温 ℃
泥灰岩	较高	正或稍偏负	$\approx d_0$	高（有差异）	高	较高	较小	高	较低	
石灰岩	高	平缓大段偏负	$\leq d_0$	高	高	高	很小	低	高	
白云岩	高	平缓大段偏负	$\leq d_0$	高	高	高	很小	低	高	
玄武岩	很高	常微偏负	$\approx d_0$	高	高	很高	小			
花岗岩	很高		$= d_0$	高	高	很高	小			

一般将正式测井图（放大曲线）和岩心草图比较，选用连根割心、收获率高的岩心中的相应标志层（如石灰岩、灰质砂岩、厚层泥岩或油层、煤层或致密层的薄夹层等）的井深（即岩心描述记录计算出的相应标志层深度——钻具深度）与测井图上的相应界面的井深相比较。并以测井深度为准，确定岩心剖面的上移或下移值。若标志层的钻具深度比相对应的测井标志层小，那么岩心剖面就应下移；反之，就上移，使相应层位的岩性、电性完全符合。如图17-2所示，测井曲线解释标志层灰质砂岩的顶界面为1648.7m，比岩心录井剖面的深度1648m要深0.7m，其差值为岩电深度误差，校正时要以测井深度为准，而把岩心剖面下移0.7m。

如果岩心收获率低，还需参考钻时曲线的变化，求出几个深度差值，然后求其平均值，这个平均值具有一定的代表性。如果取心井段较长，则应分段求深度差值，不能全井大平均或只求一个深度差值。间隔分段取心时，允许各段有各段的上提下放值。深度差值一般随深度的增加而增加。

2. 取心井段的标定

钻具井深与测井井深的合理深度差值确定以后，就可以标定取心井段。取心井段的标定应以测井深度为准。对一筒岩心而言，该筒岩心顶、底界的测井深度就是该筒岩心顶、底界的钻具深度加上或减去合理深度差值。

3. 绘制测井曲线

测井曲线是计算机直接读取测井曲线数据自动成图，成图时数据至少为8点/m。两次测井曲线接头处不必重复，以深度接头即可，在备注栏内注明接图深度及测井日期。如果曲线横向比例尺有变化或基线移动时，也需在相应深度注明。

4. 以筒为基础逐筒绘图

岩心剖面以粒度剖面格式按规定的岩性符号绘制，装图时以每筒岩心作为装图的一个单元，余心留空位置，套心推至上筒，岩心位置不得超越本筒下界（校正后的筒界）。

5. 标志层控制

找出取心井段内最上一个标志层归位，依次向上推画至取心井段顶部，再依次向下画。如缺少标志层，则在取心井段上、中、下部位各选择几段连续取心收获率高的岩心，结合其中特殊岩性，落实在测井图上归位卡准，以本井的岩心描述累计长度逐筒逐段装进剖面，达到岩电吻合。

6. 合理拉压

对于分层厚度（岩心长度）大于解释厚度的泥质岩类，可视为由于岩心取至地面，改变了在井下的原始状态而发生膨胀，可按比例压缩归位，达到测井曲线解释的厚度，并在压缩长度栏内注明压缩数值。对破碎岩心的厚度丈量有误差时，可分析破碎程度及破碎状况，按测井曲线解释厚度消除误差装图。若岩心长度小于解释厚度，而且岩心存在磨损面，可视为取心钻进中岩心磨损的结果。根据岩电关系，结合岩屑资料，在磨光面处拉开，使厚度与测井曲线解释厚度一致。

7. 岩层界线的划分

岩层界线的划分依据以微电极曲线为主，综合考虑自然电位、2.5m底部梯度电阻率、自然伽马等曲线进行划分。用微梯度曲线的极小值和极大值划分小层顶、底界，特殊情况参考其他曲线。若岩电不符，应复查岩心。复查无误时应保留原岩性，并在"岩性及油气水综述"一栏说明岩电不符，岩性属实。不同颜色的同一岩性，在岩性剖面栏内不应画出岩性分界线；同一种颜色的不同岩性，在颜色栏中不应画出颜色分界线。

8. 岩心位置的绘制

岩心位置以每筒岩心的实际长度绘制。当岩心收获率为100%时，应与取心井段一致；当岩心收获率低于100%或大于100%时，则与取心井段不一致。为了看图方便，可将各筒岩心位置用不同符号表示出来，如图16-2中第一筒为细线段，第二筒为粗线段，第三筒又为细线段。

9. 样品位置标注

样品位置就是在岩心某一段上取供分析化验用的样品的具体位置。在图上标注时，用符号标在距本筒顶界的相应位置上。根据样品距本筒顶界的距离标定样品的位置时，其距离不要包括磨光面拉开的长度，但要包括泥岩压缩的长度。样品位置是随岩心拉压而移动的，所以样品位置的标注必须注意综合解释时岩心的拉开和压缩。

10. 岩性厚度标注

在岩心录井综合图中，除泥岩和砂质泥岩外，其余的岩性厚度均要标注。当油层部分含油砂岩实长与测井解释明显矛盾时，综合解释厚度与测井解释厚度误差若大于0.2m，应在油气层综合表中的综合解释栏内注明井段。

11. 化石、构造、含有物、井壁取心的绘制

化石、构造、含有物、井壁取心均按统一规定的符号绘在相应深度上。绘制时应与原始描述记录一致，还应考虑压缩和拉长。

12. 分析化验资料的绘制

岩心的孔隙度、渗透率等物性资料，均采用化验室提供的成果按一定比例绘出。绘制时要与相应的样品位置对应。

13. 测井解释和综合解释成果的绘制

测井解释成果是由测井公司提供的解释成果，用符号绘在相应的深度上。

综合解释成果则是以岩心为主，参考测井资料、分析化验资料以及其他录井资料对油、

气、水层做出的综合解释。绘制时也用符号画在相应深度上。

14. 颜色符号、岩性符号的绘制

颜色符号、岩性符号均按统一图例绘制（见附录）。岩心拉开解释的部分只标岩性、含油级别，但不标色号。

最后、按照要求将检查、修改、整理、绘制图例等工作做完，就完成了岩心录井综合图的编绘工作。

至于碳酸盐岩岩心录井综合图的编绘，其编绘原则和方法与一般的岩心录井综合图的编绘方法大体相同，只是项目内容上略有不同。

二、岩屑录井综合图的编制

岩屑录井综合图是利用岩屑录井草图、测井曲线，结合钻井取心、井壁取心等各种录井资料综合解释后而编制的图件。深度比例尺采用 1∶500。由于岩屑录井和钻时录井的影响因素较多，因此在取得完钻后的测井资料后，还需进一步依据测井曲线进行岩屑定层归位。分层深度以测井深度为准，岩性剖面层序以岩屑录井为基础，结合岩心、井壁取心资料卡准层位。

（一）准备工作

准备岩屑描述记录本、绘图工具、岩屑录井综合图图头等。

（二）校正井深

选取在钻时曲线、测井曲线（主要是利用 2.5m 底部梯度视电阻率、自然电位、双侧向和自然伽马等曲线）上都有明显特征的岩性层来校正，把录井草图与测井曲线的标志层进行对比，找出二者之间深度的系统误差值，然后决定岩性剖面应上移或下移。如测井深度比录井深度小，应把剖面上移；如测井深度比录井深度大，应把剖面下移（具体方法与岩心录井综合图的校正方法相似）。

（三）编绘步骤

1. 按照统一图头格式绘制图框

图框可按图 17-3 的格式绘制。若个别栏内曲线绘制不下可加宽度。

2. 标注井深

在井深栏内每 10m 标注一次，每 100m 标注全井深。完钻井深为钻头最终钻达井深。

3. 绘制测井曲线

测井曲线是根据测井公司提供的 1∶500 标准测井曲线透绘而成，或者计算机直接读取测井曲线数据自动成图。其他要求和方法与岩心录井图中的绘制测井曲线的要求和方法相同。

4. 绘制气测、钻时曲线及槽面油、气、水显示

气测、钻时曲线是用综合录井仪或气测录井仪所提供的本井气测钻时资料，选用适当的横向比例尺，分别在气测、钻时栏内相应的深度点出气测、钻时值，然后用折线和点划线分别连接起来。或者由计算机读取气测、钻时数据，实现自动成图，绘制槽面油、气、水显示

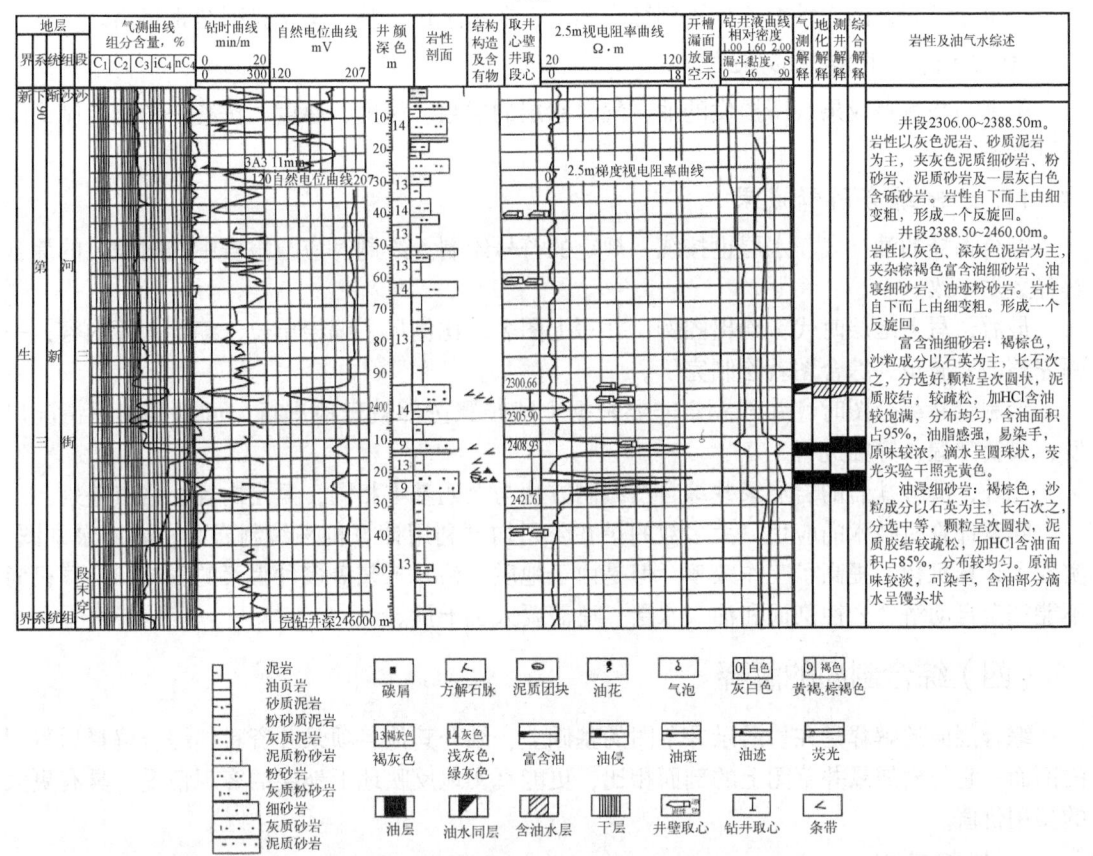

图 17-3 岩屑录井综合图（据张殿强等，2010）

时，应根据测井与录井在深度上的系统误差，找出相应层位，用规定符号表示。

5. 绘制井壁取心符号

井壁取心用统一符号绘出，尖端指向取心深度。当同一深度取几颗心时，仍在同一深度依次向左排列。一颗心有两种岩性时，只绘主要岩性。综合图上井壁取心总数应与井壁取心描述记录相一致。

6. 绘制化石、构造及含有物符号

化石、构造及含有物用符号在综合图相应深度上表示出来。少量、较多、富集分别用"1""2""3"表示。绘制时，可与绘制岩性剖面同时进行。

7. 绘制岩性剖面

岩性剖面综合解释结果按粒度剖面基本格式和统一的岩性符号绘制。在一般情况下，同一层内只绘一排岩性符号，不必划分隔线。但对一些特殊岩性，如石灰岩、白云岩、油页岩

· 331 ·

等，应根据厚度的大小适当加画分隔线。

8. 标注颜色色号

颜色色号也按统一规定标注。如果岩石定名中有两种颜色，可并列两种色号，以竖线分开，左侧为主要颜色，右侧为次要颜色。标注色号往往与岩性剖面的绘制同时进行。

9. 抄写岩性综述

把事先已写好的岩性综述抄写到综合图上，要求字迹工整，文字排列疏密得当。

10. 绘制测井解释成果

根据测井解释成果表所提供的油、气、水层的层数、深度、厚度，按统一图例绘制到测井解释栏内。

11. 绘制综合解释成果

综合解释的油、气、水层也按统一规定的符号绘制。绘制时应与报告中的附表3的综合解释数据一致。

最后，写上地层时代，绘出图例，并写上图名、比例尺、编绘单位、编绘人等内容，一幅完整的岩屑录井综合图就绘制完了。

绘制录井综合图时，并不一定非要根据上述步骤按部就班地进行。可以从实际情况出发，灵活掌握，穿插进行。

此外，碳酸盐岩的岩屑录井综合图编制方法与上述基本相同，只是内容上略有差别。

随着计算机技术的应用，大多数的录井公司均已利用计算机来编制岩心、岩屑录井图，实现了计算机化，提高了工作效率。但是由于地质、钻井工艺等多种因素的影响，计算机尚不能完全自动解释岩性剖面和油气水层，还需要人工干预。

（四）综合剖面的解释

综合剖面的解释是在岩屑录井草图的基础上，结合其他各项录井资料，综合解释后得到的剖面。它与岩屑录井草图上的剖面相比，更能真实地反映地下地层的客观情况，具有更大的实用价值。

1. 解释原则

（1）以岩心、岩屑、井壁取心为基础，确定剖面的岩性，利用测井曲线卡准不同岩性的界线，同时必须参考其他资料进行综合解释。

（2）油气层、标准层、标志层是剖面解释的重点，对其深度、厚度均应依据多项资料反复落实后才能最后确定。

（3）剖面在纵向上的层序不能颠倒，力求反映地下地层的真实情况。

2. 解释方法

（1）岩性的确定：岩性确定必须以岩心、岩屑、井壁取心为基础。其他资料只作参考。具体确定方法是：首先将录井剖面与测井曲线进行比较，查看哪些岩性与电性相符，哪些不符（应考虑测井与录井在深度上的深度误差）；然后把录井剖面中的岩性与电性相符的层次，逐一画到综合剖面上去。这些层次即为综合解释后的岩性。对录井剖面中的岩性与电性不符者，可查看录井剖面中该层上、下各一包岩屑中所代表的岩性。若这种岩性与电性相符合，即可采用为综合剖面中该层的岩性；若上、下各一包的岩性均与电性不符，又无井壁取心资料供参考，则应复查岩屑。

确定岩性时，一般岩性单层厚度如果小于 0.5m 可不进行解释，可做夹层处理；但标准层、标志层及其他有意义的特殊岩性层，尽管厚度小于 0.5m 也应扩大到 0.5m 进行解释。

（2）分层界线的划分：综合解释剖面的深度以 1∶500 标准曲线的深度为准，故地层分层界线的划分也以标准测井曲线的 2.5m 底部梯度、自然电位、自然伽马（碳酸盐岩或复杂岩性剖面时）等曲线为主，划分各层的顶、底界。必要时也参考组合测井中的微电极等测井曲线。具体确定方法是：以 2.5m 底部梯度曲线的极大值和自然电位的半幅点作为高阻砂岩层的底界，而以 2.5m 底部梯度曲线的极小值和自然电位的半幅点作为高阻砂岩层的顶界。

对一些特殊岩性层及有意义的薄层，标准曲线上不能很好地反映出来，可根据微电极或其他曲线划出分层界线。

对测井解释的油、气层界线，根据测井解释成果表提供的数据在剖面上画出，并应与油、气层综合表数据一致。油层中的薄夹层，小于 0.2m 的不必画出，大于 0.2m 者扩大为 0.5m 画出。

一般情况下不同岩性的分层界线应画在整格毫米线上，而测井解释的油、气层界线则不一定画在整格毫米线上，以实际深度画出即可。

3. 解释过程中几种情况的处理

（1）复查岩屑：复查岩屑时可能出现三种情况：一是与电性特征相符的岩性在岩屑中数量很少，描述过程中未能引起注意，复查时可以找到；二是描述时判断有错，造成定名不当；三是经过反复查找，仍未找到与电性相符的岩性。对前两种情况的处理办法是：综合剖面相应层次可采用复查时找到的岩性，并在描述记录中补充复查出的岩性。对最后一种情况的处理应持慎重态度，可再次仔细分析各种测井资料，把该层与上下邻层的电性特征相比较，若特征一致，可采用邻层相似的岩性，但必须在备注栏内加以说明。还有一种情况是经多次复查，并经多方面分析后，证实原来描述的正确，而测井曲线反映的是一组岩层的特征，其中的单层未很好地反映出来。此时综合剖面上仍采用原来所描述的岩性。

复查岩屑时，一般应在相应层次的岩屑中查找。但由于岩屑捞取时，上返时间可能有一定误差，因此当在相应层次找不到需要找的岩性时，也可在该层的上、下各一包岩屑中查找，所找到的岩性（指需要找的岩性）仍可在综合剖面中采用。必须注意的是，绝不能超过上、下一包岩屑的界线，否则，解释剖面将被歪曲。

（2）井壁取心的应用：井壁取心在一定程度上可以弥补钻井取心和岩屑录井的不足，但由于井壁取心的岩心小，收获率受岩性影响较大，所以井壁取心的应用有一定的局限性。

井壁取心与测井曲线和岩屑录井的岩性有时是一致的，有时也是不一致的，或不完全一致的。不一致时常有以下三种情况：第一种情况是，井壁取心岩性和岩屑录井的岩性不一致，而与电测曲线相符，这时综合解释剖面可用井壁取心的岩性；第二种情况是，井壁取心岩性与岩屑录井的岩性一致，而与电测曲线不符，此时井壁取心实际上是对岩屑录井的证实，故综合解释剖面仍用岩屑录井的岩性；第三种情况是，井壁取心岩性与岩屑录井岩性不一致，且与电测曲线不符，此时井壁取心岩性就作为条带处理。

在油、气层井段应用井壁取心时，尤其应当慎重，否则会造成油、气层解释不合理，给勘探工作带来影响。若井壁取心岩性与岩屑录井的岩性、电性不符，可采用前面的办法处理。若井壁取心的含油级别与原岩屑描述的含油级别不符，不能简单地按条带处理，应再复查相应层次的岩屑后，再做结论。

在实际应用井壁取心资料时，将会遇到比前面所讲的更为复杂的情况。例如：同一深度取几颗岩心，彼此不符；或者同一厚层内取几颗岩心，彼此不符等。因此，在应用井壁取心资料时，应当综合分析，仔细工作，才能做到应用恰当，解释合理。

（3）标准测井曲线与组合测井曲线的深度有误差，且误差在允许的范围之内时，应以标准测井曲线的深度为准，即用2.5m底部梯度电阻率曲线、自然电位曲线或自然伽马曲线划分地层岩性和分层界线。当2.5m底部梯度曲线与自然电位曲线深度有误差（误差范围仍在允许范围之内）时，不能随意决定以某一条曲线为准划分地层界线，而应把这两条曲线与其他的曲线进行对比，看它们之中哪一条与别的曲线深度一致，哪一条不一致。对比以后，就可采用与别的曲线深度一致的那一条曲线，作为综合解释剖面的深度标准。

4. 解释过程中应注意的事项

（1）综合剖面解释的过程实质上就是分析、研究各项资料的过程。因此，只有充分运用岩屑、岩心、井壁取心、钻时及各种测井资料，综合分析，综合判断，才能使剖面解释更加合理，建立起推不倒的"铁柱子"。

（2）应用测井曲线时，在同一井段必须用同一次测得的曲线，而不能将前后几次的测井曲线混合使用；否则，必将给剖面的解释带来麻烦。

（3）全井剖面解释原则必须上下一致。若解释原则不一致，不仅影响剖面的质量，还将使剖面不便于应用。

（4）综合解释剖面的岩层层序应与岩屑描述记录相当。否则，应复查岩屑，并对岩屑描述记录作适当校正。在校正描述记录时，如果一包岩屑中有两种定名，其层序与综合剖面正好相反，则不必进行校正。

（五）岩性综述方法

岩性综述就是将综合解释剖面进行综合分层以后，用恰当的地质术语，概括地叙述岩性组合的纵向特征，然后重点突出、简明扼要地描述主要岩性、特殊岩性的特征及含油气水情况。

1. 岩性综述分层原则

在进行岩性综述时，首先应当恰当地分层，然后根据各层的岩性特征，用精炼的文字表达出来。分层时，一般应遵循下列原则：

（1）沉积旋回分层：在岩性剖面上如果自下而上地发现有由粗到细的正旋回变化特征，或有由细到粗的反旋回变化特征，依据地层的这个特征就可进行分层。一般可将一个正旋回或一个反旋回或一个完整的旋回分成一个综述层，不应再在旋回中分小层。

（2）岩性组合关系分层：在剖面中沉积旋回特征不明显时，常以岩性组合关系分层。

（3）对标准层、标志层、油层及有意义的特殊岩性层或组（段）应分层综述。如生物灰岩段和白云岩段，应分层综述。

（4）分层厚度一般控制在50~100m，如果是大套泥岩或一个大旋回，其厚度虽大于100m，也可按一层综述。

（5）分层综述不能跨越各组（段）的地层界线。如胜利油田不能把馆陶组和东营组，或沙一段和沙二段分在同一层内综述。

2. 岩性综述应注意的事项

（1）叙述岩性组合的纵向特征时，对该段内的主要岩性及有意义和较多的夹层岩性必须提到，而对零星分布，不代表该段特征的一般岩性薄夹层，可不提及。但叙述中所提到的岩性，剖面中必须存在。一般的薄夹层无须说明层数，而特殊岩性层应说明层数。凡说明层数的应与剖面一致。

（2）综述时，在每一个综述分层中，一般岩性不必每种都描述，或者同一岩性只在第一个综述分层中描述，以后层次如无新的特征，不必再描述；标准层、标志层、特殊岩性层和油气层等在每一个综述分层中都必须描述。对各种岩性进行描述时，不必像岩屑描述那样细致、全面，只要抓住重点，简明扼要地说明主要特征即可。

（3）在综述中，叙述各种岩性和不同颜色时，应以前者为主，后者次之。如浅灰色细砂岩、中砂岩、粉砂岩夹灰绿色、棕红色泥岩这一叙述中，岩性是以细砂岩为主，中砂岩次之，粉砂岩最少；颜色则以灰绿色为主，棕红色次之。如果两种颜色相近，可用"及"表示，如棕色及棕褐色含油细砂岩。同类岩性不同颜色可合并描述，如紫红、灰、浅灰绿色泥岩。同种颜色不同岩性则不能合并描述。如泥岩、砂岩、白云岩都为浅灰色，描述时不能描述成浅灰色泥岩、砂岩、白云岩，而应描述成浅灰色泥岩、浅灰色砂岩、浅灰色白云岩。但砂岩例外，不同粒级的砂岩为同一颜色时，可合并描述，如灰白色中砂岩、粗砂岩、细砂岩。

（4）要恰当运用相关地质术语，如互层、夹层、上部和下部、顶部和底部等。如果术语用得不当，不仅不能反映剖面的特征，而且还可能造成叙述的混乱。上部和下部是指同一综述层内中点以上或以下的地层。顶部和底部是指同一综述层顶端或底端的一层或几个薄层。夹层是指厚度远小于某种岩层的另一种岩层，且薄岩层被夹于厚岩层之中。如泥岩比砂岩薄得多，层数也仅有几层，都分布于厚层砂岩中，在叙述时，就可称砂岩夹泥岩。互层则是指两种岩性间互出现的岩层。根据两种岩性厚度相等、大致相等或不等，可分别采用等厚互层、略呈等厚互层、不等厚互层这些地质术语予以描述。

（5）在综述岩性特征时，对新出现的和具有标志意义的化石、结构、构造及含有物应在相应层次进行扼要描述。

（6）综述分层的各层上下界线必须与剖面的岩性界线一致。若内容较长，相应层内写不完需跨层向下移动时，可引出斜线与原分层线相连，避免造成混乱。

三、油、气、水层的综合解释

钻井的根本目的是找油、找气，要找油、找气就必须取全取准各项地质资料。油、气、水层的综合解释是完井地质资料整理的主要内容之一。通过分析岩心、岩屑等各种录井资料和分析化验资料及测井资料，找出录井信息、测井物理量与储层岩性、物性、含油性之间的相关关系，结合试油成果对地下地层的油气水层进行判断是综合解释的最终目的。油气层解释合理，能够反映地下实际情况，就能彻底解放油气层，把地下的油气资源开采出来为人类服务；反之，如果解释不合理，就可能枪毙油气层，使地下油气资源不能开采出来，或者延期开采，以致影响整个油气田的勘探开发。可见，做好完井后油气层的综合解释，是一项十分重要的工作。

（一）解释原则

1. 综合应用各项资料

综合解释必须以岩屑、岩心、井壁取心、钻时、气测、地化、罐装样、荧光分析、槽面油气显示等第一性资料为基础，同时参考测井、分析化验、钻井液性能等多项资料，经认真研究、分析后做出合理的解释。

2. 必须对所有显示层逐层进行解释

综合解释时，首先应对全井在录井过程中发现的所有油气显示层逐一进行分析，然后根据实际资料做出结论。不能凭印象确定某些层是油气层，而对另一些层则不做工作，随意否定。

3. 要重视含油级别的高低

要重视录井时所定的含油级别的高低，但不能简单地把含油级别高的统统定为油层，把含油级别低的一律视为非油层。事实上，含油级别高的不一定是油层，而含油级别低的也不一定就不是油层。因此，综合解释时一定要防止主观片面性，综合参考各项资料，把油层一个不漏地解释出来。

4. 槽面显示资料要认真分析，合理应用

合理应用槽面油气显示能在一定程度上反映出地下油气层的能量。在钻井液性能一定的情况下，油气显示好，说明油气层能量大；油气显示差说明油气层能量小。但由于钻井液性能的变化，将使这种关系变得复杂。如同一油层，当钻井液密度较大时，显示不好，甚至无显示；而当钻井液密度降低后，显示将明显变好。所以，在应用槽面油气显示资料时，要认真分析钻井液性能资料。

5. 正确应用测井解释成果

测井解释成果是油气层综合解释的重要参考数据，但不是唯一的依据，更不能测井解释是什么就是什么，或测井未解释的层，综合解释也不解释。常有这样的情况，测井解释为油气层的层，经综合解释后不一定是油气层；或者测井未解释的层，经分析其他资料后，可定为油气层。

6. 对复杂的储层要做具体分析

对"四性"关系不清楚的特殊岩性储层，测井解释的准确性较低，有时会把不含油的层解释为油层，或者油层厚度被不恰当地扩大。在这种情况下，不应盲目地把凡是测井解释为油层的层都解释为油层，且在剖面上画上含油的符号，或者不加分析地把原来较小的厚度扩大到与测井解释的厚度相符。此时，应进一步综合分析各项资料，反复核实岩性、含油性及其厚度，然后进行综合解释，并在综合图剖面上画以恰当的岩性、厚度及含油级别。

（二）解释方法

1. 收集相关资料

收集邻井地质、试油及测井等资料，熟悉区域油气层特点，掌握油气水层在录井资料、测井曲线上的响应特征（表17-2、表17-3）。

2. 准备数据

对录井小队上交的录井数据磁盘进行校验。校验时遇以下情况要对存盘数据进行修正：

（1）原图上显示的数据应与磁盘中的数据相吻合，若不吻合应查明原因，逐一落实清楚；

（2）草图、录井图中绘制数据已做修改，应检查修改是否合理；

（3）发现数据异常、不准确，应查各项原始记录，落实数据的准确性；

（4）深度重复或漏失；

表 17-2 油气水在录井资料中的显示

油气水层	钻时	岩屑岩心录井放映特征	钻井液槽面显示	气测 全烃	气测 重烃	气测组分含量,% 甲烷	气测组分含量,% 重烃	气测组分含量,% 非烃	后效	钻井液性能 密度	钻井液性能 黏度	钻井液性能 失水	钻井液性能 滤饼	钻井液性能 切砂	钻井液性能 含砂	钻井液性能 氯根	钻井液量变化
气层	↗	可见缝洞矿物或疏松砂岩，有乳黄或天蓝色荧光	槽面可见鱼子大小的小气泡，或者"气侵"井涌，高压者甚至井喷	↑		最高 >90%	<10%	很低	明显	↓	↑		稍减	稍减		↗	↑
油层	↗		槽面可闻到芳香味，有时见油花，呈零星状或条带状分布	↗		高 <90%	高 >55%	低 <15%	明显	↗	↗	↘	↗	稍增	↗	稍增	↗
油水同层	↗	可见油浸或油斑，砂岩溶水呈珠半圆状，含油岩屑、岩心部分发黄	槽面有时见油花，呈星状或条带状分泌	↗		较高	较高 <55%	高 15%~45%	较明显	稍减	稍增	稍减	稍减	稍增	稍减	稍增	↗
盐水层	↗	岩屑、岩心有时可见溶蚀状态，岩屑、岩心发白，易爆炸	钻井液水变感，槽面上漂浮有白色小点或泡沫，无芳香味	↗		高	低 < 10%	很高 >45%	有	稍减	据钻井液而定	↑	↗	稍减	↗		据产层压力而变，中压层↗
淡水层	↗	岩屑、岩心较清洁，为白沙子，岩屑有时亦可见溶蚀特征，易受潮	钻井液流动性变好，颜色变浅，有时见较大的气泡，无芳香味	↗		不高	低 < 10%	很高 >45%	有	稍增	据钻井液而定	↑	↗	稍增	稍增	↘	据产层压力而变，中压层↗
备注	要考虑地层背景和地面条件、井下钻头使用影响	岩屑代表性要好，分析要认真，情况要落实	要注意取样条件及代表性							钻井液性能的变化要特别注意处理钻井液的影响，自然条件的影响及测定人的误差							要除去地面人为影响
说明	↗ 及 ↑ 分别表示增加及剧增。↘ 及 ↓ 分别表示减小及剧减

表 17-3 油气水在常见测井曲线上的响应

项目\油气水层	电阻率 Ω·m	自然电位 mV	井径 cm	微电极 Ω·m	微侧向 Ω·m	感应真电阻率值 Ω·m	声波时差 μs/m	放射性 自然伽马	放射性 中子伽马	井温 ℃	流体	短电极 0.5m Ω·m	长电极 4m Ω·m	含油饱和度 %
气层	高	负	经常 ≤d_o	中值（正差异）	中值	高	较大	低	中低	低	升高	较高	高	
油层	高	负	经常 ≤d_o	中—较高（正差异大）	中值	很高	大 250±1	低	较低	偏低	升高	高	更高	较大
油水同层	较高	负	经常 ≤d_o	中值（正差异小）	中值	较高	较大	低	较低	稍高	与矿化度呈反比	中值	上高下低	一般
盐水层或淡水层	较低	特负		低平（偶见负差异）	低平	低	大		不规则低	高	与矿化度呈反比	不高	低且平	小
备注	(1) 电阻率：岩性越致密，含油、含钙、粒度越粗及所含导电矿物越少，泥质含量越低，电阻率相对越高。 (2) 自然电位：当地层水矿化度大于钻井液矿化度，曲线偏负。地层水矿化度越高，泥质含量越低，反之则越低。 度也越大。 (3) 自然伽马：泥质含量越高，放射性元素伽马值越高，反之则越低。 (4) 进行判断时，要参考上下邻层、井径、地层水矿化度及地温、仪器探测深度、测速等影响。 (5) 碳酸盐岩油气层电阻率不高，大缝洞层井径大														

（5）气测有显示的层位，应判断显示的真实性；

（6）后效测量数据是否完整、准确。

3. 深度归位

以测井深度为标准，根据标志层校正录井数据。各项录井数据，特别是显示层段的各项数据的深度归位，关系到录井数据的计算机解释成果的好坏和成果表数据的生成。对这类数据应考虑层位、深度的一致性与对应性。

4. 加载分析化验数据（磁盘数据）

将经过深度校正后的各项资料、数据加载到解释库中。

5. 分析目标层

对在各项录井资料、测井资料上有油气水显示的层及可疑层进行分析研究，根据其显示特征，结合邻井或区域上油气水层的特点做出初步评价。

6. 综合解释

按油气水层在各种资料上的显示特征进行综合解释，或利用加载到解释数据库中的数据，依据解释软件的操作说明进行解释得出结果，再结合专家意见进行人工干预，最后定出结论，自动输出成果图和数据表。

特别值得注意的是，一些特殊情况必须给予充分的考虑。

（1）录井显示很好，测井显示一般。这种情况往往是稠油层、含油水层、低阻油层的显示，测井容易解释含油饱和度偏低，而录井则容易偏高。

① 稠油层、含油水层的岩心、岩屑、井壁取心常常给人含油情况很好的假象，这时应侧重其他录井信息如气测、罐顶气、定量荧光、地化等多项资料进行综合分析，以获得较符合实际的结果。

② 低阻油层的电阻率与邻井水层比较接近，测井解释容易偏低。这时应侧重录井资料及地区性经验知识的综合应用，否则容易漏掉这类油层。

（2）电性显示好，录井显示一般。这种情况通常是气层或轻质油层的特征，岩心、岩屑、井壁取心难以见到比较好的油气显示。这时应多注意分析气测、罐顶气、测井信息，否则容易漏掉这部分有意义的油层。

（3）录井和测井显示都一般，但已发生井涌、井喷，喷出物为油气。这种情况往往是薄层碳酸盐岩油气层、裂缝性、孔洞性油气层的特征。这类储层一般均具有孔隙和裂缝双重结构，裂缝又具有明显的单向性，造成测井解释评价难度大。这时根据录井情况可大胆解释为油层或气层。

（4）录井、测井显示一般，但显示层所处构造位置较高，且在较低部位见到了油层或油水同层。这种情况可解释为油层。

（5）对于厚层灰岩、砾岩层，其电性特征不明显，一般为高电阻，受电性干扰，测井解释难度大。这时应注重考虑岩石的含油程度和孔洞、裂缝等发育情况，最后做出综合解释。

总之，油气水层的综合解释过程是一个推理与判断的过程，并不是对各项信息等量齐观，也不是孤立地对某一单项信息的肯定与否定，而是把信息作为一个整体，通过分析信息的一致性与相异处，辩证地分析各项信息之间的相关关系，揭示地层特性，深化对地层中流体的认识，提供与地层原貌尽量逼近的答案，排除多解性。在推理与判断的过程中要注意各种环境因素的影响而导致综合信息的失真，同时还要注意储层特性与油气水分布的一般规律与特殊性。特别是复式油气藏，由于沉积条件与岩性变化大、断层发育、油水分布十分复杂，造成各种信息的差异性。如果不注重这些特点，仅仅使用一般规律进行分析就容易出现判断上的失误。

四、附表填写

（一）钻井基本数据表（一）

填写内容按设计或实际发生的情况来填写，主要有：
（1）地理位置；（2）区域构造位置；（3）局部构造；（4）测线位置；（5）钻探目的；（6）井别；（7）井号；（8）大地坐标；（9）海拔高度；（10）设计井深，按地质设计填写；（11）完钻井深；（12）完钻依据：完成钻探任务、达到设计目的或事故完钻及因地质需要提前完钻；（13）完井方法：裸眼完成法、套管完成法、射孔完成法、尾管完成法、筛管完成法、预应力完成法、先期防砂缠丝筛管完成法、不下油层套管完成法；（14）开钻、完钻、完井日期；（15）井底地层；（16）钻井液使用情况：井段、相对密度、黏度。

（二）钻井基本数据表（二）

填写内容主要有：
（1）地层分层：填写钻井地质分层，界、系、统、组、段；（2）油气显示统计：岩性柱状剖面中所解释的各种级别含油气层的长度，分组或分段进行统计填写。

（三）钻井基本数据表（三）

填写内容主要有：
（1）地层时代：填写组（段）；（2）综合解释油气层统计：按综合解释的油气层等分别填写厚度和层数；（3）缝洞情况统计：按不同时代地层填写不同级别的缝洞段长度；（4）套管数据（表层、技术、油层套管）：套管尺寸外径、壁厚、内径、套管总长、下入深度、套管头至补心距、联入、引鞋、不同壁厚下深、阻流环深、筛管井段和尾管下深；（5）井料情况：最大井斜（深度、方位、斜度）、阻流环位移、油层顶底位移；（6）固井数据（表层、技术、油层固井）：水泥用量、替钻井液量、水泥浆平均相对密度、水泥塞深度、试压结果、固井质量。

（四）地质录井及地球物理测井统计表（四、五）

填写内容主要有：
（1）钻井取心：层位、取心井段、进尺、心长、收获率、取心次数；（2）井壁取心；（3）岩屑录井、钻时录井情况；（4）气测录井情况；（5）荧光录井情况；（6）钻井液录井情况；（7）钻杆测试；（8）电缆测试；（9）地球物理测井情况。

（五）钻井取心统计表（六）

填写内容主要有：
（1）层位：用汉字填写组（段）；（2）井段、进尺、心长；（3）次数：即筒次；（4）收获率；（5）不含油岩心长度；（6）含油气岩心长度。

(六)气测异常显示数据表(七)

填写内容主要有:

(1)序号;(2)层位;(3)异常井段;(4)全烃含量;(5)比值:最大值与基值的比值;(6)组分分析;(7)非烃;(8)解释成果。

(七)岩石热解地化解释成果表(八)

填写内容主要有:

序号;井段;岩性;S_0、S_1、S_2分析值;解释成果。

(八)地层压力解释成果表(九)

填写内容主要有:

序号;井段;层位组(段);"d"指数;压力梯度。

(九)碎屑岩油气显示综合表(十)

填写内容主要有:

(1)序号;(2)层位;(3)井段;(4)厚度(归位后的厚度);(5)岩性:显示段主要含油气岩性;(6)含油岩屑占定名岩屑的含量;(7)钻时;(8)气测:显示段最大全量值和甲烷值;(9)钻井液显示:相对密度和漏斗黏度的变化值(如无变化填写恒定值),油、气泡分别填写占槽面百分比、槽面上涨高度;(10)荧光显示:填写该层最好的荧光检查显示颜色和系列对比级别;(11)井壁取心:分别填写含油、荧光及不含油的颗数;(12)含油气岩心长度:岩心归位后对应显示层的各含油、含气岩心的长度;(13)浸泡时间;(14)测井参数及解释成果;(15)综合解释成果。

(十)非碎屑岩油气显示综合表(十一)

填写内容主要有:

(1)序号、层位、井段、厚度、井壁取心;(2)钻井显示:井深、放空井段、井漏过程中钻井液总漏失量、喷出物及喷势和喷高;(3)钻井液显示;(4)含油气岩心长度;(5)浸泡时间;(6)井壁取心:显示层含油气或不含油气井壁取心颗数;(7)测井参数及解释成果;(8)综合解释成果。

(十一)电缆重复测试数据表(十二)

填写内容主要有:

(1)序号;(2)测试层位(组、段);(3)测点井深;(4)测点的温度;(5)测前钻井液静压、测后钻井液静压、地层压力;(6)测前钻井液密度、测后钻井液密度;(7)地层压力系数(即地层压力值与该点静水柱压力值之比)。

(十二)钻杆测试数据表(十三)

填写内容主要有:

(1)测试日期;(2)测试仪器类型;(3)油气显示井段;(4)一开时间、二开时间、三开时间;(5)油、气、水累计产量;(6)油、气、水的日产量;(7)原油相对密度;

·341·

(8) 原油动力黏度；(9) 原油凝点；(10) 原油含水；(11) 天然气甲烷、乙烷、丙烷、丁烷；(12) 地层水氯离子、总矿化度；(13) 水型；(14) 地层水 pH 值。

（十三）地温梯度数据表（十四）

填写内容主要有：
(1) 序号；(2) 层位；(3) 井深；(4) 测量点温度；(5) 地温梯度。

（十四）分析化验统计表（十五）

填写内容主要有：
(1) 层位、井段；(2) 样品种类；(3) 分析项目。

（十五）井史资料（十六）

按工序，以大事纪要方式填写，文字应简练。

【任务实施】

一、目的要求

(1) 能够收集整理单井录测井资料。
(2) 能够填写绘制相关报表及图件。

二、资料、工具

(1) 学生工作任务单。
(2) 绘图工具、相关图表。
(3) 某井录测井资料汇编。

【任务考评】

一、理论考核

(1) 岩心录井综合图的编制方法是什么？
(2) 如何进行岩屑录井岩性剖面的综合解释？
(3) 油、气、水层综合解释的一般原则是什么？

二、技能考核

（一）考核项目

(1) 单井录测井资料收集整理。
(2) 填写绘制相关报表及图件。

（二）考核要求

(1) 准备要求：工作任务单准备。
(2) 考核时间：10h（课后完成）。
(3) 考核形式：图表绘制。

任务二　完井地质总结报告的编写

【任务描述】

完井地质总结报告是对录测井资料的总结提炼，本任务主要介绍完井地质报告编写内容及要求。教学中学生通过对井的实物资料分析，要求学生模拟撰写完井地质总结报告，使学生掌握完井地质总结报告撰写方法。

【相关知识】

不同类型的井，由于钻探目的和任务不同，取资料要求和完井资料整理的内容也不相同。开发井的主要任务是钻开开发层系，完井总结报告不写文字报告部分，仅有附表。评价井仅在重点井段录井，文字报告部分也较简单。探井（预探井、参数井）完井总结报告要求全面总结本井的工程简况、录井情况、主要地质成果，提出试油层位意见，并对本井有关的问题进行讨论，指出勘探远景。下面着重介绍探井完井总结报告的编写内容和要求。

一、前言

简明扼要地阐述本井的地理、构造位置，各项地质资料的录取情况和地质任务的完成情况。进行工作量统计，分析重大工程事故对录井质量的影响，对录井工作经验和教训进行总结。简要记述工程情况和完井方法。使用综合录井仪的井，要总结综合录井仪录取资料的情况，尤其是对工程事故的预报，要进行系统总结并附事故预报图。

二、地层

（1）阐明本井所钻遇地层层序、缺失地层、钻遇的断层情况等。

（2）按井深及厚度（精确至 0.5m）分述各组（段）地层岩性特征（岩屑录井井段）、电性特征及岩电组合关系，交代地层所含化石、构造、含有物及与上下邻层的接触关系等，结合邻井资料论述不同层段的岩性、厚度在纵、横向上的变化规律。

（3）区域探井（参数井）根据可对比的标准层和标志层特征，结合各项分析化验和古生物资料及岩电组合特征，重点论述地层分层依据。根据录井、地震和分析化验资料，叙述不同地质时期的沉积相变化情况。

（4）使用综合录井仪录井的要结合综合录井仪资料叙述各段地层的可钻性，预探井、评价井要突出对地层变化和特殊层的新认识。

三、构造概况

说明区域构造情况（区域探井要简述构造发育史），叙述本井经实钻后构造的落实情况，结合地震资料和实钻资料对局部构造位置、构造形态、构造要素、闭合高度、闭合面积等进行描述评价。

四、油气水层评价

（1）分组（段）统计全井不同显示级别的油气显示层的总层数和总厚度。

（2）分组（段）统计测井解释的油气层层数和厚度。

(3) 利用岩心、岩屑、测井、钻时、气测、综合录井、荧光、钻时、井壁取心、中途测试、分析化验等资料,对全井油气显示进行综合解释,对主要油气显示层的岩性、物性、含油性要进行重点评价,并提出相应的试油层位意见。使用综合录井仪录井的要用计算机处理出解释成果。

(4) 叙述油气水层与隔层组合情况以及油气水层在纵横向上的变化情况。统计出全井油气水(盐水层和高压水层)显示的总层数和总厚度。

(5) 叙述油气水层的压力分布情况及纵向上的变化情况。

(6) 碳酸盐岩地层,要叙述地层的缝洞发育情况。井喷、井涌、放空、漏失等显示要进行叙述分析和评价。

五、生、储、盖层评价

(1) 生油层:分析生油层的厚度变化、生油特点、生油指标,区域探井(参数井)要重点分析。分组(段)统计生油层的厚度,根据生油指标评价各组(段)生油、生气能力及其差异。

(2) 储层:叙述储层发育情况、砂岩厚度与地层厚度之比、储层特征、物性特征及纵横向上的分布、变化情况。预探井和区域探井要特别重视对储层的评价,并分组(段)评价其优劣。

(3) 盖层:分组(段)叙述盖层岩性、厚度在纵横向上的分布情况,并评价其有效性。

(4) 生—储—盖组合:分析生、储、盖层分布规律,判断生、储、盖层的组合类型,评价生—储—盖组合是否有利于油气聚集、保存,是否有利于油气藏的形成。

六、油藏特征分析

根据本井地层的沉积特征、构造特征、油气显示特征等,分析描述本井所处的油气藏类型、特点、保存条件、控制因素,初步计算油气藏储量。

七、结论与建议

(1) 结论是对本井钻探任务完成情况及所取得的地质成果,通过综合评价得出的结论性意见。对本井沉积特征、构造特征、油气显示、油气藏类型等方面提出基本看法(规律性认识),并评价本井的勘探效益。

(2) 建议是提出试油层位和井段,提出今后勘探方向、具体井位及其他建设性意见。

【任务实施】

一、目的要求

(1) 能够熟悉完井地质报告内容。
(2) 能够撰写完井地质总结报告。

二、资料、工具

(1) 学生工作任务单。
(2) 某井录测井资料汇编。
(3) 计算机房。

【任务考评】

一、理论考核

（1）完井地质总结报告主要包括哪些内容？
（2）如何开展完井地质总结报告编写？

二、技能考核

（一）考核项目

撰写完井地质总结报告。

（二）考核要求

（1）准备要求：工作任务单准备。
（2）考核时间：16h（课后完成）。
（3）考核形式：项目总结报告。

任务三　单井评价

【任务描述】

单井评价是对录测井资料的高度综合应用，本任务主要介绍单井评价任务及评价内容。教学中，学生通过对井的实物资料分析、集体讨论、决策单井评价方案，使学生掌握单井评价方法。

【相关知识】

一、单井评价的意义

单井评价是以单井资料为基础，以井眼为中心，结合区域背景，由点到面而进行的综合地质和钻探成果评价，是油气资源评价的继续和再认识，是油气勘探的组成部分。在钻探评价阶段，钻探一口、评价一口。在一个地区或一个圈闭的单井评价未完成前，决不能盲目再进行另一口井的钻探。开展单井评价具有很大的实际意义：第一，能够验证圈闭评价的钻探效果，阐明含油与否的根本原因，总结钻探成败的经验教训，提高勘探经济效益。第二，促进多学科有机地结合，可使地震、钻井、录井、测井、测试等多种技术互相验证，互相促进。第三，促进科研与生产密切结合。开展单井评价既有利于科研，也有利于生产，是科研与生产结合的最好途径。第四，促进录井质量的提高。开展单井评价就是充分运用录井资料的全过程，不管哪一项、哪一环节的资料数据存在问题，都可在单井评价过程中反映出来，由此促使地质人员必须从思想上、组织上重视录井工作。凡开展单井评价的井，录井质量和评价水平都普遍地有所提高。

二、单井评价的基本任务

单井评价工作通常分为钻前评价、随钻评价、完井后评价三个阶段。三个阶段的任务各有侧重点，但又互相关联。钻前评价主要是根据已有的资料对井区地下地质情况进行预测，评价钻探目标，为录井工作做好资料准备，为工程施工提供地质依据。随钻评价是钻探过程中收集第一性资料进行动态分析，验证实际钻探情况与早期评价、地质设计的符合程度，并根据新情况的出现，提出下一步的钻探意见。完井后评价是对本井所钻的地层、油气水层进行评价，对井区的石油地质特征、油气藏进行研究评价，对本井的钻探效益进行综合评价，指出下一步的勘探方向。勘探实践证明，单井评价是勘探系统工程的重要环节，贯穿于整个钻探过程，该项工作的开展既可以促进录井技术的全面发展，又能大大地提高勘探效益。其主要任务是：

（1）划分地层，确定地层时代。

（2）确定岩石类型和沉积相。

（3）确定生油层、储油层和盖层，以及可能的生—储—盖组合。

（4）确定油气水层的位置、产能、压力、温度和流体性质。

（5）确定储层的厚度、孔隙度、渗透率及饱和度。

（6）确定储层的地质特征（岩石矿物成分、储集空间结构和类型）及在钻井、完井和试油气过程中保护油气层的可能途径。

（7）确定或预测油气藏的相态和可能的驱动类型。

（8）计算油气藏的地质储量和可采储量。

（9）根据井在油气藏中的位置及井身质量确定本井的可利用性。

（10）通过投入和可能产出的分析，预测本井的经济效益。

（11）指出下一步的勘探方向。

三、具体做法

（一）钻前早期评价

在早期评价阶段，根据钻探任务书的目的和要求，对该井做出预测性地质评价。具体做法是：

（1）了解井位置。包括地理位置、构造位置及地质剖面上的位置。

（2）区域含油评价。分析本区的成油条件、有利圈闭及本井所在圈闭的有利部位。

（3）预测钻遇地层。确定可能性最大的一个方案，作为施工数据。

（4）预测钻探目的层具体位置。在地层预测的基础上，进一步预测本井可能性最大、最有工业油流希望的储层作为主要钻探目的层，并预测含油层段的井深。

（5）预计完钻层位、完钻井深、完钻原则。

（6）提出取资料要求。根据预测可能钻遇的地层和油气水提出岩屑、岩心、气测、测井、地震、中途测试、原钻机试油以及各种分析化验的要求。

（7）预测地层压力。根据地层和邻井钻井资料对本井的地层压力和破裂压力进行预测，为安全钻进和保护油气层提供依据。

（8）预测地质储量。根据已有资料评价预测全井可能控制的地质储量。

（9）对钻探任务书提供的数据和地质情况进行精细分析，把自己的新观点、新认识作为施工时的重点注意目标。

（二）随钻评价

在这个阶段，地质评价人员主要是做以下工作：

（1）与生产技术管理人员、录井小队负责人相结合，把早期评价的认识和设想传授给技术管理人员和小队人员，使现场工作人员更深入地了解钻探过程中可能将遇到的情况。

（2）掌握钻探动态。把握关键环节，全面掌握各种信息，及时了解钻井工程进展情况和地质录井情况。

（3）落实正钻层位、岩性及含油气显示情况。

（4）及时分析本井的实钻资料，若发现油气层位置、岩性、层位与预计的有出入，应及时分析原因，提出预测意见。

（5）落实潜山界面和完钻层位。

（6）及时把钻探中所获得的新认识绘制成评价草图或形成书面意见供现场人员参考。

（三）完井后综合评价

本阶段的工作是单井评价过程中最重要的工作，是完井地质总结的保证。既要进行完井地质总结，又要对本井和邻井所揭示的各种地质特征进行本井及井区的石油地质综合研究。概括起来，主要从地层评价等八方面的内容来开展，具体做法是：

1. 地层评价

（1）论证地层时代。利用岩性、电性特征、化石分布、断层特征、接触关系以及古地磁和绝对年龄测定资料等，论证钻遇地层时代并进行层位划分。

（2）论证地层层序。通过地层对比，分析正常层序和不正常层序。如不正常，则搞清是否有断缺、超覆、加厚、重复、倒转。

（3）综合地层特征。包括岩性特征和地层组合特征，即岩石的结构、构造、含有物、胶结物及沉积构造现象、各种岩石在地层剖面上有规律的组合情况。

（4）在综合分析的基础上，编制地层综合柱状图、地层对比图、砂岩分布图、地层等厚图等相关图件。

2. 构造分析

（1）分析本井所处的区域构造，即一级构造特征、二级构造特征。

（2）分析本井所处的局部构造。利用钻探资料落实局部构造的特征，利用地震、测井、地质等资料编制标准层、目的层顶面构造图。

（3）研究构造发育史，说明历次构造对生、储、盖层的影响。

3. 沉积相分析

重点分析目的层段的沉积相，根据沉积相标志、地震相标志和测井相标志综合分析，分析到微相，并编制单井相分析图。

4. 储层评价

（1）论述储层在纵向上的变化特点，研究储层的四性关系和污染程度。

（2）利用合成地震记录标定和约束反演等手段，对储层进行横向预测。

（3）根据储层评价标准，对储层进行评价，编制储层评价图。

5. 烃源岩评价

（1）对单井烃源岩进行评价。研究分析烃源岩的岩性、厚度、埋藏深度、地层层位、分布范围及相变特征。

（2）评价生烃潜力及资源量。利用有机地球化学指标，分析有机质的丰度、性质、类型及演化特征。确定烃源岩的成熟度，根据标准评价烃源岩的生烃能力，并估算资源量。

6. 圈闭评价

（1）利用录井分层数据解释地震剖面，修改和评价井区主要目的层的顶面构造图以及有关的构造剖面，确定圈闭类型。

（2）依据有关图件，如构造平面图、构造剖面图、砂体平面图等，确定圈闭的闭合面积、闭合高度和最大有效容积。

（3）结合本区地层、构造发育史和油气运移期评价圈闭的有效性。

7．油藏评价

（1）对探井油气层进行综合评价，编制单井油气层综合评价图。

（2）评价本井钻遇的油气藏类型、特点和规模，计算地质储量，论证油气藏或未成藏的控制因素。

8．有利目标预测

综合本井区油源条件、储层条件和圈闭条件的分析，并结合实际钻探的油气层情况和试油试采资料，全面论证本井区油气藏形成及成藏条件，预测油气聚集区。确定有利钻探目标，做出钻探风险分析。

【任务实施】

一、目的要求

（1）能够理解单井评价任务。
（2）能够设计单井评价流程。

二、资料、工具

（1）学生工作任务单。
（2）某井录测井资料汇编。

【任务考评】

一、理论考核

（1）单井评价的基本任务是什么？
（2）简述单井评价的意义。
（3）单井评价的内容主要包括哪些？
（4）烃源岩评价指标有哪些？
（5）圈闭评价需要哪些基础资料？

二、技能考核

（一）考核项目

单井评价方案探讨。

（二）考核要求

（1）准备要求：工作任务单准备。
（2）考核时间：30min。
（3）考核形式：讨论、代表发言。

参 考 文 献

[1] 吴元燕．石油矿场地质．北京：石油工业出版社，1996.
[2] 张殿强，李联伟．地质录井方法与技术．北京：石油工业出版社，2010.
[3] 刘宗林，翟慎德，慈兴华，等．录井工程与管理．北京：石油工业出版社，2008.
[4] 吴元燕，吴胜和，蔡正旗．油矿地质学．北京：石油工业出版社，2006.
[5] 陈碧钰．油矿地质学．北京：石油工业出版社，1987.
[6] 徐本刚，韩拯忠．油矿地质学．北京：石油工业出版社，1979.
[7] 崔树清．钻井地质．天津：天津大学出版社，2008.
[8] 新疆石油管理局钻井地质录井公司组．钻井地质手册．北京：石油工业出版社，1992.
[9] 沈塔．地质录井工程监督．北京：石油工业出版社，2005.
[10] 录井技术编辑部．录井技术文集．北京：石油工业出版社，2010.
[11] 丁次乾．矿场地球物理．东营：石油大学出版社，2002.
[12] 中国石油天然气总公司劳资局．矿场地球物理测井．北京：石油工业出版社，1998.
[13] 刘国范，樊宏伟，刘春芳．石油测井．北京：石油工业出版社，2010.
[14] 王满，樊宏伟．录井测井资料分析与解释：富媒体．2版．北京：石油工业出版社，2023.
[15] 李莉，王满．油气钻探综合录井虚拟仿真实训：活页式教材．北京：北京希望电子出版社，2024.

附录

附表 地质录井综合解释绘图代码与符号表

代码	名称	符号	代码	名称	符号
1. 松散堆积物			W14	粉砂	
W01	表土和积土层		W15	泥质粉砂	
W02	黏土		W16	砂质黏土	
W03	卵石		W17	粉砂质黏土	
W04	砾石		W18	植物堆积层	
W05	角砾石		W19	腐殖土层	
W06	砂砾石		W20	化学沉积	
W07	泥砾石		W21	填筑土	
W08	粉砂砾石		W26	泥炭土	
W09	黏土质砾石		W27	贝壳层	
W10	砂姜		W28	红土	
W11	粗砂		W29	漂砾	
W12	中砂		**2. 砾岩**		
W13	细砂		L01	巨砾岩	

续表

代码	名称	符号	代码	名称	符号
L02	粗砾岩		S03	中砂岩	
L03	中砾岩		S04	粉砂岩	
L04	细砾岩		S05	细砂岩	
L05	小砾岩		S12	石英砂岩	
L06	泥砾岩		S19	白云质粉砂岩	
L07	角砾岩		S26	泥质粉砂岩	
L08	钙质砾岩		S30	铁质粉砂岩	
L09	钙质角砾岩		S31	长石砂岩	
L10	铁质砾岩		S36	石膏质粉砂岩	
L11	硅质砾岩		S41	高岭土质粉砂岩	
L12	凝钙质砾岩		S46	鲕状砂岩	
L13	凝钙质角砾岩		S47	中—细砂岩	
L14	凝钙质砂砾岩		S48	粉—细砂岩	
L15	砂砾岩		S49	含砾粉—细砂岩	
L16	泥质小砾岩		S50	含砾中—细砂岩	
3. 砂岩、粉砂岩			S51	含砾粗砂岩	
S01	砾状砂岩		S52	含砾中砂岩	
S02	粗砂岩		S53	含砾细砂岩	

· 351 ·

续表

代码	名称	符号	代码	名称	符号
S54	含砾粉砂岩		S72	石膏质中砂岩	
S55	含砾泥质粗砂岩		S73	石膏质细砂岩	
S56	含砾泥质中砂岩		S74	硅质粗砂岩	
S57	含砾泥质细砂岩		S75	硅质中砂岩	
S58	含砾泥质粉砂岩		S76	硅质细砂岩	
S59	海绿石粗砂岩		S77	硅质粉砂岩	
S60	海绿石中砂岩		S78	硅质石英砂岩	
S61	海绿石细砂岩		S79	白云质粗砂岩	
S62	海绿石粉砂岩		S80	白云质中砂岩	
S63	长石石英砂岩		S81	白云质细砂岩	
S64	玄武质粗砂岩		S85	沥青质粗砂岩	
S65	玄武质中砂岩		S86	沥青质中砂岩	
S66	玄武质细砂岩		S87	沥青质细砂岩	
S67	玄武质粉砂岩		S88	沥青质粉砂岩	
S68	高岭土质粗砂岩		S89	凝钙质粗砂岩	
S69	高岭土质中砂岩		S90	凝钙质中砂岩	
S70	高岭土质细砂岩		S92	铁质粗灰岩	
S71	石膏质粗砂岩		S93	铁质中砂岩	

续表

代码	名称	符号	代码	名称	符号
S94	铁质细砂岩		S120	钙质中砂岩	
S95	泥质粗砂岩		S121	钙质细砂岩	
S96	泥质中砂岩		S122	钙质粉砂岩	
S97	泥质细砂岩		S123	凝钙质细砂岩	
S98	含磷粗砂岩		4. 页岩、泥岩		
S99	含磷中砂岩		Y00	页岩	
S100	含磷细砂岩		Y01	油页岩	
S101	含磷粉砂岩		Y02	砂质页岩	
S102	含角砾粗砂岩		Y03	碳质页岩	
S103	含角砾中砂岩		Y04	沥青质页岩	
S104	含角砾细砂岩		Y05	硅质页岩	
S105	含角砾粉砂岩		Y07	铝土质页岩	
S106	碳质粗砂岩		Y14	钙质页岩	
S107	碳质中砂岩		N00	泥岩	
S108	碳质细砂岩		N01	砂质泥岩	
S109	碳质粉砂岩		N02	粉砂质泥岩	
S118	凝钙质粉砂岩		N03	含砾泥岩	
S119	钙质粗砂岩		N04	钙质泥岩	

续表

代码	名称	符号	代码	名称	符号
N05	碳质泥岩		H07	白云质灰岩	
N06	白云质泥岩		H08	含白云灰岩	
N07	石膏质泥岩		H10	含泥灰岩	
N08	盐质泥岩		H11	泥灰岩	
N09	芒硝泥岩		H12	页状灰岩	
N10	沥青质泥岩		H14	生物灰岩	
N11	硅质泥岩		H17	介壳灰岩	
N12	泥膏岩		H19	含螺灰岩	
N14	铝土质泥岩		H20	介形虫灰岩	
N15	玄武质泥岩		H21	角砾状灰岩	
N29	含砂泥岩		H22	薄层状灰岩	
N30	含膏泥岩		H23	溶洞灰岩	
N31	含膏、含盐泥岩		H24	竹叶状灰岩	
N32	沉凝灰岩		H25	针孔状灰岩	
N33	白云岩化沉凝灰岩		H26	豹皮灰岩	
N48	凝钙质泥岩		H27	燧石条带灰岩	
5. 石灰岩、白云岩			H28	燧石结核灰岩	
H00	石灰岩		H29	硅质灰岩	

· 354 ·

续表

代码	名称	符号	代码	名称	符号
H33	鲕状灰岩		B15	泥质白云岩	
H34	假鲕状灰岩		B16	竹叶状白云岩	
H35	砂质灰岩		B17	针孔状白云岩	
H36	石膏质灰岩		B18	燧石条带白云岩	
H37	泥质条带灰岩		B19	燧石结核白云岩	
H38	碳质灰岩		B20	硅质白云岩	
H39	结晶灰岩		B21	鲕状白云岩	
H42	沥青质灰岩		B22	角砾状白云岩	
H43	瘤状灰岩		B24	石膏质白云岩	
H44	含白垩灰岩		B25	泥质条带白云岩	
H46	藻灰岩		B26	藻云岩	
H50	团块状灰岩		B30	砂质白云岩	
H82	泥质灰岩		B31	假鲕状白云岩	
H83	葡萄状灰岩		B32	葡萄状白云岩	
H84	碎屑灰岩		B33	硅、钙、硼石（绿豆石）	
B00	白云岩		B52	钙质白云岩	
B13	含灰白云岩		B53	凝钙质白云岩（白云岩化凝灰岩）	
B14	含泥白云岩		**6. 其他岩石**		

续表

代码	名称	符号	代码	名称	符号
G00	硅质岩	Si	T24	含灰	I
T01	铝土岩	Al Al / Al Al / Al Al	T25	含灰砾	φ
T02	铁矿层	Fe Fe / Fe Fe / Fe Fe	T26	含泥砾	⊖
T03	黄铁矿层	S S / S S / S S	T27	含介形虫	｀
T04	菱铁矿层	◇ ◇ / ◇ ◇ / ◇ ◇	T28	含铁	Fe
T05	赤铁矿层	○ ○ / ○ ○ / ○ ○	T30	燧石层	● ● ●
T06	锰矿层	Mn Mn / Mn Mn / Mn Mn	Z01	石膏层	‖‖‖‖
T07	磷块岩	P P / P P / P P	Z03	钾盐	K
T08	煤层	■	Z04	含镁盐岩	Mg
T09	硼砂	B B / B B / B B	Z05	含膏盐岩	
T10	重晶石	0 0 / 0 0 / 0 0	Z06	膏盐层	
T11	白垩土	⊠⊠⊠	Z07	盐岩	
T12	膨润土、坩子土	⊠⊠⊠⊠	Z08	钙芒硝岩	⁙ ⁙
T13	介形虫层	｀ ｀ ｀	Z09	杂卤石	＜ ＜ ＜
T14	断层泥	~ ~ ~	7. 矿物		
T15	断层角砾岩	~ △ / △ ~ △ / ~ △ ~	22.1.7.01	黄铁矿	⊞
T22	砂质介形虫层	· ｀ · / · ｀ ·	22.1.7.02	方解石	◇
T23	泥质介形虫层	— ｀ — / ｀ — ｀	22.1.7.03	白云石	◈

续表

代码	名称	符号	代码	名称	符号
22.1.7.04	铁锰结核		22.1.8.07	层孔虫	
22.1.7.06	方解石脉		22.1.8.08	单体四射珊瑚	
22.1.7.07	石英脉		22.1.8.09	复体四射珊瑚	
22.1.7.08	石膏脉		22.1.8.10	横板珊瑚	
22.1.7.09	白云岩脉		22.1.8.11	苔藓动物	
22.1.7.10	沥青脉		22.1.8.12	腕足动物	
22.1.7.11	沥青包裹体		22.1.8.13	腹足类	
22.1.7.12	磷灰石		22.1.8.14	掘足类	
22.1.7.13	石膏		22.1.8.15	双壳类（瓣鳃类）	
22.1.7.14	菱铁矿		22.1.8.16	直壳鹦鹉螺（角石）类	
22.1.7.15	盐		22.1.8.17	菊石类	
22.1.7.16	自生石英		22.1.8.18	竹节虫	
8. 化石			22.1.8.19	软舌螺	
22.1.8.01	放射虫		22.1.8.20	三叶虫	
22.1.8.02	有孔虫		22.1.8.21	叶肢介	
22.1.8.04	海绵骨针		22.1.8.22	介形类	
22.1.8.05	海绵		22.1.8.23	昆虫	
22.1.8.06	古杯动物		22.1.8.24	海林檎	

·357·

续表

代码	名称	符号	代码	名称	符号
22.1.8.25	海蕾		22.1.8.43	植物枝干化石	
22.1.8.26	海百合		22.1.8.44	植物碎片	
22.1.8.27	海百合茎		22.1.8.45	碳屑	
22.1.8.28	海胆		22.1.8.46	孢子花粉	
22.1.8.29	海星		22.1.8.47	牙形（刺）石	
22.1.8.30	笔石		22.1.8.48	遗迹化石	
22.1.8.31	鱼类化石		22.1.8.49	化石碎片	
22.1.8.32	脊椎动物		22.1.8.50	完好生物化石	
22.1.8.33	藻类		22.1.8.51	生物碎屑	
22.1.8.34	蓝藻		22.1.8.52	生长生态	
22.1.8.35	绿藻		22.1.8.53	自由生长生态	
22.1.8.36	红藻		22.1.8.54	原地堆积生态	
22.1.8.37	硅藻		22.1.8.55	浮游沉降生态	
22.1.8.38	轮藻		22.1.8.56	搬运生态	
22.1.8.39	柱状叠层石		22.1.8.57	蜓	
22.1.8.40	锥状叠层石		**9. 层理、构造**		
22.1.8.41	层状叠层石		9.1	水平层理	
22.1.8.42	古植物化石		9.2	波状层理	

·358·

续表

代码	名称	符号	代码	名称	符号
9.3	斜层理		9.22	硅质结核	
9.4	交错层理		9.23	泥质条带	
9.5	季节性层理		9.24	砂质条带	
9.6	叠层石		9.25	介形虫条带	
9.7	搅混构造		9.27	裂缝	
9.8	柔皱构造		9.28	钙质团块	
9.9	缝合线		9.29	钙质条带	
9.10	冲刷面		**10. 侵入岩**		
9.11	干裂		Q01	酸性侵入岩	
9.12	角砾状构造		Q02	花岗岩	
9.13	气孔状构造		Q07	伟晶岩	
9.14	均匀状构造		Q21	中性侵入岩	
9.15	虫孔构造		Q22	闪长岩	
9.16	虫迹		Q24	正长岩	
9.17	透镜体		Q29	闪长玢岩	
9.18	鸟眼构造		Q51	基性侵入岩	
9.19	波痕		Q52	辉长岩	
9.20	泥质团块		Q53	苏长岩	

·359·

续表

代码	名称	符号	代码	名称	符号
Q54	斜长岩		P71	基性喷发岩	
Q56	辉绿岩		P72	中性喷发岩	
Q72	橄榄岩		P94	英安斑岩	
Q73	辉石岩		P95	凝灰岩	
Q74	角闪岩		P96	集块岩	
Q91	煌斑岩		P97	火山角砾岩	
Q92	云煌岩		**12. 变质岩**		
11. 喷发岩			BZY	变质岩	
P01	酸性喷发岩		J01	板岩	
P02	流纹岩		J02	千枚岩	
P03	流纹斑岩		J03	绿泥石板岩	
P21	中性喷发		J04	变质砂岩	
P22	安山岩		J06	变质砾岩	
P23	安山玢岩		J07	石英岩	
P24	英安岩		J08	蛇纹岩	
P25	粗面岩		J09	大理岩	
P31	安山玄武岩		J41	片岩	
P52	玄武岩		J42	黑云片岩	

· 360 ·

续表

代码	名称	符号	代码	名称	符号
J44	石英片岩		10	含气水层	
J45	绿泥片岩		11	水层	
J46	片麻岩		12	致密层	
J47	花岗片麻岩		13	干层	
J51	碎裂岩		14	产层段	
J52	构造角砾岩		15	水淹层	
J53	糜棱岩		16	气侵层	
J54	硅质板岩		19	低水油层	
J55	碳质板岩		20	中水油层	
J56	绢云千枚岩		21	高水油层	
J57	绿泥千枚岩		14. 测井解释与中途测试结果		
13. 录井含油气产状			1	油层	
1	饱含油		2	差油层	
2	含油		3	含水油层	
3	油浸		4	油水同层	
4	油斑		5	含油水层	
5	油迹		6	可能油气层	
6	荧光		7	油气同层	

续表

代码	名称	符号	代码	名称	符号
8	气层		30	钻井液水侵	
9	气水同层		31	钻井液带出油流	
11	喷气		32	换钻头	
12	喷油		33	井壁取心	3 6 3 / 12 / 4mm
13	喷水		34	钻井取心	
14	喷油气		35	未见顶	△
15	喷气水		36	未见底	▽
16	喷油水		**15. 钻井及其他油气显示**		
17	喷油气水		01	槽面油花	
18	井漏		02	槽面气泡	
19	放空		05	二氧化碳气侵	
20	起下钻		06	硫化氢气侵	
22	蹩钻		08	井涌气	
23	跳钻		09	井涌油	
26	沥青	▲	10	井涌水	
29	钻井液气侵				

· 362 ·

附图 地层柱状剖面示意图格式

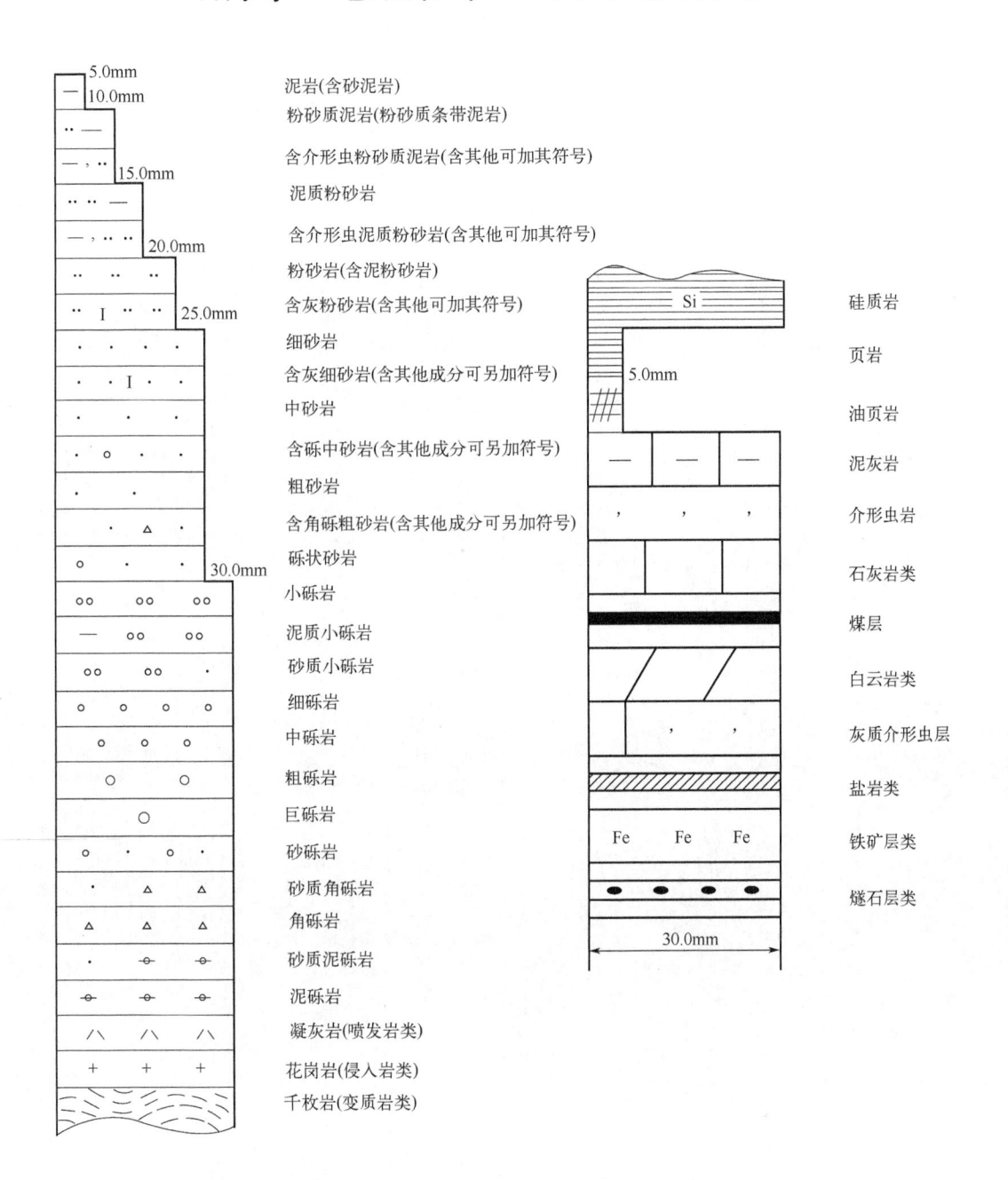

图例	名称
	泥岩(含砂泥岩)
	粉砂质泥岩(粉砂质条带泥岩)
	含介形虫粉砂质泥岩(含其他可加其符号)
	泥质粉砂岩
	含介形虫泥质粉砂岩(含其他可加其符号)
	粉砂岩(含泥粉砂岩)
	含灰粉砂岩(含其他可加其符号)
	细砂岩
	含灰细砂岩(含其他成分可另加符号)
	中砂岩
	含砾中砂岩(含其他成分可另加符号)
	粗砂岩
	含角砾粗砂岩(含其他成分可另加符号)
	砾状砂岩
	小砾岩
	泥质小砾岩
	砂质小砾岩
	细砾岩
	中砾岩
	粗砾岩
	巨砾岩
	砂砾岩
	砂质角砾岩
	角砾岩
	砂质泥砾岩
	泥砾岩
	凝灰岩(喷发岩类)
	花岗岩(侵入岩类)
	千枚岩(变质岩类)
Si	硅质岩
	页岩
	油页岩
	泥灰岩
	介形虫岩
	石灰岩类
	煤层
	白云岩类
	灰质介形虫层
	盐岩类
Fe	铁矿层类
	燧石层类